ZECHE HANNOVER
HANNOVER COAL MINE

BERND & HILLA BECHER

ZECHE HANNOVER

HANNOVER COAL MINE

Mit einem Text von / Text by Gabriele Conrath-Scholl

DIE PHOTOGRAPHISCHE SAMMLUNG / SK STIFTUNG KULTUR
SCHIRMER/MOSEL

Zeche Hannover – eine Dokumentation von Bernd und Hilla Becher

Gabriele Conrath-Scholl

»So wie die Kathedralen des Mittelalters aus der mittelalterlichen Weltanschauung hervorgegangen sind, oder wie die Schlösser des 18. Jahrhunderts den Feudalismus verkörpern, so sind jene Gebilde als Ausstülpungen unserer Zeit, als Selbstdarstellungen unserer Gesellschaft aufzufassen.« Bernd und Hilla Becher, 1971[1]

Bis in die 1970er Jahre war die Zeche Hannover in Bochum eines der beeindruckendsten Steinkohlenbergwerke im Ruhrgebiet. Dokumentiert in einer nicht minder beeindruckenden Bildsammlung von Bernd und Hilla Becher erhält man nun nicht nur Gelegenheit, die heute in dieser Form nicht mehr existierende Zechenanlage zu besichtigen, sondern auch das jahrzehntelange Schaffen des Künstlerpaars zu reflektieren. Mit der über Jahre erarbeiteten Bildreihe über die Zeche Hannover entfaltet sich ein facettenreiches industrielles Landschaftsbild mit all seinen von den Photographen in Augenschein genommenen Gebäuden und Apparaturen.

Ansichten vollständiger Anlagen – eine fortgesetzt erarbeitete Kategorie

Während die Photographien der Bechers von einzelnen Objekten der Schwerindustrie – Fördertürme und Gasbehälter, Aufbereitungsanlagen, Kühltürme, Silos oder Kalköfen, gruppiert in formvergleichenden Typologien oder Bildabwicklungen und vorgestellt in den Sequenzen ihrer Monographien – bereits weithin bekannt und publiziert sind, stellen die Beschreibungen gesamter industrieller Anlagen ein weniger erschlossenes Feld dar und bergen vielerlei Entdeckungen. Angelegt aber war das Thema bereits seit Beginn ihrer Arbeit. 1968 führte es Hilla Becher in einer Liste definierter Motivkreise, also neben den gerade erwähnten Einzelobjekten, unter »Ansichten vollständiger Bergwerksanlagen« und »Ansichten vollständiger Kokereien« auf. Ebenso notierte sie die vielumfassenden Sujets wie »Hochöfen und Stahlwerke« und »Industriesiedlungen«.[2] Nicht allein die Fokussierung auf industrielle Baukörper stand also im Zentrum des bildnerischen Interesses. Es richtete sich offenbar auch auf das weitere Umfeld, wodurch sich der Radius ihrer Arbeit in konzentrischen Kreisen erweiterte.

Als Hilla Becher ihre Aufstellung machte, mag sie an die Zeche Concordia in Oberhausen (Ruhrgebiet) gedacht haben, die sie und Bernd Becher zwischen 1967 und 1972 dokumentiert haben. Seit 2005 liegt hierzu ein Konvolut von rund 200 Photographien vor.[3] Es sollten noch weitere Arbeiten dieser Art folgen. Die Photographien der Zeche Zollern 2, Dortmund-Bövinghausen (Ruhrgebiet), begonnen 1969, gehören dabei zu den bekanntesten, da sie 1977 publiziert wurden und wesentlich zu einem Umdenken im Umgang mit dem industriellen Erbe beitrugen. Die Aufnahmen fielen zeitlich mit einer Protestaktion gegen den Abriss der Anlage zusammen, mit deren Hilfe es gelang, die im Jugendstil nach Plänen des Architekten Bruno Möhring erbaute Maschinenhalle (1902) am 30. Dezember 1969 als ersten Industriebau der Bundesrepublik Deutschland unter Denkmalschutz zu stellen. Die Instandsetzung des gesamten Areals folgte, und 1982 eröffnete vor Ort ein Industriemuseum.[4]

Auch die von den Bechers vorgenommene photographische Beschreibung der rund zwei Kilometer östlich der Zeche Hannover gelegenen Zeche Hannibal gewann im Kunstgeschehen Aufmerksamkeit. Für die Dokumentation der Zeche Hannibal wählte das Künstlerpaar 85 der größtenteils 1973 und 1974 entstandenen Photographien aus, die sie im Verlauf der Arbeit in 19 Gruppen formierten. 1980 wurde die Werkgruppe erstmals in einer Ausstellung in der Düsseldorfer Galerie Konrad Fischer präsentiert, 1981 vom Stedelijk Van Abbemuseum in Eindhoven in einem Set erworben und in eine Retrospektive mit Arbeiten von 1957 bis 1981 einbezogen. Neunzehn Jahre später fanden die Aufnahmen der Zeche Hannibal – begleitend zur Ausstellung *Bergwerke, Objekt und Beschreibung* in der Photographischen Sammlung/SK Stiftung Kultur, Köln, und dem Huis Marseille, Amsterdam – Eingang in einen von Bernd und Hilla Becher konzipierten Band, der die Bedeutung der Dokumentation als klar umrissene künstlerische Werkform unterstreicht.[5]

Dass heute, zehn Jahre später, eine Monographie über die Zeche Hannover den Weg in die Öffentlichkeit nimmt, verdankt sich vornehmlich der Idee, einmal mehr, entsprechend dem für die Arbeit der Bechers richtungsweisenden Prinzip des vergleichenden Sehens, in variierter Form Einblick in die spezifische Wahrnehmungsweise der Photographen von ausgedehnten Industriearealen zu geben. Denn auch wenn sich die Anlagen aufgrund ihrer Funktionsweisen ähneln und einem vergleichbaren visuellen Zugriff unterliegen, entdecken die Bechers doch zugleich individuelle Aspekte, mit denen sie sich ebenfalls ausführlich auseinandersetzten. Insofern wird der Betrachter bei der Durchsicht der verschiedenen

Konvolute bemerken, dass, so sehr die Bilder der jeweiligen Zechen einer von den Photographen bestimmten, regelhaften und wiedererkennbaren Bildgrammatik folgen – und damit auch Strukturwiederholungen vorkommen –, ein Spielraum offenbar wird, innerhalb dessen auf die Unterschiede einer jeden Anlage reagiert wird. Die von Bernd und Hilla Becher herausgearbeiteten Differenzierungen und Neuformulierungen geben dem Bildkonvolut, einhergehend mit den spezifischen Merkmalen der Anlage, ein eigenes Profil. Jede Werkgruppe erhält einen eigenen Rhythmus und Gesamtklang.[6] Als Nebeneffekt kommt hinzu, dass mit den beiden Bildbänden von Zeche Hannibal und Zeche Hannover zwei geradezu verwandte Bergwerke gegenübergestellt werden können: Beide Zechen waren nicht nur benachbart, sondern wurden auch seit 1899 zunächst unter der Firmenleitung von Krupp und ab 1969 unter der Direktion der Ruhrkohle AG als Verbundanlage betrieben.

Im Mittelpunkt der Dokumentationen vollständiger industrieller Anlagen stehen jedoch nicht in erster Linie zeit- oder technikgeschichtliche Leitgedanken. Vielmehr geht es hier – wie auch bei allen anderen Werkgruppen des Künstlerpaars – um die kontinuierlich für ihr Schaffen entscheidenden Maßstäbe einer möglichst umfangreichen visuellen Erforschung und Darstellung von industriellen Bauformen in ihrem Kontext. »Denn«, so erklärten Bernd und Hilla Becher in einem 1989 geführten Gespräch mit Michael Köhler, »unsere Arbeit erschöpft sich ja nicht im Dokumentieren von Fakten. Die Objekte, die wir suchen, müssen nicht nur für sich genommen interessant sein, sondern darüber hinaus auch exemplarisch für ihre Art.«[7] Und bei einem anderen Treffen mit James Lingwood 1996 erläuterten sie dies nochmals: »Wichtig ist, daß man das Typische festhält. Und da kommt das Moment der Auswahl in unser Verfahren. Schließlich gibt es eine Unmenge von Gebäuden und Objekten, die wir nicht photographieren.«[8] Angesprochen ist damit ein nach künstlerischen Gesichtspunkten entwickeltes Auswahlverfahren, das gleichermaßen auf die Motive wie auf den eingesetzten Aufnahmemodus – man denke an die Wahl des Bildausschnitts – und auf die Photographien einzelner Objekte wie die Darstellung ganzer Anlagen anwendbar ist. Denn nicht jedes der aufgesuchten Berg- oder Stahlwerke eignete sich, in aller Ausführlichkeit aufgenommen zu werden. Entscheidende Voraussetzungen waren die Charakteristika der vorgefundenen Bauwerke, aber auch die Vergleichbarkeit mit zuvor aufgenommenen Bauten, das Gesamtgefüge, der Erhaltungszustand der Objekte oder die topographischen und verwaltungstechnischen Möglichkeiten, optimale Kamerastandorte aufsuchen zu können. Weckte beispielsweise auf der Zeche Hannibal insbesondere die objekthaft vereinzelte Gegenstandswelt das Interesse der Photographen, so war es auf der Zeche Hannover die umfassendere Konfiguration der Schachtanlage, die ein vielseitig spannendes Motiv wiedergab, oder auch die langen Bandstraßen, die photographisch abgelaufen wurden. Der Anteil an landschaftlich orientierten Photographien etwa ist in der Dokumentation der Zeche Hannover höher als bei der der Zeche Hannibal. Unvermeidlich geraten Faktoren ins Bild, die eine spontane Reaktion abverlangen und den Gesamtentwurf der Bildreihe beeinflussen, ohne die generelle Zielrichtung zu verlassen.

Heute gibt es rund 200 von Bernd und Hilla Becher in ihrer Komplexität erfasste Industrieanlagen, wobei die Anzahl der dazugehörigen Negative stark schwankt und zwischen fünf oder 20 und – wie bei der Zeche Hannover – sogar bis zu rund 600 Negativen liegt. Während der Erarbeitung von Abzügen werden sie einem weiteren Selektions- und Gruppierungsprozess unterzogen. Bis ein Konvolut wie das der Zeche Hannover vollständig bearbeitet und strukturiert ist, sind viele zeitintensive Einzelschritte notwendig. Dass die bildnerischen Ergebnisse der Bechers über ihren künstlerischen Wert hinaus wichtiges Material für angrenzende Fachgebiete wie die Technikgeschichte oder die seit den 1980er Jahren verstärkt betriebene, interdisziplinäre Industriearchäologie bieten, ist ein folgerichtiger Effekt, den beide schon früh einkalkulierten.[9] Auch das wird in dem zuvor erwähnten Text von Hilla Becher aus dem Jahr 1968 deutlich: »[…] unser Hauptziel ist derzeit, die bereits begonnenen Serien zu vervollständigen, so daß wir die Bandbreite und Entwicklung jeder Spezies von Anlagen vollständig […] dokumentieren können. Dies wird zukünftigen Forschern die Möglichkeit geben, die Sammlung für vergleichende Studien und Analysen zu nutzen.«[10] Insofern versteht sich die Dokumentation der Zeche Hannover als ein eigenständiges, möglichst alle typischen Aspekte umfassendes, visuelles Modell einer industriellen Anlage, das allen Fachrichtungen offen steht.

Dokumentationsumfang, Entstehungszeit, geographischer Kontext

Die Dokumentation der Zeche Hannover, die nun in 193 ausgewählten Schwarzweiß-Photographien, gruppiert in 44 Tableaus vorliegt,[11] konzentriert sich allein auf die Außenansichten der Tagesanlagen des Steinkohlenbergwerks. Nur gelegentlich haben Bernd und Hilla Becher im Inneren der Gebäude photographiert. Unter Tage sind keine Photographien entstanden. Die frühesten Aufnahmen ihrer Dokumentation der Zeche Hannover gehen in die Jahre 1971/72 zurück und zeigen die Schachtanlage 3/4/6 in Wattenscheid-Günnigfeld (heute Bochum). Fortgesetzt haben sie ihre Tätigkeit im Folgejahr in Bochum-Hordel rund um die circa eineinhalb Kilometer entfernte Schachtanlage 1/2/5. Beide Werkbereiche lagen so weit auseinander, dass man sie von der jeweils anderen Seite kaum sehen konnte, folglich sind sie auch auf keiner Photographie zusammen abgebildet. Im August 1974 schlossen die Bechers ihre Werkbegehungen auf der Zeche Hannover ab, wobei sich die Aufnahmetätigkeit auf dem Gelände der der Schachtanlage 1/2/5 angegliederten Kokerei und dem des Kraftwerks auf die Monate April bis Juli 1974 konzentrierte.[12] Das widerspricht der verbreiteten Annahme, die Bechers hätten ihre Motive strikt und ausschließlich im Winter aufgenommen. Aufgrund der oft diffusen Lichtverhältnisse und der spärlichen Vegetation war der Winter für die Präzisierung und Hervorhebung der Objekte zwar vorteilhaft, aber auch bedeckte Sommertage konnten durchaus zum Photographieren geeignet sein, sofern die Motive nicht durch Schatten beeinträchtigt wurden, die Umgebung frei von dichter Belaubung war und eine Freistellung der Motive zuließ.

Auf der Zeche Hannover fanden die Photographen ideale Rahmenbedingungen vor, um ihrer Arbeit ungestört nachzugehen. Sie konnten sich mit ihren Kameras frei bewegen und alles für sie Wichtige mehrfach in Augenschein nehmen. Ohnehin hatten sie das Ruhrgebiet seit Beginn der 1960er Jahre zu einem ihrer favorisierten Arbeitsgebiete erwählt. Dort photographierten sie – vergleichbar ihrem Thema der Fachwerkhäuser des Siegener Industriegebiets[13] – bis in die 1990er Jahre die für die Gegend typischen Wohnhäuser, suchten unzählige Bergwerke und Hütten auf und integrierten die Ruhrgebietsphotographien schließlich in einen internationalen Kontext vergleichbarer Bauten und Industrielandschaften. Ihr Aktionsradius erweiterte sich über die vier Jahrzehnte ihrer gemeinschaftlichen Arbeit erheblich, sie reisten nach Holland, England, Frankreich, Belgien, Luxemburg und Nordamerika. Im Ruhrgebiet nahmen sie auch Bildreihen von jenen Bergwerken auf, die um die Zeche Hannover herum in einem nicht enden wollenden Patchwork existierten: Richtung Norden die Zeche Königsgrube in Wanne-Eickel, weiter östlich Zeche Shamrock in Herne, östlich die schon erwähnte Zeche Hannibal in Bochum-Hofstede, des Weiteren im Anschluss das Feld von Zeche Constantin, das sich auch in den Süden zog, wo sich zudem Zeche Carolinenglück in Bochum anschloss, dann weiter nach Südwesten die Zechen Centrum und Holland, beide in Wattenscheid, und westlich Zeche Vereinigte Rheinelbe & Alma in Gelsenkirchen.

Viele dieser Steinkohlenbergwerke standen damals kurz vor der Stilllegung, die für die Zeche Hannover am 31. März 1973 erfolgte. Insofern sind die Photographien von Bernd und Hilla Becher oft die letzten Zeugnisse dieser Anlagen und Bauten, die sie noch in möglichst intaktem Zustand dokumentieren wollten, um einen authentischen Eindruck von ihnen zu bewahren. An einer romantischen Ruinenwirkung, die sich mit zunehmendem Verfall zwangsläufig einstellen würde, war ihnen nicht gelegen. Daher befand sich ihre Dokumentationsarbeit immer im Wettlauf mit der Zeit – ein Phänomen, mit dem sich Bernd Becher schon in seinen Anfängen bei seinen ersten Zeichnungen von Bergwerken in seiner Heimatgegend, dem Siegerland, konfrontiert sah. Seinerzeit wurden die Bergwerke und Hütten schneller demontiert, als er sie zeichnen konnte. Dies allerdings sollte ihm zum Vorteil gereichen, denn er griff nun zur schnelleren Erfassung der Anlagen erstmalig zur Kamera, was ihn schließlich zur Zusammenarbeit mit seiner Lebenspartnerin Hilla Becher führte.[14]

Zeche Hannover: Zur dokumentarischen Methode

Blättert man im vorliegenden Buch über die Zeche Hannover, so eröffnet sich ein großer Teil des Motivspektrums von Bernd und Hilla Becher. Darüber hinaus trifft man auf Objekte wie ein Grubenlüftergebäude, einen kuppelförmigen Benzoltank oder die Bandübergaben und meterlangen Bandstraßen, die für ihr Werk eher unbekannt sind. Klare objektbezogene Photographien, die den für das Becher'sche Werk signifikanten Begriff der »Anonymen Skulpturen«[15] in den Sinn kommen lassen, wechseln mit Landschaften ab, die einen Überblick über verschiedene Areale und Baukomplexe bieten und trotz ihrer Vielschichtigkeit so ins Bild gesetzt sind, dass sich der Betrachter eine detaillierte und räumliche Vorstellung vom Ganzen verschaffen kann. Ansichten wie diese finden sich bereits in den Bildbänden *Industrielandschaften* (2002) und *Bergwerke und Hütten* (2010),[16] die auch einige Aufnahmen aus der Werkgruppe der Zeche Hannover enthalten. Während diese Landschaftsbände allerdings meist Fernsichten zeigen, werden zur Beschreibung der gesamten Bergwerksanlage die Entfernungen zwischen Kamera und Motiv vielfach gewechselt. Das Feld wird aus allen Perspektiven, von nah und fern, auch von erhöhten Standpunkten überblickt und erforscht. Bernd und Hilla Becher haben die für ihre Photographien gewählten Organisationsprinzipien oft selbst mit der Systematik der Naturwissenschaft verglichen.[17] Hier wird die wissenschaftliche Seite ihrer photographischen Praxis besonders deutlich. Die Assoziation mit einem Wissenschaftlerteam liegt nahe, das ein abgegrenztes Gelände unter die Lupe nimmt, es abläuft, vermisst, Fundstücke analysiert, Erdproben entnimmt, immer weiter in die Strukturen eindringt, das Terrain durch und durch einer empirischen Betrachtung unterzieht und schließlich ein Protokoll seiner Forschungsergebnisse erstellt. Ihre Zusammenarbeit auf solchen photographischen Expeditionen haben Bernd und Hilla Becher einmal wie folgt beschrieben: »[…] wenn wir eine ganze Industrieanlage photographieren wollen, sucht sich jeder seine Motive. Wir haben dann schon bei der Vorbesichtigung abgesprochen, welche Objekte uns interessieren und wer welche übernehmen soll. Aber es kommt natürlich auch vor, daß wir uns noch während des Photographierens auf Motive aufmerksam machen oder bei bestimmten Objekten über den besten Kamerastandpunkt diskutieren.«[18]

Die mit ganzseitigen Tafeln ausgestattete Bildsequenz der vorliegenden Publikation ermöglicht in quasi erzählender Form ein langsames Fortschreiten innerhalb der Anlage und die Beobachtung kleinster Momente ihrer Formen, Konstruktionen und Materialbeschaffenheit. Der zweite Teil zeigt die dazugehörigen Gruppierungen, die das visuelle Umrunden eines Gegenstands oder eines Gebiets auf einen Blick erlauben. Hier werden mehrteilige und verschieden strukturierte Tableaus vorgestellt, wie sie auch in Ausstellungen präsentiert werden. Fraglos bestätigt sich sowohl durch die sequenzielle Aneinanderreihung als auch durch die Gruppierung der grundsätzliche Verweischarakter der einzelnen Bilder. Immer steht das Einzelbild in enger Bindung zur Bildreihe, und besonders im Vor- und Zurückblättern lässt sich der Gesamtkomplex der Anlage erschließen, lassen sich die vor Augen geführten Bauwerke und Funktionsteile auf fast spielerische Weise immer wieder neu entdecken, verorten und in ihrer Komplexität erfahren. Dass die Bilder der Günnigfelder Schachtanlage 3/4/6 den in Hordel entstandenen Aufnahmen nachgeordnet sind, steht im Verhältnis zum Umfang des überlieferten Bildmaterials und zur Bedeutung der Schachtanlagen (Tafeln 186–193). In Günnigfeld wurde die Förderung bereits in den 1930er Jahren eingestellt.

Schachtanlage der Zeche Hannover 1/2/5, Bochum-Hordel

Am Beginn der Bildreihe steht der markante Malakow-Turm über Schacht 1 der Zeche Hannover (Tafel 1). Besonders im Ruhrgebiet war diese Art Förderturm bis in die 1880er Jahre verbreitet, auch die Schachtanlage Zeche Hannover 3/4/6 nahm mit einem solchen ihren Betrieb auf. Entsprechend ist dieser Förderturm-Typus der älteste der Schachtanlage 1/2/5. 1858 wurde ein Pendant über Schacht 2 als Teil einer symmetrischen Doppelturmanlage erbaut. Heute gehört der Malakow-Turm über Schacht 1 mit dem Maschinenhaus, in dem sich die vermutlich älteste am Originalstandort erhaltene Dampffördermaschine des Ruhrgebiets befindet, und einem Grubenlüftergebäude zu jenem Ensemble, das als Kulturdenkmal der Zeche Hannover erhalten geblieben ist und an die rund 120-jährige Geschichte des Steinkohlenbergwerks erinnert.[19] Die Bezeichnung Malakow-Turm geht auf das Fort Malakow der Festung Sewastopol zurück, das 1855 im Krimkrieg dem Angriff der Franzosen standhielt und als Sinnbild massiver Stärke Verbreitung fand.[20] Über die baulichen Notwendigkeiten hinaus weist der Malakow-Turm Gestaltungselemente wie Verzierungen an den Gesimsen auf sowie »Blendbögen oder Zinnen, die als historistische Zitate das Bauwerk eher als mächtige Ritterburg denn als Industriebau erscheinen ließen«.[21]

Innerhalb der vorliegenden Dokumentation bildet der Malakow-Turm den Auftakt zur Beschreibung der weiteren Fördertürme, so dem Doppelstrebengerüst, das 1908 fertiggestellt (Sprengung 1980) und über Schacht 5, circa 50 Meter nördlich von Schacht 2, errichtet wurde, und der Turmförderanlage in Stahlfachwerk (Tafeln 4, 9). Letztere wurde 1940 gebaut (Sprengung 1980) und ersetzte den ursprünglich existierenden zweiten Malakow-Turm über Schacht 2, der 1939 abgebrochen wurde. Mit diesen drei Bauwerken entstand auf der Zeche Hannover eine einzigartige Zusammenstellung von Fördertürmen, die den Fortschritt und die damit einhergehenden verschiedenen Konstruktionsarten veranschaulichte. Außerdem ermöglichte sie – ein Glücksfall für die Photographen – einen Formenvergleich auf engem Raum. Die Errichtung und Modernisierung der verschiedenen Fördertürme waren nicht zuletzt durch die frühen Erfindungen des Betriebsleiters Carl Friedrich Koepe (1835–1922) vorangetrieben worden. So konnte im Malakow-Turm auf Schacht 1 im Jahr 1876 die erste nach ihm benannte Koepe-Förderung in Betrieb genommen werden, deren revolutionäre Neuerung darin bestand, dass die bislang verwendete Seiltrommel, auf der man die Förderseile auf- und abwickelte, durch eine Treibscheibe ersetzt wurde. Damit entfiel das Aufwickeln des mit zunehmender Teufe immer schwerer werdenden Seils. Fortan wurde ein Förderseil auf eine Treibscheibe aufgelegt und durch Drehung in eine Auf- und Abbewegung versetzt – eine wichtige Voraussetzung, um in größere Tiefen vorzudringen. Das setzte nicht nur neue Maßstäbe für die beiden später gebauten Fördertürme auf der Zeche Hannover, sondern sollte auch die Fördertechnik weltweit verändern. 1888 gelang Koepe im Obergeschoss des Malakow-Turms von Schacht 2 die Einrichtung der ersten Turmfördermaschine mit Treibscheibe, die bis in die 1950er Jahre internationales Vorbild blieb.[22] Um die Seillänge möglichst kurz zu halten und ein Maschinenhaus einzusparen, das üblicherweise ebenerdig seitlich neben dem Förderturm stand, hatte Koepe die Fördermaschine samt Treibscheibe in die vierte und oberste Etage des Malakow-Turms versetzen lassen.[23] Auch das kurz nach der Jahrhundertwende gebaute, mit je zwei übereinanderliegenden Seilscheiben ausgestattete Doppelstrebengerüst über Schacht 5 mit zwei Maschinenhäusern basierte auf Koepes Prinzip und gewährte eine steigende Kohlegewinnung.[24] Eine solch stabile Gerüstbauweise wurde erst möglich, als unter anderem mit der Einführung des Bessemer-Verfahrens Mitte des 19. Jahrhunderts die Stahlgewinnung und -qualität immer weiter optimiert wurde. Im Malakow-Turm hingegen waren die Gewichte und Lasten der Fördermaschine noch weitaus weniger günstig über Holz- und Eisengerüste auf die Turmmauern übertragen worden.[25]

Als Weiterentwicklung von Koepes Erfindung kann zudem die Vierseilförderung angesehen werden, die 1947 auf der Zeche Hannover weltweit erstmals eingesetzt wurde, und zwar in der damals neu im modernen Stahlfachwerk erbauten, 65 Meter hohen Turmförderanlage. Bernd und Hilla Becher photographierten die Treibscheibe mit Vierseilförderung im Inneren des Turms – ein Bild, das für die Zeche Hannover singulär ist, auch als Interieur eher eine Ausnahme darstellt (Buchumschlag, Rückseite).

Zwar erlebte Carl Friedrich Koepe, dessen Karriere vom Bergmann zum technischen Direktor führte, die hier abgebildete neue Fördertechnik nicht mehr. Dennoch zeigt sich an seinem Beispiel, dass die Weiterentwicklung der industriellen Bauten und Apparaturen meist auf den Erfindungsgeist beteiligter Ingenieure, Techniker und Handwerker zurückging, motiviert durch ökonomische wie der allgemeinen Betriebssicherheit dienende Gründe. Letztlich erwuchs aus ihrem Engagement das polymorphe und immer wieder wechselnde Gesicht der Anlagen. Pläne und Konstruktionen aus verschiedenen Zeiten griffen ineinander, überholte Einrichtungen wurden ausgebessert, ergänzt, abgebaut, neue aufgebaut – ein Prozess fortwährender Veränderung war im Gange. Wurden diese Modernisierungen hauptsächlich durch wirtschaftliche Faktoren angeregt, manifestierten sich doch immer wieder auch Momente im industriellen Gefüge – wie etwa am Malakow-Turm oder an verschiedenen Verwaltungsgebäuden ablesbar –, die einen gewissen Repräsentationswillen offenbarten und anders als die nur zweckorientierten Konstruktionen das ästhetische Erscheinungsbild der Anlage beeinflussten. Folglich kann das Werkgelände als eine Projektionsfläche unterschiedlicher Interessen und Entwicklungen angesehen werden, von industriellen Abläufen oder auch allgemein kulturellen Aspekten, die sich gegenseitig überlagern und oft unbeabsichtigt, indirekt zur Schau kommen. Gerade diese ineinander verwobenen Schichten und changierenden Aspekte empfanden Bernd und Hilla Becher offenbar als äußerst reizvoll.[26]

Blicken die Photographen auf die verschiedenen Fördertürme, so geschieht dies in systematischer Weise. Jeder der Türme wird in mehreren vertikalen Ansichten vor Augen geführt, sowohl aus frontaler wie auch aus perspektivischer Sicht. Besonders hier zeigt sich der Vorteil der von den

Bechers eingesetzten verstellbaren Großbildkamera, die es erlaubt, sogenannte stürzende Linien auszugleichen. Trotzdem konnten sie einige der Aufnahmen nur von einem erhöhten Standort, etwa einer Bandbrücke aus machen, der eine im Becher'schen Sinn »ideale Sicht«[27] gewährte.

Die Fördertürme sind gewissermaßen die Wahrzeichen der Zechenanlage. Während die geschlossenen Formen des Malakow-Turms und der hohen Turmförderanlage mit drei Ansichten vorgestellt werden, veranschaulichen die Photographen das visuell komplexere Doppelstrebengerüst mit sechs Ansichten, die sie im Tableau in drei Reihen übereinander, beinahe sternförmig, organisieren (Tafeln 194, 195, 196). In der unteren Reihe befindet sich eine horizontale, weiter gefasste Ansicht, die den Förderturm im architektonischen Kontext der Schachtanlage vor Augen führt. Bernd und Hilla Becher hatten ihre Kamera offenbar auf einer angrenzenden Wiese positioniert und blickten von Osten auf den Gesamtkomplex. Von hier aus hatten sie den freiesten und geradlinigsten Blick auf das Doppelstrebengerüst ebenso wie auf die Aufbereitung und die umliegenden Zweckbauten. In der Bildsequenz ist diese Aufnahme den sich anschließenden Übersichten über die Schachtanlage 1/2/5 zugeordnet (Tafel 19). Sucht man diese Aufnahme in der Formation der beiden zugehörigen Tableaus, so lässt sich die Doppelung des Motivs leicht feststellen (Tafeln 195, 197). Dass die Photographien von Bernd und Hilla Becher grundsätzlich in unterschiedlichen Zusammenstellungen zur Wirkung kommen, ist ein für ihr Schaffen durchgängig schlüssiges Prinzip, das an vielen der in das Konvolut der Zeche Hannover einbezogenen Aufnahmen nachvollziehbar wird. Es ist die einzige Doppelung eines Motivs innerhalb dieses Konvoluts, dafür finden sich einige der Motive in den von den Bechers konzipierten Typologien spezifischer Bauformen wieder. Das betrifft die Aufnahmen der Fördertürme ebenso wie die im weiteren Verlauf der Bildreihe vorgestellten Kühltürme, Gasbehälter, Kohlebunker und technischen Details.[28] Während sich diese Motive innerhalb der Typologien als Formträger und Vertreter eines speziellen Typus verstehen, gewinnen sie innerhalb der Dokumentation der Zeche Hannover ihre Bedeutung auch durch die funktionsbedingte Positionierung in der Gesamtkonstellation unterschiedlicher Baukörper.

Elemente wie das Mauerwerk umliegender Bauten, Bandstraßen oder Röhren, die fragmentarisch auf den objektbezogenen Aufnahmen zu erkennen sind, bilden sozusagen das erläuternde Beiwerk der in den Fokus gerückten Hauptgegenstände. Anders verhält es sich mit dem Beiwerk auf den horizontal angelegten Photographien landschaftlicher Art. Aus unterschiedlichen Richtungen betrachtet, treten die Fördertürme zwar immer noch als die Hauptprotagonisten der Schachtanlage in den baulichen Konglomeraten auf, doch ist hier vor allem ihre Nachbarschaft zu den anderen Bauwerken thematisiert. Der Standort der Fördertürme gewinnt an Bedeutung und je nach Perspektive kommen kaleidoskopisch unterschiedliche Bauten und Facetten ins Bild. Ausfindig machen lassen sich zum Beispiel Steiger- und Waschkaue, die Sieberei und Verladung, die Fördermaschinenhäuser, die Aufbereitungsanlage, das Umformergebäude, die Mischstation, eine Bandstraße zur Kokerei und das Grubenlüftergebäude, aber auch Materialplätze und vieles andere, seien es Eisenteile, Lastwagen oder Güterwaggons, Gleise, Zäune, Schilder, Fragmente von Vegetation oder Häuser der unmittelbar an das Werkgelände grenzenden Arbeiterkolonien (Tafeln 12–23).

Schließlich gelangt man zu einer besonders einnehmenden Aufnahme. Mit ihr tritt man wiederum näher an die Gebäude der Schachtanlage 1/2/5 heran. Zu sehen ist eine Kulmination quaderförmiger, hintereinandergestaffelter dunkler Baublöcke, die wie auf einer ansteigenden Bühne platziert sind, wobei im Mittelgrund ein mächtiges Rad die Aufmerksamkeit auf sich zieht. Die Photographen zeigen hier in komprimierter Sicht das Grubenlüftergebäude samt Elektrohaus vor dem massigen Malakow-Turm, links davon befindet sich die Aufbereitungsanlage, rechts dahinter die Turmförderanlage über Schacht 2. Die »ernsten Gestalten« der Schachtanlage rücken wie auf einer gut formierten Gruppenaufnahme zusammen (Tafel 23). Von hier aus führt die Bildsequenz zu sechs Ansichten des Grubenlüftergebäudes, das von mehreren Seiten betrachtet wird (Tafel 198). Zunächst sehen wir das 1929 erstellte Gebäude seitlich, einem planerischen Querschnitt ähnlich, so dass sich die Form des Ventilators gut abzeichnet.[29] Im Bild überlagern sich diese kompakten Trichterformen fast. Sie stehen optisch hintereinander, gerade so weit voneinander entfernt, dass man die räumliche Dimension zwischen ihnen noch erahnen kann. Schräg dahinter erscheint eine Bandstraße, die dem Bild eine zusätzliche Dynamik verleiht, funktionsmäßig aber nicht zur Lüfteranlage gehört, sondern für den Kohlentransport eine Verbindung zwischen Mischstation und Kokerei herstellt (Tafel 24).

Zeche Hannover 1/2/5 – Kokerei, Nebengewinnungsanlagen und Kraftwerk

Die Bildsequenz setzt sich mit dem Bereich der Kokerei fort und gibt Einblick in ihre Nebengewinnungsanlagen. Eingeleitet wird der Bereichswechsel durch eine Aufnahme, die die Kokerei in der Ferne am Horizont als Silhouette zeigt (Tafel 30). Der Vordergrund ist bis über die Mittelachse der Photographie gezogen; zu sehen sind hier Siedlungshäuser mit heckengesäumten Gärten. Bau- und Renovierungsarbeiten scheinen im Gang zu sein und bestückte Wäscheleinen vermitteln ein Bild des Alltags. Danach gewinnt man durch zwei von erhöhtem Standort aufgenommene Photographien einen weiten Überblick über die Industrielandschaft der Kokerei. Sie sind als Pendants lesbar, die in die jeweils entgegengesetzte Richtung verweisen und einen fast kartographischen Plan des Areals liefern. Gut erkennen lässt sich die Gliederung der Kokerei, die mit der Schachtanlage 1/2/5 ungefähr in einer Flucht liegt. Blickt man in östliche Richtung, sieht man links den mächtigen Kokskohlenturm,[30] und dahinter werden von links nach rechts die Aufbereitungsanlage, der Malakow-Turm und die Turmförderanlage sichtbar. Mittig im Bild stehen Kamine, Apparaturen der Nebengewinnungsanlagen, rechter Hand ein Teleskopgasbehälter und ein Kühlturm (Tafel 31). Schaut man, wie in dem folgenden Bild, von erhöhtem

Standpunkt herunter, erblickt man etwa mittig ein großflächiges Materiallager, am linken Rand eine Reihe von Werkstätten und etwas isoliert davon eine größere Halle in Stahlfachwerk (Tafel 32). Rechts, unter einer langen, schmal und schräg verlaufenden Bandbrücke, die zum Kokskohlenturm führt, stehen kleinere Lagerhäuser in Backstein, ein Salzlager und eine Ammoniakfabrik. Schnurgerade verläuft ungefähr auf der Mitte des abgebildeten Geländes, hinter den Werkstätten und Backsteinhäusern etwas erhöht, die Günnigfelder Straße. Sie führt quer über das Kokereigelände von Günnigfeld nach Hordel zur Alten Kolonie und geht später in die Hordeler Straße, Richtung Eickel, über. Im jenseits der Straße gelegenen Bereich ist links der große Gasbehälter zu sehen, dahinter der Kühlturm und weiter rechts, in der Bildmitte, die hellen Zylinder der Benzolwascher, zwei hohe und rechts davon vier etwas niedrigere. Sie flankieren den Bereich der Benzolgewinnung. Weiter rechts befindet sich der Backsteinbau eines Verwaltungsgebäudes, rechter Hand erkennt man den Bereich der Kokerei-Ofenbatterien und den Kokskohlenturm. Bis zum Horizont erstreckt sich das dicht bebaute Revier des Ruhrgebiets. Zwischen den hohen Kaminen in der Bildmitte lassen sich im Dunst die hintereinanderliegenden Fördertürme der Zeche Königsgrube erkennen.[31] Die meisten dieser wie auf einem Tablett präsentierten Objekte werden in der Dokumentation an anderer Stelle wieder aufgegriffen. Aber auch darüber hinaus machen die Bechers reizvolle Apparaturen ausfindig, die aus der Distanz entweder nicht wahrnehmbar sind oder zu weit im inneren Geflecht der Anlage liegen.

Eine weitere, ebenfalls horizontal ins Bild gesetzte Landschaft erweist sich als strenge Seitenansicht desselben Terrains, die einige wesentliche Bauten der Kokerei auf einer Linie im Profil zeigt (Tafel 33). Das Einfache und Geradlinige dieser Photographie erinnert wie viele Aufnahmen von Bernd und Hilla Becher an lexikalische Schaubilder oder gar an Kinderzeichnungen, die auf einer Ebene flächig-konturierte Figuren einer alltäglichen Szenerie in beschreibendem Hintereinander zeigen: Haus, Baum, Blume, Vater, Mutter, Kind, Haustier. Der visuelle Zugriff auf die Figuren ist direkt, sortiert und unverstellt. Die Parallele liegt auf der Hand. In der Photographie von Bernd und Hilla Becher wird die Grundstruktur einer Kokerei durch wesentliche Bauwerke skizziert: Kokskohlenturm, Kamin, Kühlturm, Bandübergabe, Gasbehälter, Benzolwascher. Dem Fachmann mag diese Aneinanderreihung zu kurz gegriffen sein. Im Weiteren folgen jedoch perspektivisch ausgerichtete Aufnahmen, die die Komplexität des Werks verdeutlichen und die technischen und chemischen Abläufe in den zur Ansicht kommenden Apparaturen ablesbar machen.

Immer auf der Suche nach typischen Grundformen industrieller Bauwerke sind Bernd und Hilla Becher, wie schon angedeutet, auch hier wieder fündig geworden. Als außergewöhnlicher Fund in der Reihe eindrucksvoller Einzelobjekte erweist sich ein Benzollager, das seine kuppelartige Form durch stählerne, rasterförmig miteinander verbundene Platten erhält (Tafel 38). Ihm folgen Einzelbilder eines Teleskopgasbehälters und Aufnahmen unterschiedlicher Typen von Kühltürmen, darunter ein schlanker aus Well-Eternit gebauter Kühlturm, der mit einem Stahlgerüst ummantelt ist, und zwei Ansichten eines aus Holz gebauten, ebenfalls durch ein Stahlgerüst stabilisierten Kühlturms (Tafeln 39–42). Dabei bleibt außer Acht, dass Holzkühltürme nur im Bereich des Kraftwerks vorkamen, an dieser Stelle der Bildfolge also dem Vergleich von Bauformen der Vorrang vor der zirkular vorgehenden Beschreibung einzelner Bereiche gegeben wird (Tafel 183) – ein Vorgehen, das sich auch später noch einmal in der Zusammenstellung von Giebelansichten von Werkhallen wiederfindet (Tafeln 115–118, 224). Die Bilder des Ventilatorkühlers leiten Bauformen ein, die eine quaderförmige Grundform aufweisen. Entsprechend ihrer Kistenform haben die Bechers die Apparatur fast wie auf einer Drehscheibe in vier vergleichbaren Ansichten dargestellt, so dass ein visuelles Umrunden möglich ist. Diese Systematik wird im Tableau noch stärker erkennbar (Tafel 204). Die Plausibilität solcher Vierer-Konstellationen hatte Bernd Becher schon 1958 erkannt, als er eine Dokumentation von der Grube Constanze in Haiger (Lahn-Dill-Kreis, Siegerland – 1963 geschlossen) aufnahm[32] – eine Formation, die sich bewähren sollte.

Nach derselben Methode gingen die Photographen auch bei anderen auf der Kokerei der Zeche Hannover entdeckten Objekten vor, etwa einem Rieselkühler und einer Verladestation für Ammoniumsulfat (Tafeln 205, 206). Besonders eindrücklich erweist sich das Prinzip für die Darstellung des Kokskohlenturms mit seitlichem Löschturm, der allerdings aufgrund seiner Komplexität in einer Sechser-Gruppierung erläutert wird (Tafel 212). Die angrenzende Kleinkokssieberei und Verladung erhalten zusätzlich eigenständige Bildsequenzen (Tafeln 210, 211). Wahrzeichen der Schachtanlage sind die Fördertürme, das zentrale Bauwerk in der Kokerei ist der Kokskohlenturm. Er dient als Speicher für die in der Aufbereitung gesiebten, zerkleinerten und getrockneten Feinkohlen. Unterhalb des Kokskohlenturms wurden die Kohlevorräte in Füllwagen geladen und zu den Koksofenöffnungen auf dem Dach der Ofenbatterien befördert. Diese Batterien erstreckten sich in langen Reihen rechts und links des Kokskohlenturms (Tafeln 55–58). Wendet sich der Betrachter anschließend dem Bereich der Nebengewinnungsanlagen der Kokerei zu, bekommt er zahlreiche vielgestaltige, teils imposante, mehrere Meter hohe Behälter, Zylinder, Röhren und Hausformen zu sehen, die im weitesten Sinn als chemische Anlagen und Fabrikgebäude dienten. Hier werden aus dem bei der Verkokung der Kohle zu Koks freigesetzten Rohgas Kohlenwertstoffe wie Teer, Schwefelsäure, Ammoniak und Benzol gewonnen.

Das Thema der Bandstraßen und Bandübergaben hat Bernd und Hilla Becher auf dem Gelände der Zeche Hannover besonders interessiert, es ist daher sehr ausführlich dokumentiert (Tafeln 130–144). In nur wenigen Zechenanlagen traten diese Konstruktionen für den Transport der festen Stoffe, also vor allem der Kohle, so auffallend hervor. Insbesondere die lange gerade Strecke der Bandstraße zwischen dem Kokereigelände rechts und links der Günnigfelder Straße haben die Bechers aus verschiedenen Perspektiven aufgenommen. Da sich die schmalen Bandstraßen aufgrund ihrer enormen Länge und ihres verhältnismäßig geringen Volumens dem üblichen Aufnahmeverfahren entzogen – das ausgewählte Gegenstände frontal oder perspektivisch, bildfüllend ins Zentrum der Photographie rückt –, entschieden sich die Photographen für Ansichten landschaftlicher Wirkung, die die Bandstraßen als Teilstücke und fortwährende Begleiter der Gesamtszenerie zeigen. Eindeutig gewinnt hier der Bildraum an Bedeutung, betont durch die aus verschiedenen Richtungen schräg in den Tiefenraum verlaufenden Bandstraßen. Vielfach schießen diese geradezu ins Bild, um so die endlos scheinende Ausdehnung der Streckenführung hervorzuheben. Besonders das Tableau erhält im Verbund dieser Bilder, die mehrere Perspektiven kombinieren, eine enorme Dynamik und lässt an kubistische und futuristische Bildwelten denken (Tafel 227).

Abschließend widmeten sich Bernd und Hilla Becher dem Gelände des Kraftwerks, betrachteten die verschiedenen Bereiche und Bauten, hoben einzelne Konstruktionen wie eine Verladung oder auch Spezialbehälter hervor. Dieser Werkbereich lag auf der anderen Seite, östlich der Schachtanlage 1/2/5, getrennt durch die Hannoverstraße, nah am Zechenbahnhof (Tafel 182). Im Hintergrund zeichnen sich die Häuser der Dahlhauser Heide ab, die 1905 als Wohnkolonie für die Belegschaft der Zeche Hannover angelegt wurden.

Die Bildabzüge und die Konzeption für den vorliegenden Werkkomplex der Zeche Hannover entstanden zwischen 2004 und 2006.[33] Es ist die Essenz, die Bernd und Hilla Becher aus ihrem reichhaltigen Fundus von rund 600 Negativen zur Zeche Hannover gewonnen haben. Schon aufgrund des enormen Umfangs an Negativmaterial nimmt diese Dokumentation eine herausragende Stellung in ihrem Œuvre ein. Keine andere Anlage hat den Künstlern einen vergleichbaren Anlass zur photographischen Beschreibung geboten wie die Zeche Hannover. Kaum an einem anderen Ort sollten sie so viele Aspekte und lohnende Motive für ihre Arbeit entdecken. Ihre Negative entwickelten die Bechers unmittelbar in den Jahren ihrer Aufnahmetätigkeit, die Sichtung des Materials erfolgte dann in vielen Etappen, vor allem auch in Hinblick auf die Gestaltung ihrer Typologien industrieller Bauten. Stets begleitete sie dabei der Gedanke, aus dem eigens angelegten Archiv zu gegebener Zeit ein ganzes Gelände, ein gewachsenes industrielles Gebilde und eine epochale Kulturlandschaft zur Anschauung bringen zu können. Zeche Hannover ist gehoben.

Anmerkungen

[1] Bernd und Hilla Becher, in: *Was die Schönheit sei, das weiß ich nicht. Künstler. Theorie. Werk*, 2. Biennale, Hrsg. Kunsthalle Nürnberg, Ausstellung 30.4.–1.8.1971, Köln: Verlag M. DuMont Schauberg, 1971, zitiert nach Susanne Lange: *Was wir tun, ist letztlich Geschichten erzählen… Bernd und Hilla Becher, Einführung in Leben und Werk,* München: Schirmer/Mosel, 2005, S. 86, Anm. 5.

[2] Vgl. Hilla Becher: »Photographische Dokumentation der Industriegeschichte«, in: *Industrial Archaeology. The Journal of the History of Industry and Technology,* Bd. 5, Nr. 4, November 1968, zitiert nach Susanne Lange, 2005, S. 186.

[3] Vgl. Bernd und Hilla Becher: *Zeche Concordia*, Hrsg. Kulturstiftung der Länder und Die Photographische Sammlung/SK Stiftung Kultur, Grußwort: Hans-Heinrich Grosse-Brockhoff, Einführung: Susanne Lange, Gabriele Conrath-Scholl, Text: Gabriele Conrath-Scholl, Berlin/Köln, 2006.

[4] Bernhard und Hilla Becher, Hans Günther Conrad, Eberhard G. Neumann: *Zeche Zollern 2, Aufbruch zur modernen Industriearchitektur und Technik. Entstehung und Bedeutung einer Musteranlage in Dortmund um die Jahrhundertwende,* München: Prestel-Verlag, 1977 [Studien zur Kunst des 19. Jahrhunderts, Bd. 34, Forschungsunternehmen der Fritz Thyssen Stiftung Arbeitskreis Kunstgeschichte]. Vgl. auch Ludger Derenthal: »Die Dokumentation der Zeche Zollern 2«, in: Bernd und Hilla Becher: *Typologien industrieller Bauten,* Texte: Armin Zweite, Thomas Weski, Ludger Derenthal, Susanne Lange, München: Schirmer/Mosel, 2003, S. 253–261; Andreas Rossmann: »Das zweite Leben einer Dortmunder Schönheit. Als die Industrie anfing, sich Stilbewußtsein zu leisten: Die Maschinenhalle der Zeche Zollern«, in: *FAZ*, 27.9.2006, S. 44.

[5] Bernd und Hilla Becher: *Zeche Hannibal*, Hrsg. Die Photographische Sammlung/SK Stiftung Kultur, Köln, Huis Marseille, stichting voor fotografie, Amsterdam, Einführung: Susanne Lange, Els Barents, Text: Rudi Fuchs, München: Schirmer/Mosel, 2000.

[6] »Jedes Bauwerk hat seinen eigenen Klang. Und wenn man eine Folge von Photographien nebeneinandersetzt, ergibt das einen Klang. Man muß sehr darauf achten, daß Rhythmus und Tonart stimmen.« Hilla Becher in: »Die Musik der Hochöfen. Bernd und Hilla Becher im Gespräch mit James Lingwood«, 1996, in: Susanne Lange, 2005, S. 193.

[7] »Bernd und Hilla Becher im Gespräch mit Michael Köhler«, 1989, in: Susanne Lange, 2005, S. 187.

[8] »Die Musik der Hochöfen, Bernd und Hilla Becher im Gespräch mit James Lingwood«, 1996, in: Susanne Lange, 2005, S. 193.

[9] Vgl. z. B. Rainer Slotta: *Einführung in die Industriearchäologie,* Darmstadt: Wissenschaftliche Buchgesellschaft, 1982, mit u. a. Abbildungen von Bernd und Hilla Becher.

[10] Hilla Becher, 1968, in: Susanne Lange, 2005, S. 186. Entsprechend entstanden beispielsweise die Bildbände zur Architektur der Wasser- und Fördertürme sowie zur Zeche Zollern 2 mit ausführlichen Textbeiträgen zur Kultur- und Technikgeschichte. Vgl. Bernhard und Hilla Becher, Heinrich Schönberg und Jan Werth: *Die Architektur der Förder- und Wassertürme*, München: Prestel-Verlag, 1971 [Studien zur Kunst des 19. Jahrhunderts, Bd. 13, Forschungsunternehmen der Fritz Thyssen Stiftung Arbeitskreis Kunstgeschichte] sowie Bernhard und Hilla Becher, Hans Günther Conrad, Eberhard G. Neumann, 1977.

[11] Die Zahlen beziehen sich auf die vorliegende Buchsequenz. Bei Ausstellungspräsentationen kann abhängig vom Ausstellungsraum auch auf mehr oder weniger als 193 Exponate zurückgegriffen werden.

[12] Auskunft von Hilla Becher nach privaten Dokumenten, Januar 2010.

[13] Bernd und Hilla Becher: *Fachwerkhäuser des Siegener Industriegebietes*, München: Schirmer/Mosel, 1977 [Reprint 2000].

[14] Vgl. Susanne Lange, 2005, S. 11–16.

[15] Vgl. Bernhard und Hilla Becher: *Anonyme Skulpturen. Formvergleiche industrieller Bauten*, anlässlich einer Ausstellung in der Städtischen Kunsthalle Düsseldorf, 24.1.– 9.3.1969, Hrsg. Städtische Kunsthalle Düsseldorf, Texte: Karl Ruhrberg, Thomas Grochowiak, Bernhard und Hilla Becher, Düsseldorf, 1969; Bernd und Hilla Becher: *Anonyme Skulpturen. Eine Typologie technischer Bauten,* Düsseldorf: Art-Press Verlag, 1970.

[16] Bernd und Hilla Becher: *Industrielandschaften*, mit einem Gespräch zwischen Susanne Lange und Bernd und Hilla Becher, München: Schirmer/Mosel, 2002; Bernd und Hilla Becher: *Bergwerke und Hütten*, Text: Heinz Liesbrock, München: Schirmer/Mosel, 2010.

[17] Vgl. »Die Musik der Hochöfen, Bernd und Hilla Becher im Gespräch mit James Lingwood«, 1996, in: Susanne Lange, 2005, S. 194; sowie Jean-Pierre Krief: »Hilla und Bernd Becher«, Film aus der Dokumentarfilmreihe *Contacts/Kontaktabzüge*, Frankreich, 2002.

[18] »Bernd und Hilla Becher im Gespräch mit Michael Köhler«, 1989, in: Susanne Lange, 2005, S. 187.

[19] Es ist ein Standort des Westfälischen Industriemuseums, Landschaftsverband Westfalen-Lippe.

[20] Vgl. Heinrich Schönberg: »Die technische Entwicklung der Fördergerüste und -türme des Bergbaus«, in: Bernhard und Hilla Becher, Heinrich Schönberg und Jan Werth, 1971, S. 269, sowie Bernd und Hilla Becher: *Fördertürme,* München: Schirmer/Mosel, 1997, S. 6.

[21] Dietmar Osses: *Zeche Hannover in Bochum, Westfälisches Industriemuseum,* DKV-Kunstführer Nr. 601/2, München, Berlin: Deutscher Kunstverlag GmbH, 2002, S. 6. Herrn Dietmar Osses, Museumsleiter des LWL-Industriemuseums Zeche Hannover, Bochum, möchte ich an dieser Stelle für seine freundliche und fachkundige Hilfe hinsichtlich der Bestimmung verschiedener Bauwerke und Apparate, die in diesem Band abgebildet sind, besonders herzlich danken. Dies betreffend gilt mein Dank zudem den Mitgliedern des Fördervereins Zeche Hannover e. V. Herrn Michael Jörig, Herrn Rüdiger Groß und Herrn Günter Wallach. In ihrem Archiv befindet sich eine Planzeichnung der Anlage der Zeche Hannover aus dem Jahr 1954. Darauf lassen sich verschiedene Funktionsbauten verorten, wenn auch keine eindeutige Deckung zwischen Planzeichnung und Photographien festgestellt werden kann. Immerhin liegen zwischen der Erstellung beider Darstellungsarten 20 Jahre Werkentwicklung. Vgl. Abdruck des Plans in: Vera Steinborn, Hans Röver: *Zeche Hannover I/II/V. Ein Rundgang durch das Industriedenkmal und seine Geschichte,* Kleine Reihe / Westfälisches Industriemuseum Bd. 14, Essen: Klartext-Verlag, 2002 (1. Auflage 1996), S. 6/7. Für die Unterstützung bei der englischen Übersetzung der Fachbegriffe danke ich Rosemary Preece, Curatorial Director, National Coal Mining Museum for England, Overton, Wakefield.

[22] Vgl. Heinrich Schönberg: »Die technische Entwicklung der Fördergerüste und -türme des Bergbaus«, in: Bernhard und Hilla Becher, Heinrich Schönberg und Jan Werth, 1971, S. 285ff.

[23] Vgl. Slotta, 1982, S. 28–32, hier S. 30.

[24] Vgl. Heinrich Schönberg: »Die technische Entwicklung der Fördergerüste und -türme des Bergbaus«, in: Bernhard und Hilla Becher, Heinrich Schönberg und Jan Werth, 1971, S. 300–313, hier S. 309.

[25] Vgl. Walter Buschmann: *Zechen und Kokereien im rheinischen Steinkohlenbergbau, Aachener Revier und westliches Ruhrgebiet,* Berlin: Gebr. Mann Verlag, 1998 [Die Bau- und Kunstdenkmäler von Nordrhein-Westfalen: 1. Rheinland], S. 55 f, 81 ff, 96.

[26] Anschaulich beschrieben haben Bernd und Hilla Becher dies einmal in Bezug auf die Zeche Concordia: »Die Zeche Concordia ist eine für das Ruhrgebiet ausgesprochen typische Anlage, geradezu ein Exempel oder ein Lehrstück. Sie war für uns wie eine ganze Stadt, die mit ihren vielen Bauten – vergleichbar mit der Kirche, der Post und der Schule – besonders attraktiv war. An vielen Gebäuden oder Apparaturen ließ sich erkennen, daß das Gebiet historisch gewachsen war. Es trug die Zeichen der Zeit. Die Verschiedenartigkeit der Baukomplexe hatte sich in erster Linie durch ihre jeweiligen Aufgaben und den Wandel der technischen Möglichkeiten ergeben. Aber natürlich gab es auch Momente, wo sich ein bestimmter Geschmack durchgesetzt hatte, der sich an Rastern von Wohn- und Repräsentationsbauten orientierte. Rückblickend werden in den Photographien deshalb auch aufeinanderfolgende Zeitschichten und daraus resultierende wechselnde Bedürfnisse sichtbar. Vollkommen arglos, möchte man sagen, kommt hier Historistisches neben Zweckbauten der Nachkriegszeit vor.« Aus einem Gespräch der Autorin mit Bernd und Hilla Becher, Frühjahr 2006.

[27] »[…] als ich zu photographieren anfing, da hab' ich mir die Hainer Hütte […] vorgenommen. Und wie ich damals den Hang raufging, um den Aufnahmestandpunkt festzulegen, ergab sich die mittlere Höhe wie von selbst. […] So kam dann dieser spezifische Stil zustande, der eigentlich gar kein Stil ist, sondern nur die ›ideale Sicht‹ auf den Gegenstand, die, die ihn übersichtlich macht.« »Bernd und Hilla Becher im Gespräch mit Michael Köhler«, 1989, in: Susanne Lange, 2005, S. 189.

[28] Vgl. Malakow-Türme, Tafeln 1, 186, in: Bernd und Hilla Becher: *Typologien industrieller Bauten*, 2003, Tafeln 67, 68; Doppelstrebengerüst, Tafel 4, in: ebd., Tafeln 58, 59; Gasbehälter, Tafel 39, in: ebd., Tafel 34; Holzkühlturm, Tafel 41, in: ebd., Tafel 33 (hier Querformat, siehe auch Bernd und Hilla Becher: *Kühltürme*, München: Schirmer/Mosel, 2005, Tafeln 228, 230); Ventilatorkühler, Tafel 43, in: ebd., Tafel 32; Kokskohlenturm, Tafel 71, in: ebd., Tafeln 89, 90; Gaskühler, Tafel 77, in: ebd., Tafel 101, hier versehentlich der Zeche Concordia zugewiesen; Kamin, Tafel 60, in: ebd., Tafel 105.

[29] Vgl. Vera Steinborn, Hans Röver, 2002, S. 32.

[30] Kokskohlentürme werden in den Becher'schen Typologien unter der Bezeichnung »Kohlebunker« geführt, vgl. Bernd und Hilla Becher: *Typologien industrieller Bauten*, 2003, Tafeln 88–91.

[31] Vgl. die Photographie der Zeche Königsgrube, Wanne-Eickel, 1973, in: Bernd und Hilla Becher, 2010, Tafeln 23, 24.

[32] Vgl. Susanne Lange, 2005, S. 14, Abb. 11.

[33] Das Konvolut über die Zeche Hannover gehört zum Bestand der Photographischen Sammlung/SK Stiftung Kultur, Köln, erworben mit Mitteln der Sparkasse KölnBonn, dem Sparkassen Kulturfonds des Deutschen Sparkassen- und Giroverbandes, dem Beauftragten der Bundesregierung für Kultur und Medien und der Kulturstiftung der Länder. Die Aufarbeitung der Werkgruppe entstand im Rahmen der seit 1996 geführten Kooperation zwischen der Photographischen Sammlung/SK Stiftung Kultur und Bernd und Hilla Becher, die nach dem Tod von Bernd Becher, 2007, mit Hilla Becher fortgesetzt wird.

Hannover Coal Mine – A Documentation by Bernd and Hilla Becher

Gabriele Conrath-Scholl

"Just as medieval cathedrals came out of the medieval world view and eighteenth-century castles embody the feudal system, these edifices are to be seen as emanations of our time, as a self-representation of our society."
Bernd and Hilla Becher, 1971[1]

Zeche Hannover / Hannover Coal Mine in Bochum was one of the most imposing mines in the Ruhr region until the 1970s. Having been documented in a no less imposing collection of photographs by Bernd and Hilla Becher, one now has the opportunity not only of viewing this coal mining complex in a form that has not survived the times, but also of reflecting on the artist couple's decades of creative work. A multifaceted industrial landscape with all of its buildings and equipment unfolds in the series of images of Zeche Hannover that have been gathered over the years.

Views of Entire Mine Installations – A Consistently Developed Category

While the Becher's photographs of individual heavy-industrial objects – winding towers and gas tanks, preparation plants, cooling towers, silos, or lime kilns, grouped according to formal typologies, image sequences, or presented in the chronology of their monographs – are well-known and have been widely published, the descriptions of entire industrial complexes represent a lesser developed field and harbor a variety of discoveries. But the plan was devised long before the photographers began their work. In 1968, Hilla Becher assembled a list of motifs that included not only the individual objects mentioned above, but "views of complete mine installations" and "views of complete coking plants." She also noted down comprehensive subjects such as "blast furnaces and steelworks" and "industrial housing."[2] It was not only industrial structures that stood at the center of their pictorial interest; it was evidently also directed toward the overall setting, thus extending the radius of their work in concentric circles.

When Hilla Becher compiled her list, she may have had Zeche Concordia in Oberhausen (Ruhr region) in mind that she and Bernd Becher documented between 1967 and 1972, of which there has existed a compendium of about two hundred photographs since 2005.[3] More works of this kind would follow. Some of the most well-known are series of images of Zeche Zollern 2, Dortmund-Bövinghausen (Ruhr region), begun in 1969, as they were published in 1977 and made a substantial contribution to rethinking how Germany's industrial legacy was dealt with. The taking of the photographs coincided with the protests against the demolition of the complex, which led on December 30, 1969, to successfully having the engine house, an Art Nouveau structure built according to plans by the architect Bruno Möhring in 1902, declared a historic monument, the first industrial building in the Federal Republic of Germany to acquire this designation. The entire site was subsequently restored, and an industrial museum was established there in 1982.[4]

The Bechers' photographic description of Zeche Hannibal, around two kilometers east of Zeche Hannover, also began attracting attention in terms of its artistic value. For their documentation of Zeche Hannibal, the artist couple selected eighty-five of the images they produced, for the most part in 1973 and 1974, which over the course of their work they assembled into nineteen groups. The series was presented for the first time in an exhibition at the Düsseldorf Galerie Konrad Fischer in 1980. It was acquired by the Stedelijk Van Abbemuseum in Eindhoven the following year, where it was included in a retrospective embracing works from 1957 to 1981. Nineteen years later, the photographs of Zeche Hannibal – accompanying the exhibition *Bergwerke, Objekt und Beschreibung* (Coal Mines, Object and Description) at Die Photographische Sammlung/SK Kultur, Cologne, and the Huis Marseille, Amsterdam – were included in a volume designed by Bernd and Hilla Becher that underscores the significance of this kind of documentation as a definitive art form.[5]

The fact that today, ten years later, a monograph on Zeche Hannover should find its way into the public is primarily due to the idea, once again, of providing insight into the specific way of perceiving photographs of extensive industrial sites, a principle of comparative vision that defines the Bechers' work. Because even though the complexes are similar in terms of function and are subject to comparable visual access, the artist couple at the same time discovers individual aspects that they likewise examine in great detail. When searching through the various compendiums, the viewer will notice that although the images of the respective coal mines adhere to a regular, recognizable grammar laid down by the photographers and that structural repetitions occur, a space becomes apparent within which they respond to the differences of each mining complex. The differentiations and reformulations elaborated on by Bernd and Hilla Becher lend the body of images, coinciding with the specific characteristics of the mines, an individual profile. Each group of works is given its own rhythm and overall tone.[6] A side effect of this is that the two volumes of photographs of Zeche Hannibal and Zeche Hannover enable a comparison of almost related coal mines: they were not only adjacent to each other, but beginning in 1899 were initially operated as a compound under the management of Krupp, followed by the Ruhrkohle AG in 1969.

Yet the focus of the documentations of entire industrial complexes is not first and foremost on ideas guided by contemporary history or the history of technology. Rather, as is the case for all of the other series of works by the artist couple, the images center around the standards of a preferably comprehensive visual exploration and presentation of industrial structures within their own context, something that has characterized the photographers' artistic work from the outset. "Because," Bernd and Hilla Becher explained in an interview conducted in 1989 by Michael Köhler, "our work is not limited to the documenting of facts. The objects we seek not only have to be interesting in their own right, but beyond that, also exemplary in type."[7]

And during another meeting with James Lingwood in 1996, they commented on this once again: "What's important is to identify what is typical. That's where selection comes into our process. Because of course there are an enormous number of objects and buildings which we decide not to photograph."[8] What they are addressing is a method of selection developed according to artistic considerations that is applicable in equal measure to the motifs and the mode of photography being used – one need only call to mind the choice of image cropping – as well as to the photographs of individual objects and the portrayal of entire complexes. Not all of the coal mines or steelworks lend themselves to being captured on film in great detail. The key conditions were the characteristics of the existing buildings, as well as the comparability with previously photographed structures, the general macrostructure, the condition of the objects, or the topographic prospects and administrative possibilities of being able to seek out the ideal locations for positioning the camera. While, for example, the insular world of objects at Zeche Hannibal aroused the photographers' interest, at Zeche Hannover it was the more extensive configuration of the mining complex that reflected a multifariously fascinating motif, or the long conveyor belt lines that were passed over by the camera's lens. The share of landscape-oriented images, for instance, is greater in the documentation of Zeche Hannover than it is in that of Zeche Hannibal. Factors invariably enter into the picture that demand a spontaneous reaction and influence the overall design of the series of images without diverging from the general objective.

Today, there are around two hundred industrial sites that have been recorded by Bernd and Hilla Becher in their complexity, whereby the number of corresponding negatives fluctuates considerably – from between five or twenty or, as is the case for Zeche Hannover, up to about six hundred. They are subjected to a further process of selection and grouping while the prints are being developed. Numerous time-consuming, individual steps are required before a compendium of images such as the one of Zeche Hannover has been completely processed. The fact that, beyond their artistic value, the Bechers' pictorial results provide important material for related fields of activity such as the history of technology or interdisciplinary industrial archeology, a rising focus of interest since the 1980s, is a logical effect which they took into account early on.[9] This also becomes apparent in the text by Hilla Becher from 1968 that was cited above: "[…] our main aim at the moment is to complete the series we have already begun, so that we can document the development and range of each type of building fully and without gaps. This will make it possible for future scholars to use the collection for the purpose of comparison and analysis."[10] In this respect, the documentation of Zeche Hannover sees itself as an independent visual model of an industrial complex that embraces as many of its typical aspects as possible and is open to all branches of study.

Scope of the Documentation, Period of Origin, Geographic Context

The documentation of Zeche Hannover, which is now available in 193 selected black-and-white photographs grouped into forty-four tableaux,[11] concentrates solely on exterior views of the coal mine's surface installations. Bernd and Hilla Becher only occasionally photographed the interiors of the buildings. There were no photographs taken underground. The earliest of the documentation's images go back to 1971/72 and show shafts 3/4/6 in Wattenscheid-Günnigfeld (now Bochum). They continued their activity the following year in Bochum-Hordel around shafts 1/2/5, about one and a half kilometers from Wattenscheid-Günnigfeld. Both of the mines were so far apart that there are no photographs depicting them together. The Bechers completed their survey of Zeche Hannover in August 1974, concentrating their activity from April to July 1974 on the premises of the shaft 1/2/5 coking plant and the power plant.[12] This contradicts the widespread assumption that the Bechers took photographs of their motifs exclusively in the winter months. Due to the often diffuse light conditions and the sparse vegetation, while winter might have benefited the precisioning and highlighting of the objects, overcast summer days were definitely suited for taking photographs, provided the motifs were not affected by shadows and the surroundings were free of dense foliation, allowing exposure of the motifs.

The photographers encountered conditions at Zeche Hannover that were ideal for the unhindered pursuit of their work. They could move freely about the site and repeatedly inspect everything that was important to them. They had anyway elected the Ruhr region as one of their favorite working areas in the early 1960s, where until well into the 1990s they photographed – comparable with their framework houses theme in the industrial region of Siegen[13] – the housing so typical of that area, sought out countless coal mines and steel mills, and ultimately integrated the Ruhr region photographs into an international context of comparable structures and industrial landscapes. Their range of activity substantially increased over the course of their four decades of joint work – they traveled to the Netherlands, England, France, Belgium, Luxembourg, and North America. In the Ruhr region, they also took series of photographs of those mines that existed at the periphery of Zeche Hannover in a never-ending patchwork: Zeche Königsgrube in Wanne-Eickel to the north; Zeche Shamrock in Herne further to the east; the above-mentioned Zeche Hannibal in Bochum-Hofstede to the east; as well as the adjacent Zeche Constantin field, which extended to the south and also adjoining Zeche Carolinenglück in Bochum; then further to the southwest the mines Centrum and Holland, both in Wattenscheid; and to the west, Zeche Vereinigte Rheinelbe & Alma in Gelsenkirchen. At the time, many of these coal mines were about to be shut down; Zeche Hannover abandoned operations on March 31, 1973. In this respect, the photographs by Bernd and Hilla Becher are frequently the last testimony to these complexes and buildings, which they wanted to document preferably in an intact state in order to preserve an authentic impression of them. They were not concerned with producing romantic images of ruins, which would invariably have occurred with increasing disrepair. Their documentation work was therefore always in a race against time – a phenomenon with which Bernd Becher saw himself confronted in his early years as an artist, when he made his first drawings of mines in his native region of Siegerland. At that time, the mines and steel mills were being dismantled quicker than he could draw pictures of them. However, this proved to be to his advantage, as he resorted to the camera as a quicker means of recording the industrial sites, which ultimately resulted in his collaboration with his companion Hilla Becher.[14]

Zeche Hannover: On the Documentary Method

When one leafs through the volume at hand on the Hannover coal mine, what opens up is a large part of Bernd and Hilla Becher's spectrum of motifs. One furthermore encounters objects such as a fan house, a dome-shaped benzole tank, or belt transfer points and meter-long conveyor belts, which are more or less unknown in their previous work. Clear, object-oriented photographs that call to mind the term "anonymous sculptures"[15] so significant for the artist couple's work alternate with landscapes that provide an overview of different sites and building complexes and, despite their multifarious nature, have been depicted in such a way that the viewer obtains a detailed and spatial idea of the whole. Views such as these are already presented in illustrated volumes such as *Industrielandschaften* (Industrial Landscapes, 2002) and *Bergwerke und Hütten* (Coal Mines and Steel Mills, 2010),[16] which also contain several photographs from the Zeche Hannover cycle. Whereas these volumes for the most part show landscapes photographed from a distance, in order to describe the entire mining complex the distances between the camera and the motif are frequently alternated. The field is viewed and explored from every perspective – from close up and from a distance, as well as from elevated vantage points. Bernd and Hilla Becher often compared the organizational principles they chose for their photographs to the systematics of the natural sciences.[17] Here, the scientific side of their photographic practice becomes particularly evident. This suggests a team of scientists who carefully examine a marked-off area; walk over and survey it; analyze artifacts, take soil samples, penetrate deeper and deeper into its structures; subject the terrain to a thorough empirical inspection; and finally compile a record of their research findings. Bernd and Hilla Becher once described their co-operation on such photographic expeditions as follows: "[...] when we want to photograph an entire industrial plant each of us seeks out his or her own motifs. At the previous stage we discuss the objects that interest us and who should take which shot. Needless to say, it also happens that while we are photographing we become aware of other motifs or discuss the best position for the camera with certain objects."[18]

The sequence of images in the present publication, which contains full-page plates, enables a gradual advance within the complex in, as it were, narrative form and the observation of the smallest elements of its layout, structures, and material properties. The second section shows the corresponding groupings, which allow the visual circumnavigation of an object or an area at one glance. Multipart and differently structured tableaux are presented in the same fashion as in exhibitions. The fundamental referential character of the individual images is unquestionably confirmed through their sequential arrangement as well as their assignment to groups. The individual image is always closely tied to the series. Turning the pages back and forth allows opening up the overall expanse of the coal mine and time and again rediscovering and locating the buildings and the functional equipment in an almost playful way, experiencing them in their complexity. The fact that the pictures of the Günnigfeld shafts 3/4/6 have been subordinated to the photographs taken in Hordel stands in relation to the image material that has been passed down and the importance of the shafts (plates 186–193). Production in Günnigfeld ceased in the 1930s.

Hannover Coal Mine 1/2/5, Bochum-Hordel

The series of photographs begins with the prominent Malakov tower above shaft 1 of Zeche Hannover (plate 1), a winding tower that was common, in particular in the Ruhr region, until the 1880s. Zeche Hannover shafts 3/4/6 also commenced operation with a winder of this kind. Accordingly, it is the oldest type of winding tower at the site of shafts 1/2/5. In 1858, a matching tower was erected above shaft 2 as part of a symmetrical double winding facility. Together with the winding engine-house, which presumably contains the oldest still in-situ steam-engine in the Ruhr region, the Malakov tower over shaft 1 and a fan house belong to that ensemble that has been preserved as a cultural monument to Zeche Hannover and is a reminder of the 120-year-old history of the coal mine.[19] The name Malakov tower can be traced back to Fort Malakov of the Sevastopol fortress, which in 1855, during the Crimean War, bore up against an attack by the French and thus became a widespread symbol of massive strength.[20] Above and beyond the structural necessities, the Malakov tower has design elements such as embellishments on its cornices as well as "blind arches or merlons, which cite the structure's history and lend it more the appearance of a mighty knight's castle than an industrial structure."[21]

Within the scope of this documentation, the Malakov tower is the prelude to the description of further winding towers, such as the double headgear that was completed in 1908 (demolished in 1980) and erected over shaft 5, approximately fifty meters north of shaft 2, and the steel framework tower-type winders (plates 4, 9). The latter was built in 1940 (demolished in 1980) and replaced the second Malakov tower that originally existed over shaft 2, which was torn down in 1939. These three structures on Zeche Hannover constitute a unique assembly of winding towers that represent progress and illustrate the various associated styles of construction. In addition, it enabled – a stroke of luck for the Bechers – a comparison of forms, as the structures are in close proximity to one another. The construction and modernization of the various winding towers were not lastly advanced due to the early inventions of the technical director Carl Friedrich Koepe (1835–1922). In 1876, what came to be known as the Koepe winder could be put into operation for the first time at shaft 1. This revolutionary innovation substituted a traction sheave for the previously used cable drum, which was used to wind and unwind the traction ropes. This dispensed with winding the rope, which with greater depth became increasingly heavy. From now on, a traction rope was placed on a traction sheave and set in an up and down motion by means of turning – an important condition for penetrating into greater depths. This not only set new standards for the two winding towers later built on Zeche Hannover, but also impacted winding technology worldwide. In 1888, Koepe succeeded in installing the first tower-type winding machine in the upper level of the Malakov tower above shaft 1, which remained an international standard until the 1950s.[22] In order to keep the rope as short as possible and dispense with an engine house, which was normally situated laterally at ground level next to the tower, Koepe had the winding machine along with the traction sheave placed in the fourth and upper level of the Malakov tower.[23] The double headgear above shaft 5, which was built shortly after the turn of the 19th century, equipped with two overlying rope pulleys, and had two engine houses, was based on Koepe's principle and guaranteed increased coal extraction.[24] This type of stable framework first became possible as steel production and quality were optimized with, among other things, the introduction of the Bessemer process in the mid-19th century. In contrast, in the Malakov tower, the weights and loads of the winders were still much less efficiently transferred to the tower walls via wooden and iron frameworks.[25]

The four-rope winding engine implemented at Zeche Hannover in 1947 in what at the time was the new, sixty-five-meter-tall tower-type winder, built with a modern steel framework, can be seen as a further development of Koepe's invention. Bernd and Hilla Becher photographed the traction sheave with the four-rope winding engine inside the tower – an image that is singular for Zeche Hannover, as interior photographs were an exception (back cover).

Carl Friedrich Koepe, whose career led from being a miner to becoming technical director of the coal mine, did not live long enough to experience the new winding technology depicted here. Yet his example shows that the further development of the industrial structures and equipment can for the most part be traced back to the inventive talent of the participating engineers, technicians, and mechanics, motivated by reasons that served economic efficiency as well as general industrial safety. What ultimately grew out of their commitment was the polymorphous and constantly changing face of the mining sites. Plans and constructions from different periods meshed; outdated equipment was revamped, supplemented, dismantled, and reconstructed – a process of continuous change was underway. While these modernization measures were primarily stimulated by economic factors, others manifested themselves time and again in the industrial macrostructure – for example, in the Malakov tower or various administration buildings – which revealed a certain desire to present a favorable outward impression and, unlike the purely functional constructions, influence the aesthetic image of the coal mine. Hence, the coal mine site can be viewed as a projection surface for differing interests and developments, industrial activities, or even general cultural aspects that overlap and often unintentionally, indirectly come to light. It was precisely these interwoven layers and changing aspects that Bernd and Hilla Becher apparently found so extremely appealing.[26]

The photographers examine the various towers systematically. Several vertical shots are shown of each of them, both from a frontal as well as from a perspectival point of view. This is where the adjustable large-format camera the Bechers use has an advantage in that it enables compensating for so-called converging lines. Despite this, several of the photographs could only be taken from an elevated vantage point, for instance from a conveyor bridge, which afforded, according to the Bechers, an "ideal view."[27]

The winding towers are to some measure the symbols of the mining complex. While the cohesive forms of the Malakov tower and the tall tower-type winder are presented in three views, the photographers show the visually more complex double headgear in six views, which they organize in the tableau in three rows, one above the other and nearly starlike (plates 194, 196, 195). There is a horizontal, wider view in the lower row that shows the tower within the architectural context of the shaft complex. Bernd and Hilla Becher had apparently positioned their camera on an adjacent field and looked out to the east at the site. From this position they had the most unhindered and direct view of the double headgear as well as of the preparation plant and the surrounding functional buildings. In the sequence of images, this one is assigned to the subsequent overviews of shafts 1/2/5 (plate 19). If one searches for this photograph in the formation of the two associated tableaux, one easily notices a repetition of the motif (plates 195, 197). That Bernd and Hilla Becher's photographs generally come into play in various combinations is a consistent principle of their creative work that becomes discernible in the compendium of images of

Zeche Hannover. It is the only repetition of a motif in this body of images, yet some of the motifs can be found in the typologies of specific construction styles conceived by the Bechers. This applies both to the photographs of the winding towers as well as the cooling towers, gas tanks, coal bunkers, and additional technical details presented further on in the series.[28] While within the topologies these motifs are the carriers of form and representatives of a special category, within the documentation of Zeche Hannover they gain their importance by means of their function-based positioning in the overall constellation of various structures.

Elements such as the brickwork of nearby buildings, conveyor belts, or pipes, fragments of which can be seen in the object-related photographs, comprise, so to speak, the illustrating accessories of the main objects being focused on. This is not the case for the accessories in the horizontal landscape images. Viewed from different directions, while the winding towers continue to be the main protagonists of the shaft complex in the structural conglomerates, it is primarily their proximity to the other structures that is being thematized here. The location of the winders gains in importance and, according to perspective, the kaleidoscopically differing structures and facets thereof come into the picture. One detects, for example, wash houses, the screening plant and the loading bay, the winding engine-houses, the preparation plant, the generator building, the blending station, conveyor belts to the coking plant, and the fan house; as well as materials sites and other objects – be they hardware, trucks, freight cars, rails, fences, or signs; or fragments of vegetation or houses in the workers' settlements directly beside the mine's premises (plates 12–23).

One finally arrives at a particularly engaging photograph, which in turn leads one closer to the buildings of shafts 1/2/5. It shows a culmination of cuboid-shaped, successively staggered dark blocks that have been placed as if on a sloping stage, whereby one's attention is attracted by a massive wheel midground. What the images present here in a compact view is the fan house together with the power house in front of a huge Malakov tower; to the left is the treatment plant, and behind it to the right is the tower winder above shaft 2. The "serious figures" of the shaft complex close ranks like in a well-composed group photograph (plate 23). From here, the photo sequence leads us to the six images of the fan house, which is viewed from several sides (plate 198). We first see the building, constructed in 1929, from the side, similar to a plan cross-section, so that the shape of the ventilator is well-defined.[29] In the image, these compact cone-like forms are nearly superimposed. Visually, they are standing one behind the other, just far enough from each other that one has a whisper of an idea of the spatial dimension between them. At an angle behind this is a belt conveyor system that lends a sense of dynamics to the picture; in terms of function, however, it does not belong to the ventilation system, but is used to transport coal between the blending station and the coking plant (plate 24).

Zeche Hannover 1/2/5 – Cokery, By-Product Extraction Plant, and Power Plant

The sequence of images continues with the site of the coking plant and provides insight into its facilities for the extraction of by-products. The transition to this area is introduced by a long shot showing a silhouette of the coking plant on the horizon (plate 30). The foreground extends beyond the center axis of the photograph; it shows settlement houses with hedge-lined gardens. Construction and renovation work seem to be underway, and clothes lines hung with laundry communicate a picture of everyday life. In the two subsequent photographs taken from an elevated vantage point, one gains a broad overview of the cokery's industrial landscape. The images can be read as counterparts that refer to the respective opposite direction, and they supply an almost cartographic plan of the site. The organization of the coking plant, which is approximately in line with shafts 1/2/5, is clearly discernible. If one looks to the east, one sees the massive coking coal tower to the left,[30] and behind it, from the left to the right, the preparation plant, the Malakov tower, and the tower-type winder. In the center of the photograph are chimneys, equipment for the by-product extraction plants, and to the right a telescopic gas tank and a cooling tower (plate 31). If one looks down from an elevated vantage point, like in the subsequent picture, one sees, approximately in the center, an extensive materials store, and at the left-hand edge a series of workshops and a large, somewhat isolated steel framework hall (plate 32). To the right, below a long, narrow, and obliquely running conveyor bridge that leads to the coking coal tower, there are small brick storehouses, what appears to be a salt store, and an ammonia plant. In about the middle of the site, Günnigfelder Straße runs in a straight line and somewhat elevated behind the workshops and the brick buildings. It transverses the site of the coking plant from Günnigfeld to Hordel to Alte Kolonie, and in the direction of Eickel turns into Hordeler Straße. In the area beyond the street, one can see the large gas tank to the left and, behind it, the cooling tower. Further to the right, in the center of the image, are the benzole washer's light-colored cylinders – two tall ones and, to the right of these, four others that are somewhat shorter. A brick administration building is located further to the right, to the right of which one can see the cokery's oven batteries and the coking coal tower. This heavily developed coal-mining district of the Ruhr region stretches all the way to the horizon. Between the tall chimneys in the center of the photograph, one can discern the tower-type winders, one behind the other, of Zeche Königsgrube in the haze.[31] Most of these objects, presented as if on a platter, are taken up again elsewhere in the documentation by Bernd and Hilla Becher. But above and beyond this, they seek out equipment of interest that is either impossible to detect from a distance or that is located too deep within the interior network of the complex.

A further landscape, also placed horizontally into the image, proves to be an austere side view of the same terrain that shows a vertical alignment of some of the coking plant's important buildings (plate 33). The image's simple quality and straight lines are, like many of Bernd and Hilla Becher's photographs, reminiscent of lexical illustrations or children's drawings that show a succession of two-dimensional, contoured figures from an everyday scene on a plane: house, tree, flower, father, mother, child, pet. The visual access to the figures is direct, sorted, and unobstructed. The parallels are obvious. In the Becher's photograph, the basic structure of a cokery is outlined by means of important structures: coking coal tower, chimney, cooling tower, belt transfer point, gas tank, benzole washer. To the expert, this string may fall too short. Yet what follows are perspectival images that reveal the complexity of the plant and make the technical and chemical processes readable in the equipment being shown.

Always on a quest for typical basic forms of industrial structures, Bernd and Hilla Becher, as already suggested, also discovered things here. What proved to be an extraordinary find in the series of impressive individual objects is a benzole store that gets its dome-like shape from steel plates that have been connected to form a grid (plate 38). This is followed by individual images of a telescopic gas tank and pictures of different kinds of cooling towers, including a slender cooling tower made from corrugated Eternit and encased in a steel framework, and two views of a wooden cooling tower that has also been stabilized by means of a steel framework (plates 39–42). What is not indicated is that wooden cooling towers could only be found in the area of the power plant, which means that at this point in the sequence the comparison of construction styles takes precedence over the circular description of individual areas (plate 183) – an approach that is also reflected again later in the assembly of views of industrial façades (plates 115–118, 224). The pictures of the ventilator cooler introduce styles of buildings that feature a basic cuboid form. Corresponding to their box-like shapes, the Bechers depicted them in four comparable views, as if they stood on a turning platform, making it possible to circle them visually. This system becomes even more recognizable in the tableau (plate 204). Bernd Becher recognized the plausibility of such four-part constellations as early as 1958, when he documented the coal mine Constanze in Haiger (Lahn-Dill district, Siegerland; closed in 1963)[32] – a formation that would prove its worth.

The photographers also proceeded according to the same method with other objects they discovered at Zeche Hannover's cokery, for instance a trickle cooler and an ammonium sulphate loading bay (plates 205, 206). This principle proved to be a powerful one for the portrayal of the coking coal tower with its lateral quenching tower, which, however, because of its complexity is illustrated in a grouping of six photographs (plate 212). The nearby small-coke screening plant and loading bay have their own image sequences (plates 210, 211). The winding towers symbolize the shaft area; the central structure in the coking plant is the coking coal tower. It serves as a store for the coal fines that are screened, ground, and dried in the preparation plant. Below the coking coal tower, the coal reserves are loaded into charging cars and transported to the coking ovens on the roof of the oven batteries. These batteries extend in long rows to the right and left of the coking coal tower (plates 55–58). If the viewer subsequently turns to the area of the cokery's by-product extraction plants, one sees numerous multishaped and in part imposing tanks, cylinders, pipes, and structures several meters tall that in a broad sense served as chemical plants and factory buildings. This is where reusable material, such as tar, sulphuric acid, ammonia, and benzole, is recovered from the crude gas that is released during the coking process.

Bernd and Hilla Becher were particularly interested in the conveyor belts and belt transfer points at the Zeche Hannover site, and they are therefore documented in great detail (plates 130–144). It is one of only few mining complexes where these constructions for the transport of solid materials, primarily coal, were so strikingly prominent. The Bechers took photographs from a variety of perspectives, in particular of the long, straight conveyor belt line between the cokery site to the right and left of Günnigfelder Straße. Because, due to their enormous length and their comparatively marginal volume, the narrow conveyor belts could not be recorded on film in their conventional way – placing objects frontally or perspectivally into and filling the center of the image – the photographers decided to take landscape-like photographs that feature the conveyor belts as constant companion pieces of the overall scenery. The image space clearly gains importance here, emphasized by the conveyor belts that run obliquely from different directions into the depth of space. In many cases these dart into the picture, thus accentuating the apparently endless extent of the conveyor belt routing system. In the combination of these images, which combine several perspectives, the tableau gains an enormous dynamic and brings to mind Cubist and Futurist imagery (plate 227).

Bernd and Hilla Becher subsequently devoted themselves to the site of the power plant, examining the various areas and structures and emphasizing individual constructions, such as a loading bay or special vessels. This area of the complex was on the other side, east of shafts 1/2/5, separated by Hannover Straße and near the mine's station (plate 182). The houses in Dahlhauser Heide, a housing settlement that was built in 1905 for employees of Zeche Hannover, loom in the background.

The prints were produced for the present body of works on Zeche Hannover and the concept developed between 2004 and 2006.[33] It represents the essence of a total of approximately six hundred negatives. The enormous volume of negative material alone is reason to assign this documentation a prominent place in the œuvre of Bernd and Hilla Becher. No other mining complex offered the artists a comparable occasion to produce such a comprehensive photographic narrative than Zeche Hannover. There was hardly another location at which they could have discovered so many aspects and worthwhile motifs for their work. The Bechers immediately developed their negatives during the years of their photographic activity. They then viewed the material in numerous stages, above all with respect to the organization of their typologies of industrial buildings. This was always accompanied by the thought of being able to present, in due course, an entire site, a developed industrial entity, and an epoch-making cultural landscape. Zeche Hannover has been retrieved.

Notes

1 Bernd and Hilla Becher in *Was die Schönheit sei, das weiß ich nicht. Künstler. Theorie. Werk*, 2nd Biennale, ed. Kunsthalle Nürnberg, Nuremberg, exhibition April 30–August 1, 1971 (Cologne: Verlag M. DuMont Schauberg, 1971), cited in Susanne Lange, *Bernd und Hilla Becher, Life and Work* (Cambridge, Mass.: The MIT Press, 2007), p. 86, note 5.

2 Cf. Hilla Becher, "Documenting Industrial History by Photography," in *Industrial Archaeology. The Journal of the History of Industry and Technology* 5, no. 4 (November 1968), cited in ibid., p. 186.

3 Cf. Bernd and Hilla Becher, *Zeche Concordia*, ed. Kulturstiftung der Länder and Die Photographische Sammlung/SK Stiftung Kultur, preface: Hans-Heinrich Grosse-Brockhoff, introduction: Susanne Lange and Gabriele Conrath-Scholl, text: Gabriele Conrath-Scholl (Berlin and Cologne, 2006).

4 Bernhard and Hilla Becher, Hans Günther Conrad, and Eberhard G. Neumann, *Zeche Zollern 2, Aufbruch zur modernen Industriearchitektur und Technik. Entstehung und Bedeutung einer Musteranlage in Dortmund um die Jahrhundertwende* (Munich: Prestel-Verlag, 1977) [Studien zur Kunst des 19. Jahrhunderts, vol. 34, Forschungsunternehmen der Fritz Thyssen Stiftung Arbeitskreis Kunstgeschichte]. Cf. also Ludger Derenthal, "Die Dokumentation der Zeche Zollern 2," in Bernd und Hilla Becher, *Typologien industrieller Bauten,* texts: Armin Zweite, Thomas Weski, Ludger Derenthal, and Susanne Lange (Munich: Schirmer/Mosel, 2003), pp. 253–261; Andreas Rossmann, "Das zweite Leben einer Dortmunder Schönheit. Als die Industrie anfing, sich Stilbewußtsein zu leisten: Die Maschinenhalle der Zeche Zollern," *FAZ,* September 27, 2006, p. 44.

5 Bernd and Hilla Becher, *Zeche Hannibal*, ed. Die Photographische Sammlung/SK Stiftung Kultur, Cologne, and Huis Marseille, stichting voor fotografie, Amsterdam, introduction: Susanne Lange and Els Barents, text: Rudi Fuchs (Munich: Schirmer/Mosel, 2000).

6 "Each building has a particular sound. Putting a sequence of photographs together makes a sound. You have to be very attentive to questions of tone and scale and rhythm." Hilla Becher, in "The Music of the Blast Furnaces. Bernhard and Hilla Becher in conversation with James Lingwood," 1996, cited in Lange 2007 (see note 1), p. 193.

7 "Bernd and Hilla Becher in conversation with Michael Köhler," 1989, in ibid., p. 187.

8 "The Music of the Blast Furnaces, Bernhard and Hilla Becher in conversation with James Lingwood," 1996, in ibid., p. 193.

9 Cf., e.g., Rainer Slotta, *Einführung in die Industriearchäologie* (Darmstadt: Wissenschaftliche Buchgesellschaft, 1982), which also includes pictures from Bernd and Hilla Becher.

10 Hilla Becher, 1968, in Lange 2007 (see note 1), p. 186. Accordingly, the Bechers published photo books on water and winding tower architecture as well as Zeche Zollern 2, which include detailed contributions on the history of culture and technology. Cf. Bernhard and Hilla Becher, Heinrich Schönberg, and Jan Werth: *Die Architektur der Förder- und Wassertürme* (Munich: Prestel-Verlag, 1971 [Studien zur Kunst des 19. Jahrhunderts, vol. 13, Forschungsunternehmen der Fritz Thyssen Stiftung Arbeitskreis Kunstgeschichte]; as well as Becher, Conrad, and Neumann 1977 (see note 4).

11 The numbers refer to the sequence of photographs in this book. In exhibitions, depending on the available space, one can fall back on more than 193 exhibits, or opt for a lesser number.

12 This information stems from Bernd and Hilla Becher's personal documents, January 2010.

13 Bernd and Hilla Becher, *Framework Houses* (Cambridge, Mass.: The MIT Press, 2001).

14 Cf. Lange 2007 (see note 1), pp. 11–16.

15 Cf. Bernhard and Hilla Becher, *Anonyme Skulpturen. Formvergleiche industrieller Bauten*, in conjunction with an exhibition at the Städtische Kunsthalle Düsseldorf, January 24–March 9, 1969, ed. Städtische Kunsthalle Düsseldorf, texts: Karl Ruhrberg, Thomas Grochowiak, Bernhard and Hilla Becher (Düsseldorf, 1969); Bernd and Hilla Becher, *Anonyme Skulpturen. Eine Typologie technischer Bauten* (Düsseldorf: Art-Press Verlag, 1970).

16 Bernd and Hilla Becher, *Industrial Landscapes*, including a conversation between Susanne Lange and Bernd and Hilla Becher (Cambridge, Mass.: The MIT Press, 2002); Bernd and Hilla Becher, *Coal Mines and Steel Mills*, text: Heinz Liesbrock (Cambridge, Mass.: The MIT Press, 2010).

17 Cf. "The Music of the Blast Furnaces, Bernhard and Hilla Becher in conversation with James Lingwood," 1996, in Lange 2007 (see note 1), p. 194; as well as Jean-Pierre Krief, *Hilla und Bernd Becher,* part of the documentary film series *Contacts/Kontaktabzüge,* France, 2002.

18 "Bernd and Hilla Becher in conversation with Michael Köhler," 1989, in Lange 2007 (see note 1), p. 187.

19 It is part of the Westfälisches Industriemuseum, Landschaftsverband Westfalen-Lippe [Westphalia Museum of Industry, Regional Authority of Westphalia-Lippe].

20 Cf. Heinrich Schönberg, "Die technische Entwicklung der Fördergerüste und -türme des Bergbaus," in Becher, Schönberg, and Werth 1971 (see note 10), p. 269, as well as Bernd and Hilla Becher, *Mineheads* (Cambridge, Mass.: The MIT Press, 1997).

21 Dietmar Osses, *Zeche Hannover in Bochum, Westfälisches Industriemuseum,* DKV Art Guide no. 601/2 (Munich and Berlin: Deutscher Kunstverlag GmbH, 2002), p. 6. I would like to express my appreciation to Dietmar Osses, Director of the Westphalia Museum of Industry Zeche Hannover, Bochum, for his kind help and expertise with respect to identifying various structures and equipment illustrated in this volume. My gratitude also goes out to Michael Jörig, Rüdiger Groß, and Günter Wallach of the Förderverein Zeche Hannover e. V. Their archive has a drawing of the Zeche Hannover complex from 1954 on which various functional structures can be identified, although it is not possible to establish a clear correspondence between the drawing and the photographs. After all, twenty years of mine development lie between the execution of the drawing and the Bechers' documentation. Cf. a replica of the drawing in Vera Steinborn and Hans Röver, *Zeche Hannover I/II/V. Ein Rundgang durch das Industriedenkmal und seine Geschichte,* Kleine Reihe/Westfälisches Industriemuseum vol. 14 (Essen: Klartext-Verlag, 2002) (1st ed. 1996), pp. 6/7. I would also like to thank Rosemary Preece, Curatorial Director, National Coal Mining Museum for England, Overton, Wakefield, for her know-how and kind assistance with translating the technical terms into English.

22 Cf. Heinrich Schönberg, "Die technische Entwicklung der Fördergerüste und -türme des Bergbaus," in Becher, Schönberg, and Werth 1971 (see note 10), pp. 285 ff.

23 Cf. Slotta 1982 (see note 9), pp. 28–32, here p. 30.

24 Cf. Heinrich Schönberg, "Die technische Entwicklung der Fördergerüste und -türme des Bergbaus," in Becher, Schönberg, and Werth 1971 (see note 10), pp. 300–313, here p. 309.

25 Cf. Walter Buschmann, *Zechen und Kokereien im rheinischen Steinkohlenbergbau, Aachener Revier und westliches Ruhrgebiet* (Berlin: Gebr. Mann Verlag, 1998) [Die Bau- und Kunstdenkmäler von Nordrhein-Westfalen: 1. Rheinland], pp. 55 f., 81 ff., 96.

26 Bernd and Hilla Becher once provided a vivid description of this with respect to Zeche Concordia: "Zeche Concordia is a particularly typical complex for the Ruhr region; one could also say it is a prime example. For us, it was like an entire city, whose numerous buildings – comparable to a church, the post office, or a school – made it especially attractive. Many of the buildings or installations revealed the area's historical growth. It bore the traces of time. The diverseness of the building complexes was first and foremost due to the function they each served and ad-

vances in technology. But of course there were also moments when a certain taste had asserted itself that oriented itself toward grids of residential housing and prestige buildings. In retrospect, this explains why successive layers of time and the resultant changing needs become visible in the photographs. One would like to say that historical elements can quite unsuspectingly be found here alongside the functional buildings of the postwar era." From a conversation between the author and Bernd and Hilla Becher, spring 2006.

[27] "[…] I used the Hainer Hütte as one of my first objects when I started taking photographs. As I was climbing the cliff back then trying to decide where to set the camera, the midlevel height just seemed obvious. […] This is how we developed our specific style, which isn't really a style as much as the ideal vantage point as regards showing the object clearly." "Bernd and Hilla Becher in conversation with Michael Köhler," 1989, in Lange 2007 (see note 1), p. 189.

[28] Cf. Malakov towers, plates 1, 186, in Becher 2003 (see note 4), plates 67, 68; double headgear, plate 4, in ibid., plates 58, 59; gas tanks, plate 39, in ibid., plate 34; wooden cooling tower, plate 41, in ibid., plate 33 (here in landscape format). See also Bernd und Hilla Becher, *Kühltürme* (Munich: Schirmer/Mosel, 2005, plates 228, 230); ventilator cooler, plate 43, in ibid., plate 32; coking coal tower, plate 71, in ibid., plates 89, 90; gas cooler, plate 77, in ibid., plate 101, here mistakenly attributed to Zeche Concordia; chimney, plate 60, in ibid., plate 105.

[29] Cf. Steinborn and Röver 2002 (see note 21), p. 32.

[30] In the Bechers' typologies, coking coal towers are designated "coal bunkers." Cf. Becher and Becher 2003 (see note 4), plates 88–91.

[31] Cf. the photograph of Zeche Königsgrube, Wanne-Eickel, 1973, in Becher 2010 (see note 16), plates 23, 24.

[32] Cf. Lange 2007 (see note 1), p. 14, fig. 11.

[33] The compendium of photographs of Zeche Hannover belongs to the holdings of Die Photographische Sammlung/SK Stiftung Kultur, Cologne, purchased with funding provided by the Sparkasse KölnBonn, Sparkassen-Kulturfonds of the Deutscher Sparkassen- und Giroverband, the Beauftragte der Bundesregierung für Kultur und Medien [Federal Commissioner for Cultural and Media Affairs], and Die Kulturstiftung der Länder [The Cultural Foundation of the Federal States]. The appraisal of the group of works originated within the scope of the cooperation, beginning in 1996, between Die Photographische Sammlung/SK Stiftung Kultur and Bernd and Hilla Becher, which after Bernd Becher's death in 2007 has continued with Hilla Becher.

Tafeln

Zeche Hannover 1/2/5, Bochum-Hordel, 1973/74
Zeche Hannover 3/4/6, Wattenscheid-Günnigfeld (heute Bochum), 1971/72
Ruhrgebiet, Deutschland

Plates

Hannover Coal Mine 1/2/5, Bochum-Hordel, 1973/74
Hannover Coal Mine 3/4/6, Wattenscheid-Günnigfeld (now Bochum), 1971/72
Ruhr Region, Germany

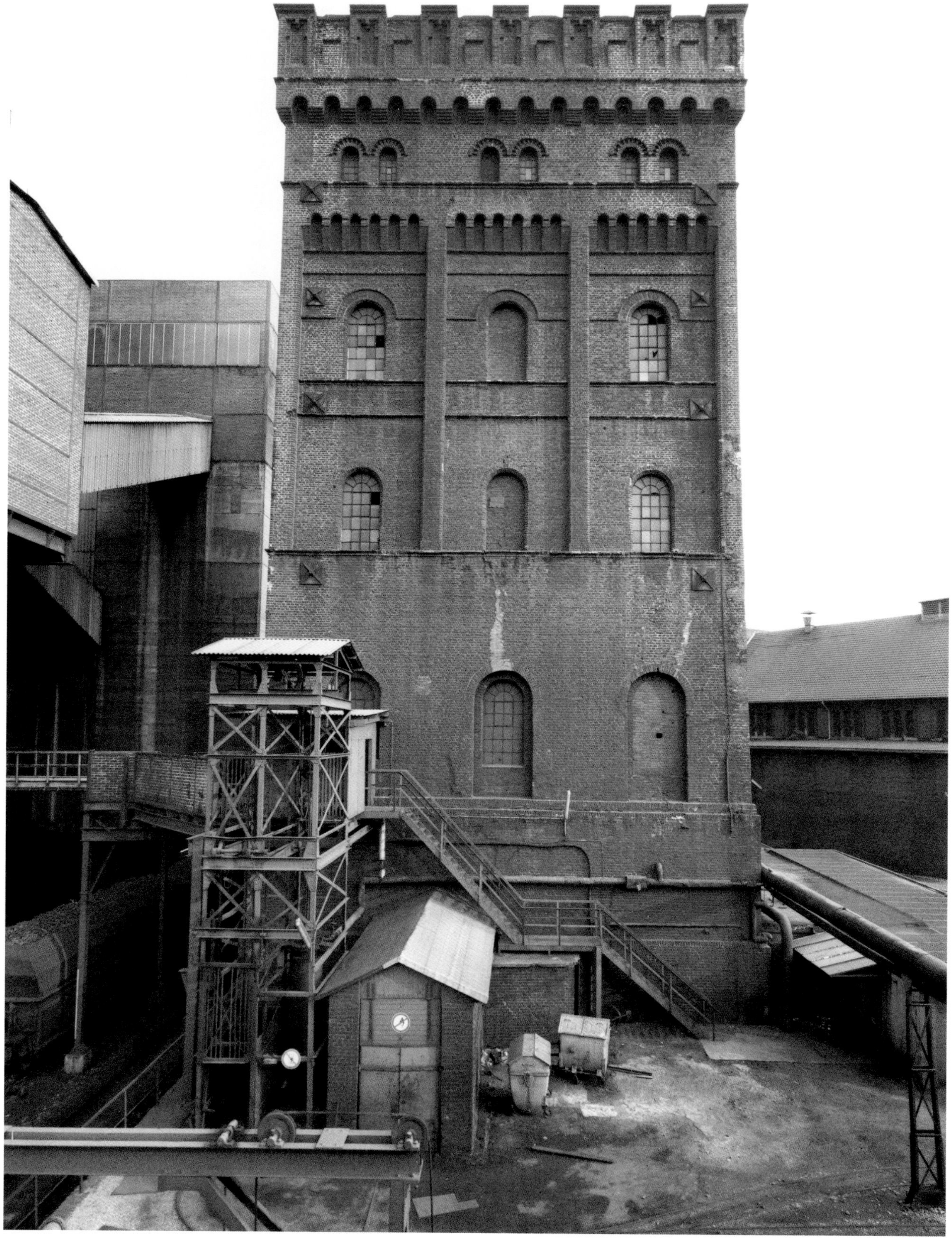

1
Malakow-Turm, Schacht 1
Malakov tower, shaft 1

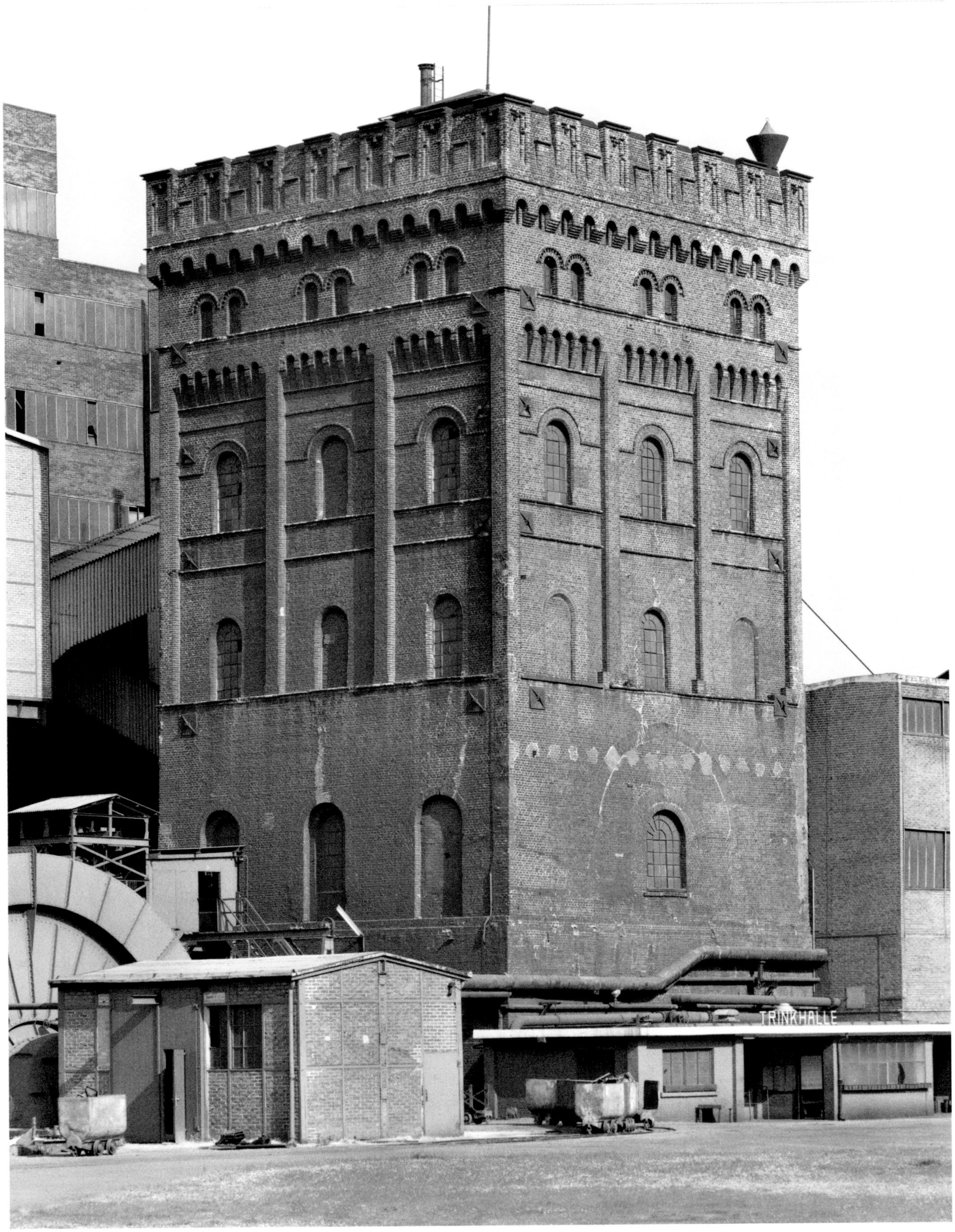

2
Malakow-Turm, Schacht 1
Malakov tower, shaft 1

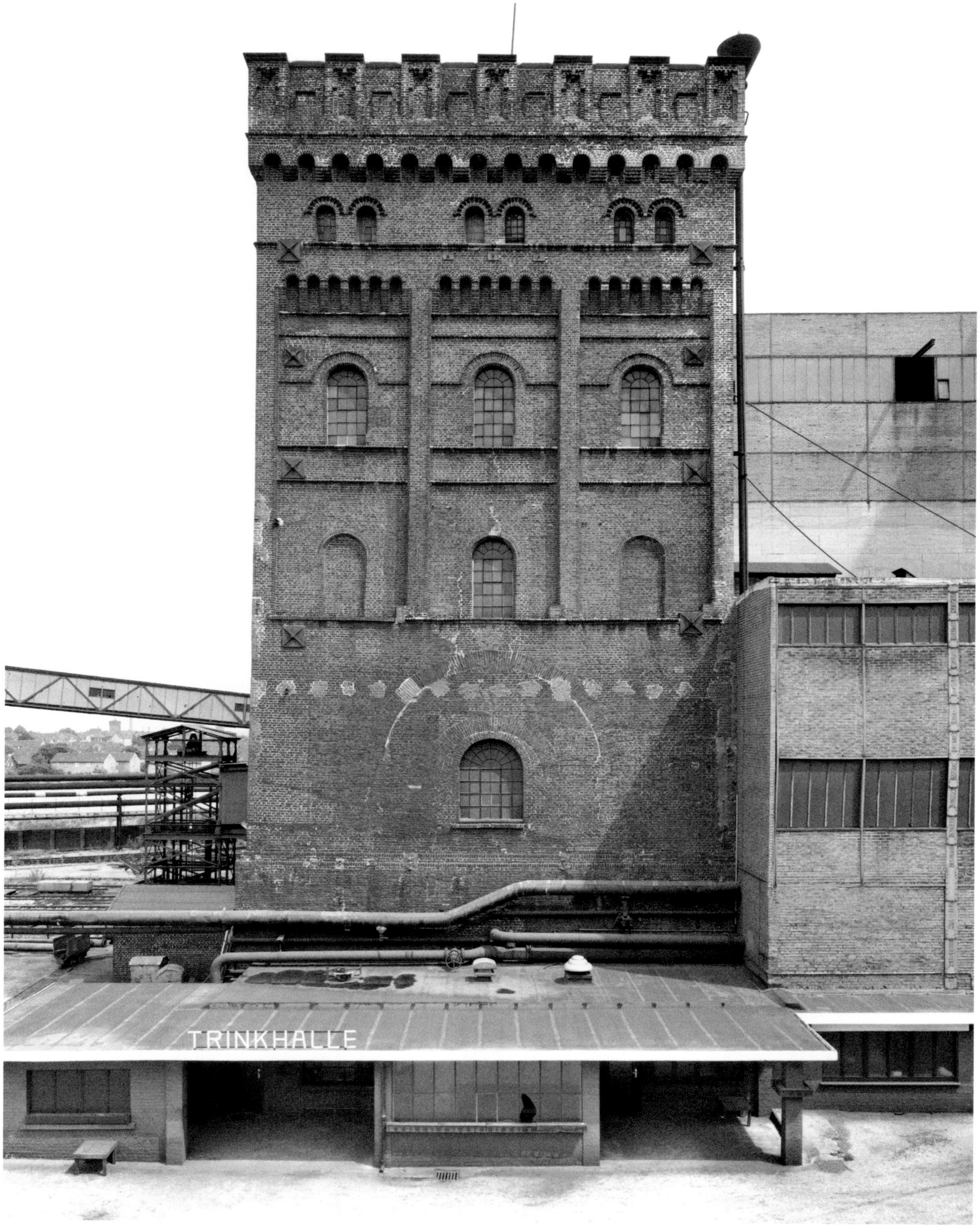

3
Malakow-Turm, Schacht 1
Malakov tower, shaft 1

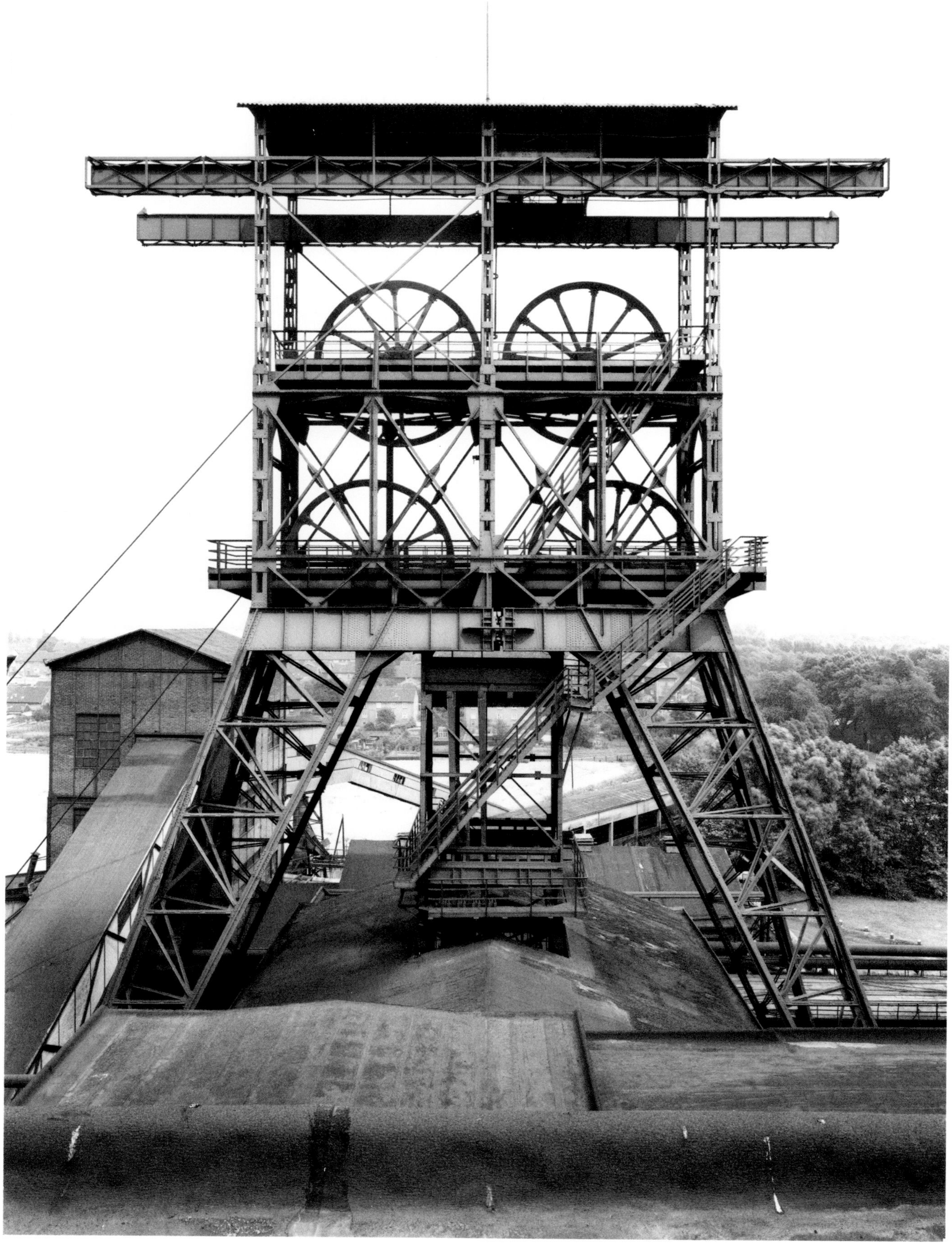

4
Doppelstrebengerüst, Kopfansicht, Schacht 5
Double headgear, view of top, shaft 5

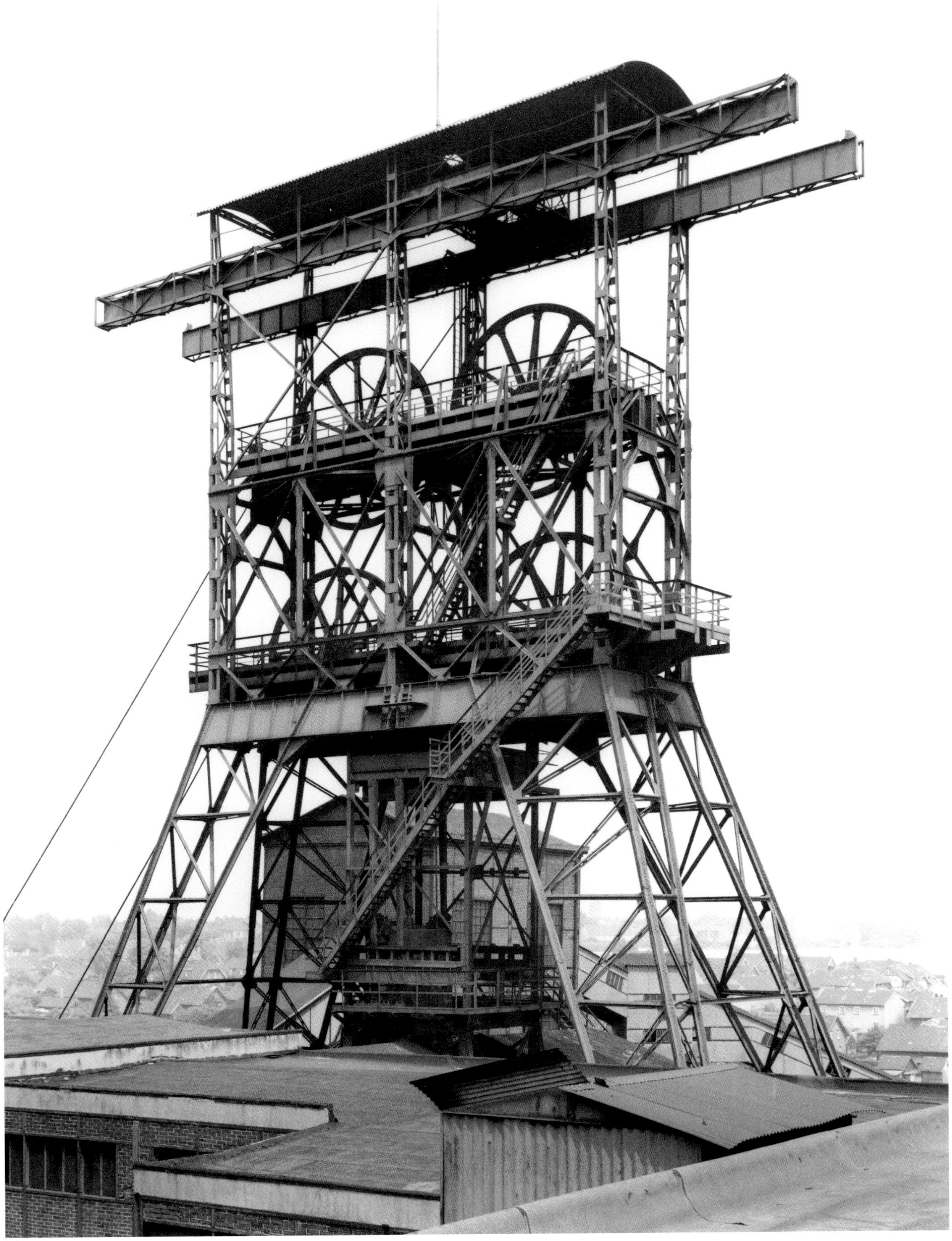

5
Doppelstrebengerüst, Kopfansicht, Schacht 5
Double headgear, view of top, shaft 5

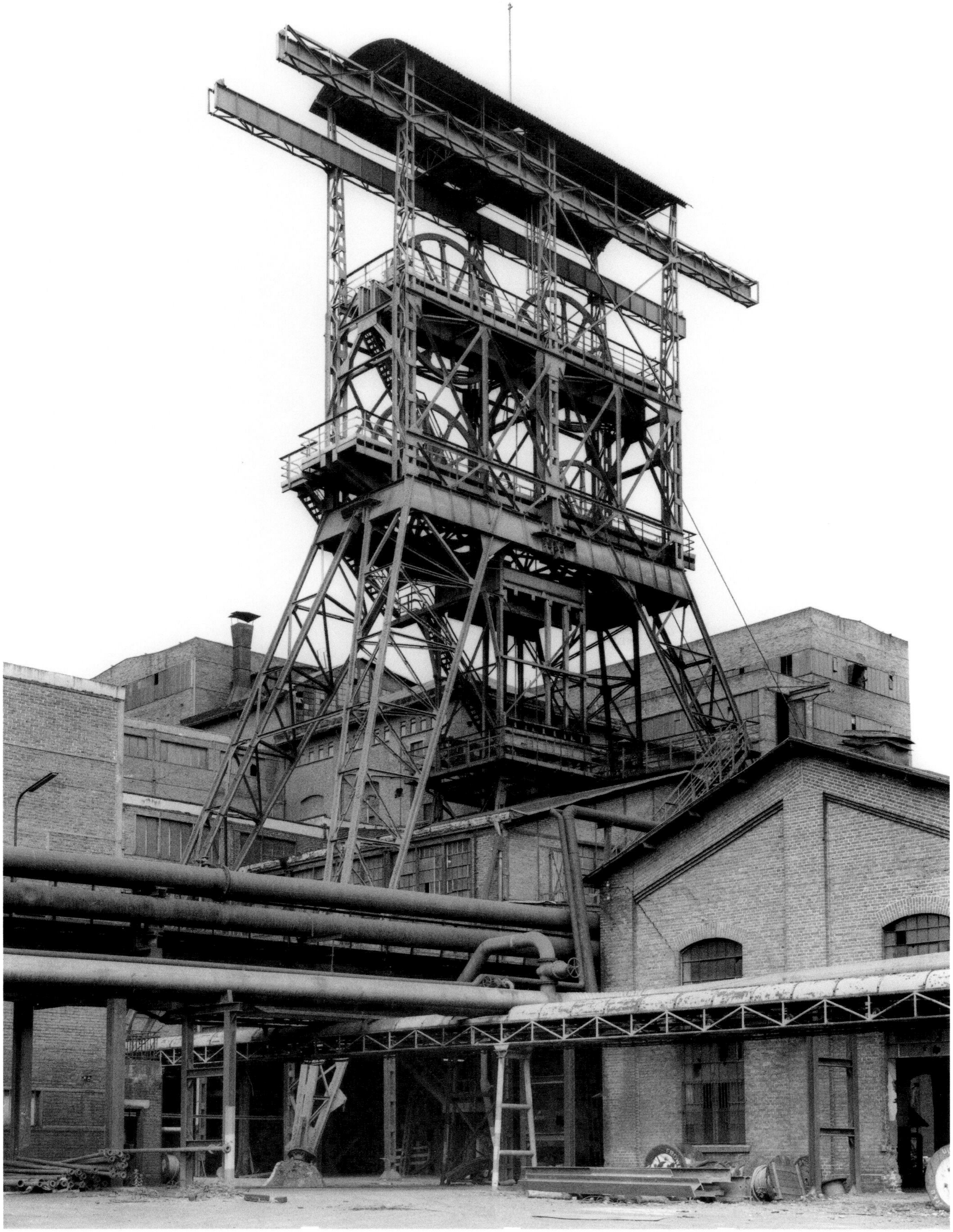

6
Doppelstrebengerüst, Gesamtansicht, Schacht 5
Double headgear, overview, shaft 5

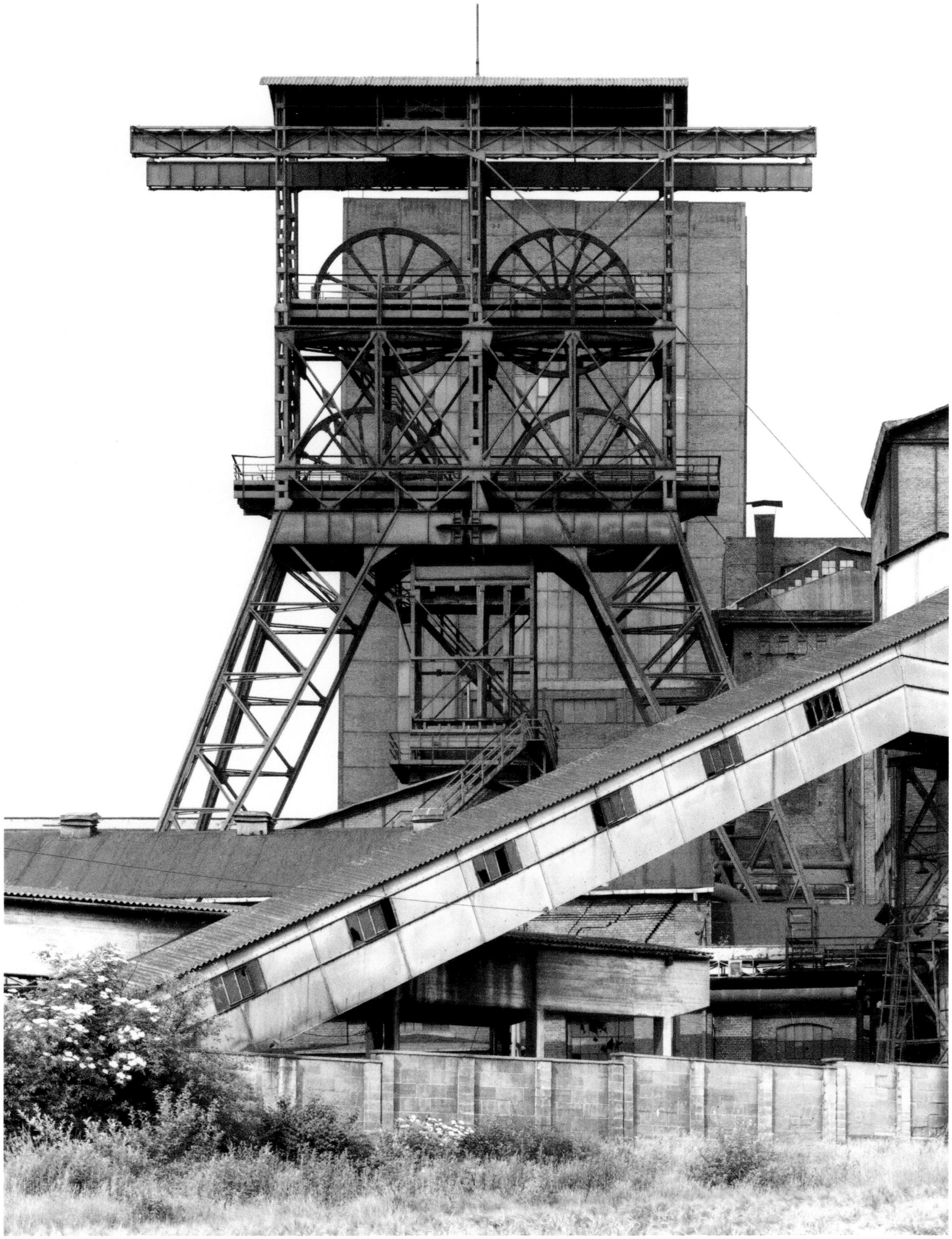

7
Doppelstrebengerüst, Gesamtansicht, Schacht 5
Double headgear, overview, shaft 5

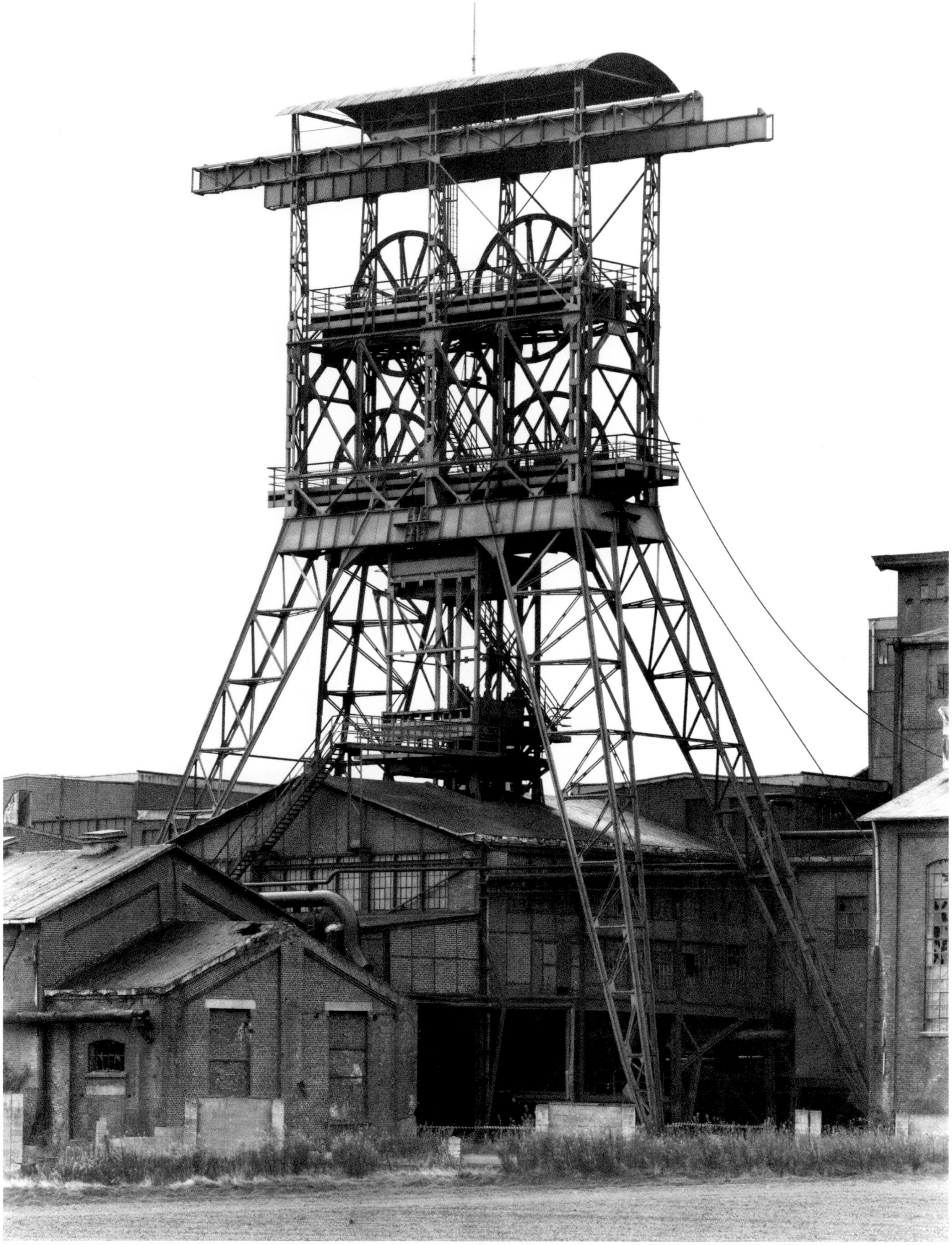

8
Doppelstrebengerüst, Gesamtansicht, Schacht 5
Double headgear, overview, shaft 5

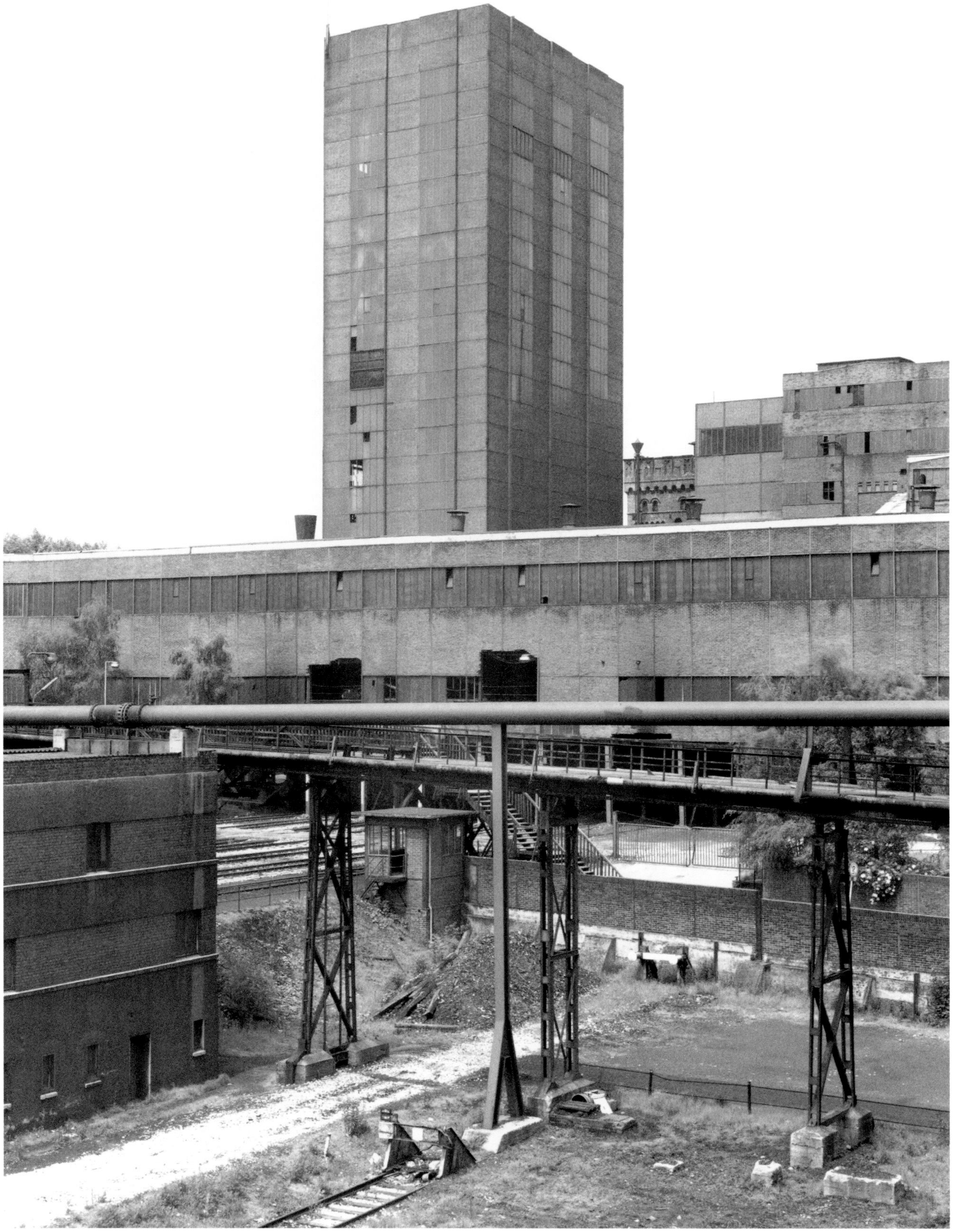

9
Turmförderanlage, Schacht 2
Tower-type winder, shaft 2

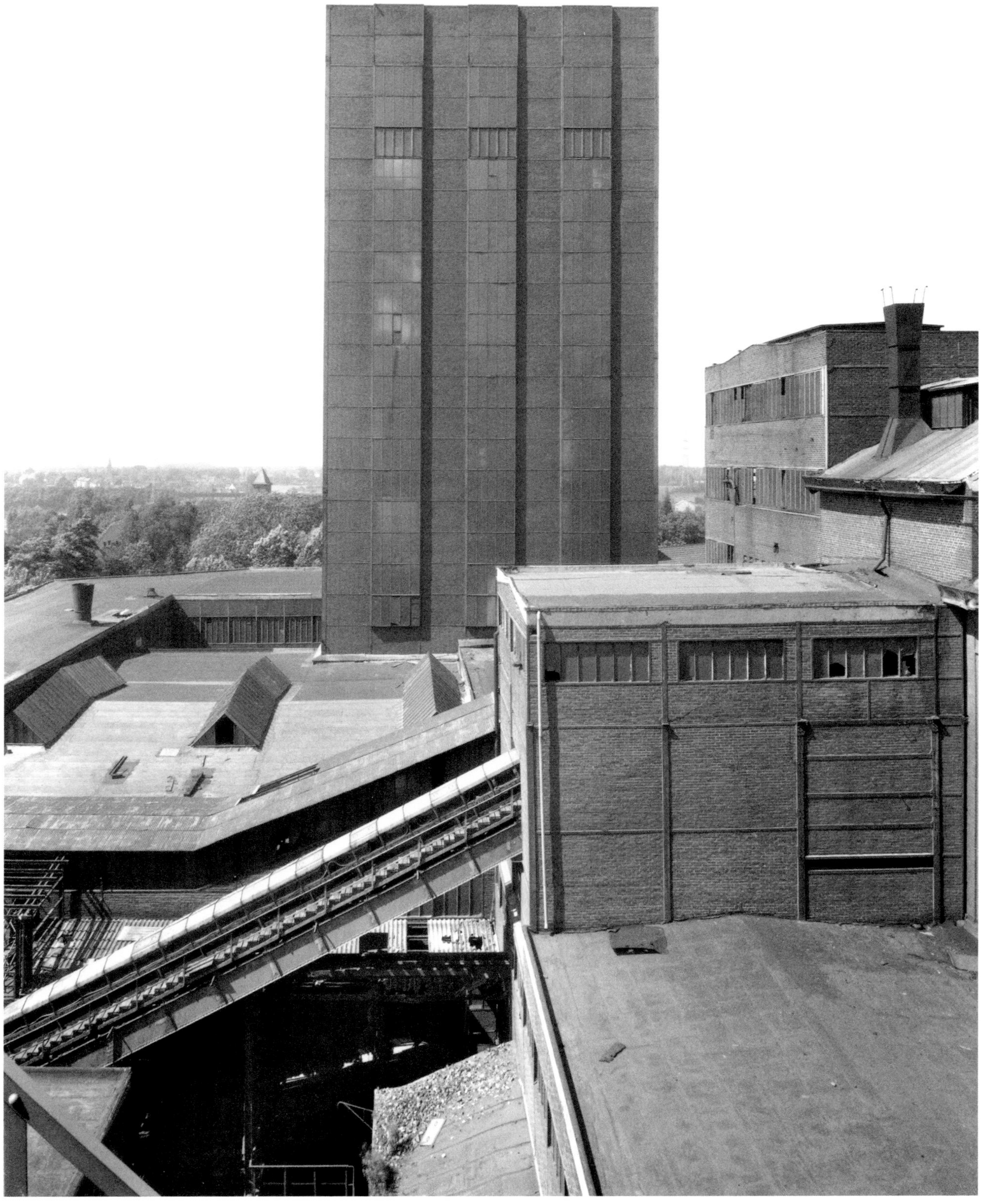

10
Turmförderanlage, Schacht 2
Tower-type winder, shaft 2

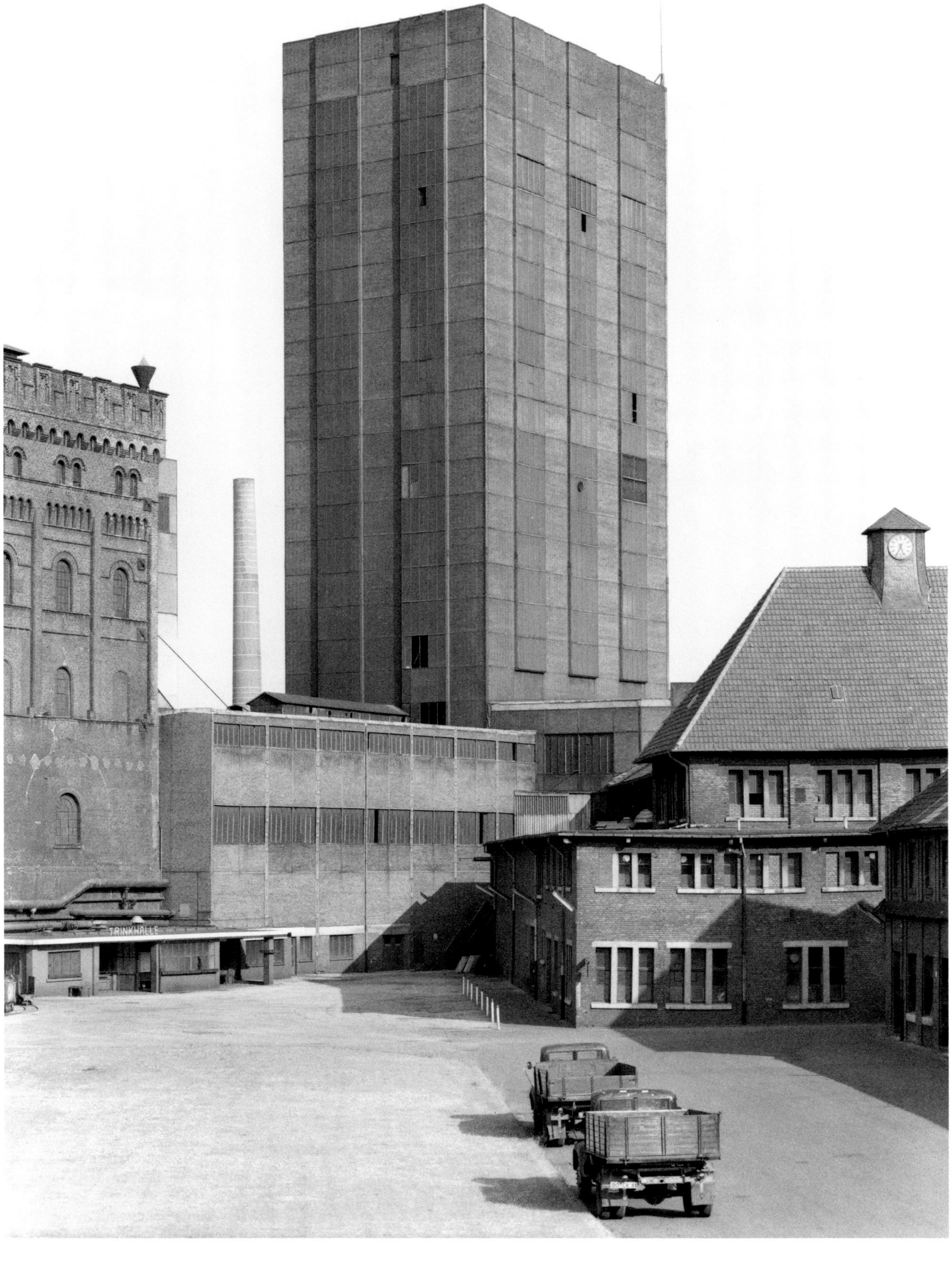

11
Turmförderanlage, Schacht 2
Tower-type winder, shaft 2

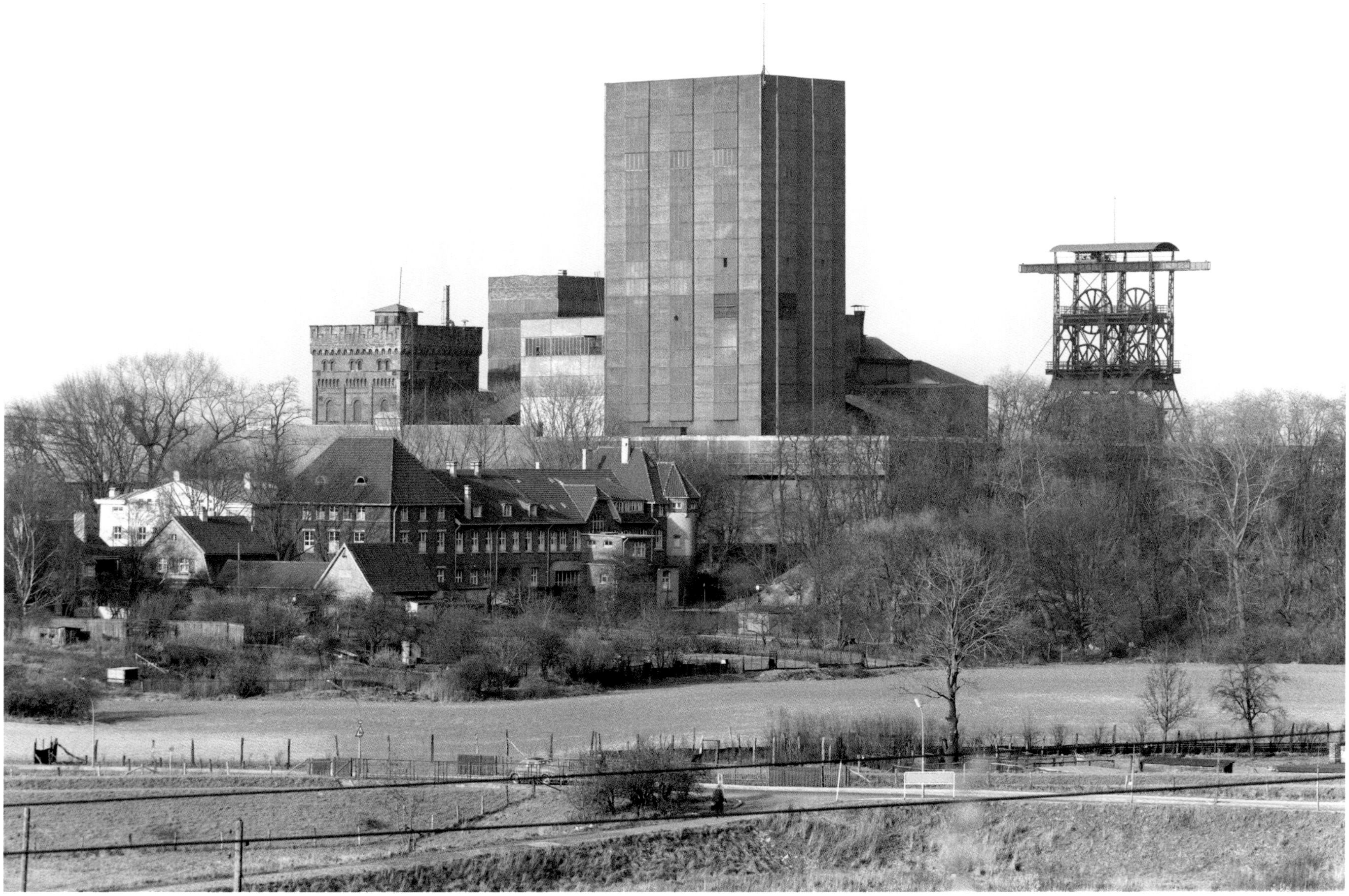

12
Schachtanlage 1/2/5 von Südwesten
Malakow-Turm, Turmförderanlage, Doppelstrebengerüst, Büro, Steigerkaue, Waschkaue

Shafts 1/2/5 from the south-west
Malakov tower, tower-type winder, double headgear, office, foreman's wash house, wash house

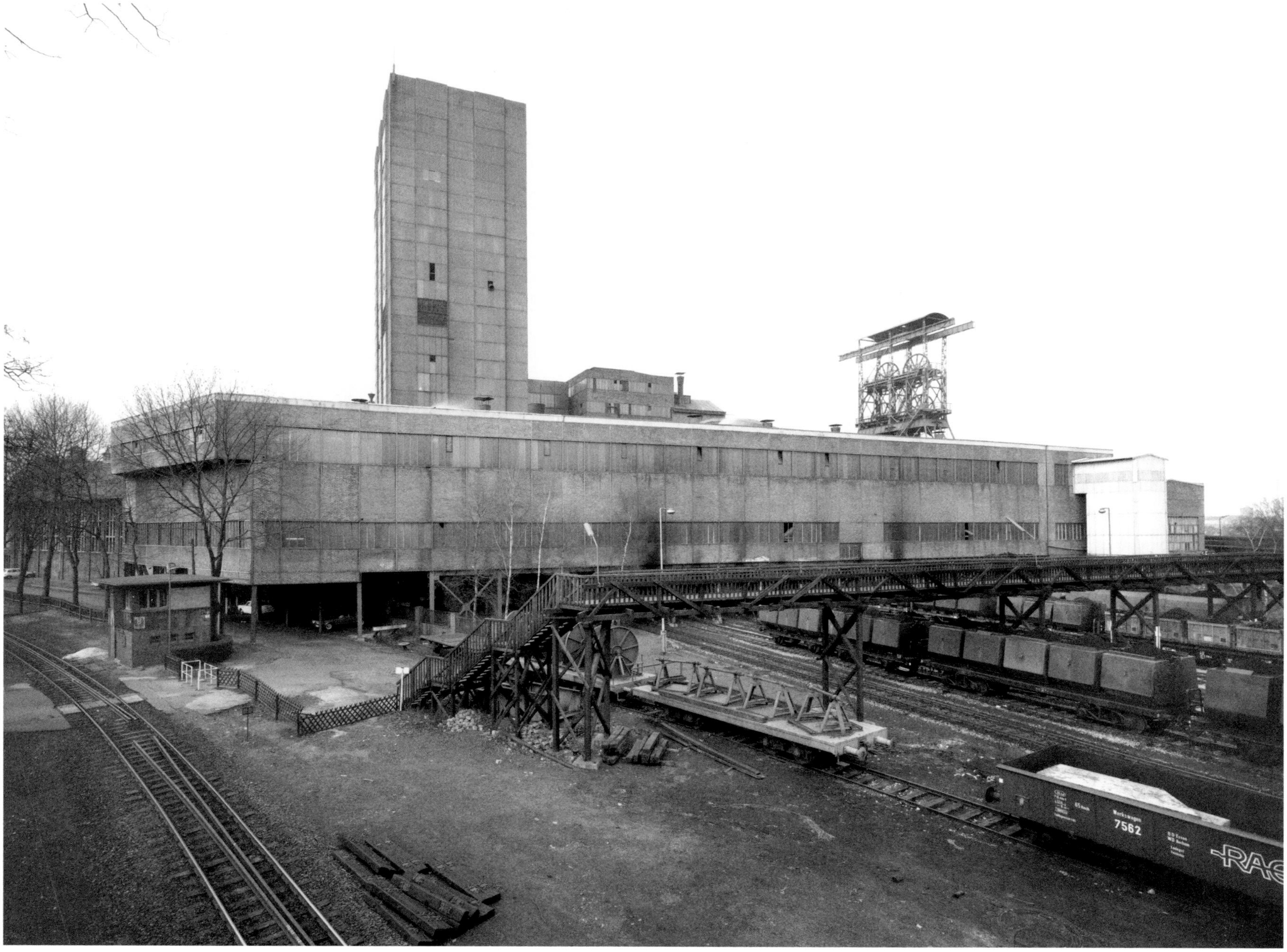

13
Schachtanlage 1/2/5 von Süden
Zechenbahnhof, Sieberei und Verladung

Shafts 1/2/5 from the south
Mine station, screening plant and loading bay

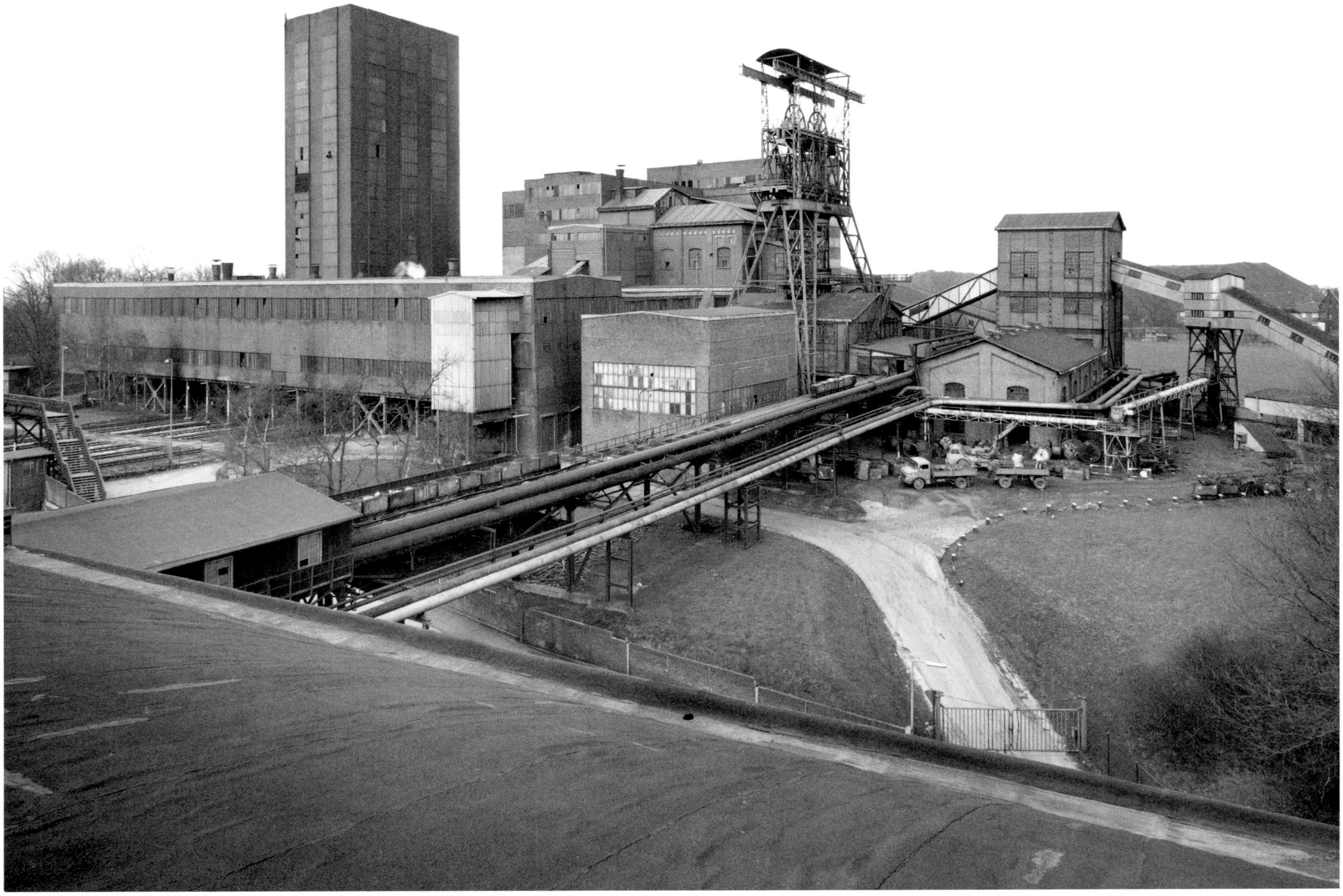

14
Schachtanlage 1/2/5 von Südosten
Sieberei und Verladung, Turmförderanlage, Aufbereitungsanlage, Fördermaschinenhaus,
Doppelstrebengerüst, Umformergebäude, Mischstation

Shafts 1/2/5 from the south-east
Screening plant and loading bay, tower-type winder, preparation plant,
winding engine-house, double headgear, generator building, blending station

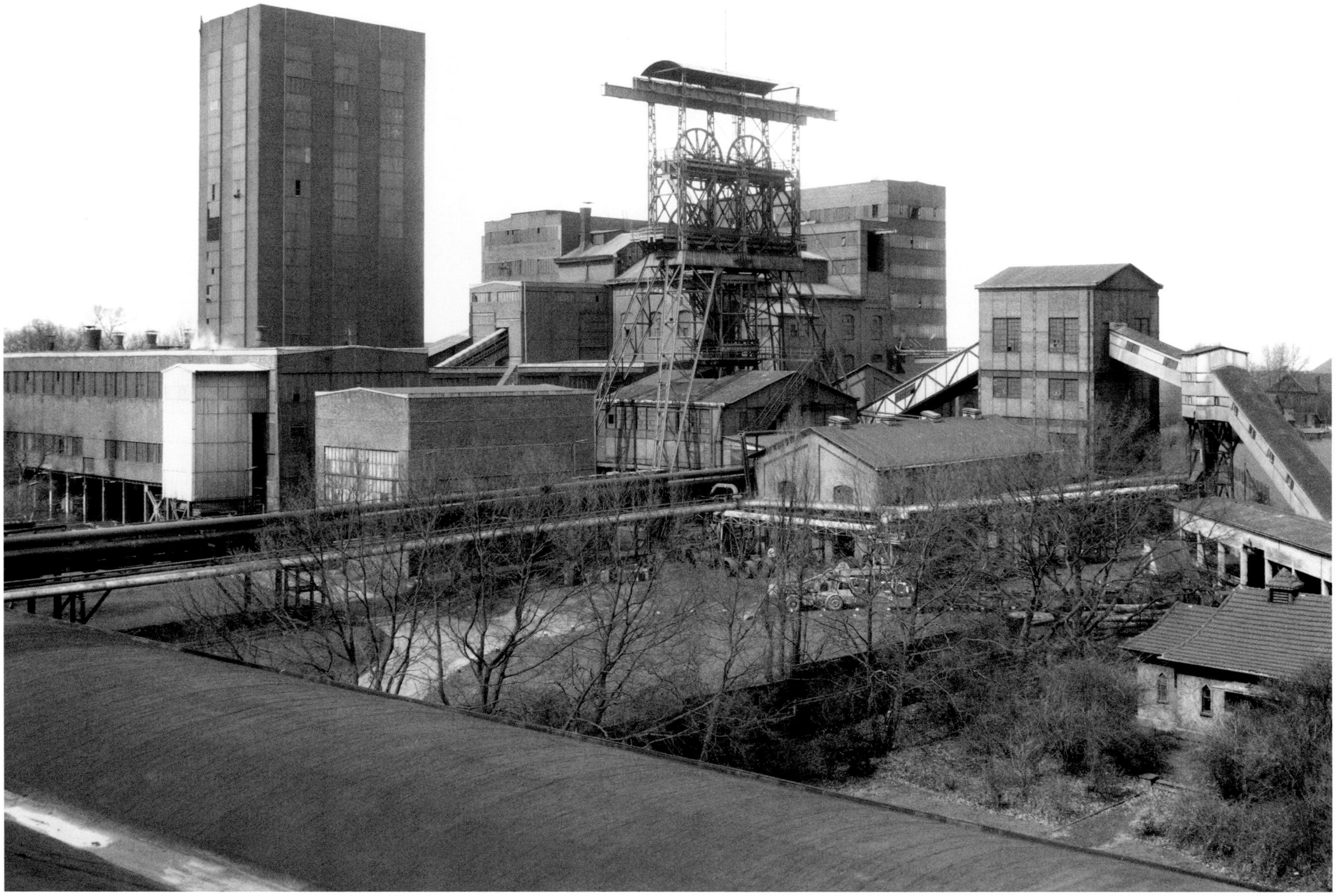

15
Schachtanlage 1/2/5 von Südosten
Sieberei und Verladung, Turmförderanlage, Aufbereitungsanlage, Fördermaschinenhaus, Doppelstrebengerüst, Umformergebäude, Mischstation

Shafts 1/2/5 from the south-east
Screening plant and loading bay, tower-type winder, preparation plant, winding engine-house, double headgear, generator building, blending station

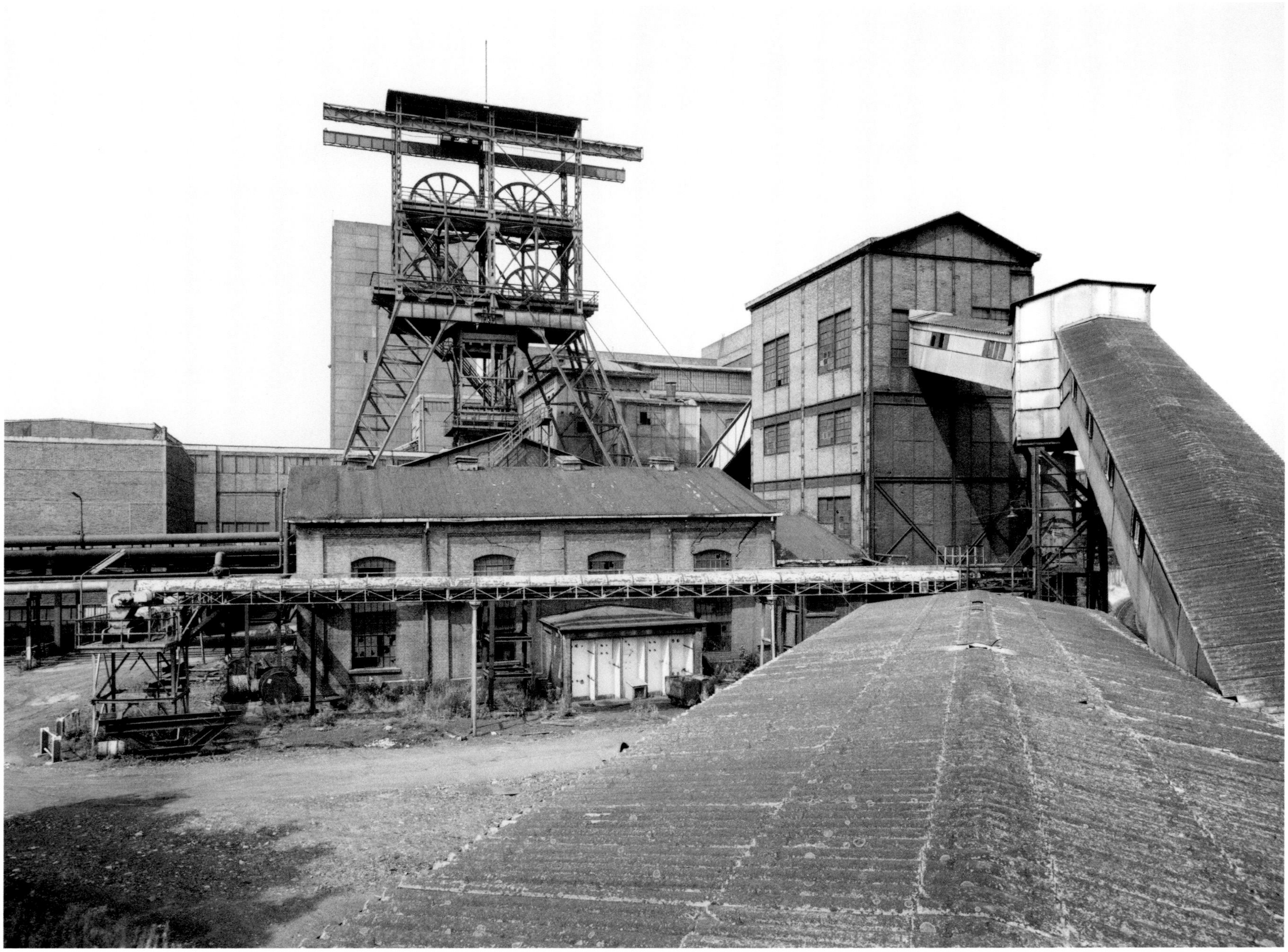

16
Schachtanlage 1/2/5 von Osten
Doppelstrebengerüst, Umformergebäude, Mischstation mit Bandstraßen

Shafts 1/2/5 from the east
Double headgear, generator building, blending station with conveyor belts

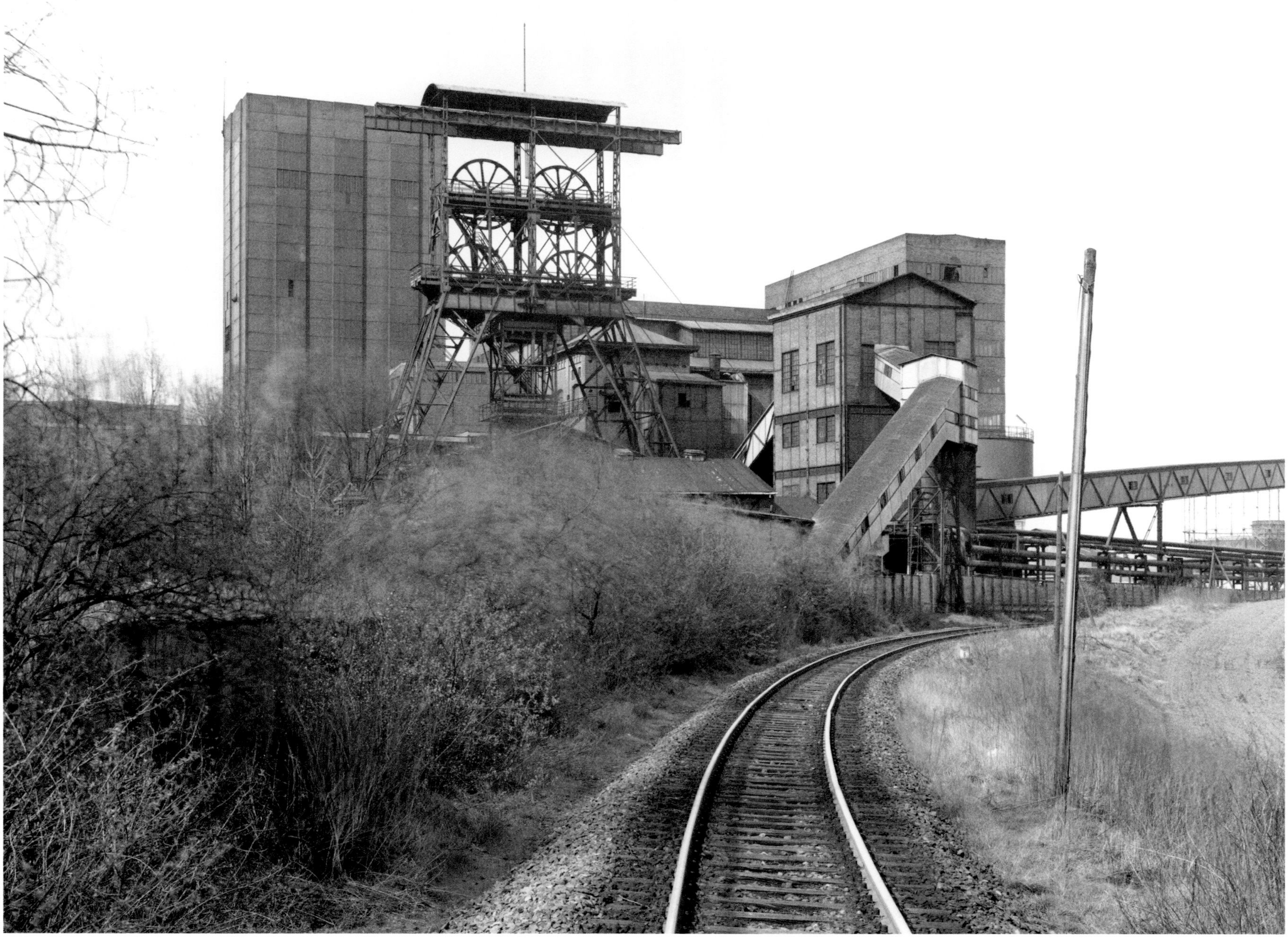

17
Schachtanlage 1/2/5 von Osten
Gleisverbindung Zechen Hannibal, Hannover, Königsgrube

Shafts 1/2/5 from the east
Rail link between Hannibal, Hannover and Königsgrube Coal Mines

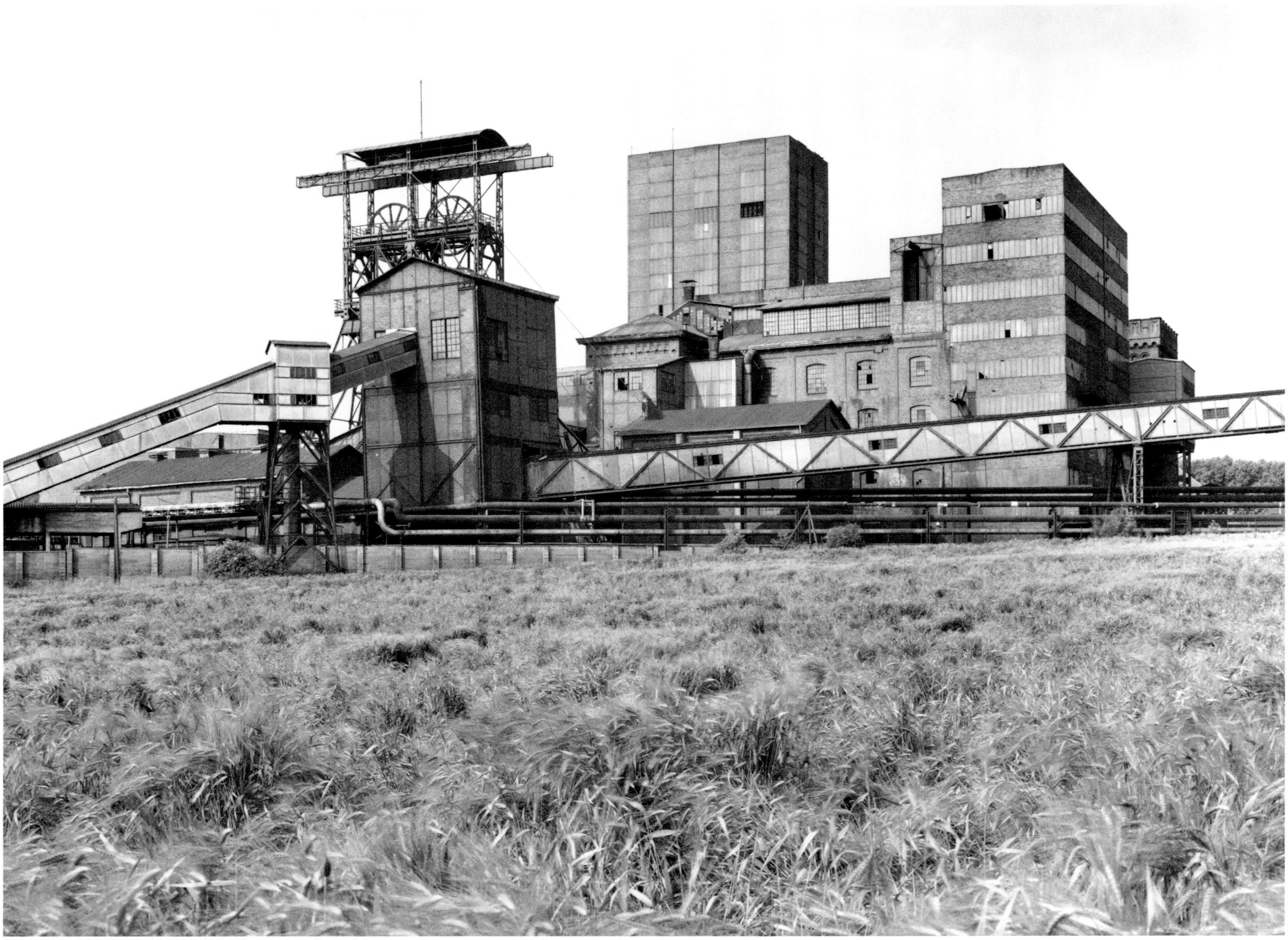

18
Schachtanlage 1/2/5 von Nordosten
Mischstation mit Bandstraßen zum Tiefbunker und zur Kokerei

Shafts 1/2/5 from the north-east
Blending station with conveyor belts to the low-level bunker and coking plant

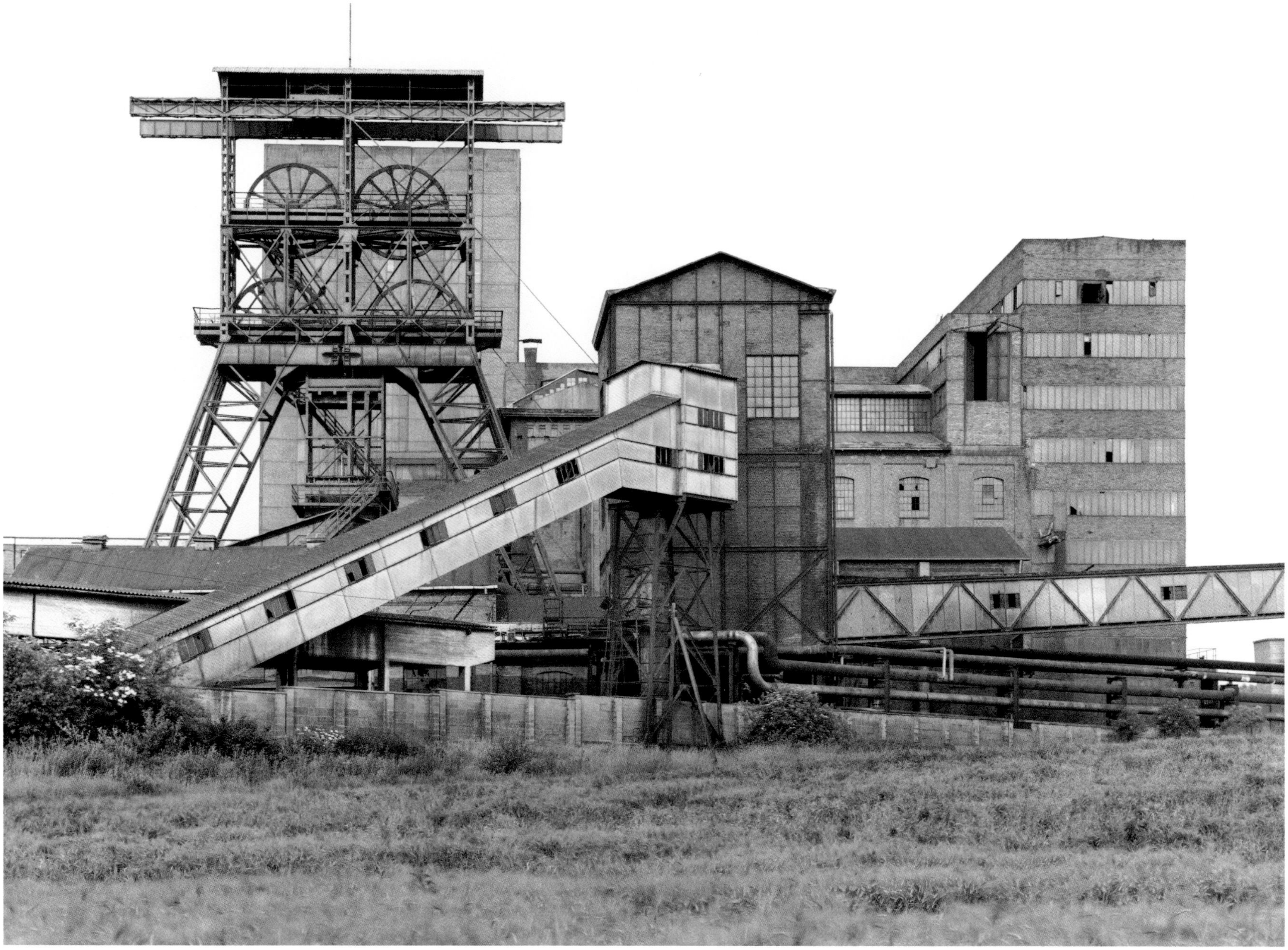

19
Schachtanlage 1/2/5 von Osten
Doppelstrebengerüst, Mischstation, Bandstraßen zum Tiefbunker und zur Kokerei, Aufbereitungsanlage

Shafts 1/2/5 from the east
Double headgear, blending station, conveyor belts to the low-level bunker and coking plant, preparation plant

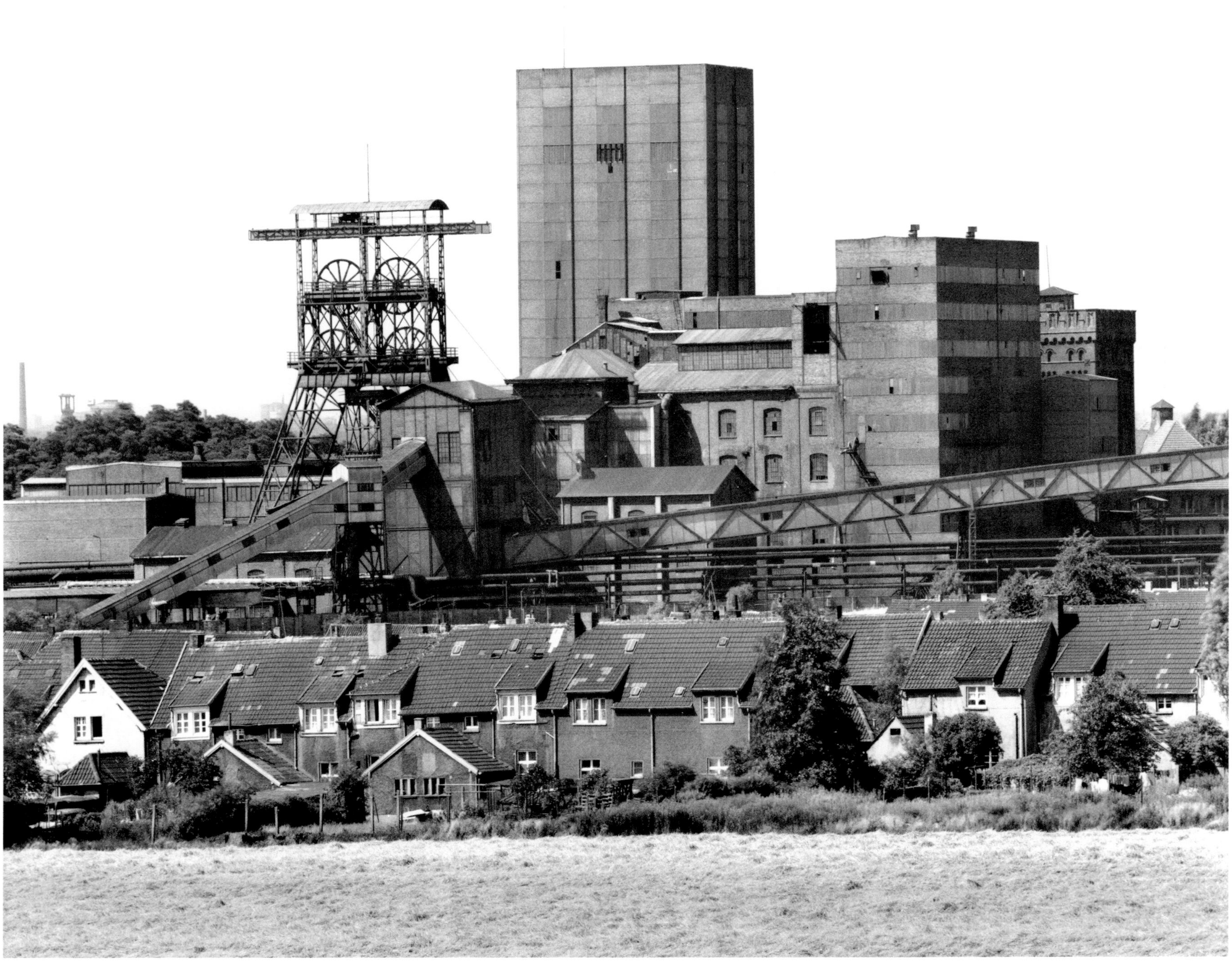

20
Schachtanlage 1/2/5 von Nordosten
Shafts 1/2/5 from the north-east

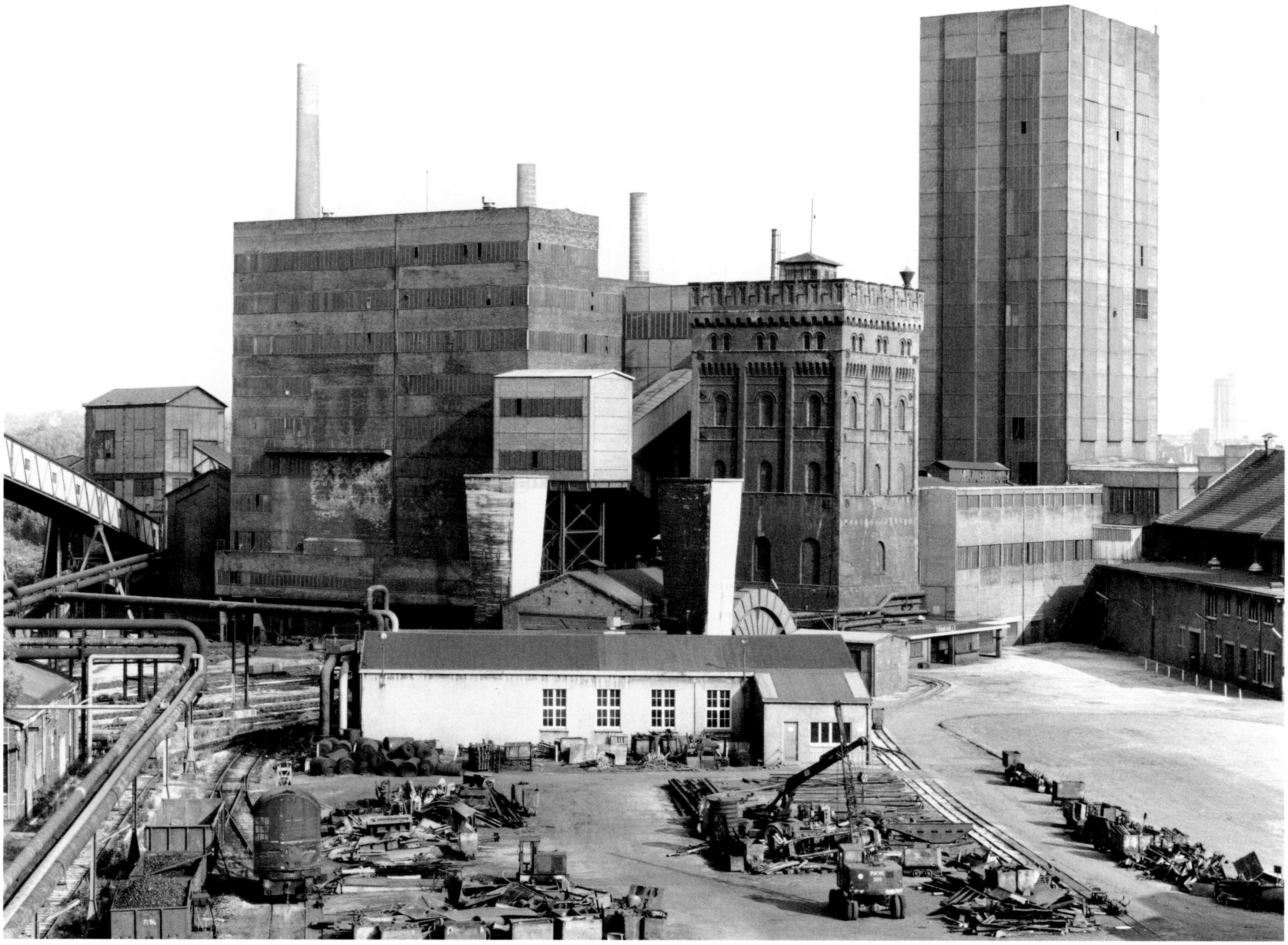

21
Schachtanlage 1/2/5 von Nordwesten
Aufbereitungsanlage, Grubenlüftergebäude, Malakow-Turm, Turmförderanlage

Shafts 1/2/5 from the north-west
Preparation plant, fan house, Malakov tower, tower-type winder

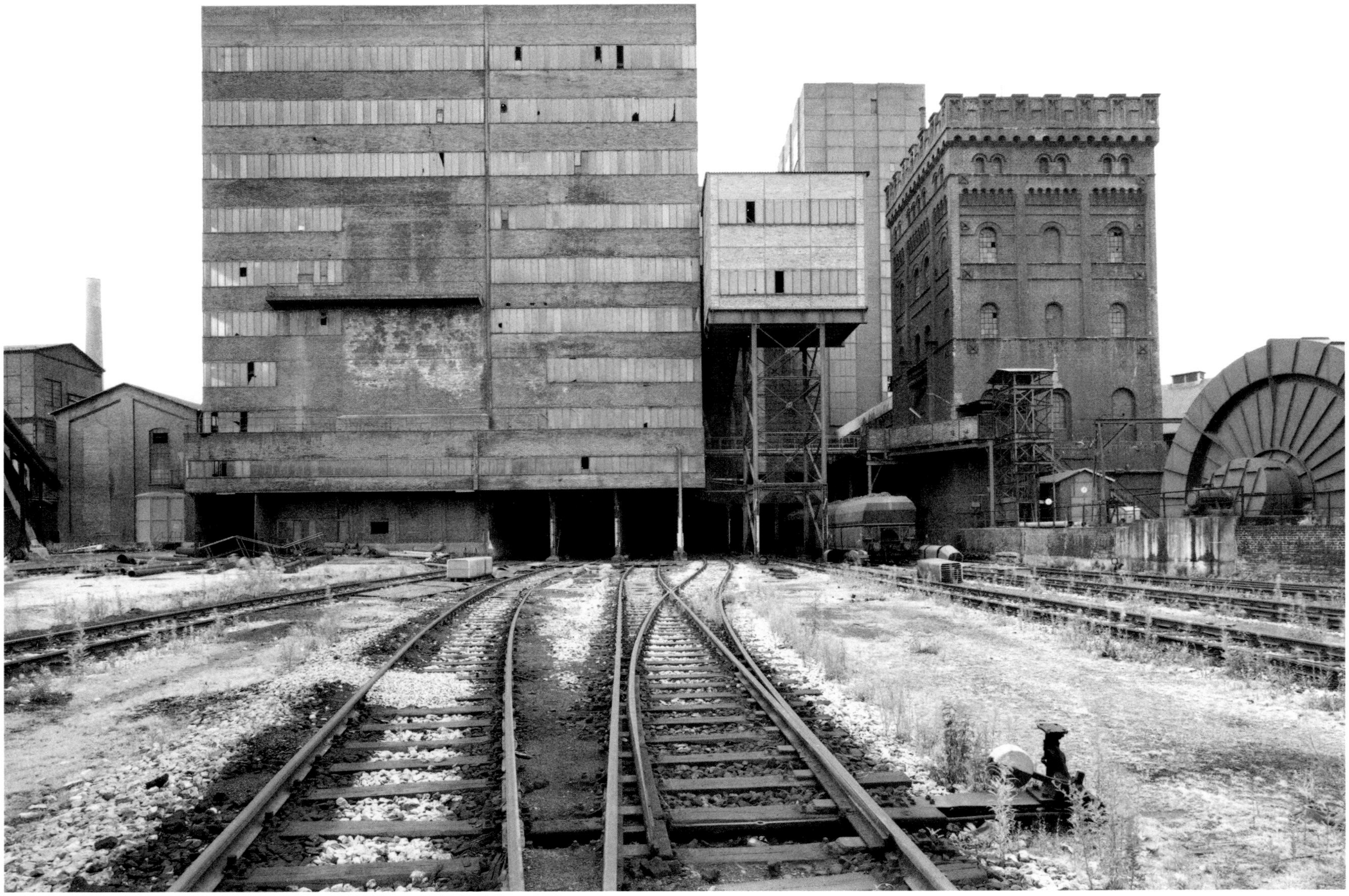

22
Schachtanlage 1/2/5 von Norden
Aufbereitungsanlage, Malakow-Turm, Gleise zur Kokerei

Shafts 1/2/5 from the north
Preparation plant, Malakov tower, rail tracks to the coking plant

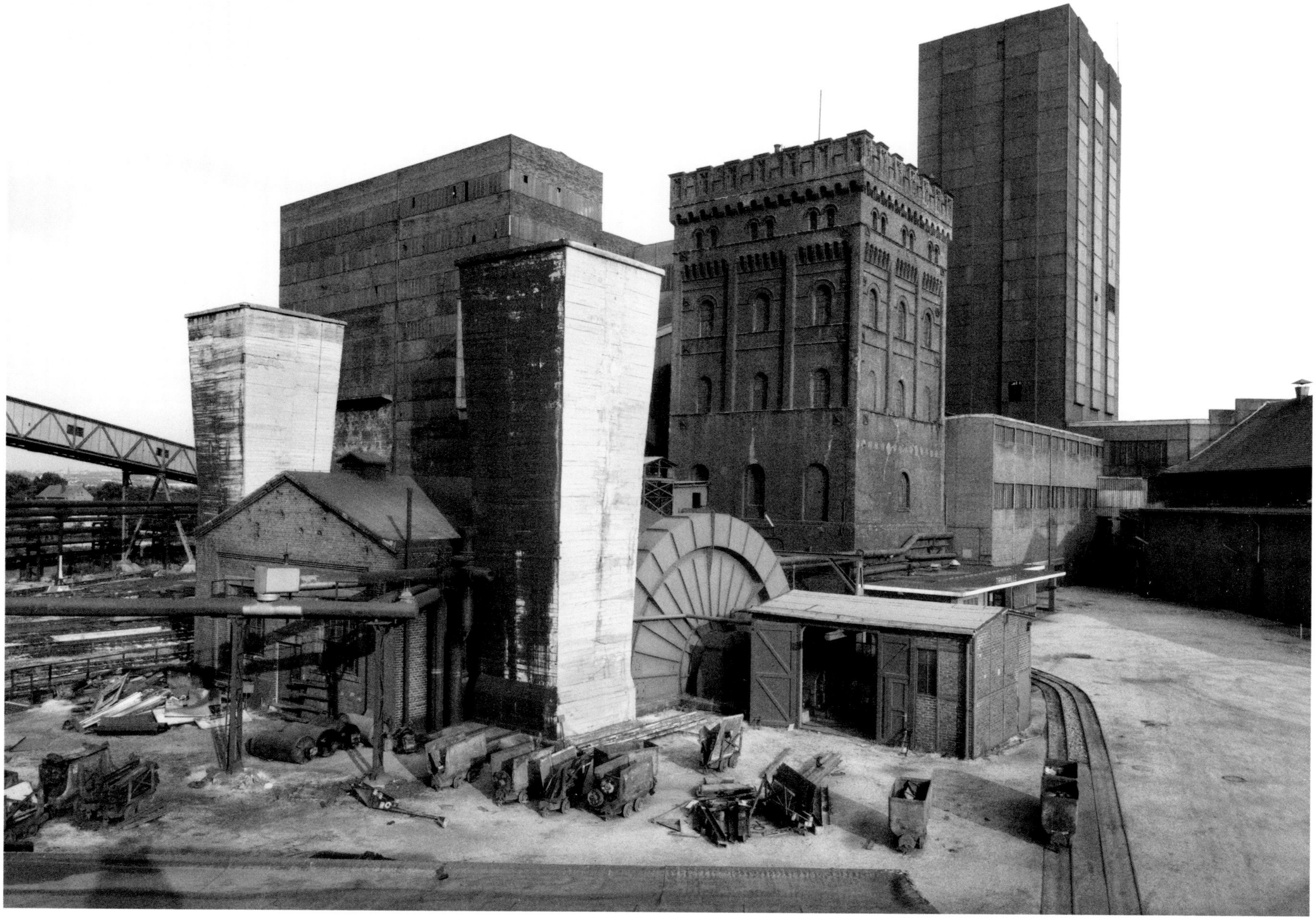

23
Schachtanlage 1/2/5 von Nordwesten
Grubenlüftergebäude, Aufbereitungsanlage, Malakow-Turm, Turmförderanlage

Shafts 1/2/5 from the north-west
Fan house, preparation plant, Malakov tower, tower-type winder

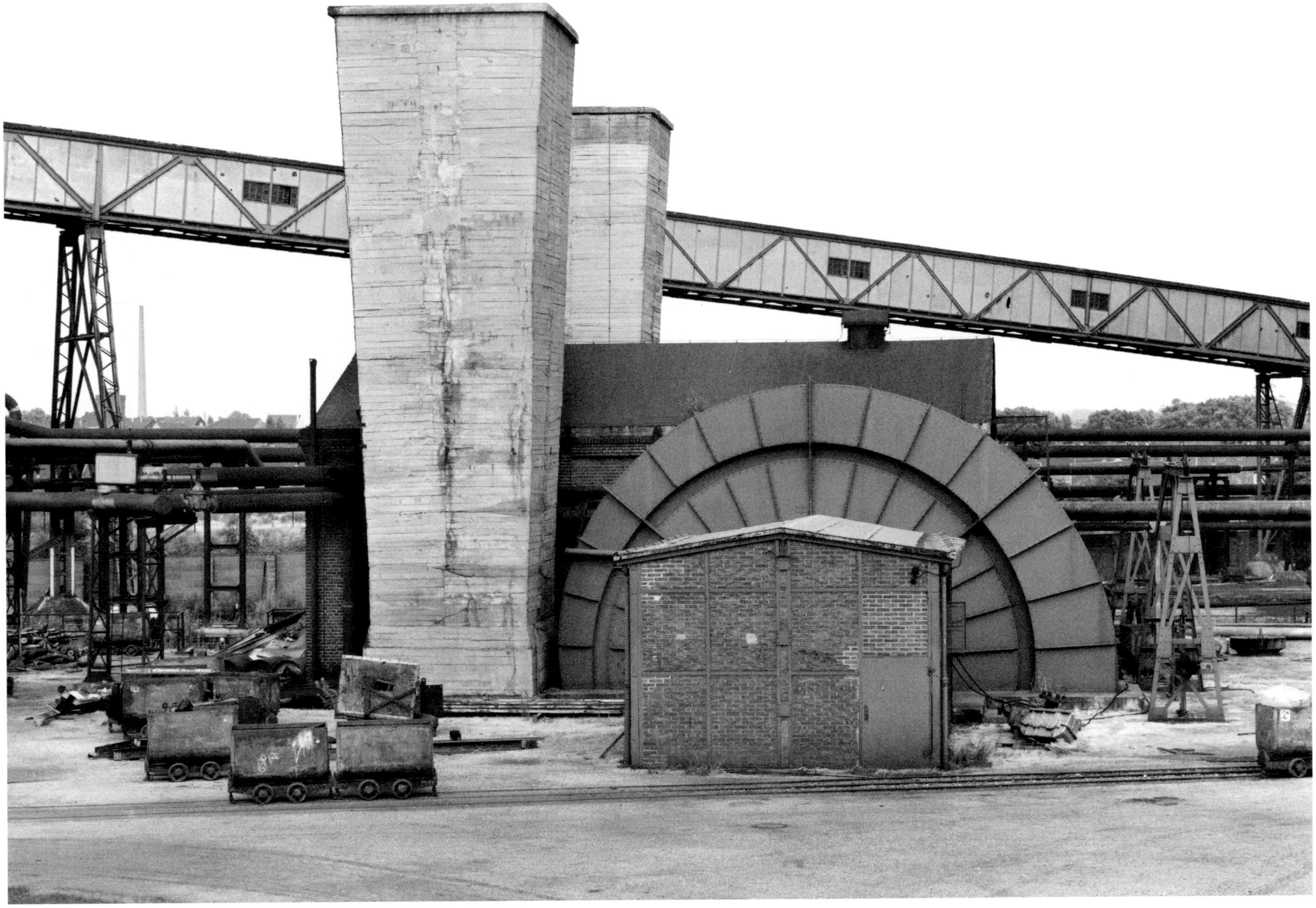

24
Grubenlüftergebäude
Fan house

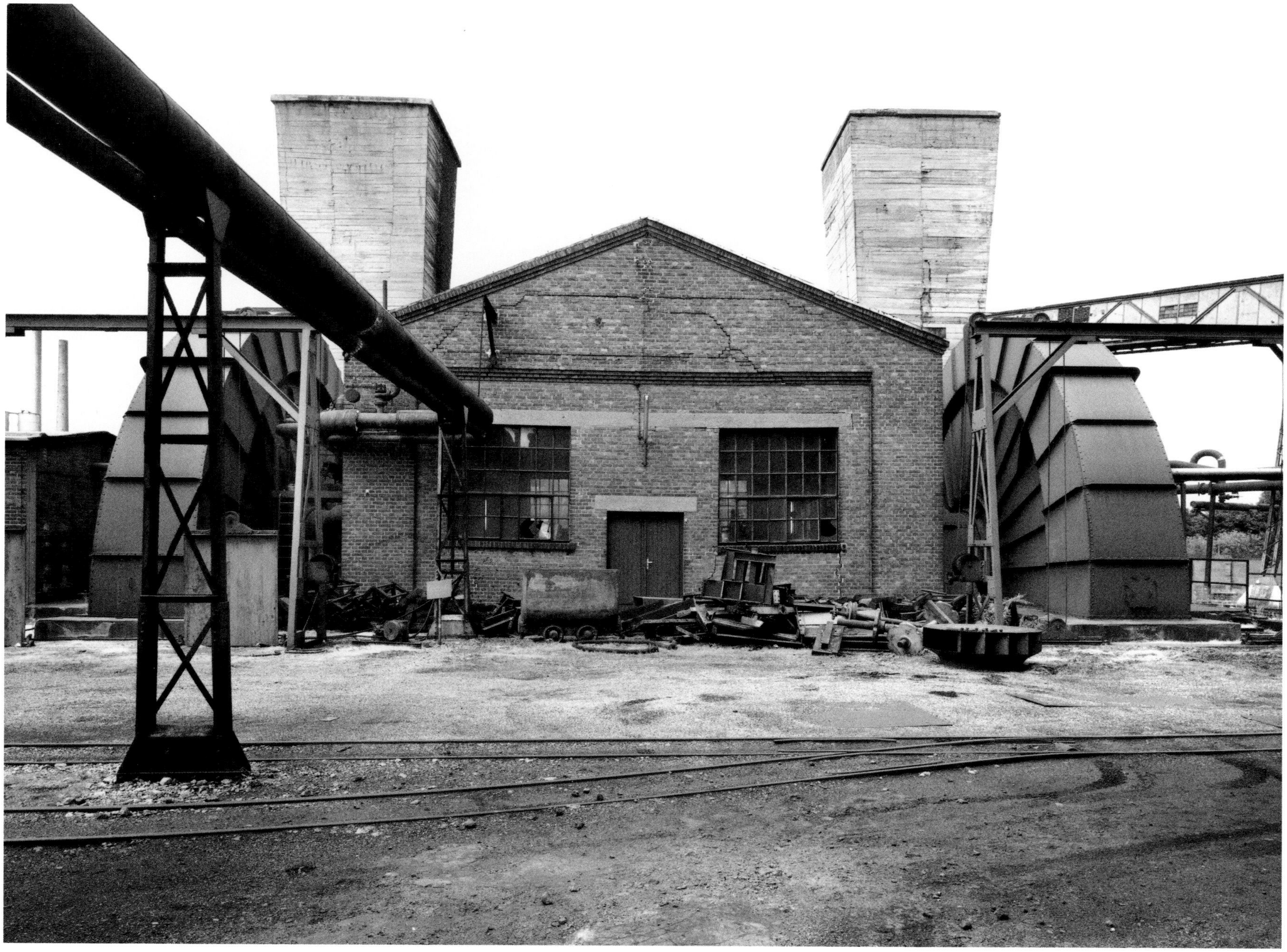

25
Grubenlüftergebäude
Fan house

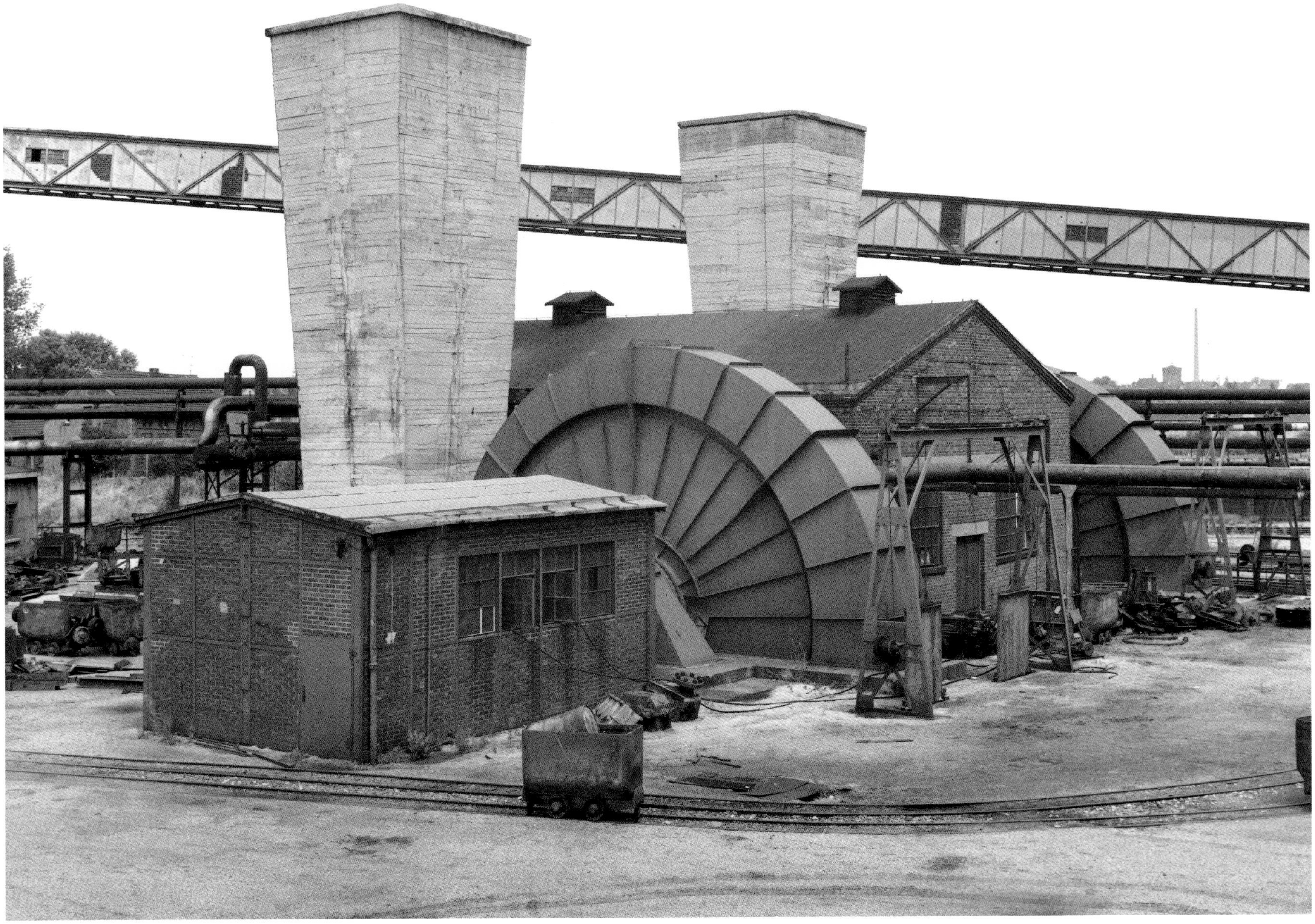

26
Grubenlüftergebäude
Fan house

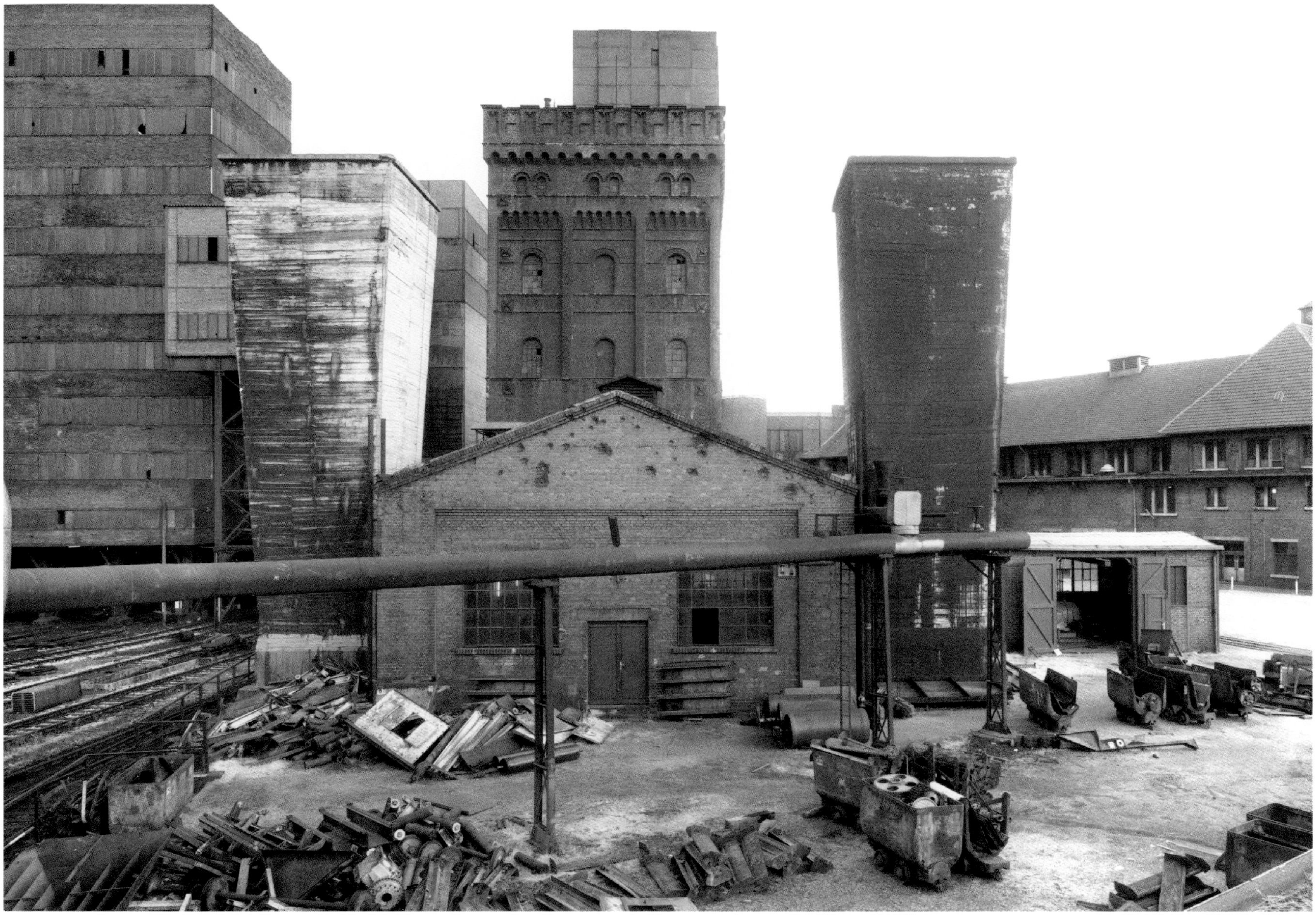

27
Grubenlüftergebäude
Fan house

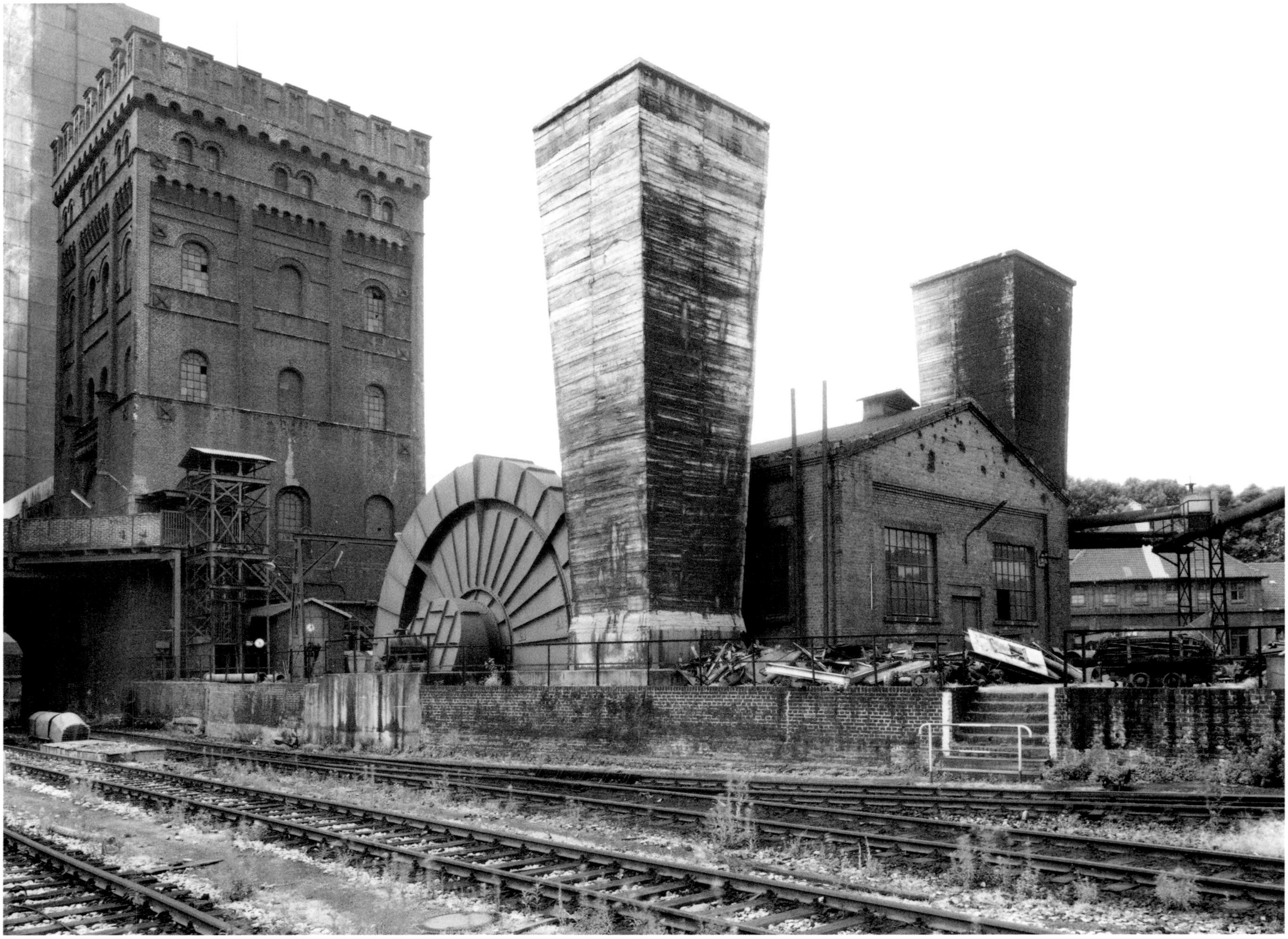

28
Grubenlüftergebäude
Fan house

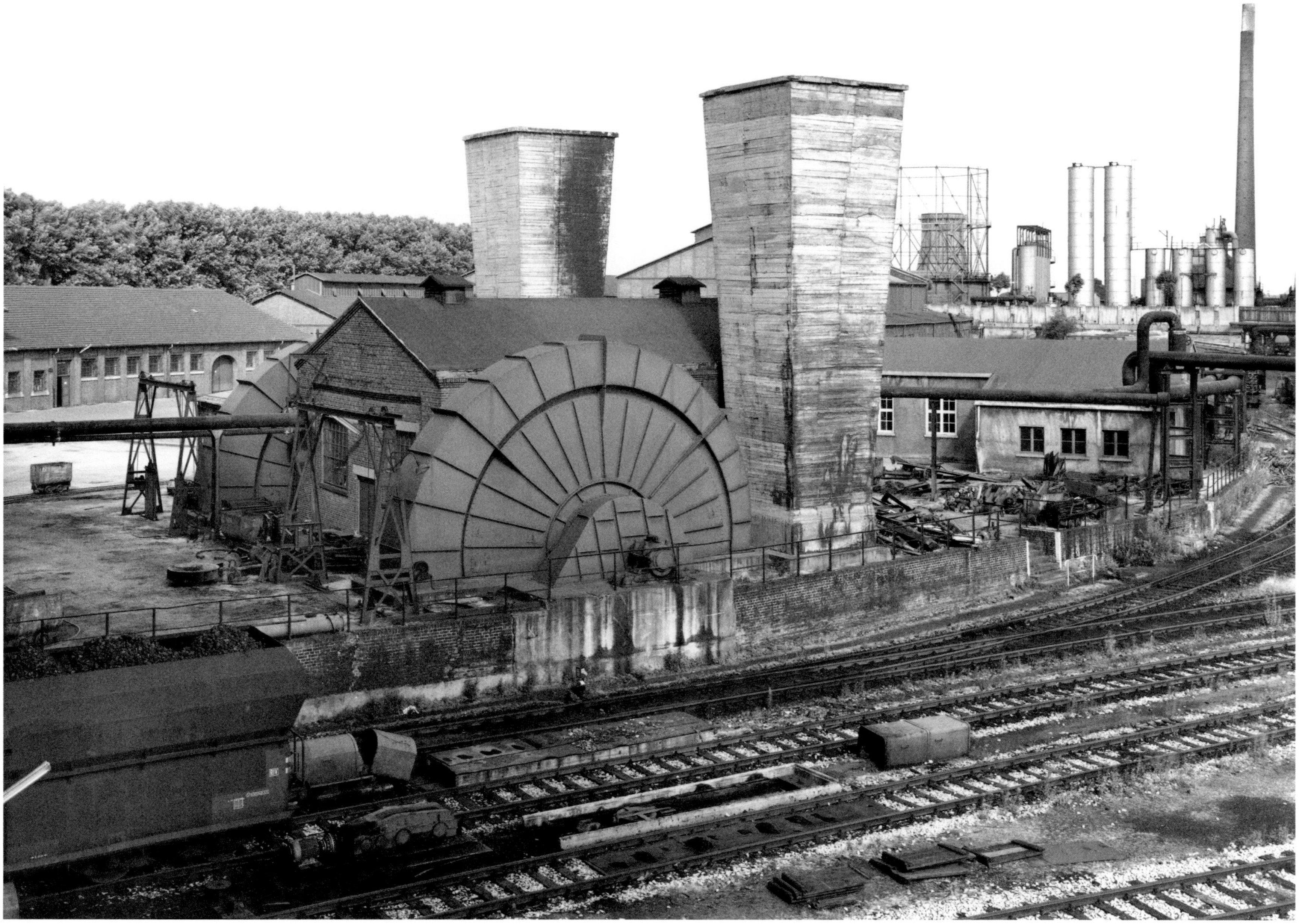

29
Grubenlüftergebäude
Fan house

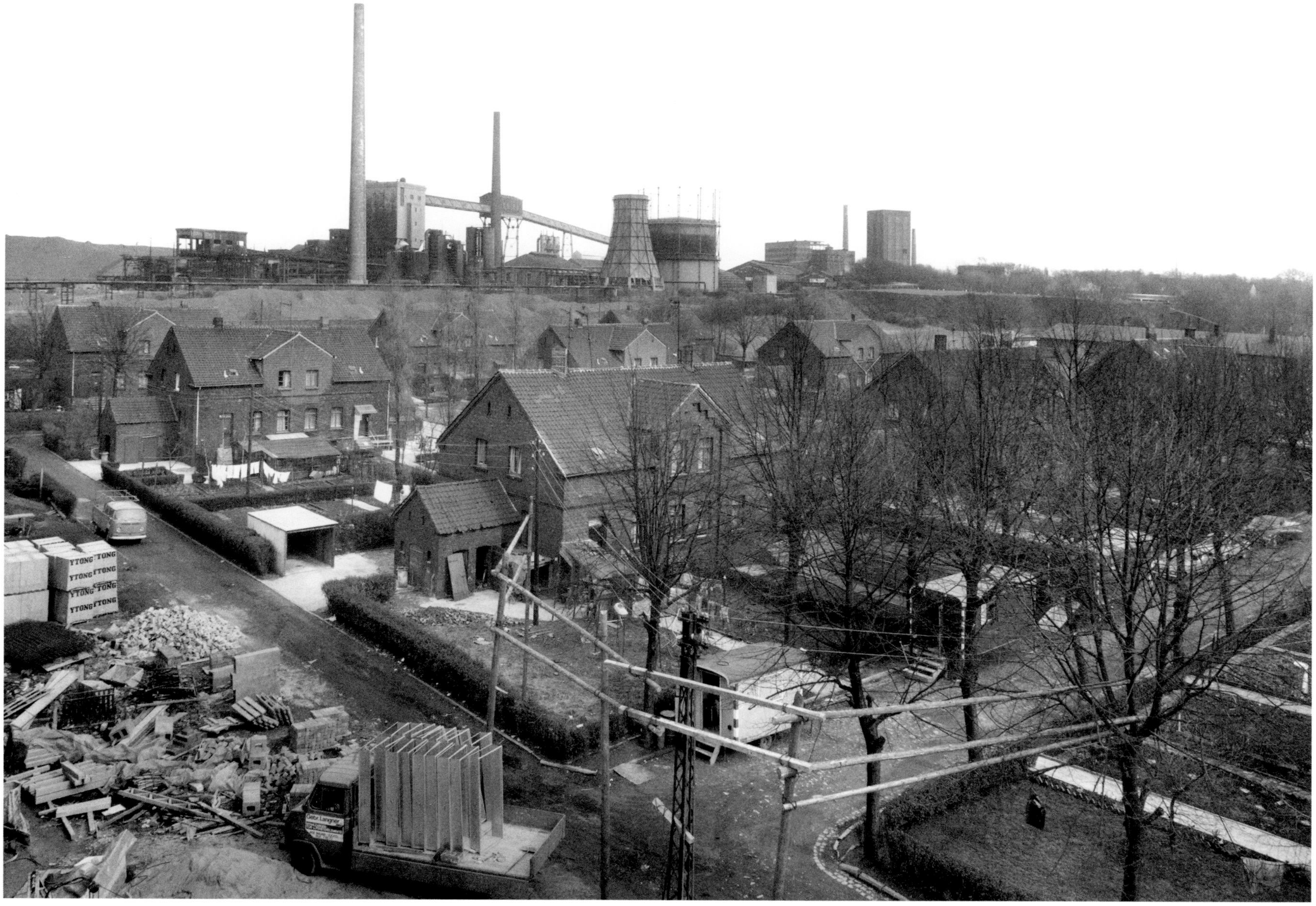

30
Kokerei und Schachtanlage 1/2/5 von Westen
Königsgruber Siedlung

Coking plant and shafts 1/2/5 from the west
Houses at Königsgrube Coal Mine

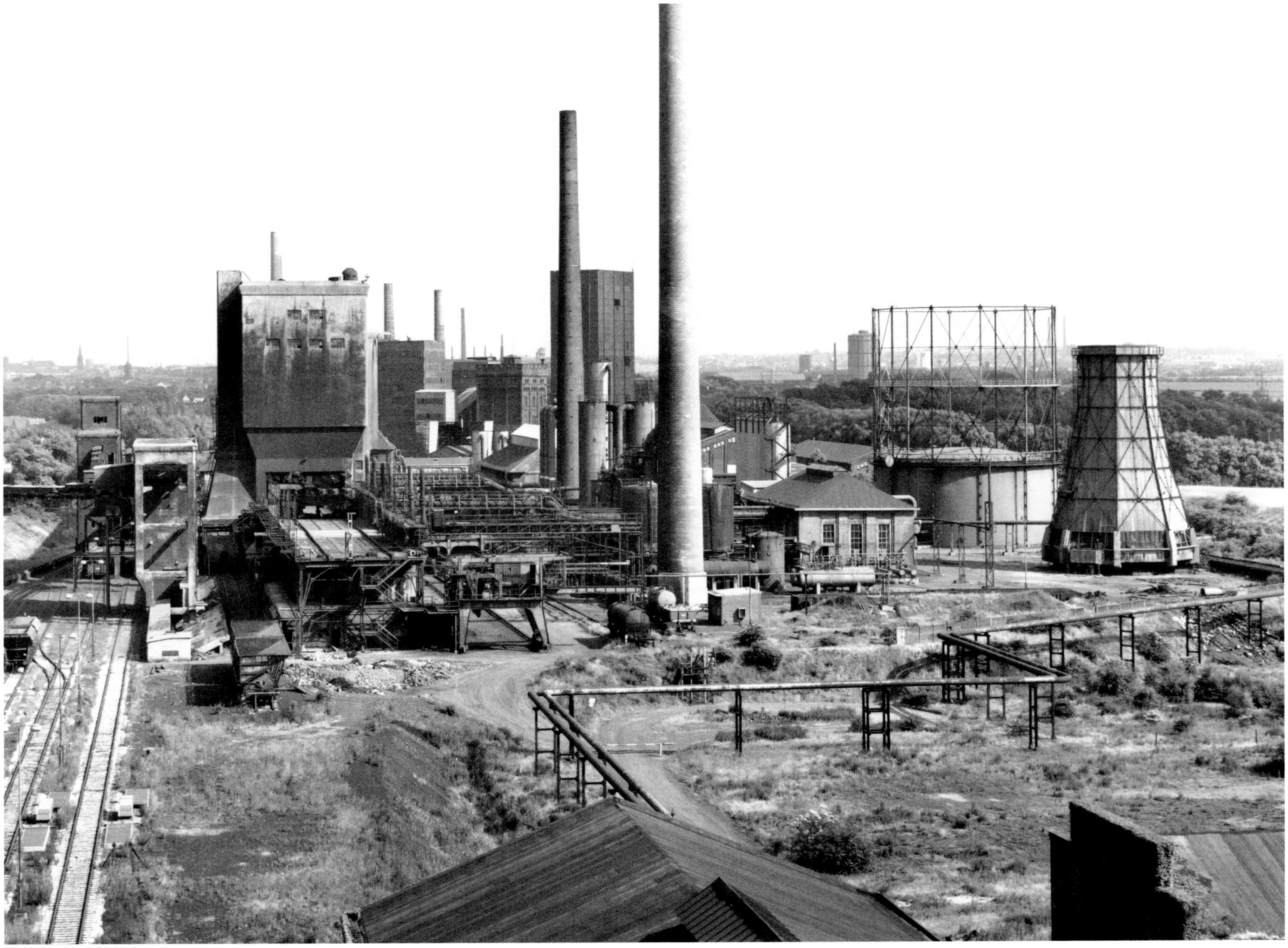

31
Kokerei von Norden
Kleinkokssieberei, Kokskohlenturm, Koksofenbatterien, Schachtanlage 1/2/5,
Teergewinnung, Gasbehälter, Kühlturm

Coking plant from the north
Small coke screening plant, coking coal tower, coke oven batteries, shafts 1/2/5,
tar production, gas tank, cooling tower

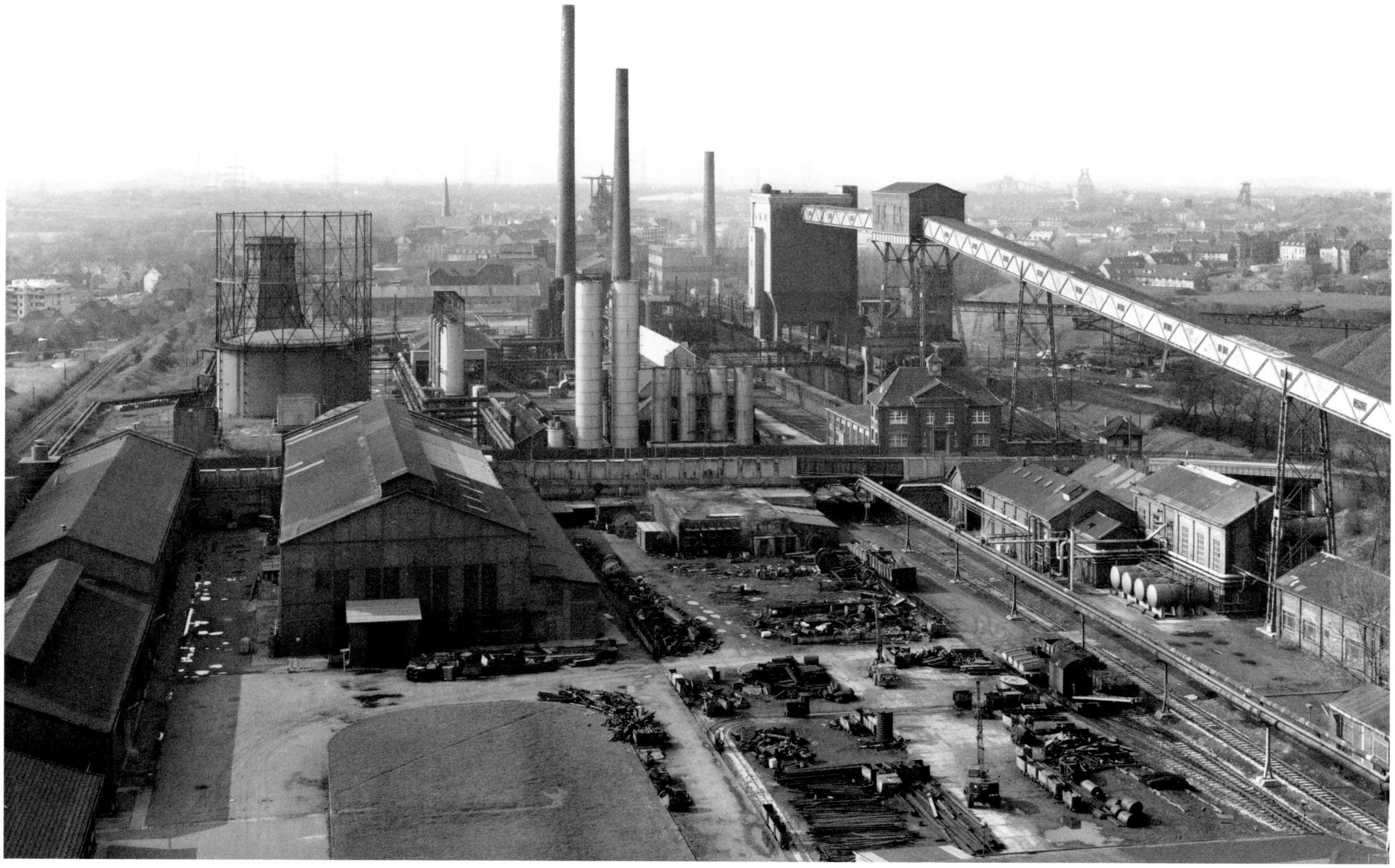

32
Kokerei von Südosten
Werkstätten, Gasbehälter, Kühlturm, Benzolgewinnung, Kokskohlenturm, Bandstraße, Verwaltungsgebäude, Ammoniakfabrik, Salzlager

Coking plant from the south-east
Workshops, gas tank, cooling tower, benzole production, coking coal tower, conveyor belts, administration building, ammonia plant, salt store

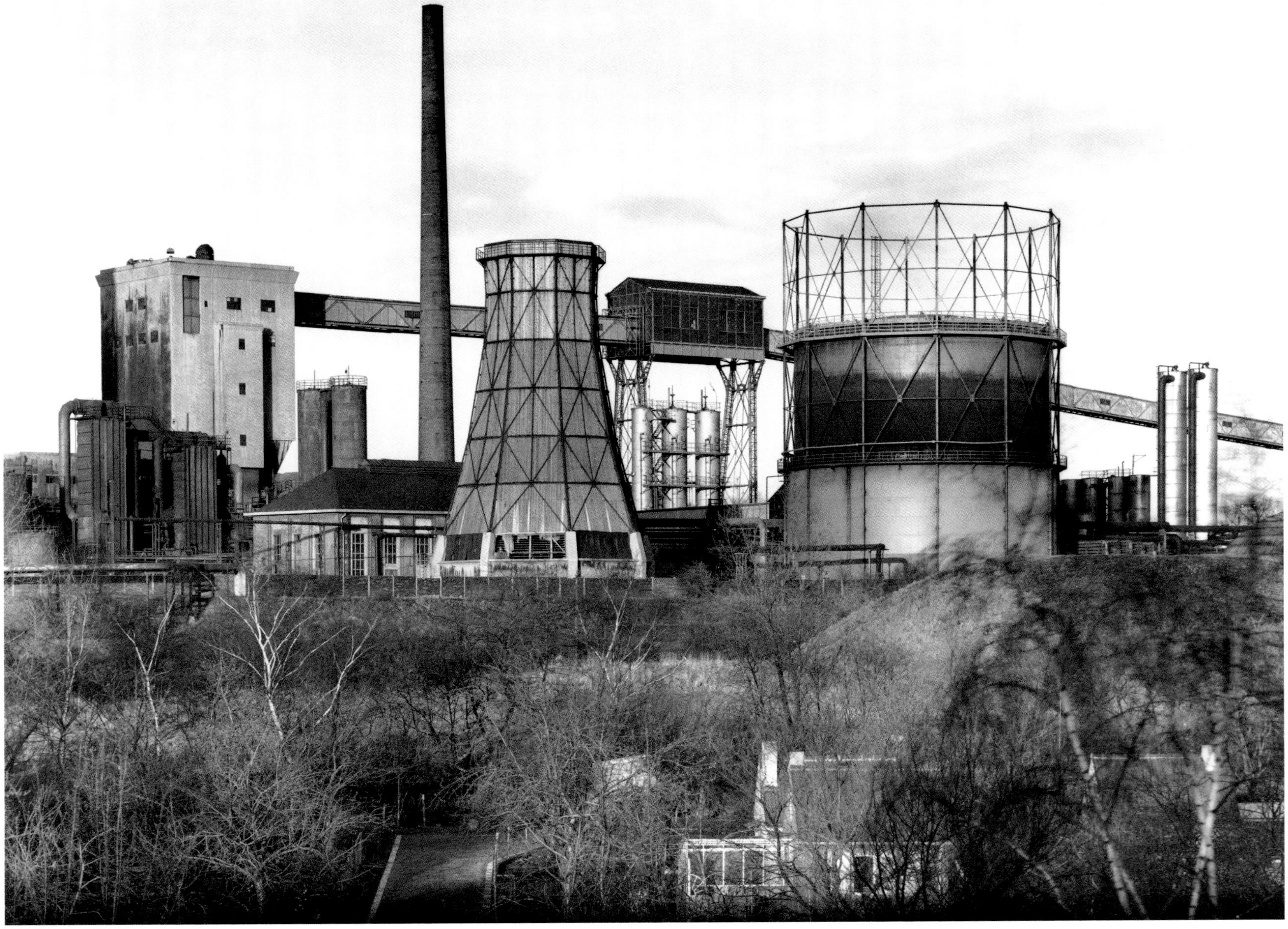

33
Kokerei und Nebengewinnungsanlagen von Südwesten
Kondensationsanlage, Kokskohlenturm, Kamin, Kühlturm, Bandübergabe, Gasbehälter, Benzolgewinnung

Coking plant and plant for extraction of by-products from the south-west
Condenser, coking coal tower, chimney, cooling tower, belt transfer point, gas tank, benzole production

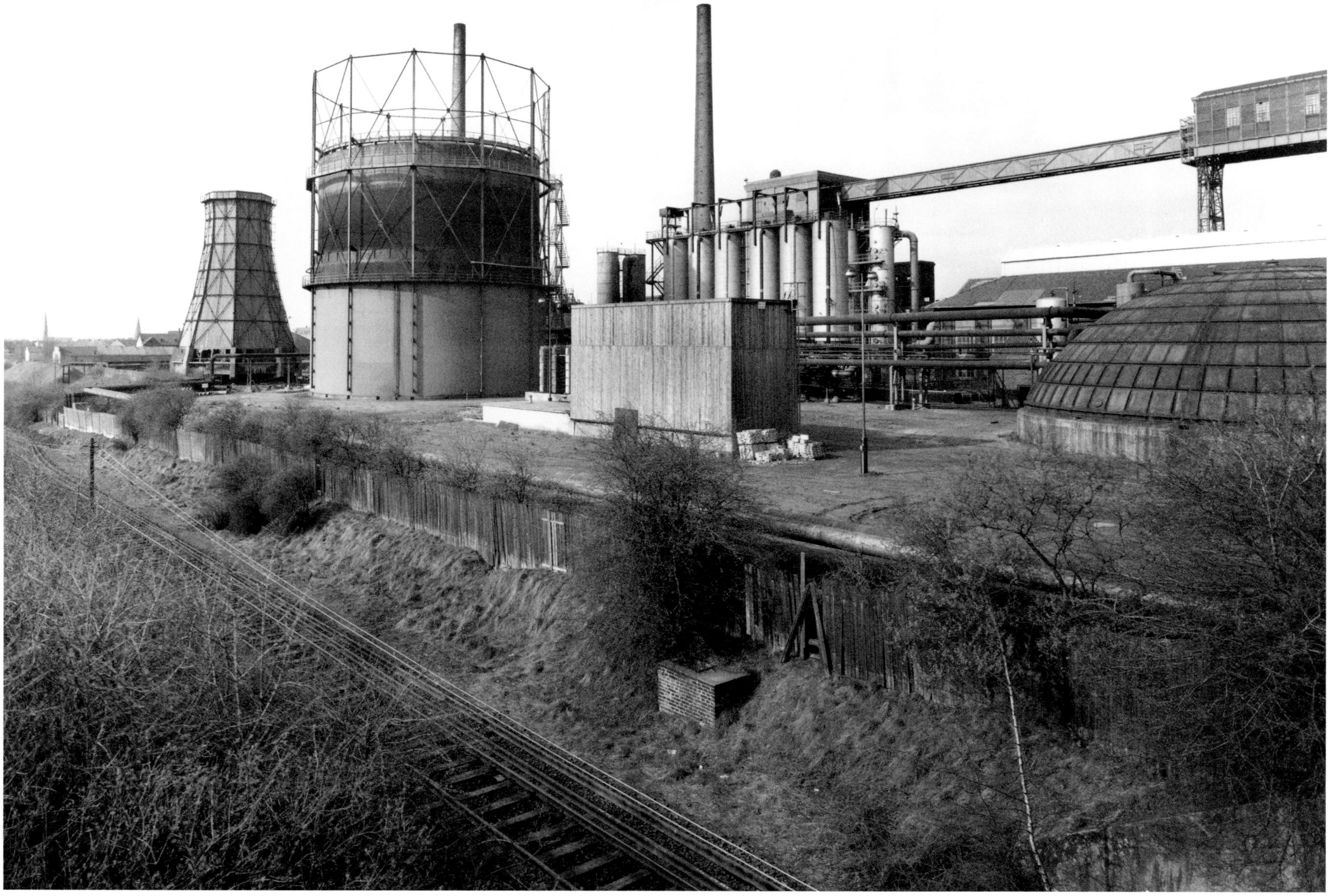

34
Nebengewinnungsanlagen von Süden
Kühlturm, Gasbehälter, Ventilatorkühler, Ammoniakwascher, Benzollager

Plant for extraction of by-products from the south
Cooling tower, gas tank, ventilator cooler, ammonia washer, benzole store

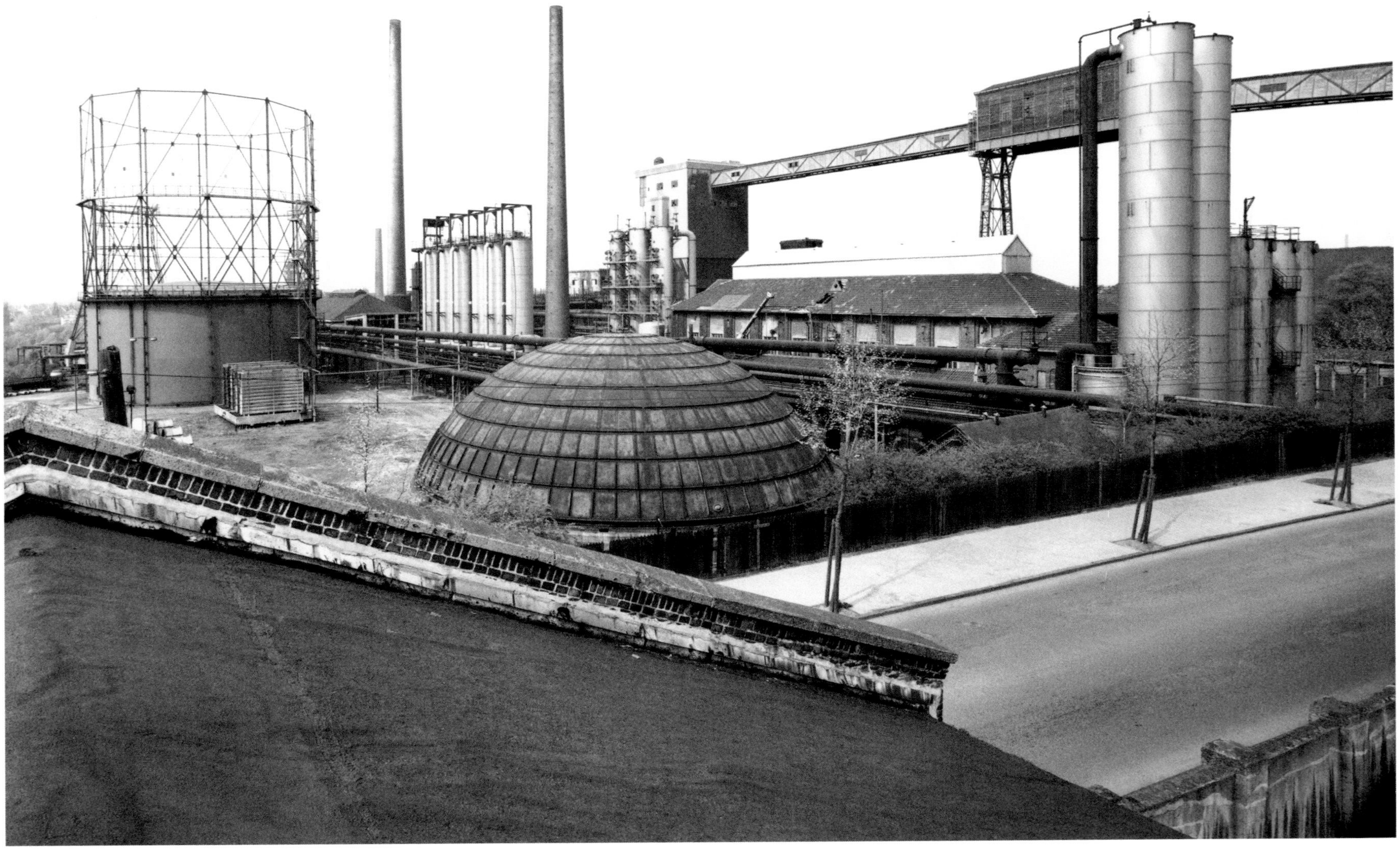

35
Nebengewinnungsanlagen von Süden
Gasbehälter, Ammoniakwascher, Benzollager, Benzolfabrik, Benzolwascher

Plant for extraction of by-products from the south
Gas tank, ammonia washer, benzole store, benzole plant, benzole washer

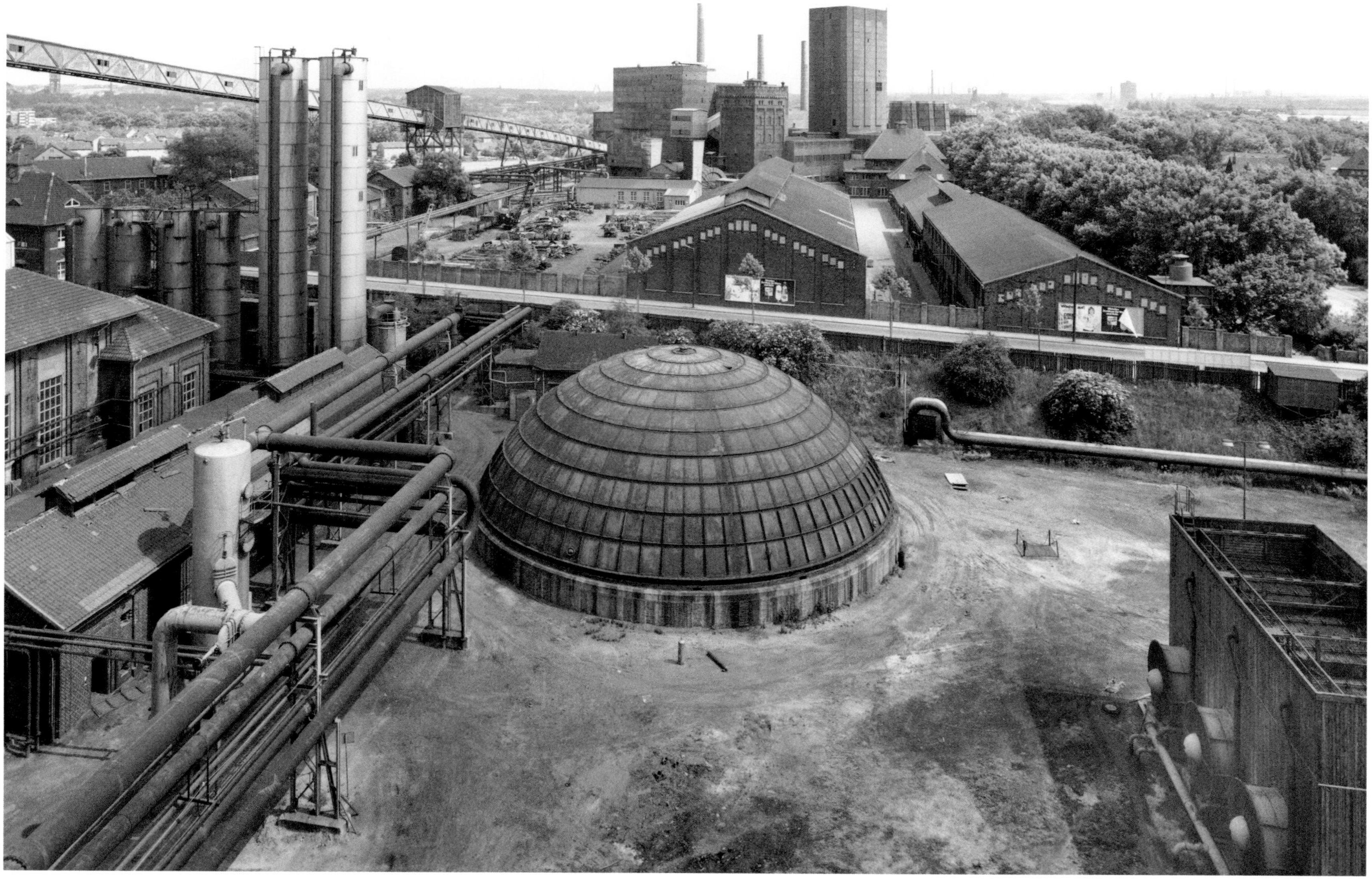

36
Nebengewinnungsanlage und Schachtanlage 1/2/5 von Nordwesten
Benzolfabrik, Benzolwascher, Benzollager, Werkstätten, Ventilatorkühler

Plant for extraction of by-products and shafts 1/2/5 from the north-west
Benzole plant, benzole washer, benzole store, workshops, ventilator cooler

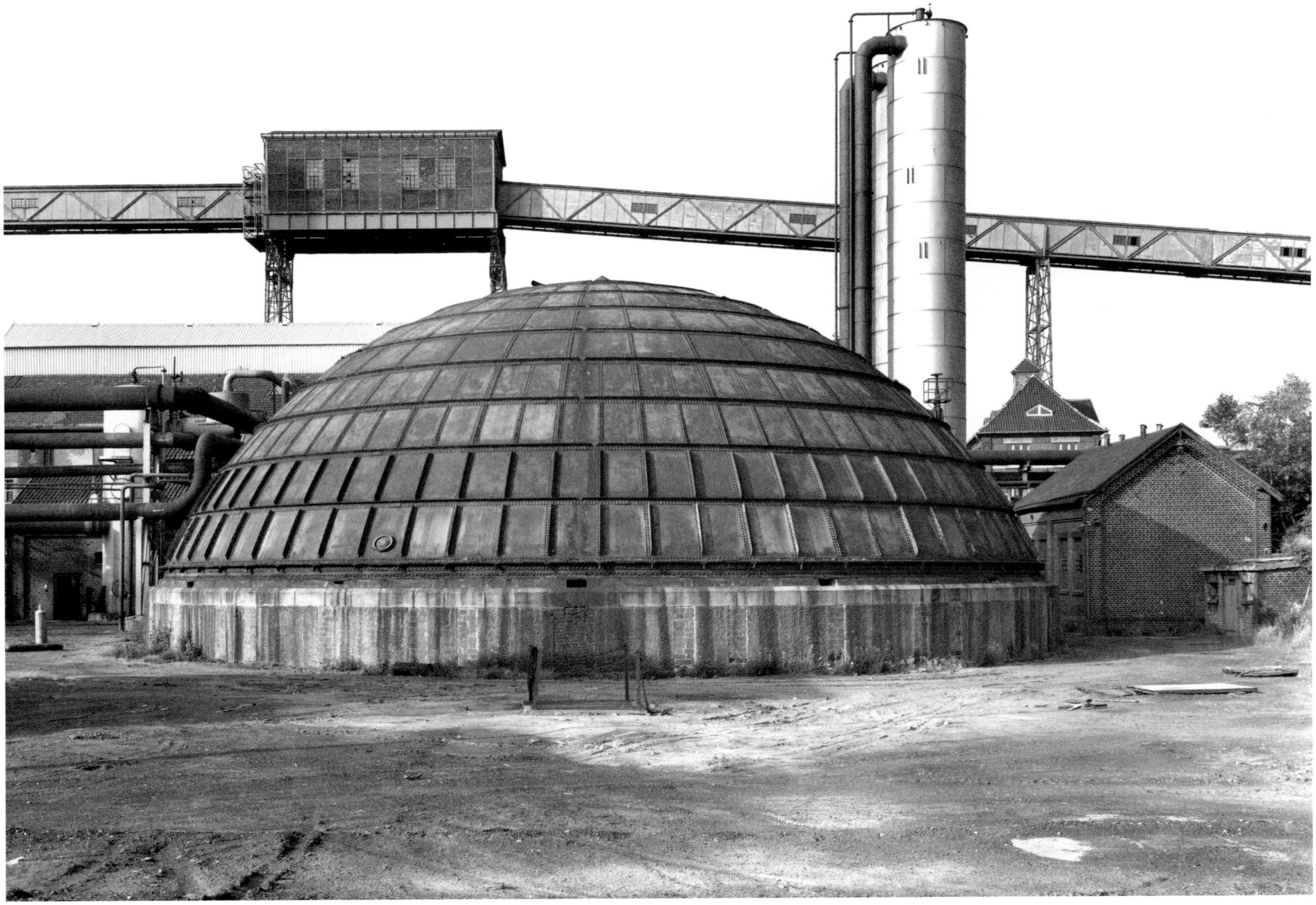

37
Benzollager
Benzole store

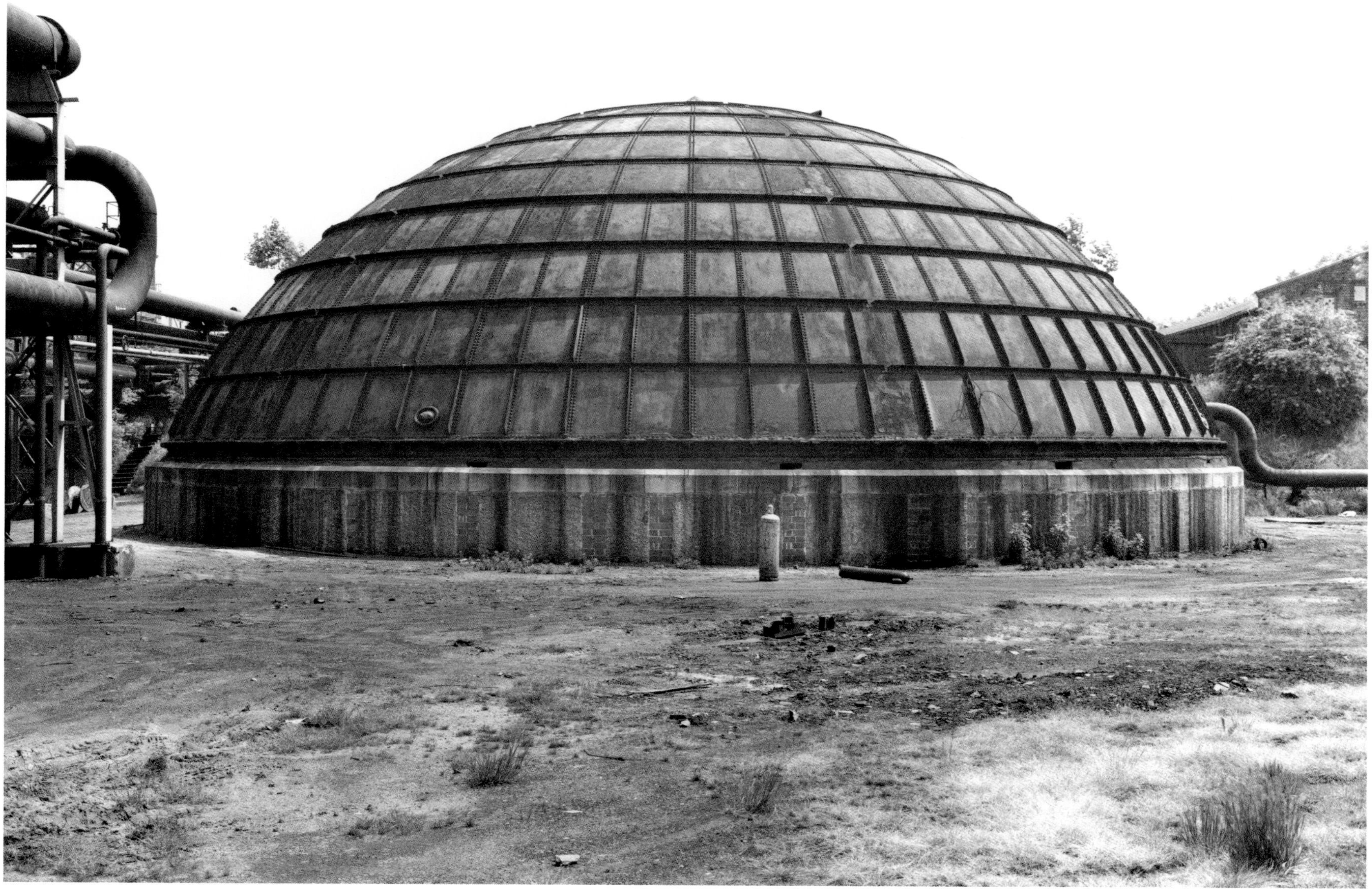

38
Benzollager
Benzole store

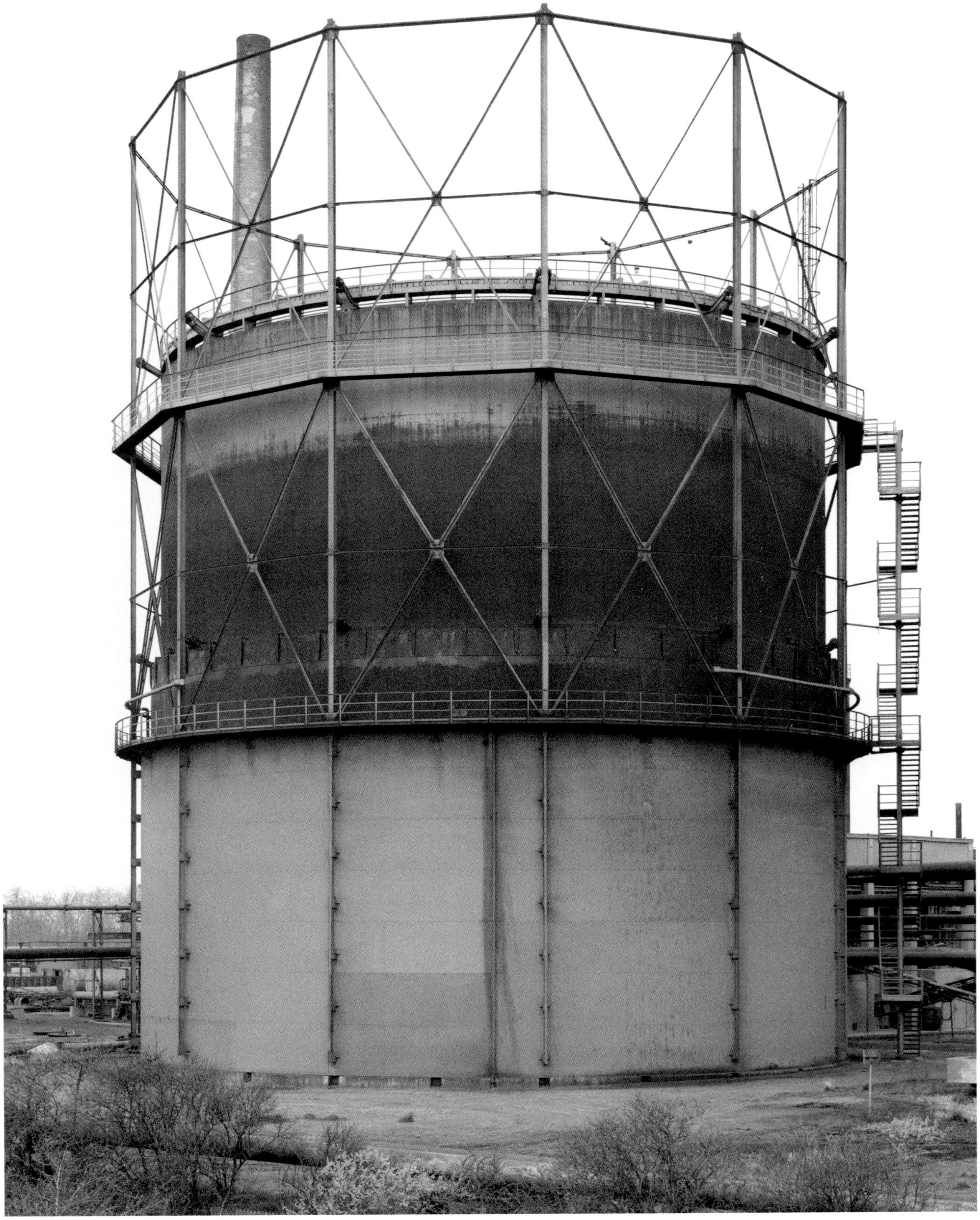

39
Gasbehälter
Gas tank

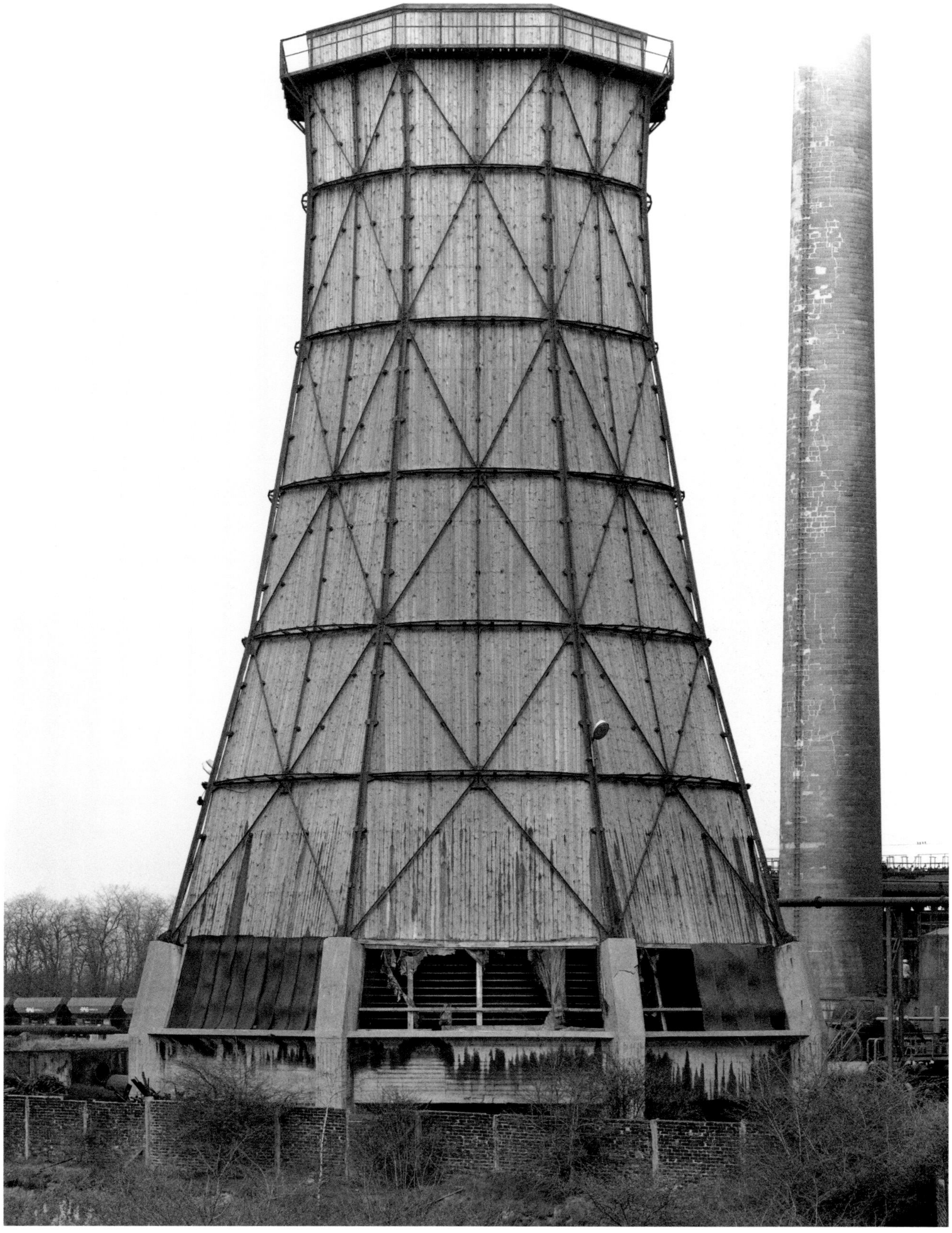

40
Kühlturm in der Kokerei
Cooling tower in the coking plant

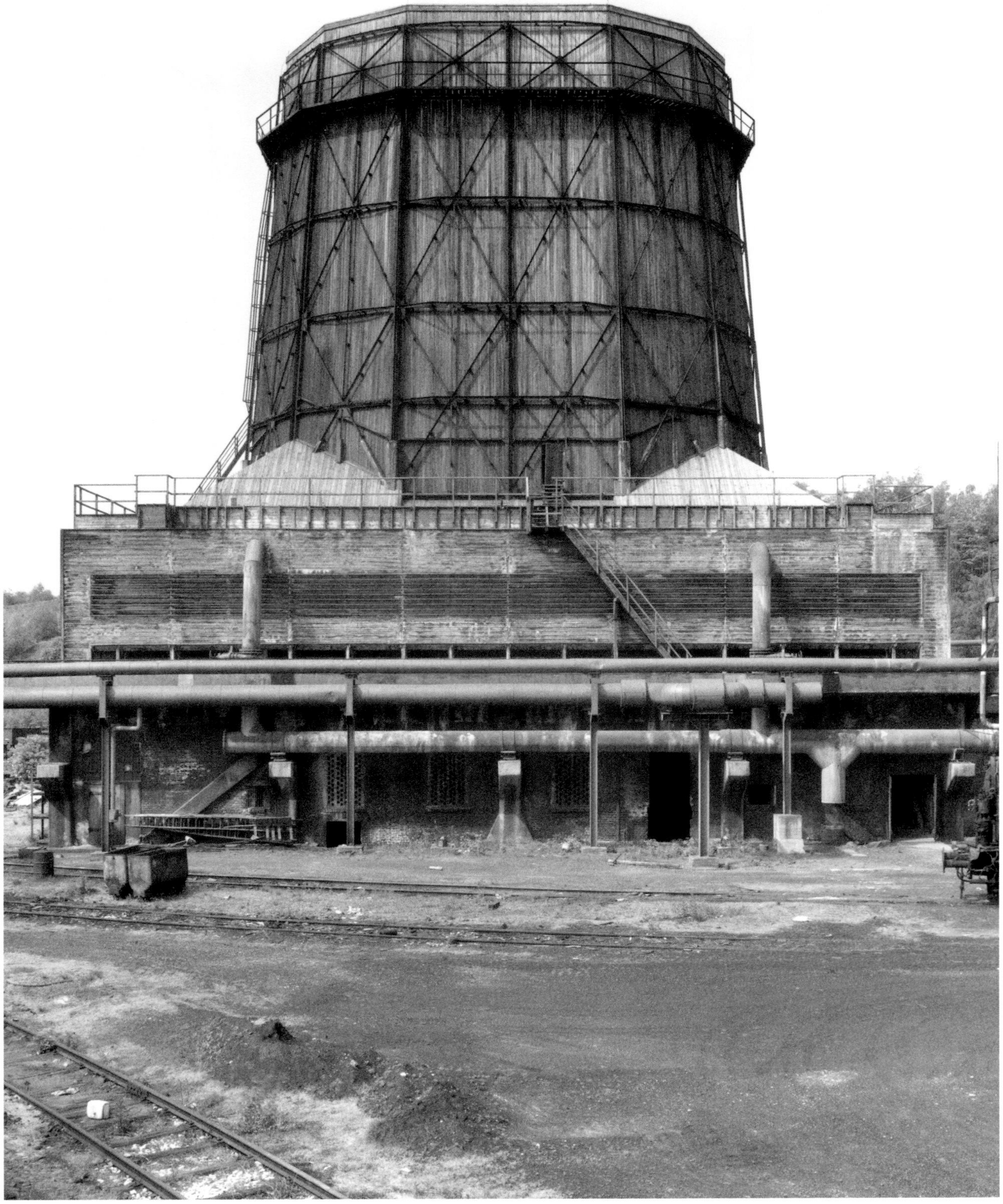

41
Kühlturm im Kraftwerk
Cooling tower in the power plant

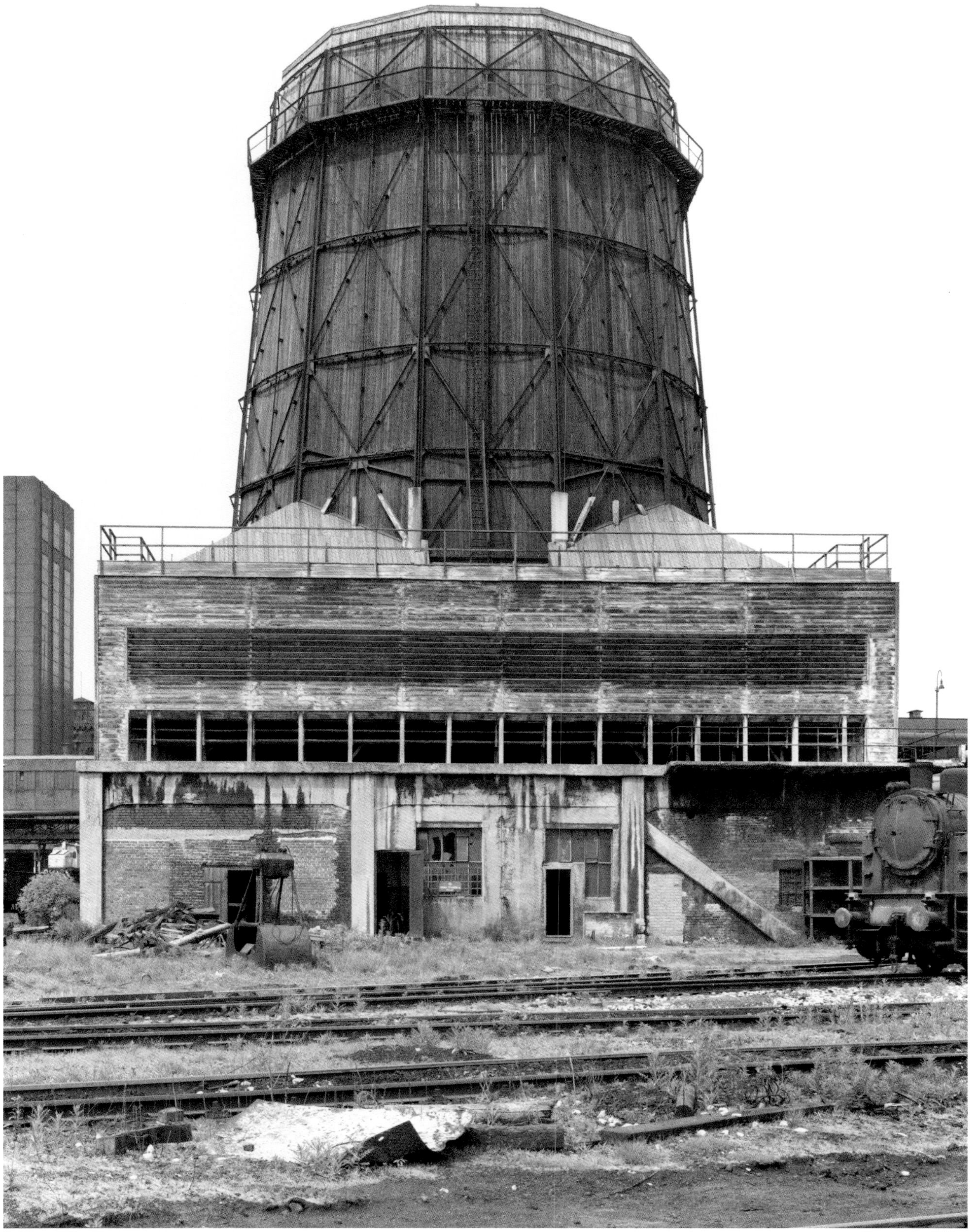

42
Kühlturm im Kraftwerk
Cooling tower in the power plant

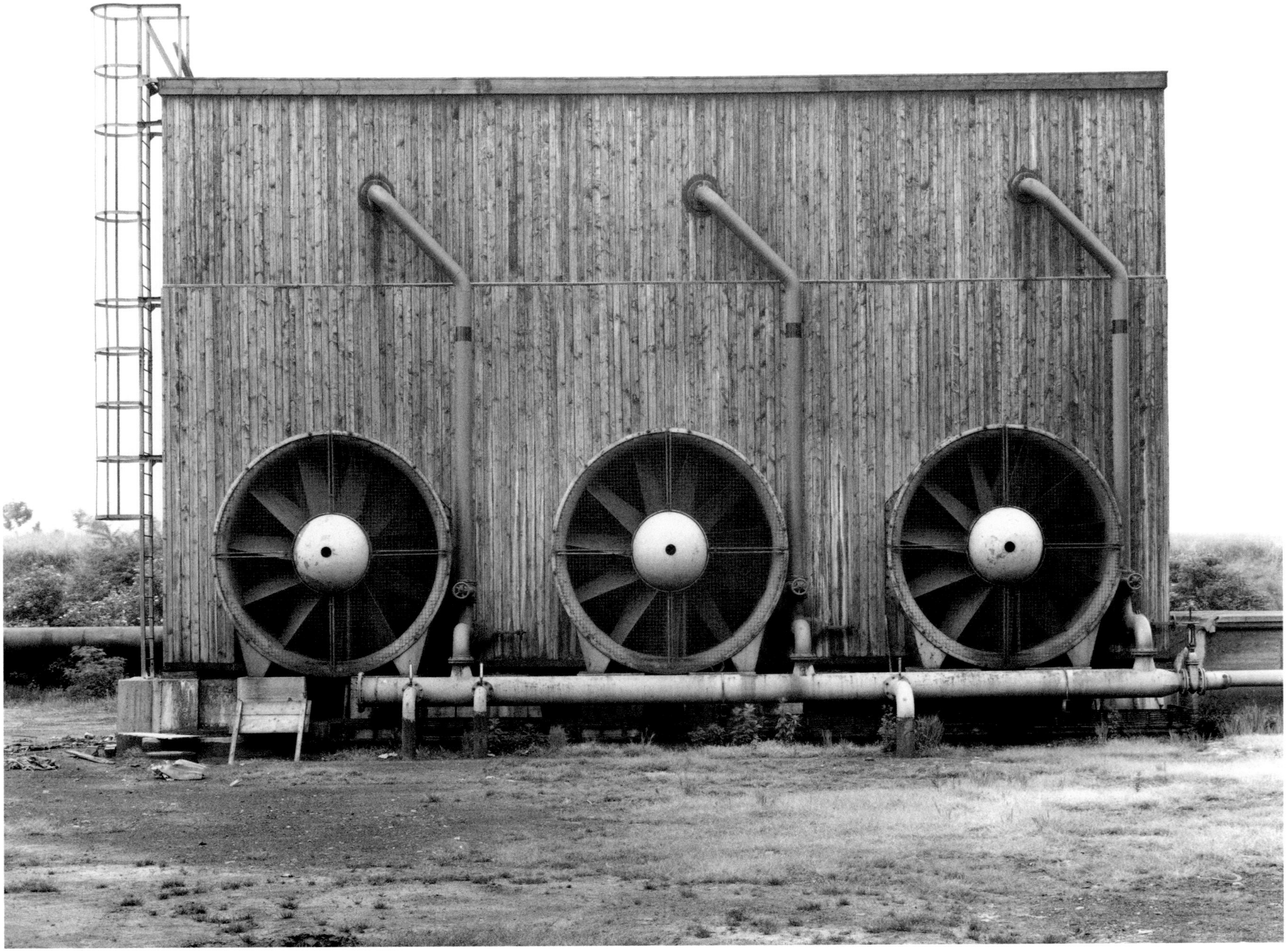

43
Ventilatorkühler
Ventilator cooler

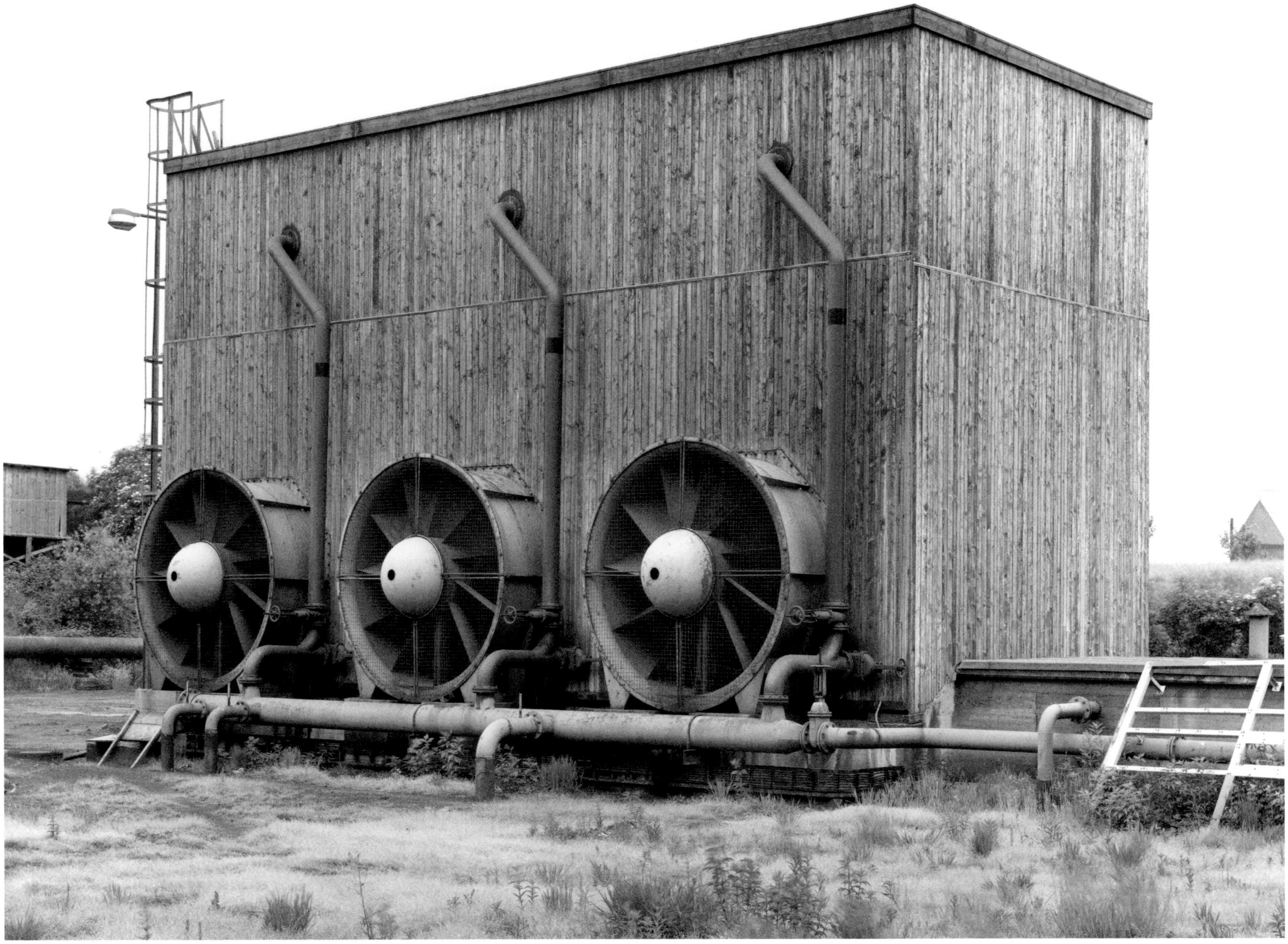

44
Ventilatorkühler
Ventilator cooler

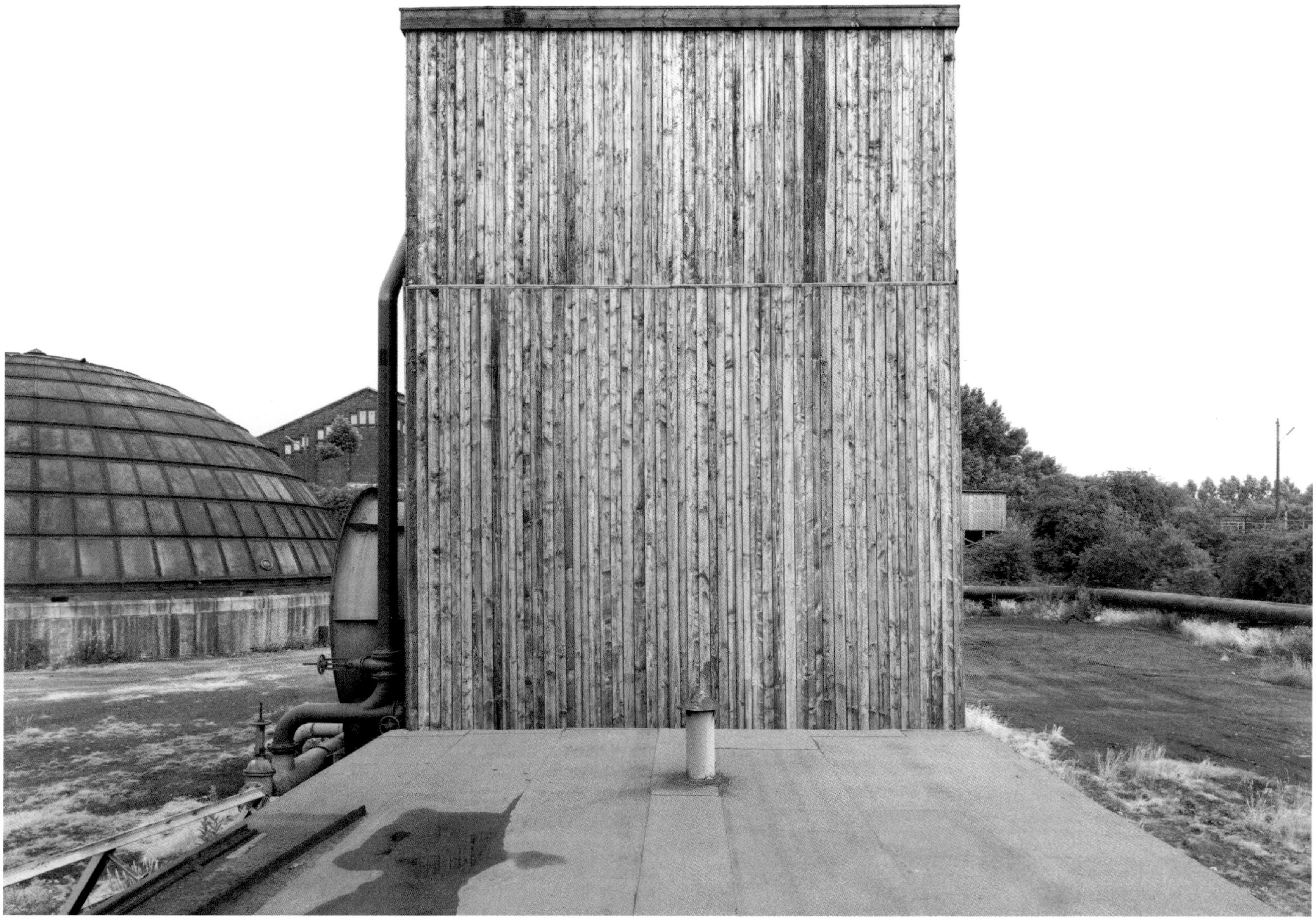

45
Ventilatorkühler
Ventilator cooler

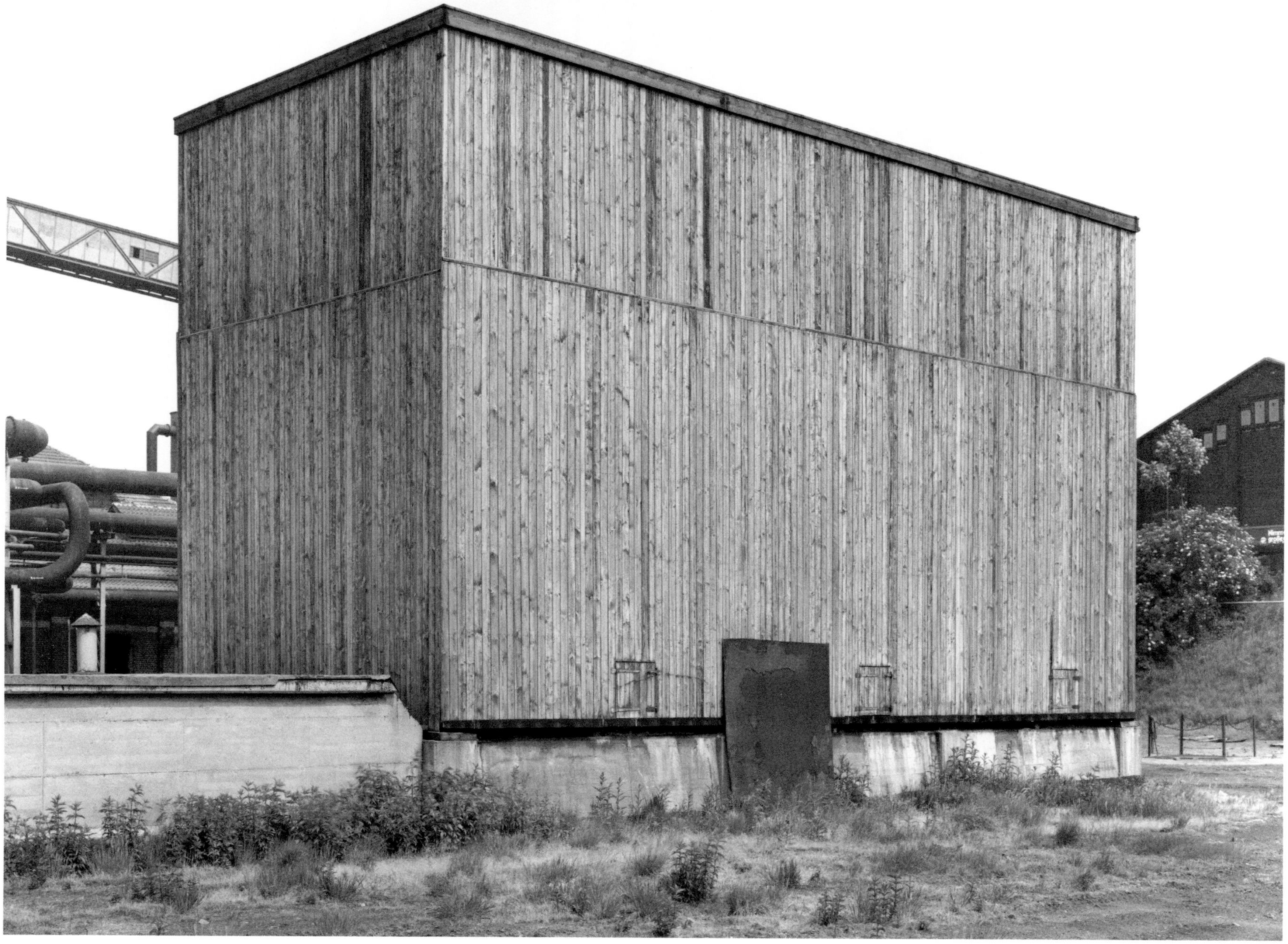

46
Ventilatorkühler
Ventilator cooler

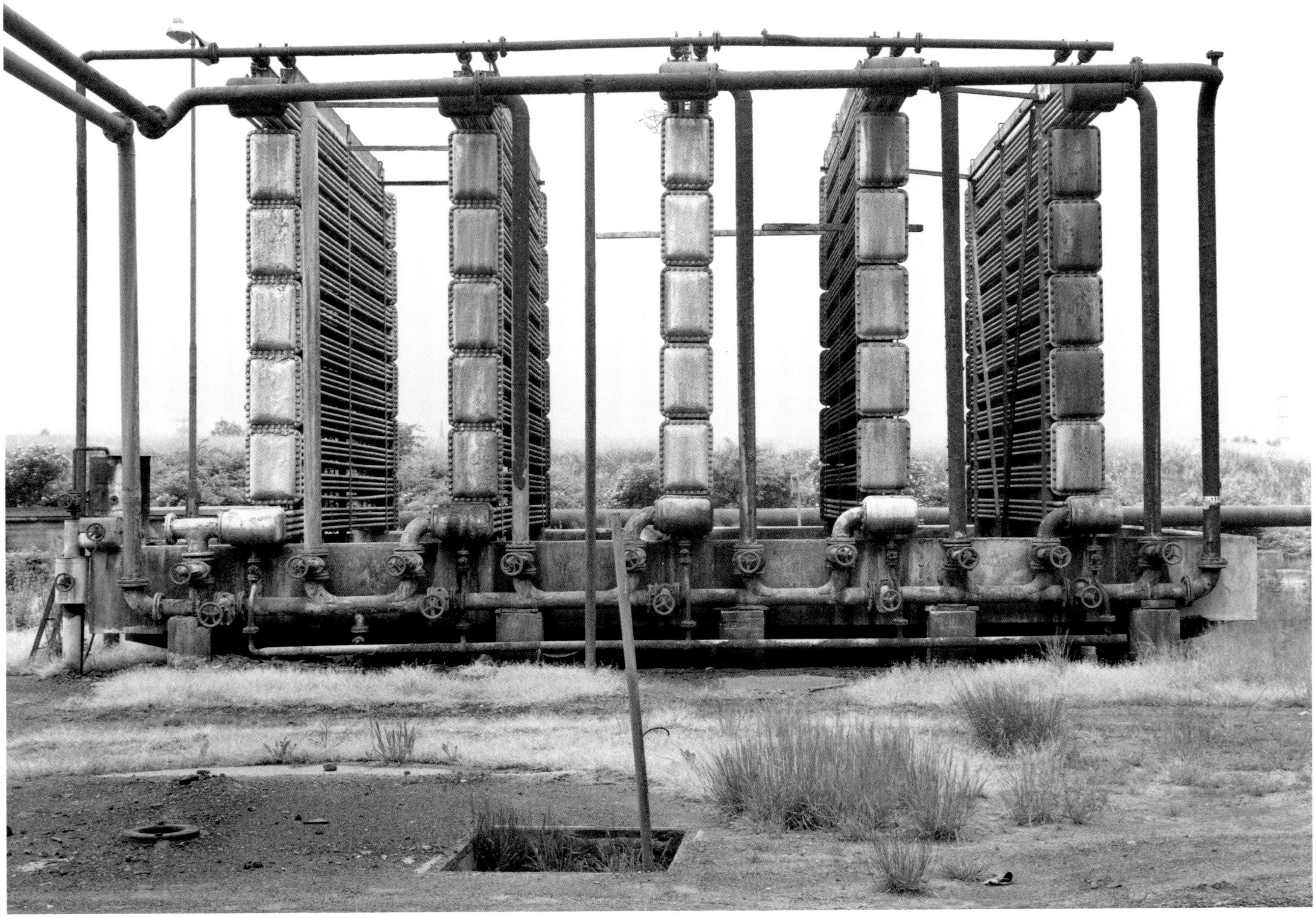

47
Rieselkühler
Trickle cooler

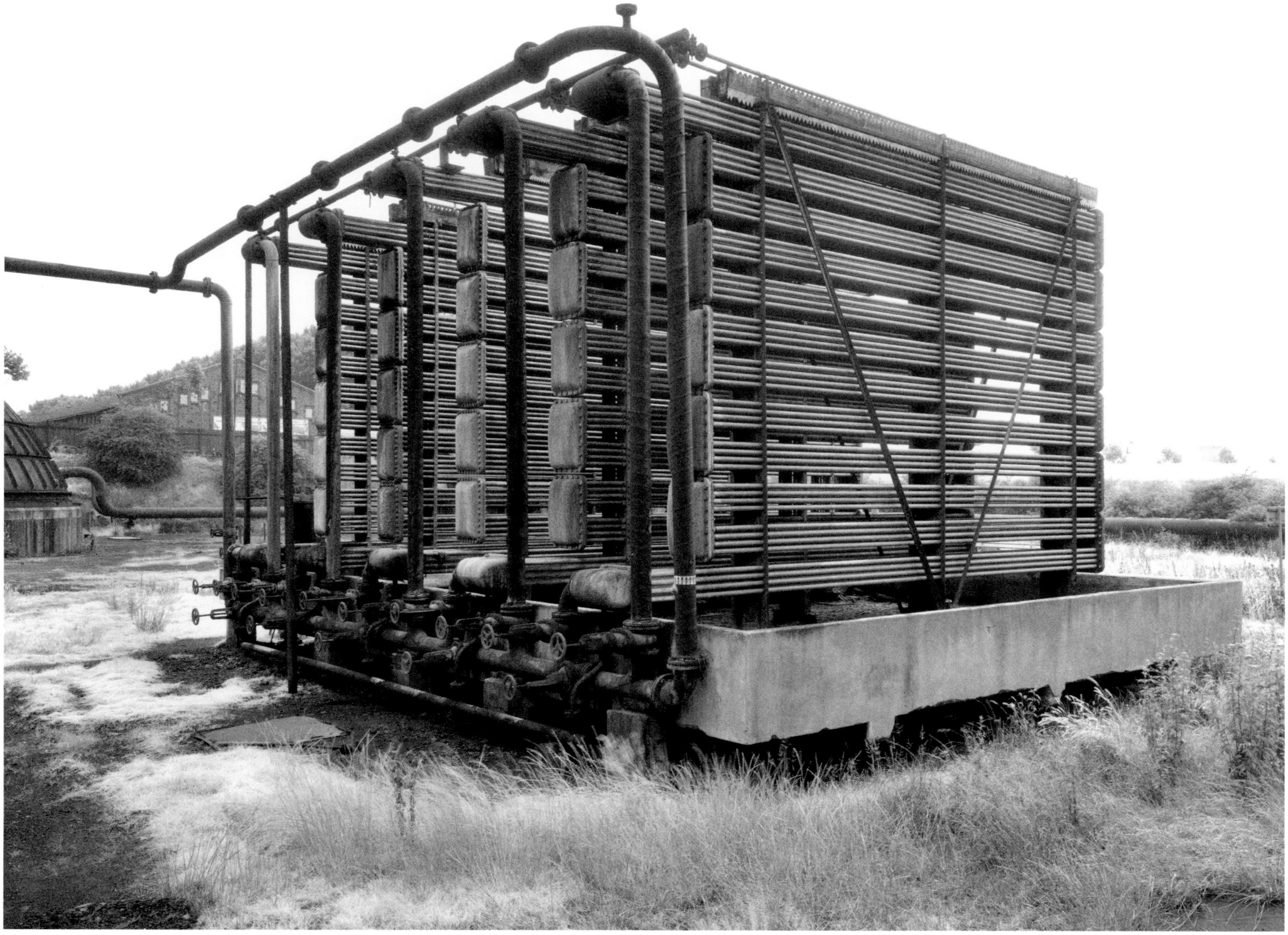

48
Rieselkühler
Trickle cooler

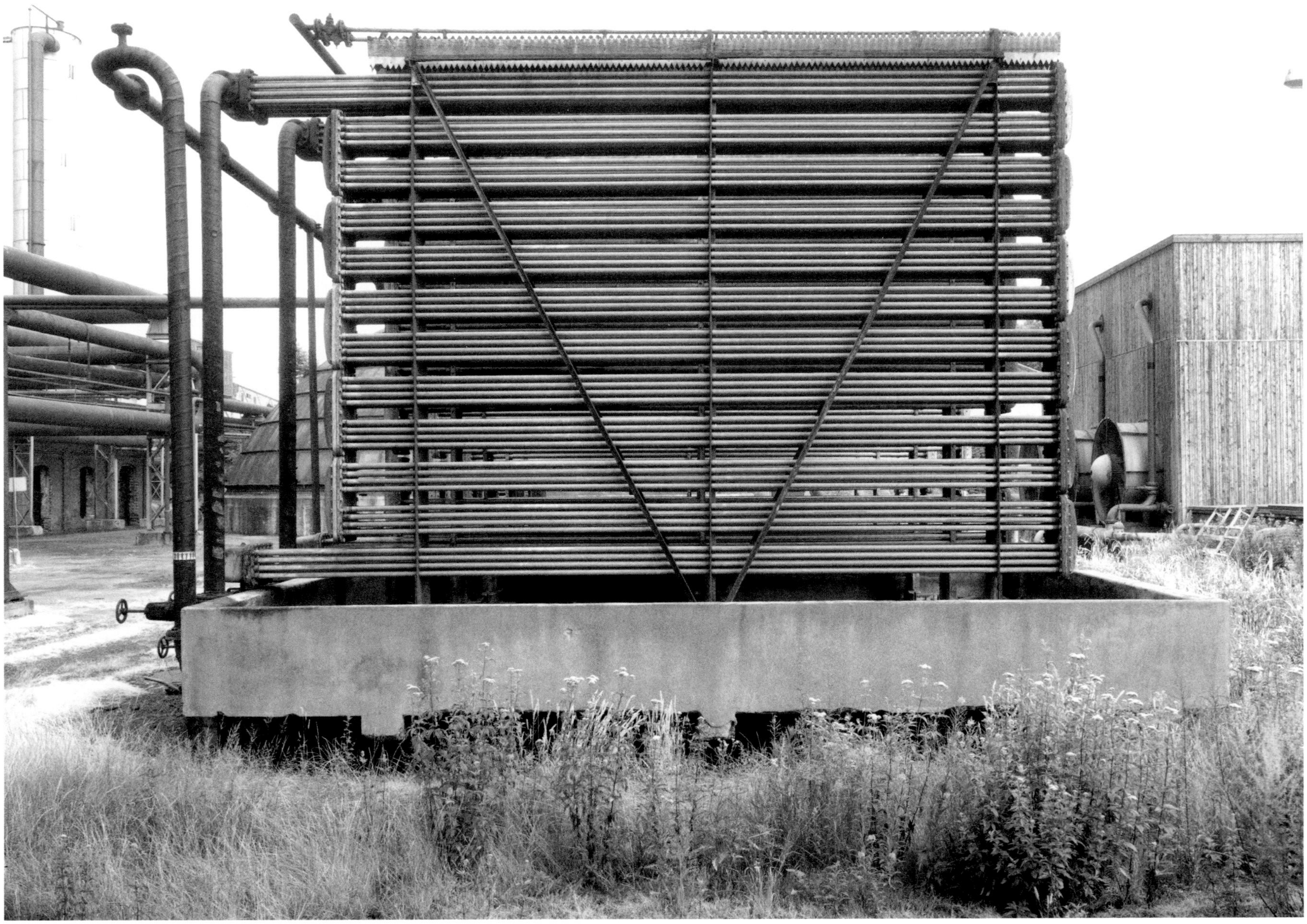

49
Rieselkühler
Trickle cooler

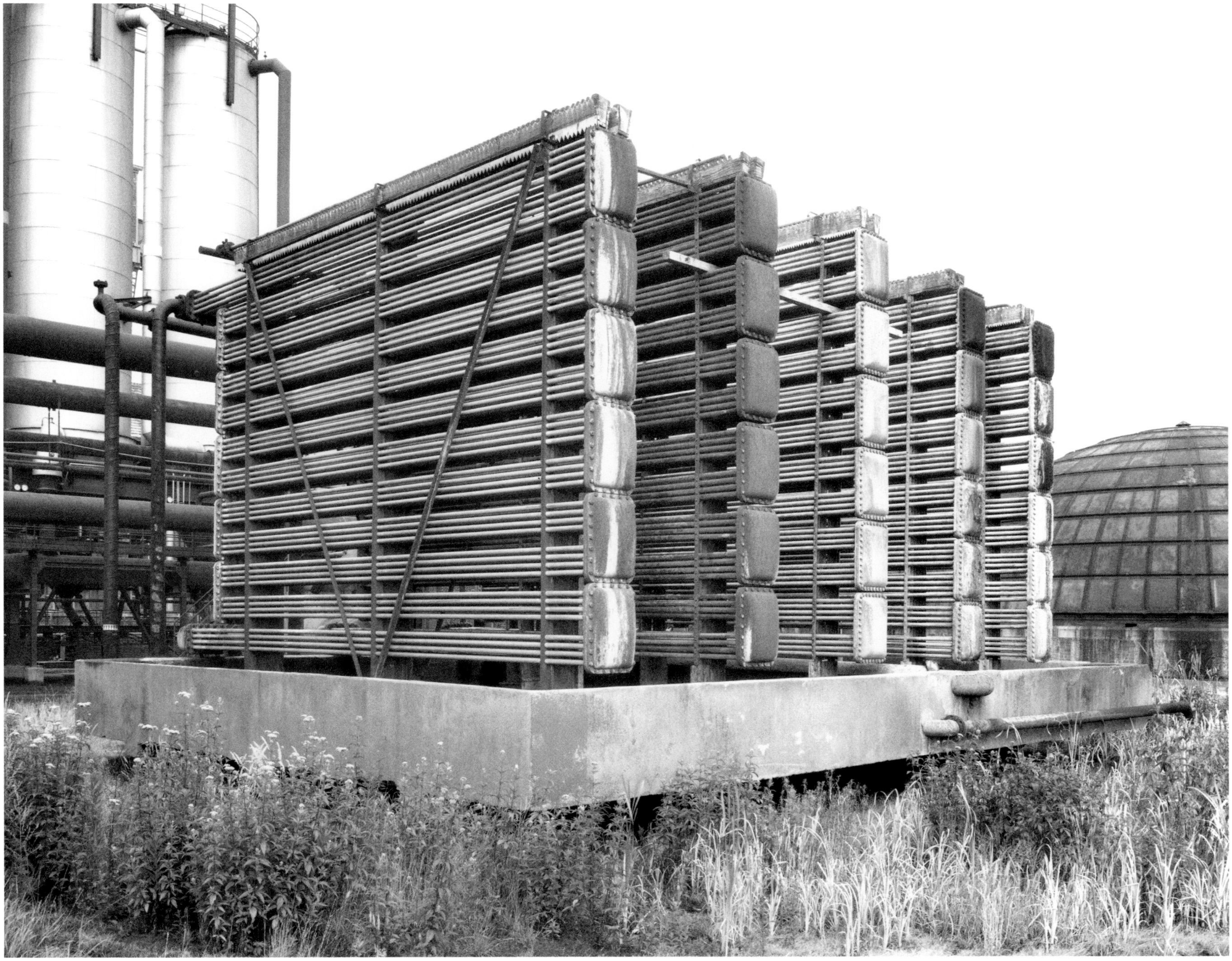

50
Rieselkühler
Trickle cooler

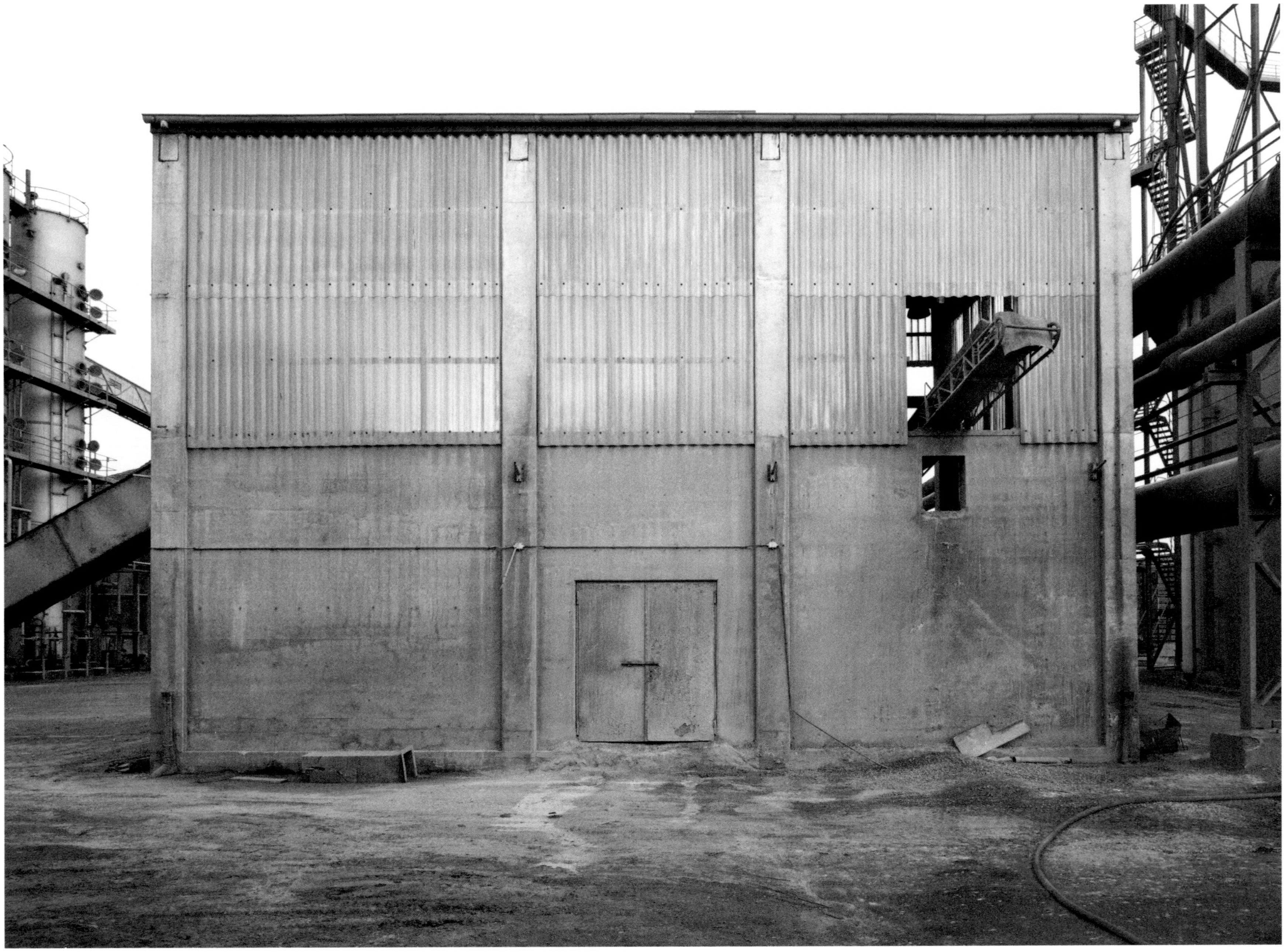

51
Verladestation für Ammoniumsulfat
Ammonium sulphate loading bay

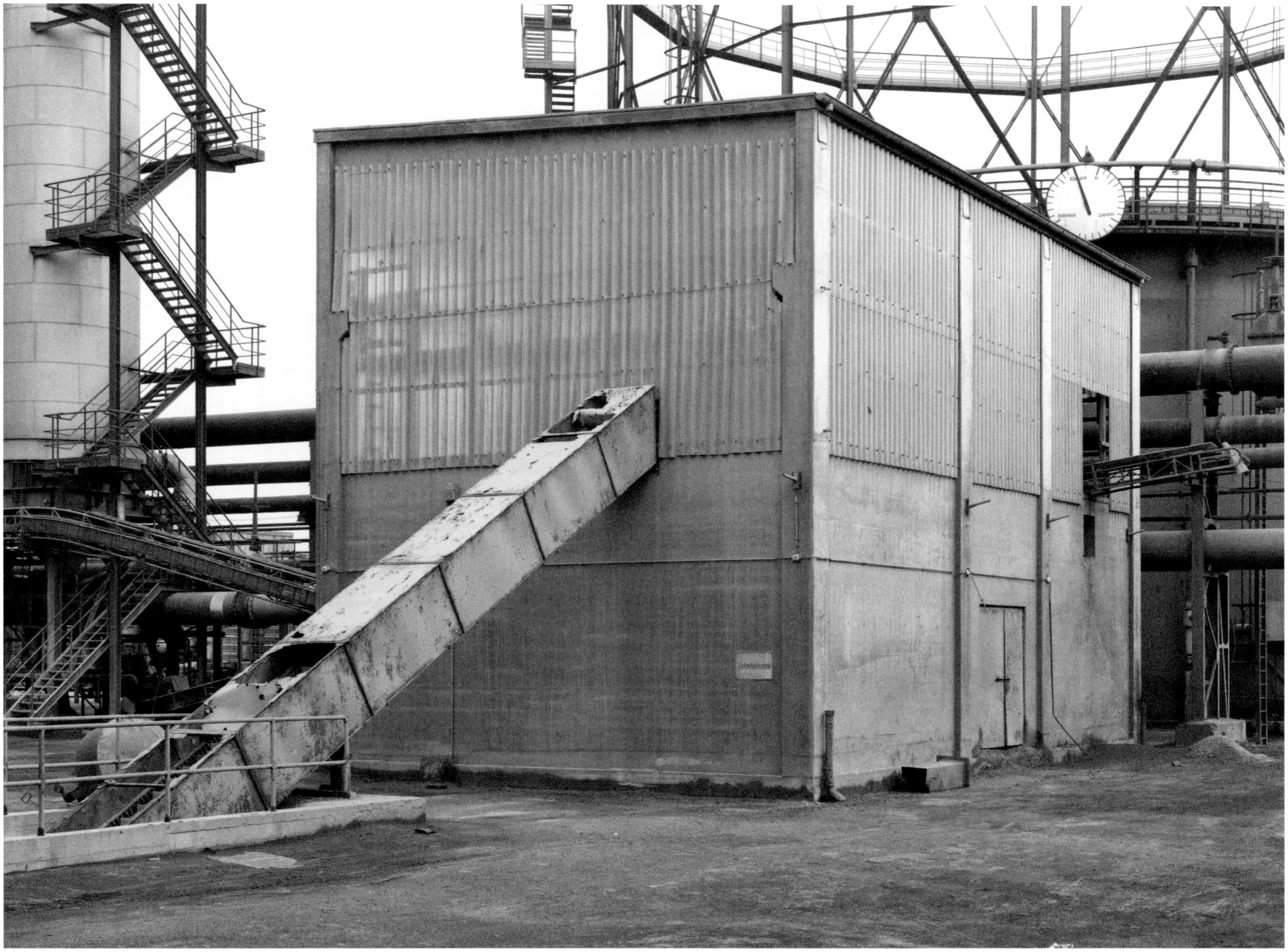

52
Verladestation für Ammoniumsulfat
Ammonium sulphate loading bay

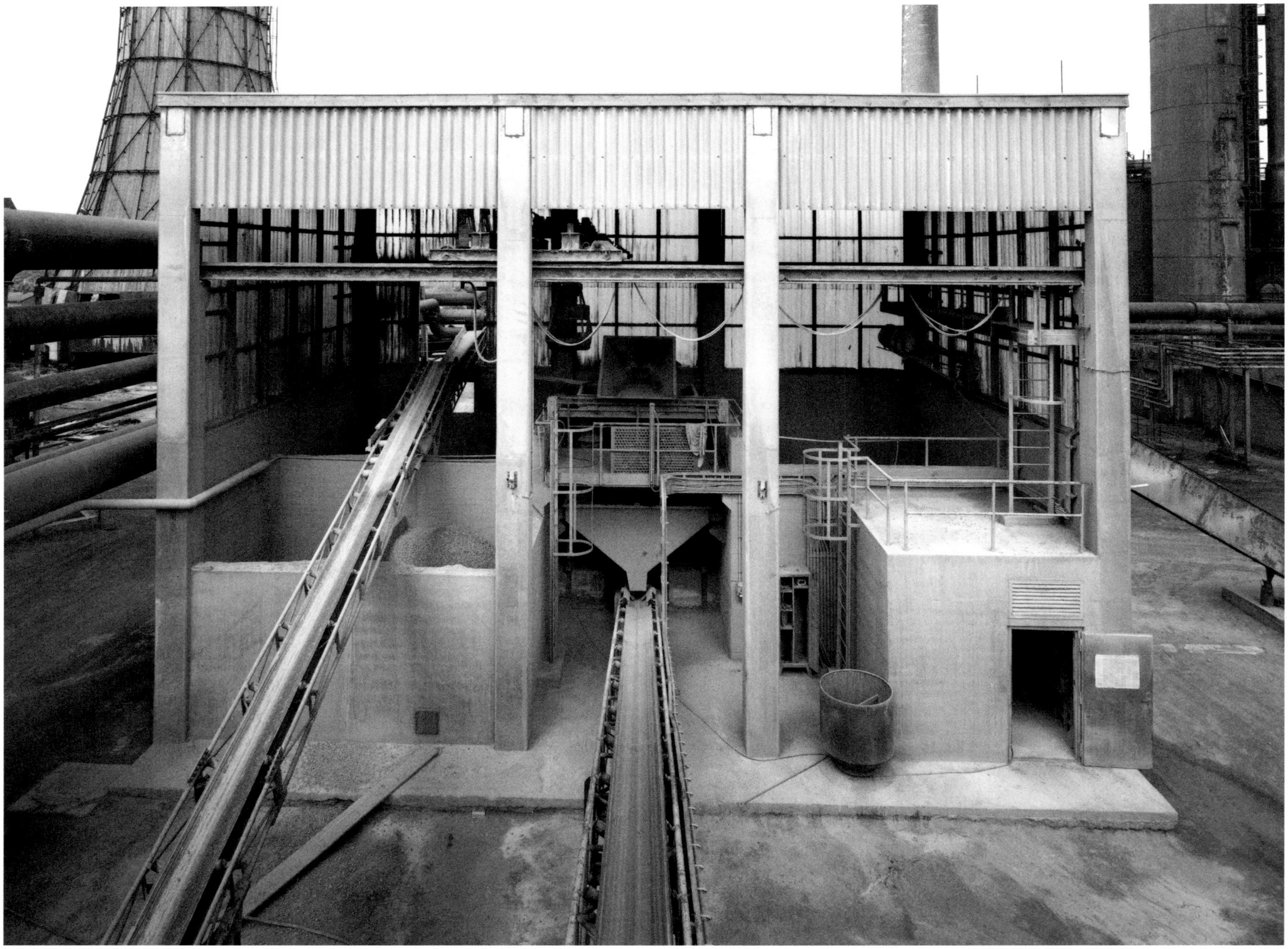

53
Verladestation für Ammoniumsulfat
Ammonium sulphate loading bay

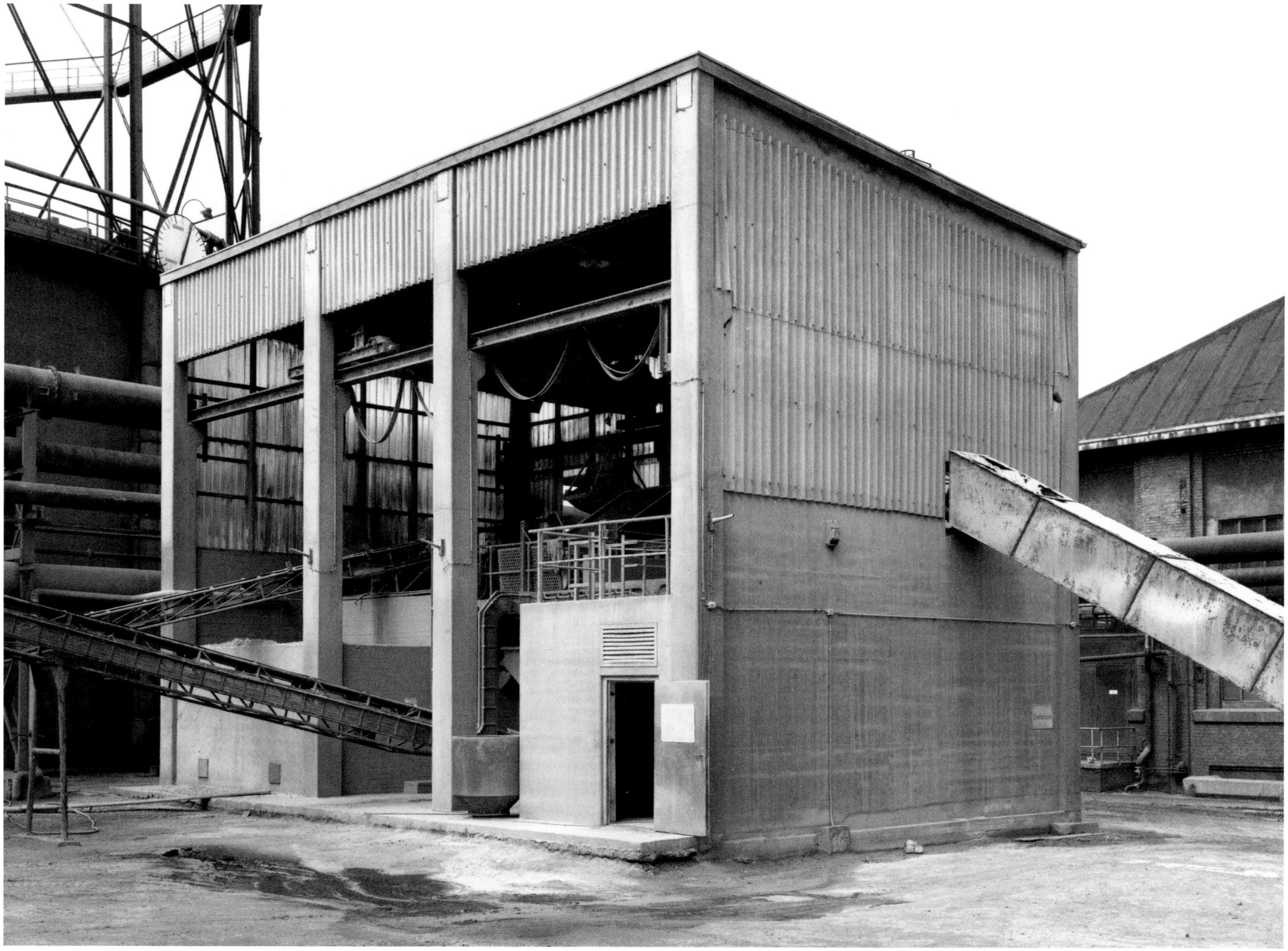

54
Verladestation für Ammoniumsulfat
Ammonium sulphate loading bay

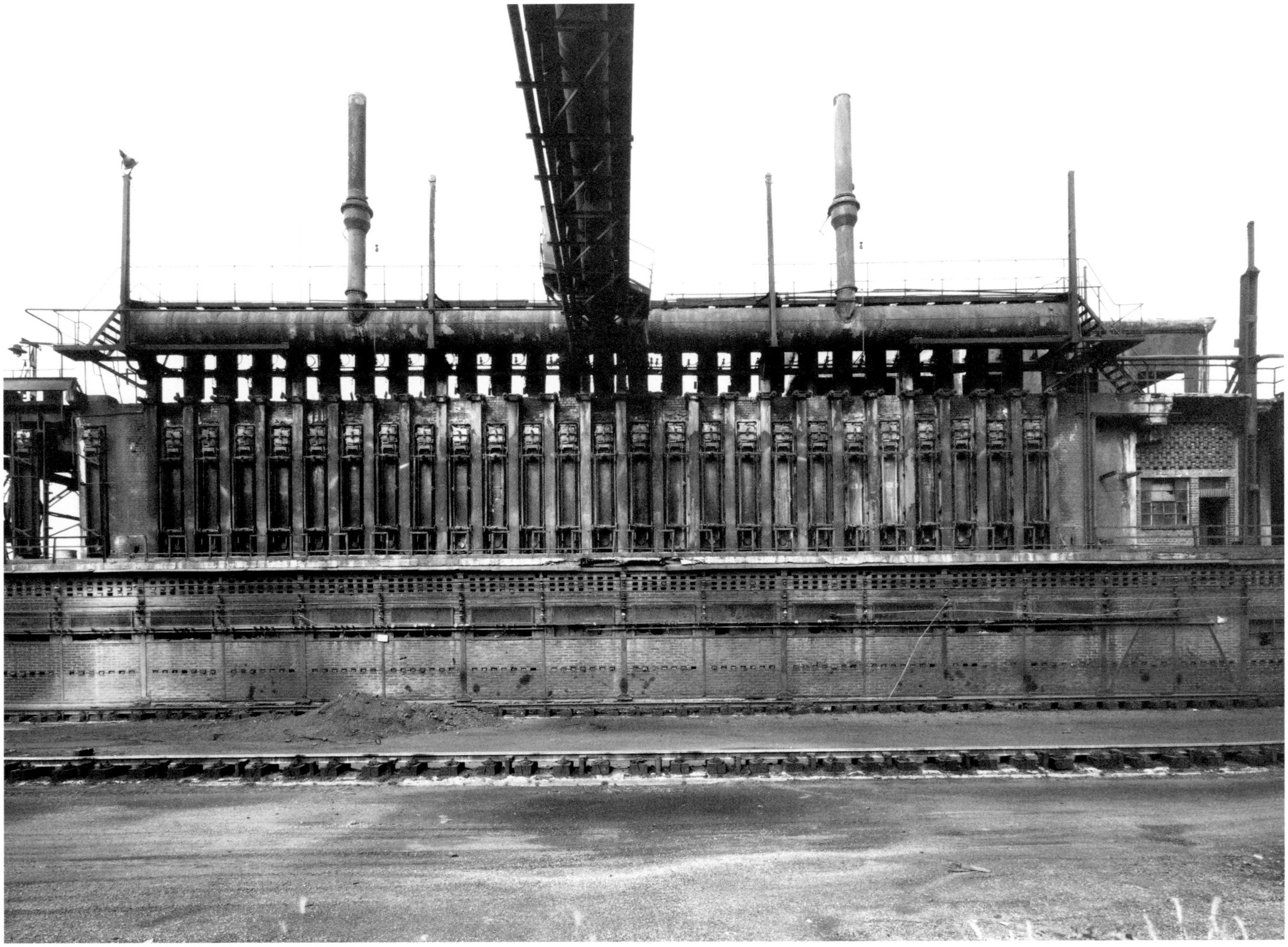

55
Koksofenbatterie
Coke oven battery

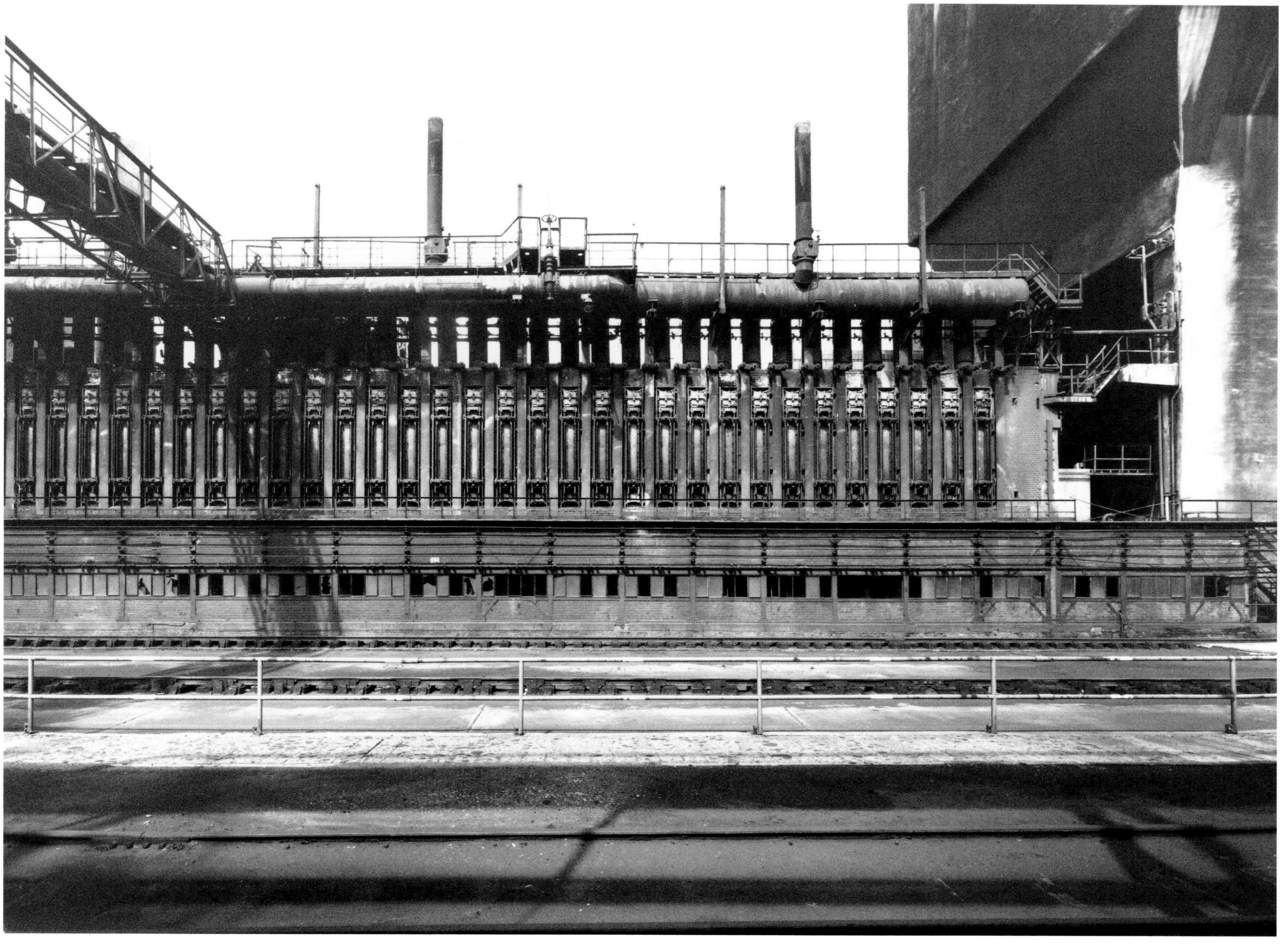

56
Koksofenbatterie
Coke oven battery

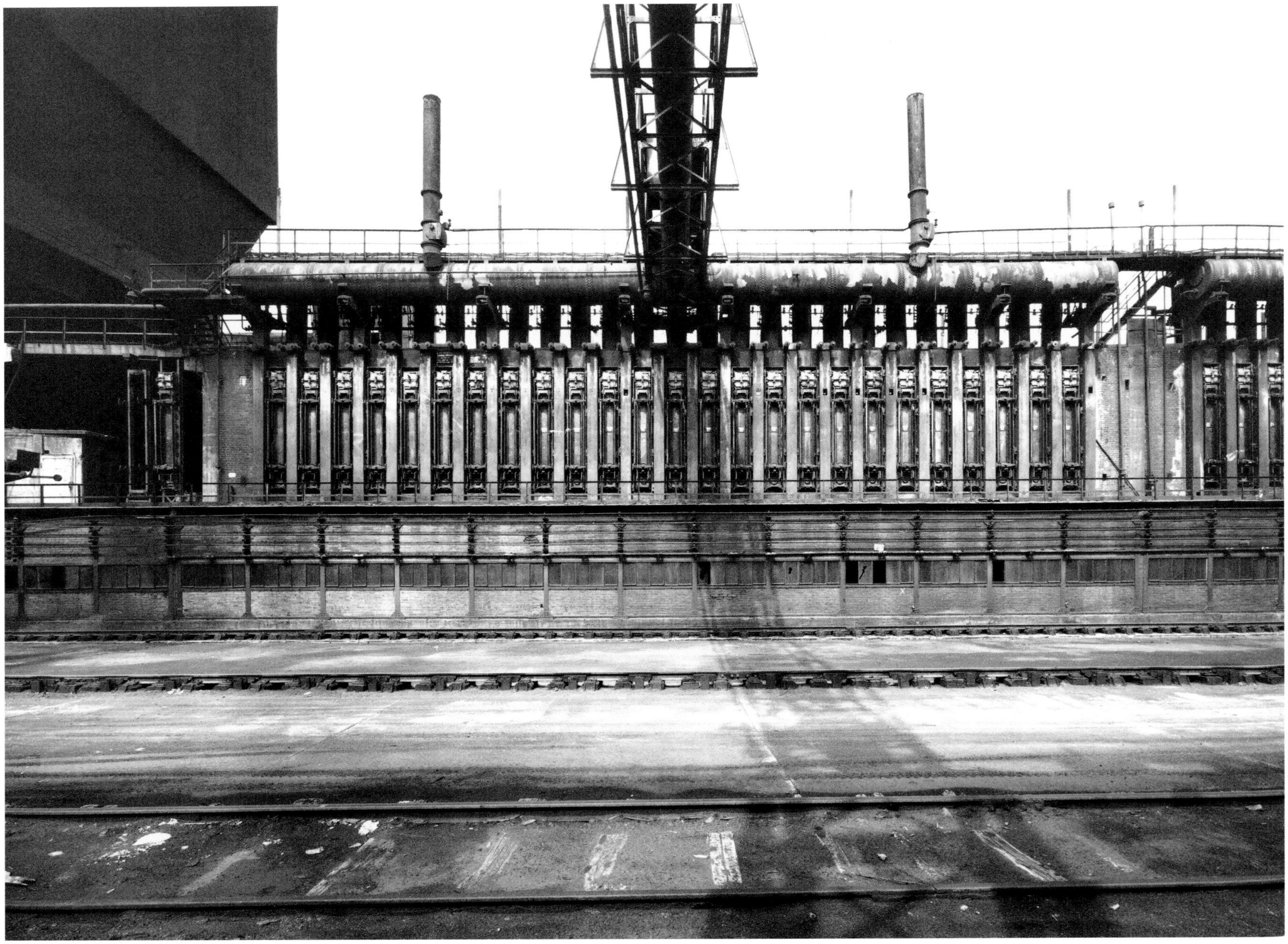

57
Koksofenbatterie
Coke oven battery

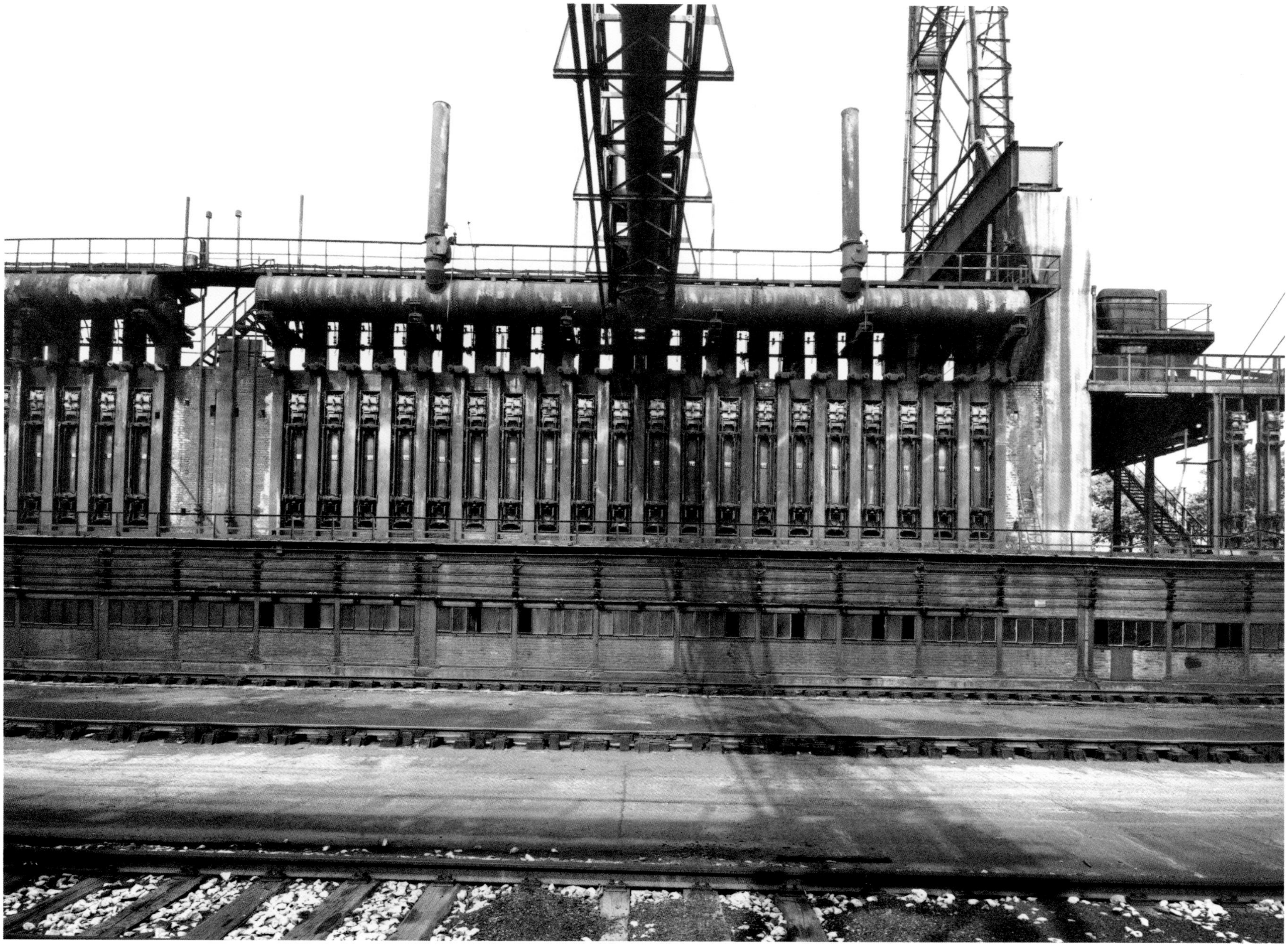

58
Koksofenbatterie
Coke oven battery

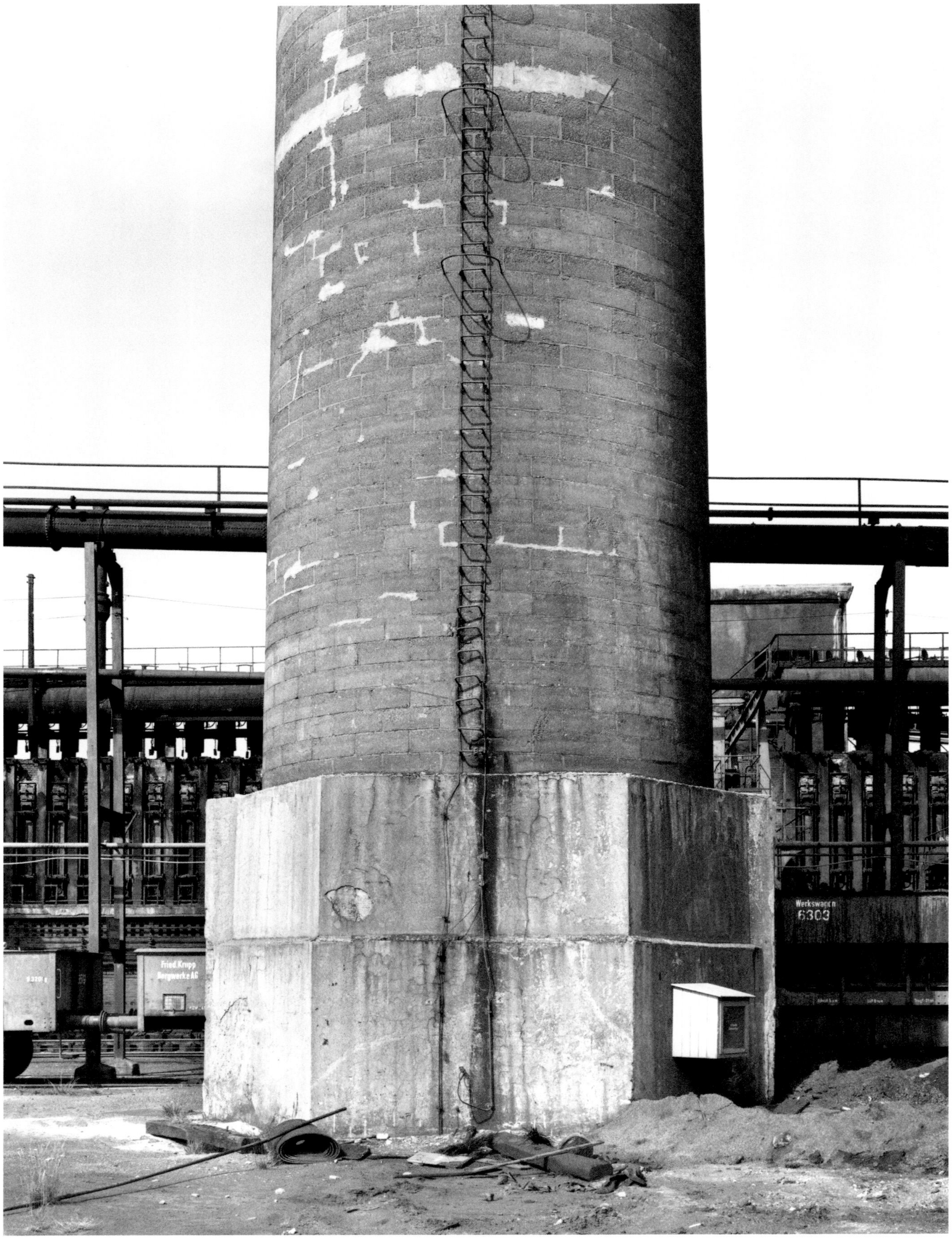

59
Kaminsockel
Chimney base

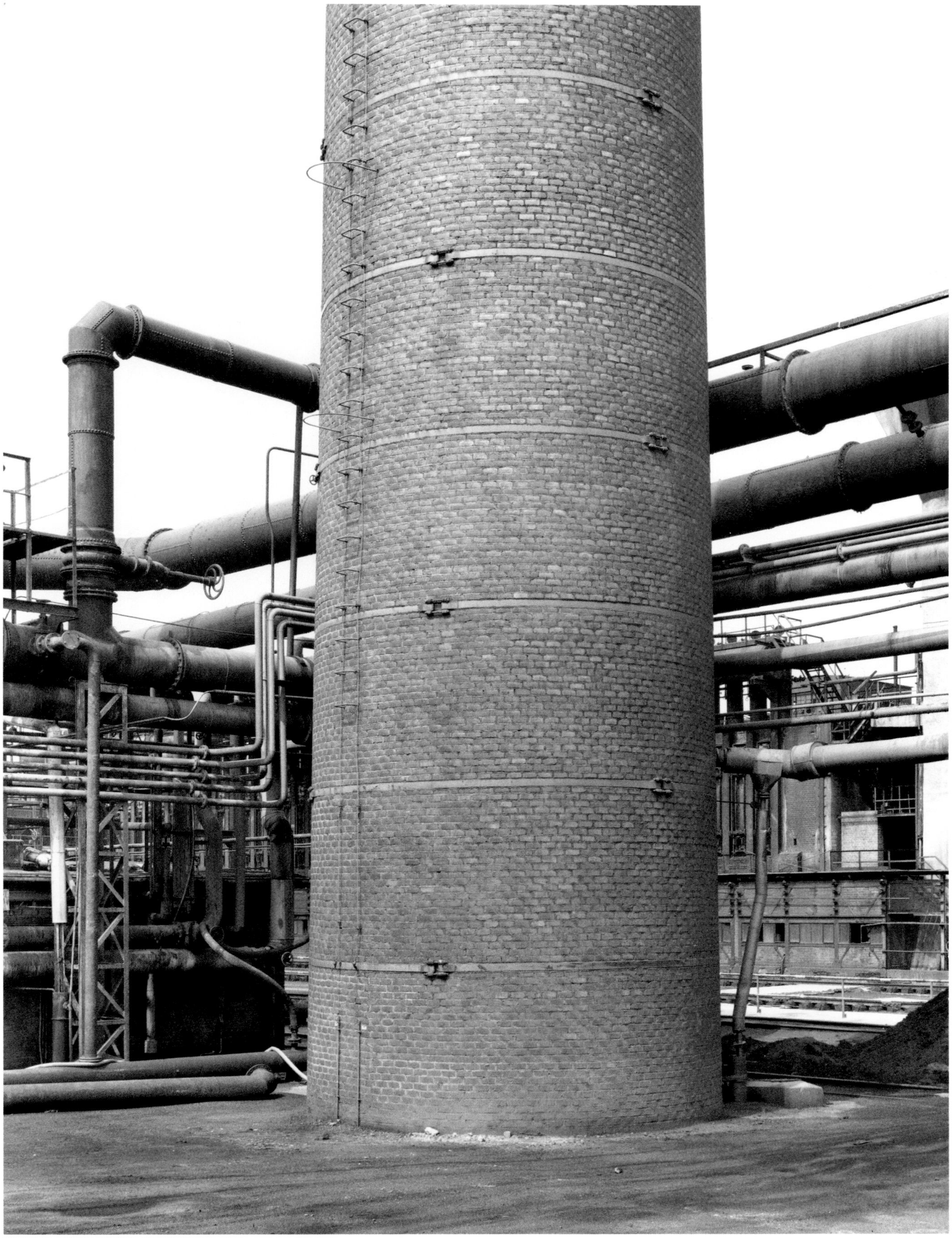

60
Kaminsockel
Chimney base

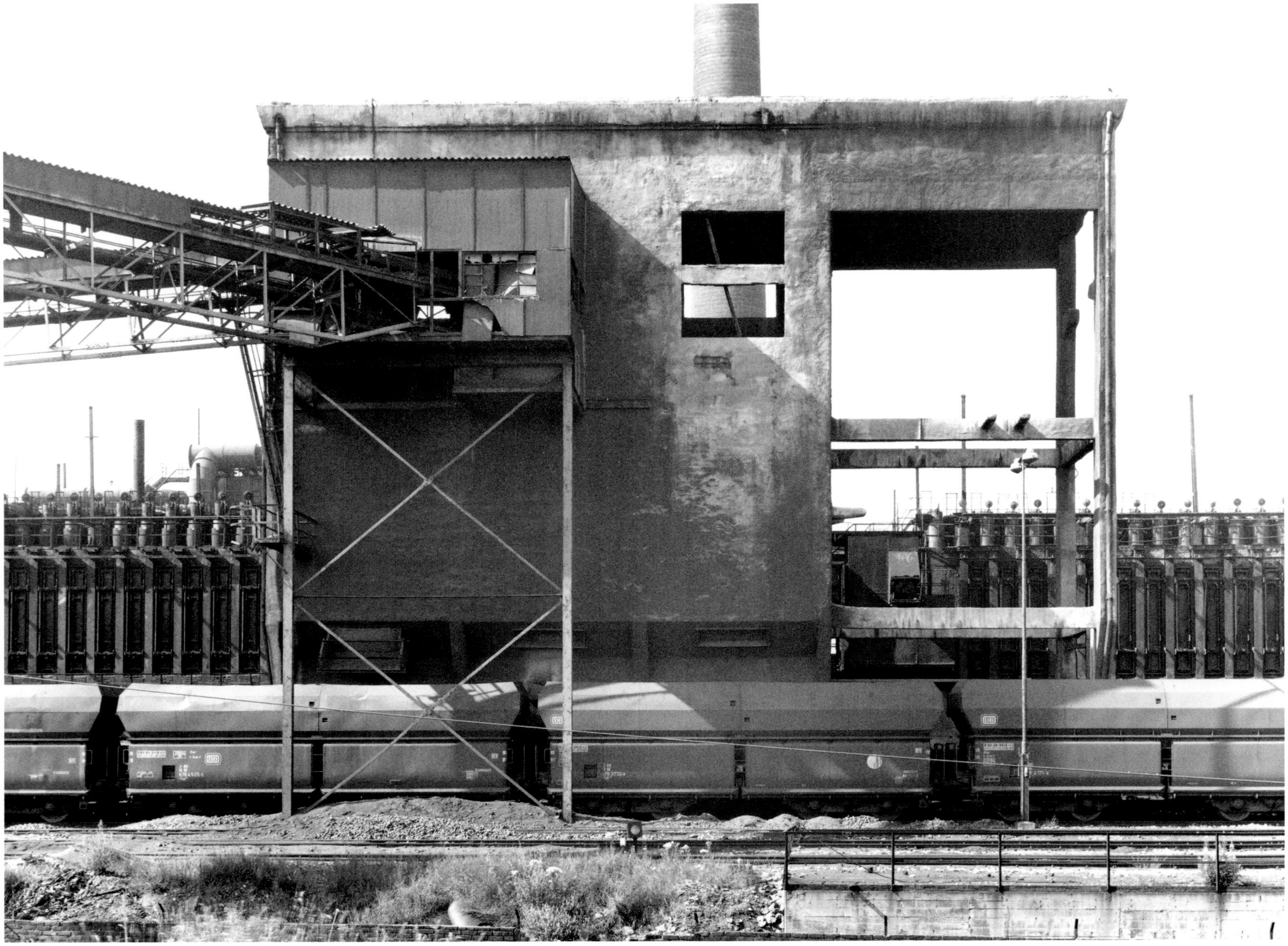

61
Koksbunker mit Bandübergabe
Coke bunker with belt transfer point

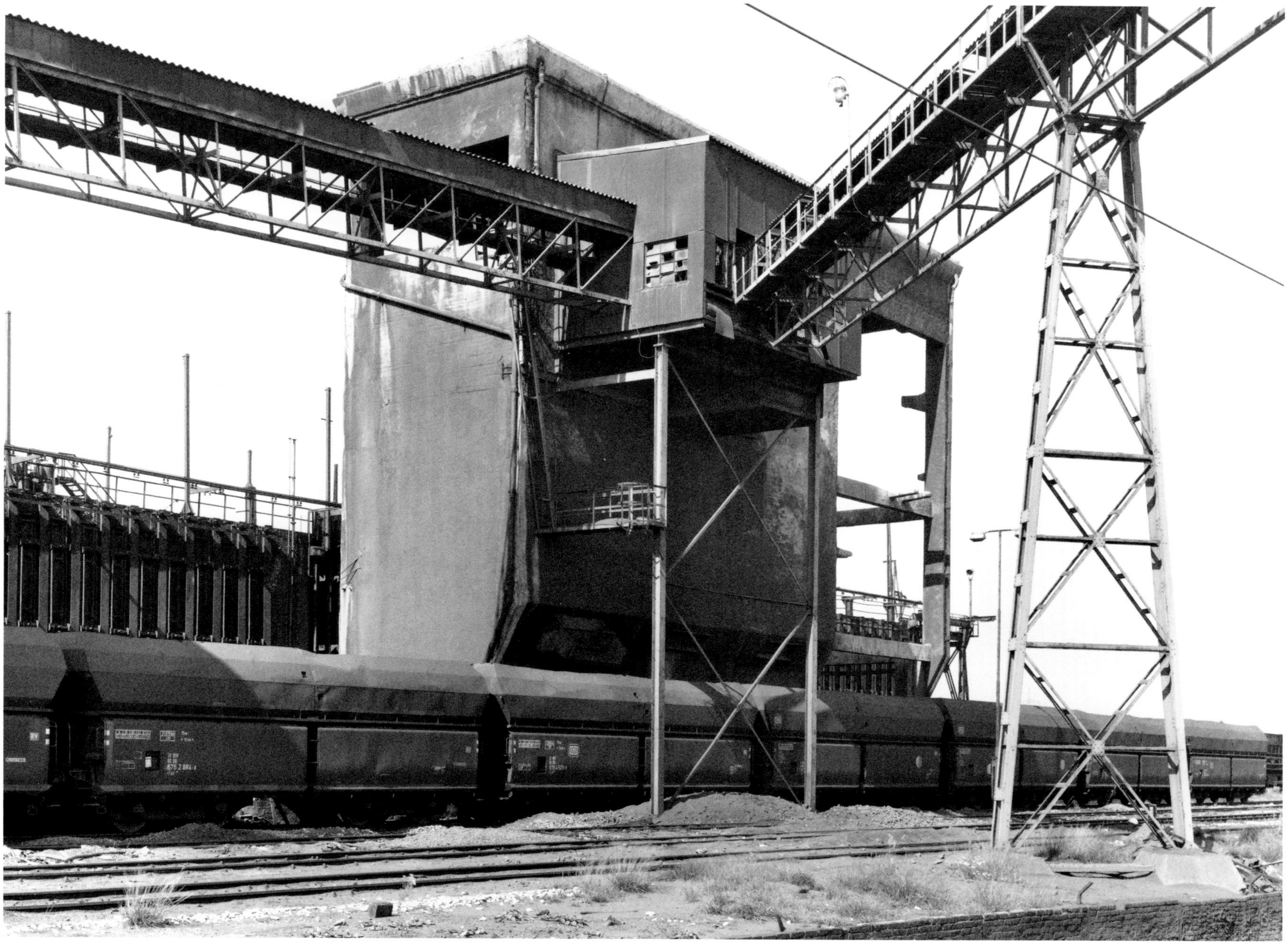

62
Koksbunker mit Bandübergabe
Coke bunker with belt transfer point

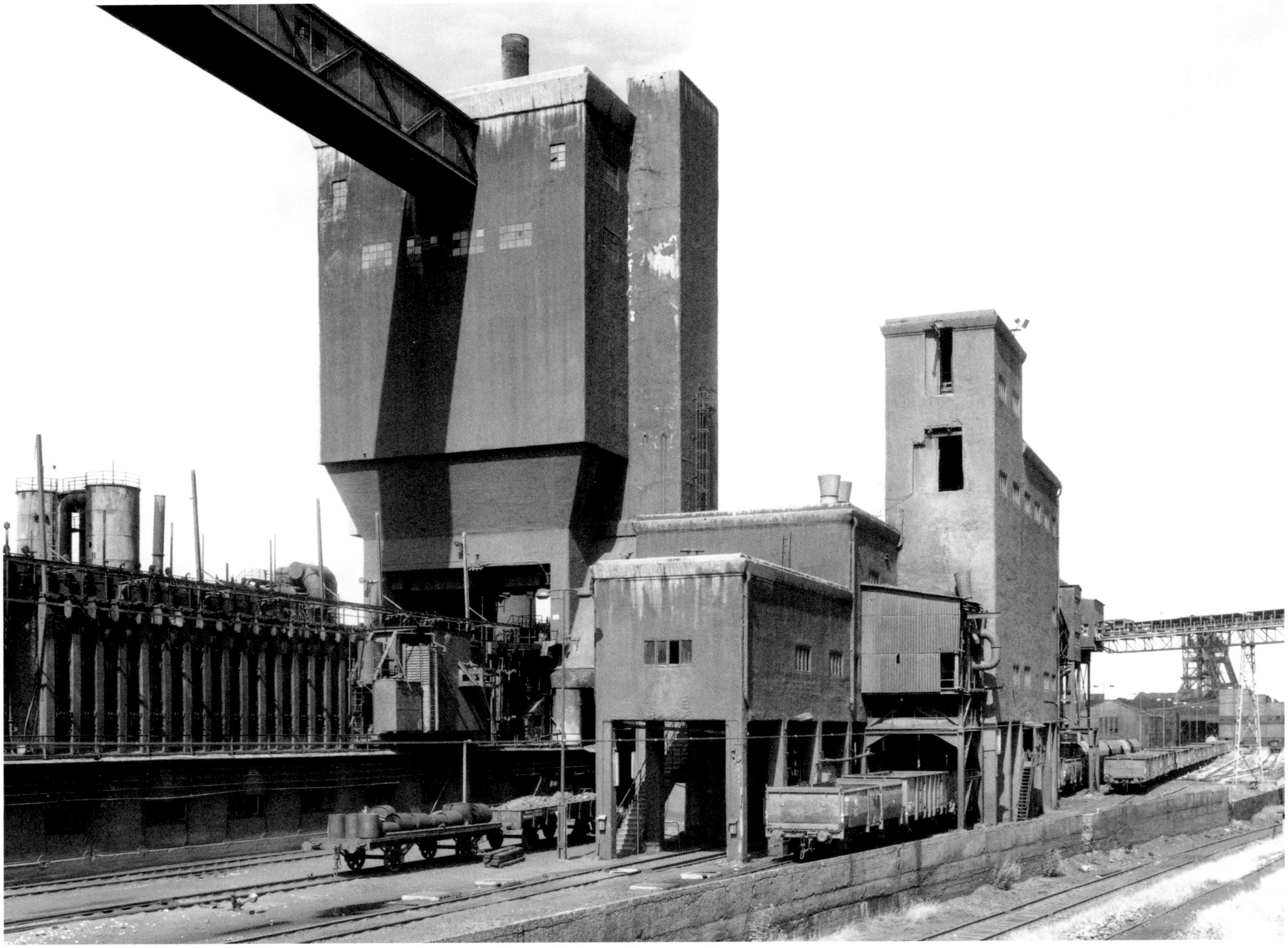

63
Kokskohlenturm, Löschturm, Verladung, Kleinkokssieberei
Coking coal tower, quenching tower, loading bay, small coke screening plant

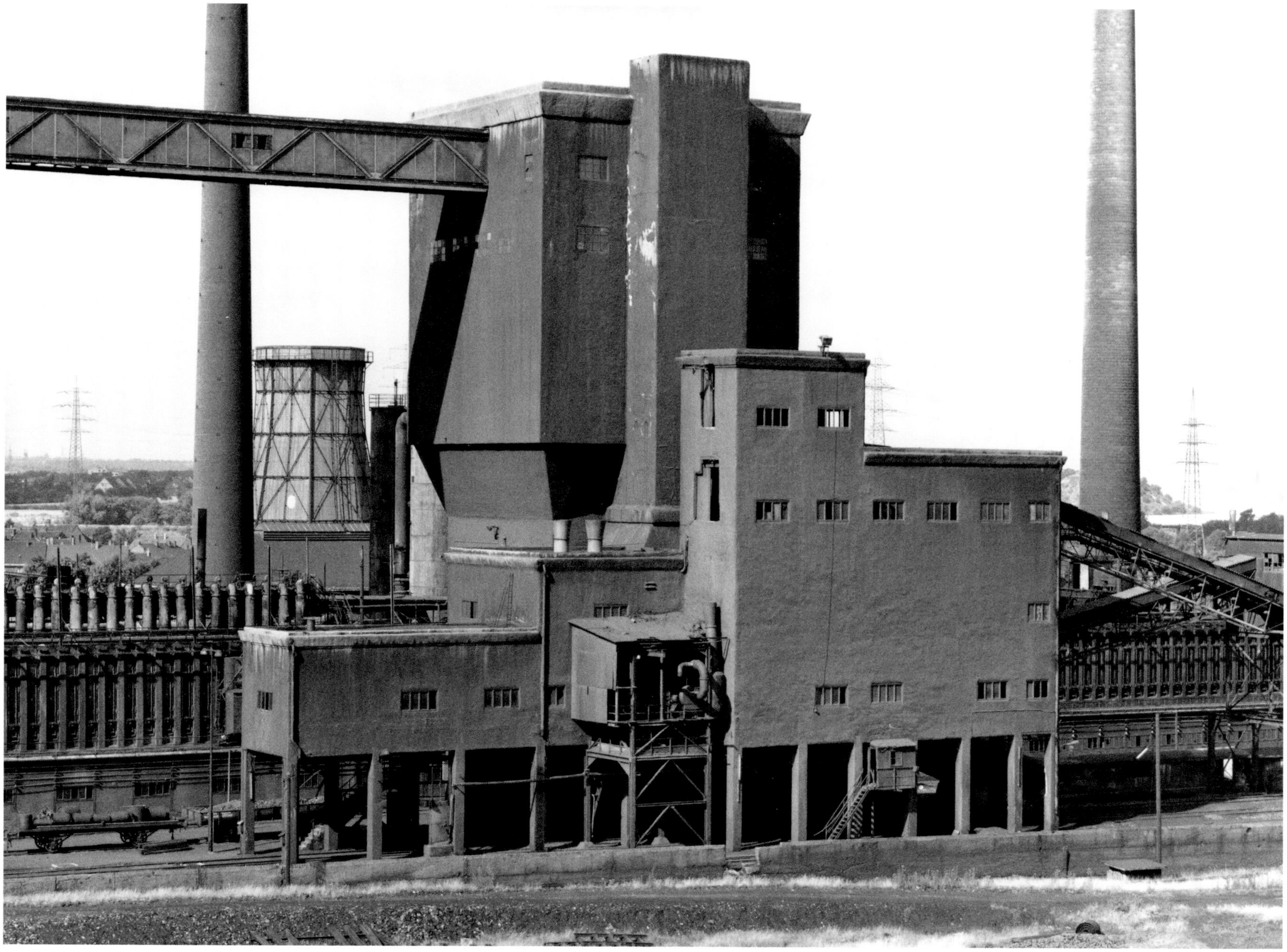

64
Kokskohlenturm, Löschturm, Verladung, Kleinkokssieberei
Coking coal tower, quenching tower, loading bay, small coke screening plant

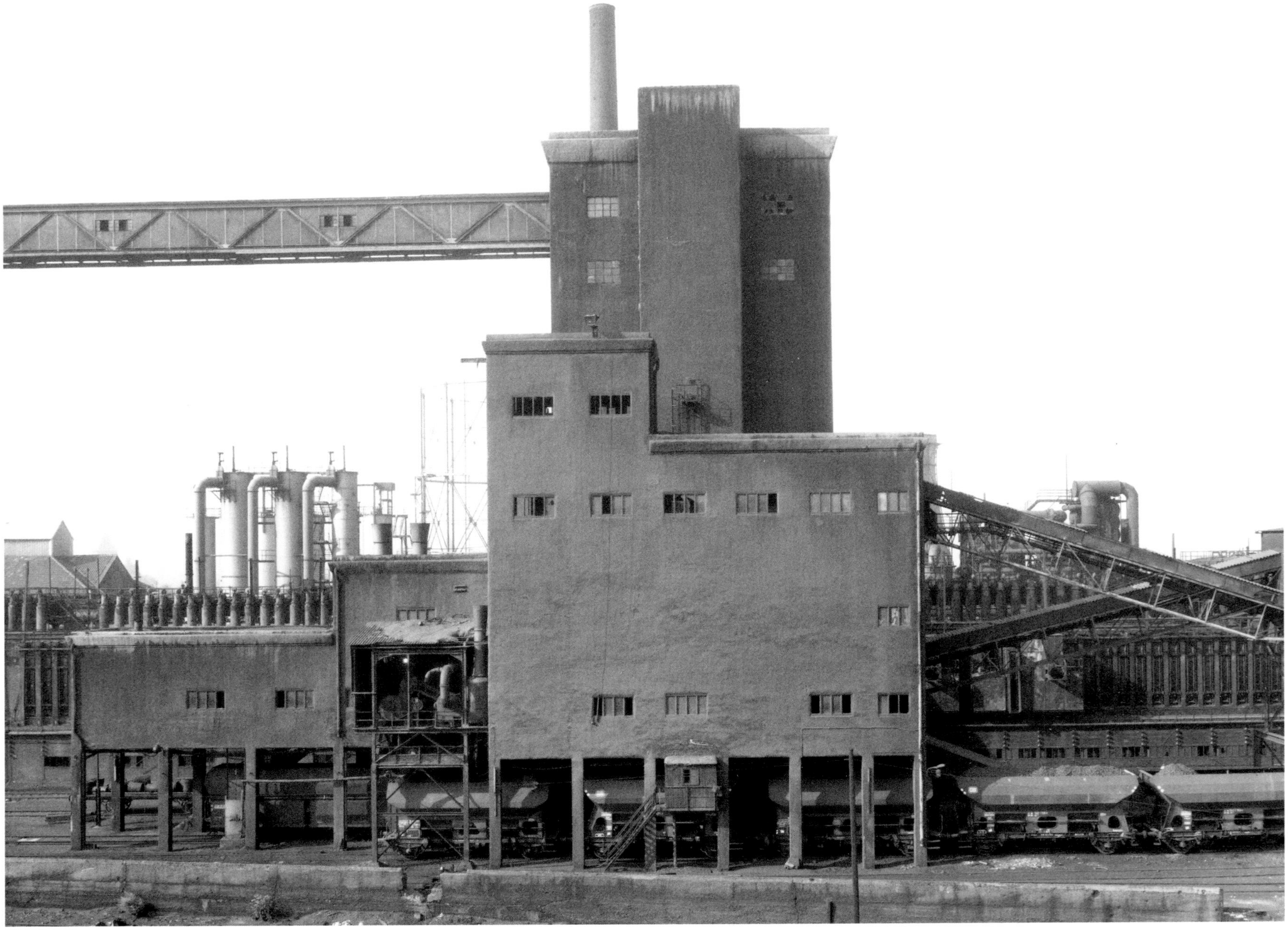

65
Kokskohlenturm, Löschturm, Verladung, Kleinkokssieberei
Coking coal tower, quenching tower, loading bay, small coke screening plant

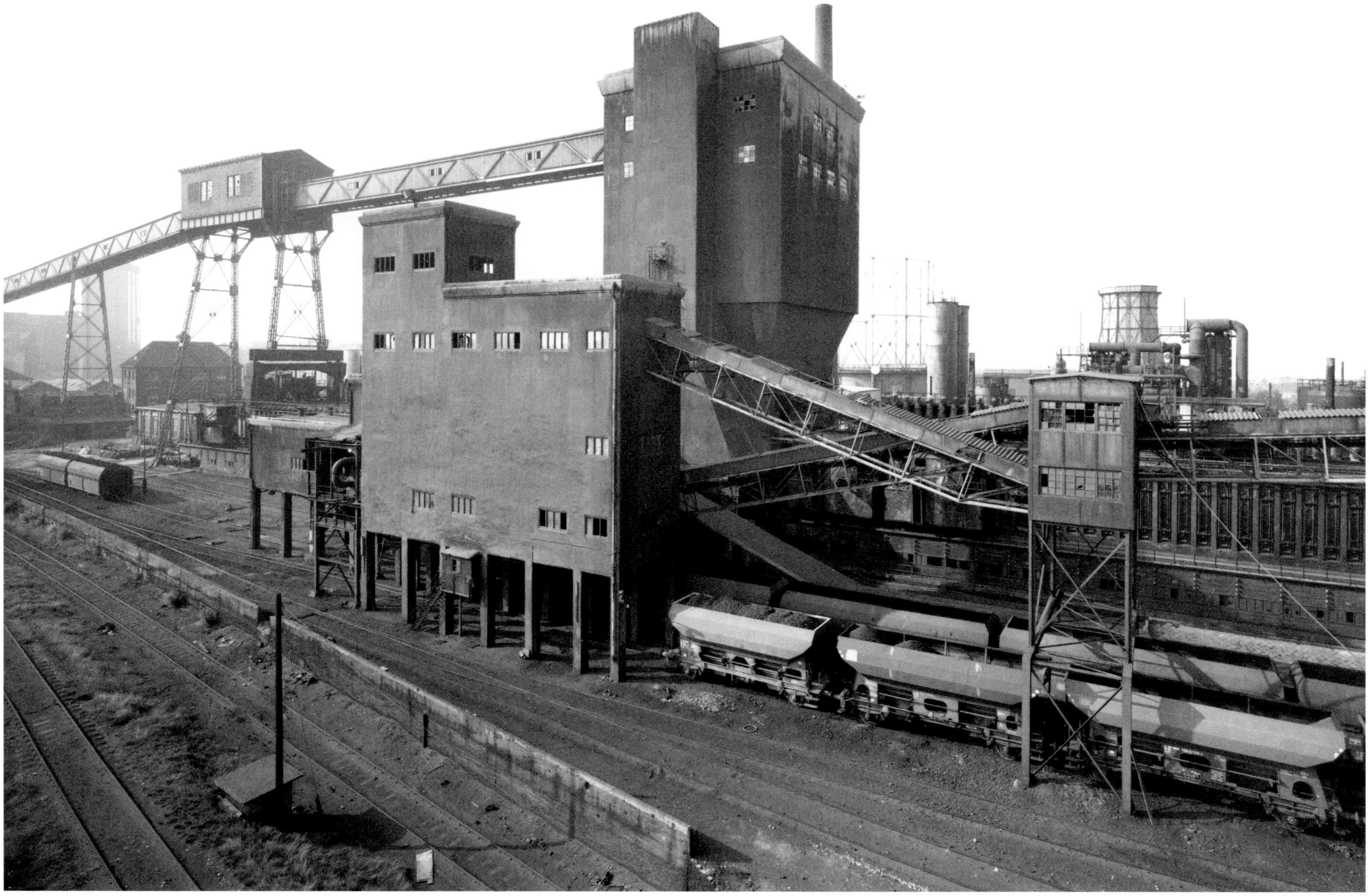

66
Kokskohlenturm, Löschturm, Verladung, Kleinkokssieberei
Coking coal tower, quenching tower, loading bay, small coke screening plant

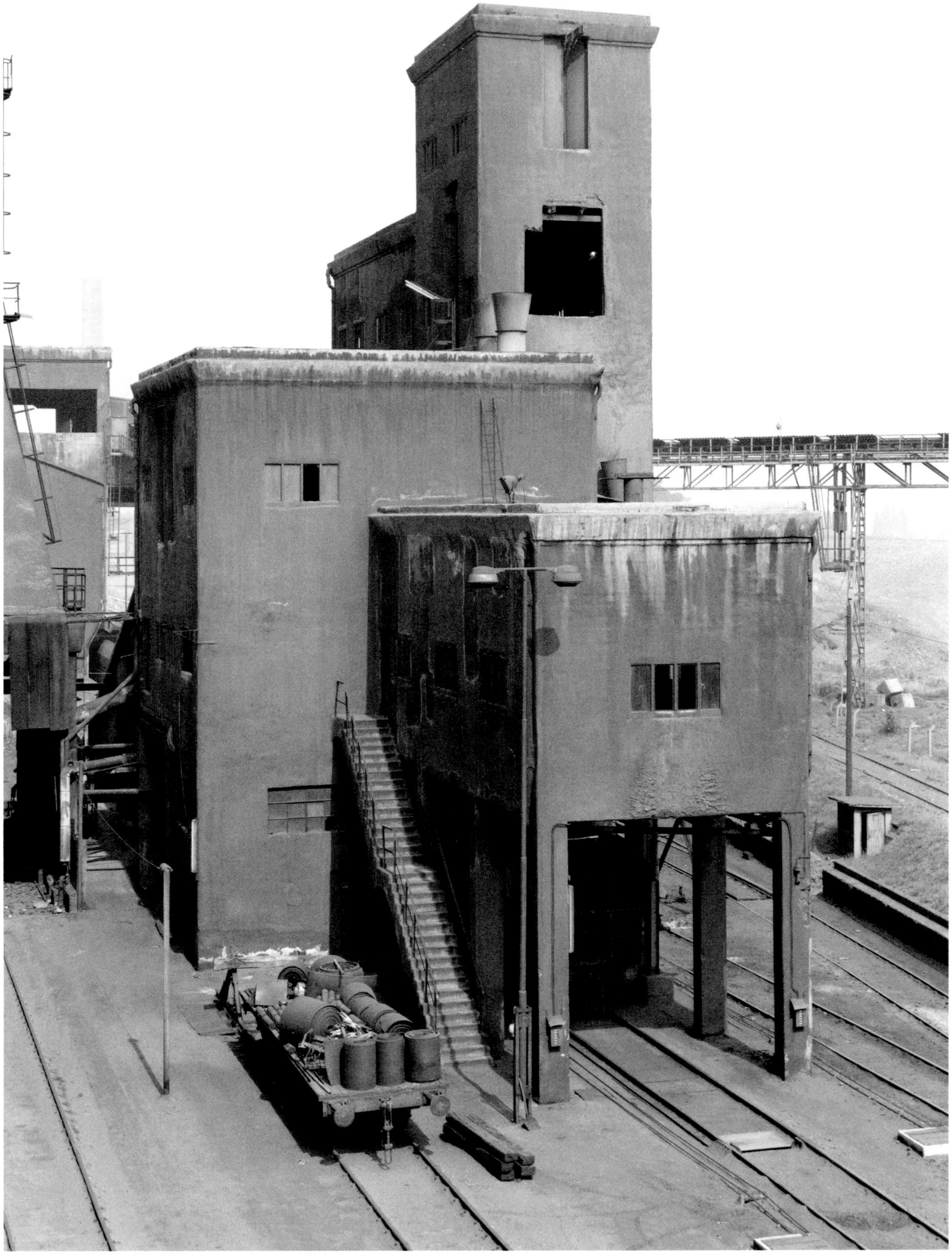

67
Verladung und Kleinkokssieberei
Loading bay, small coke screening plant

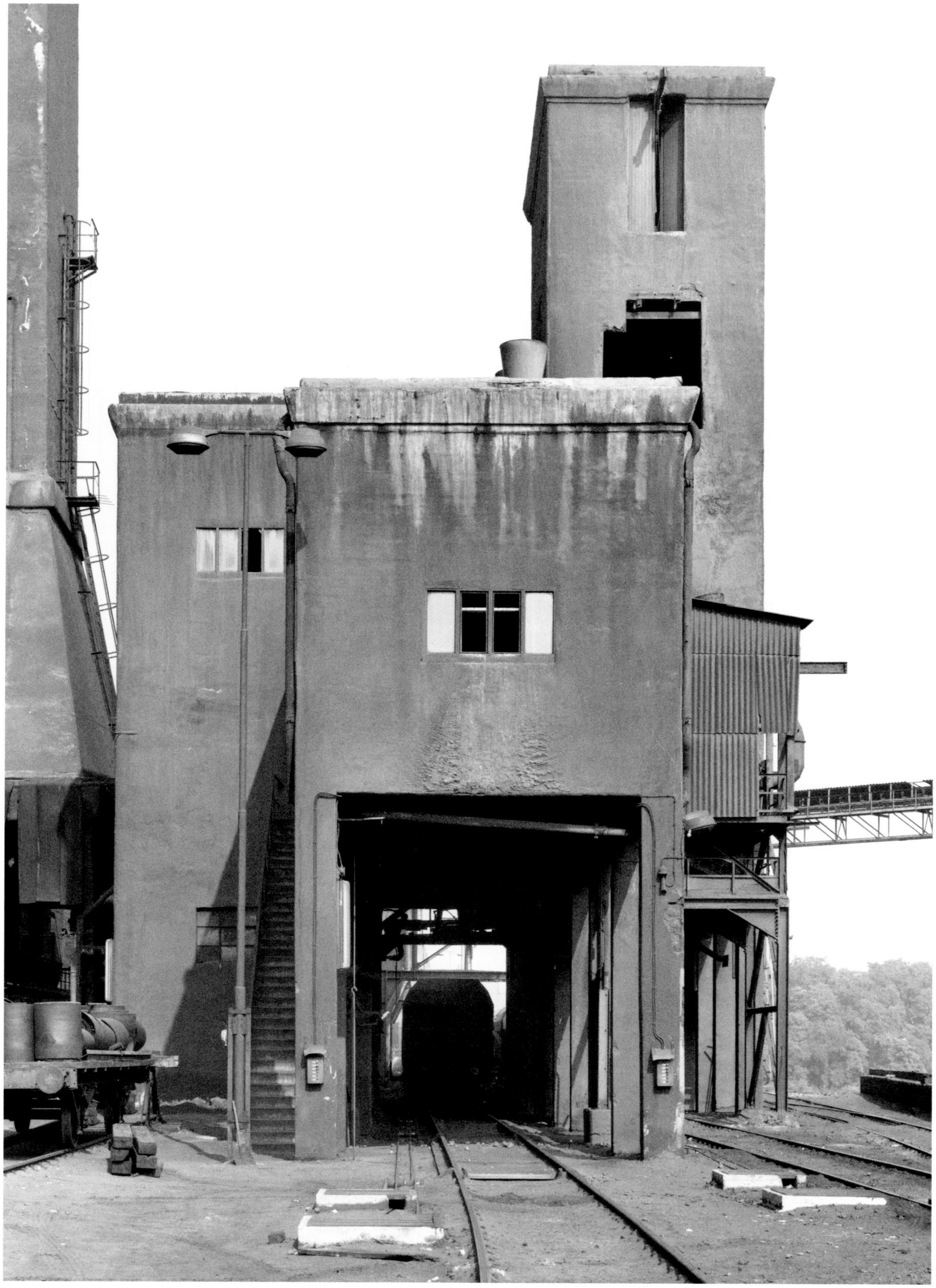

68
Verladung und Kleinkokssieberei
Loading bay, small coke screening plant

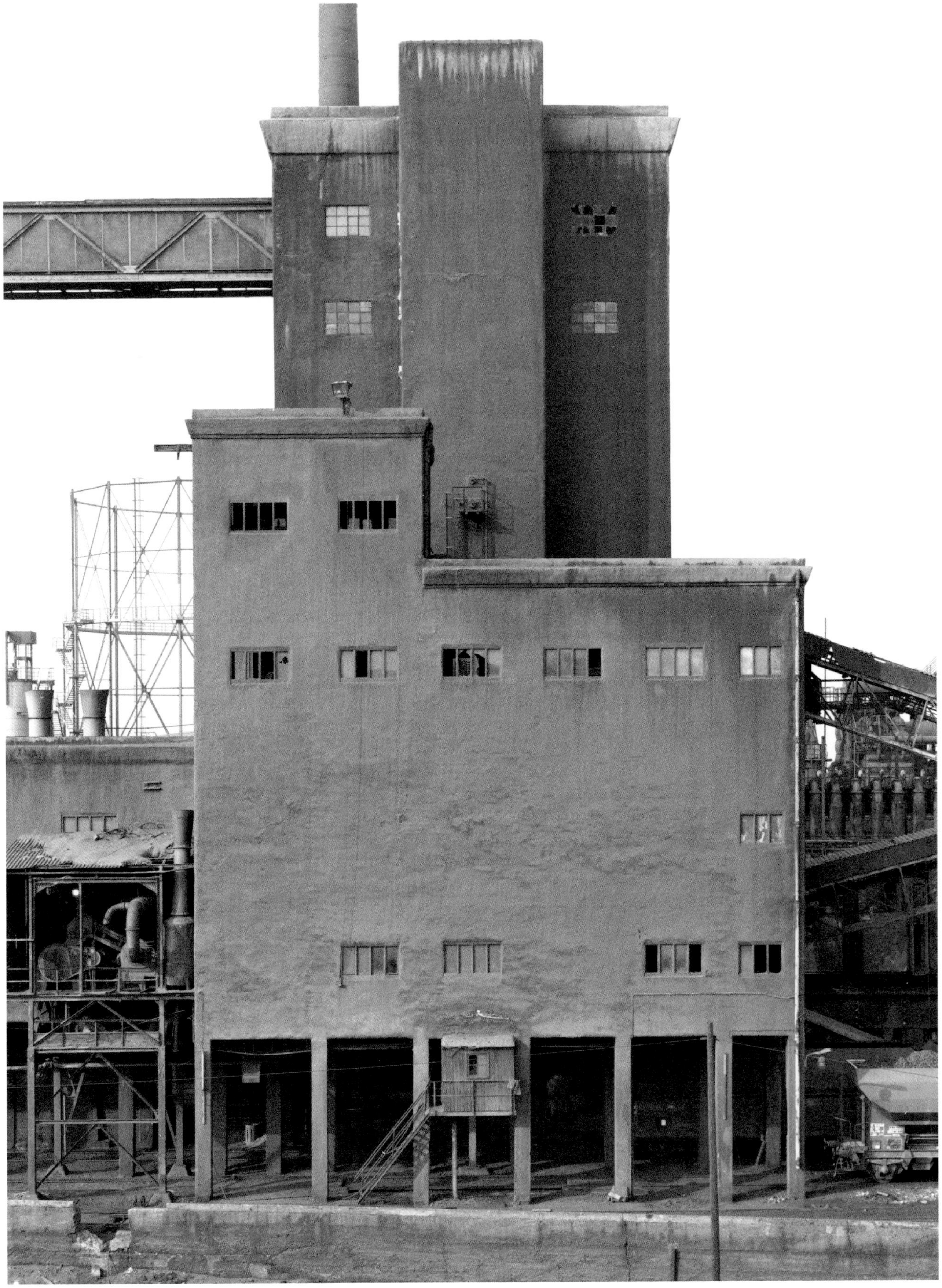

69
Verladung und Kleinkokssieberei
Loading bay, small coke screening plant

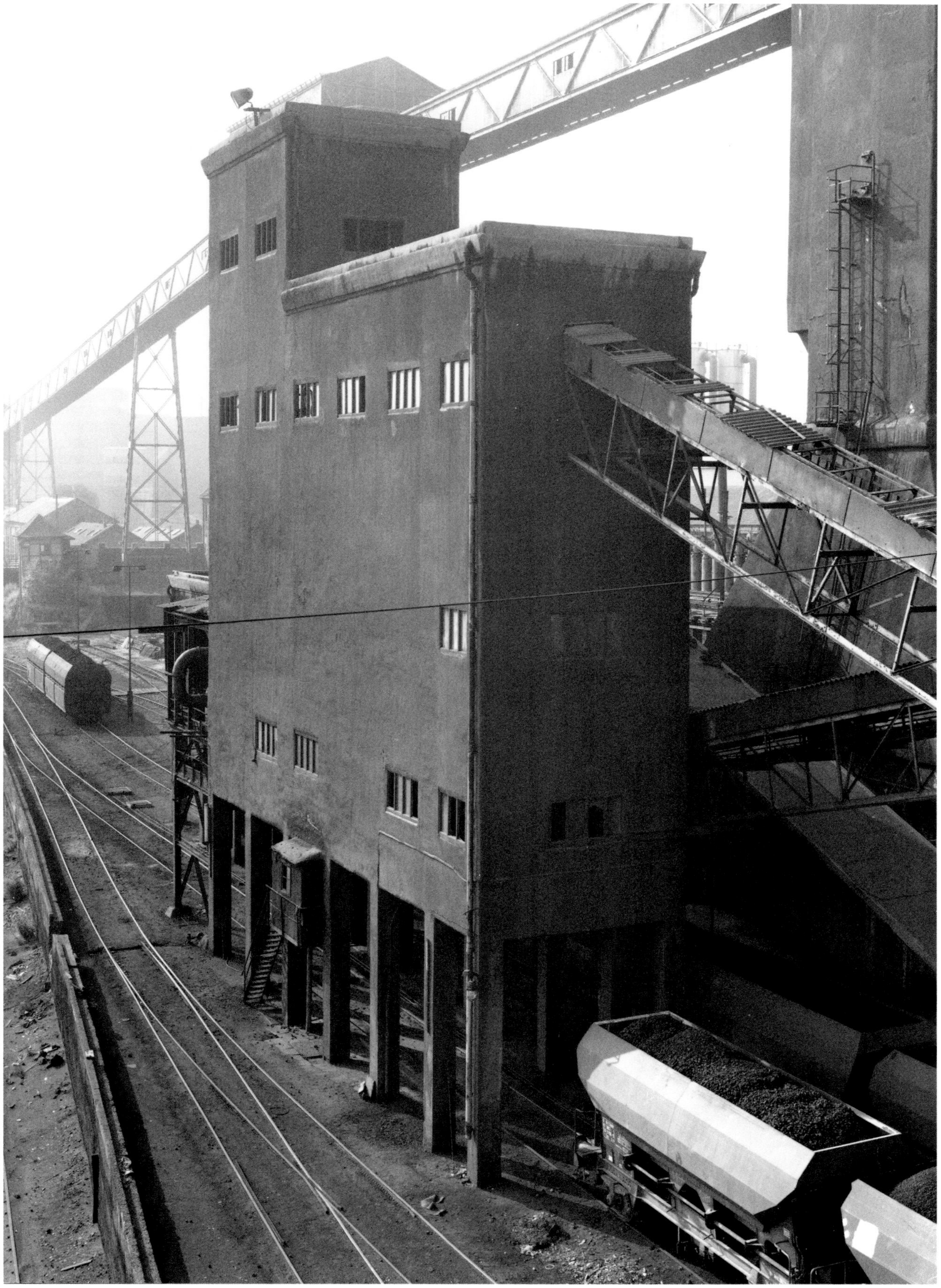

70
Verladung und Kleinkokssieberei
Loading bay, small coke screening plant

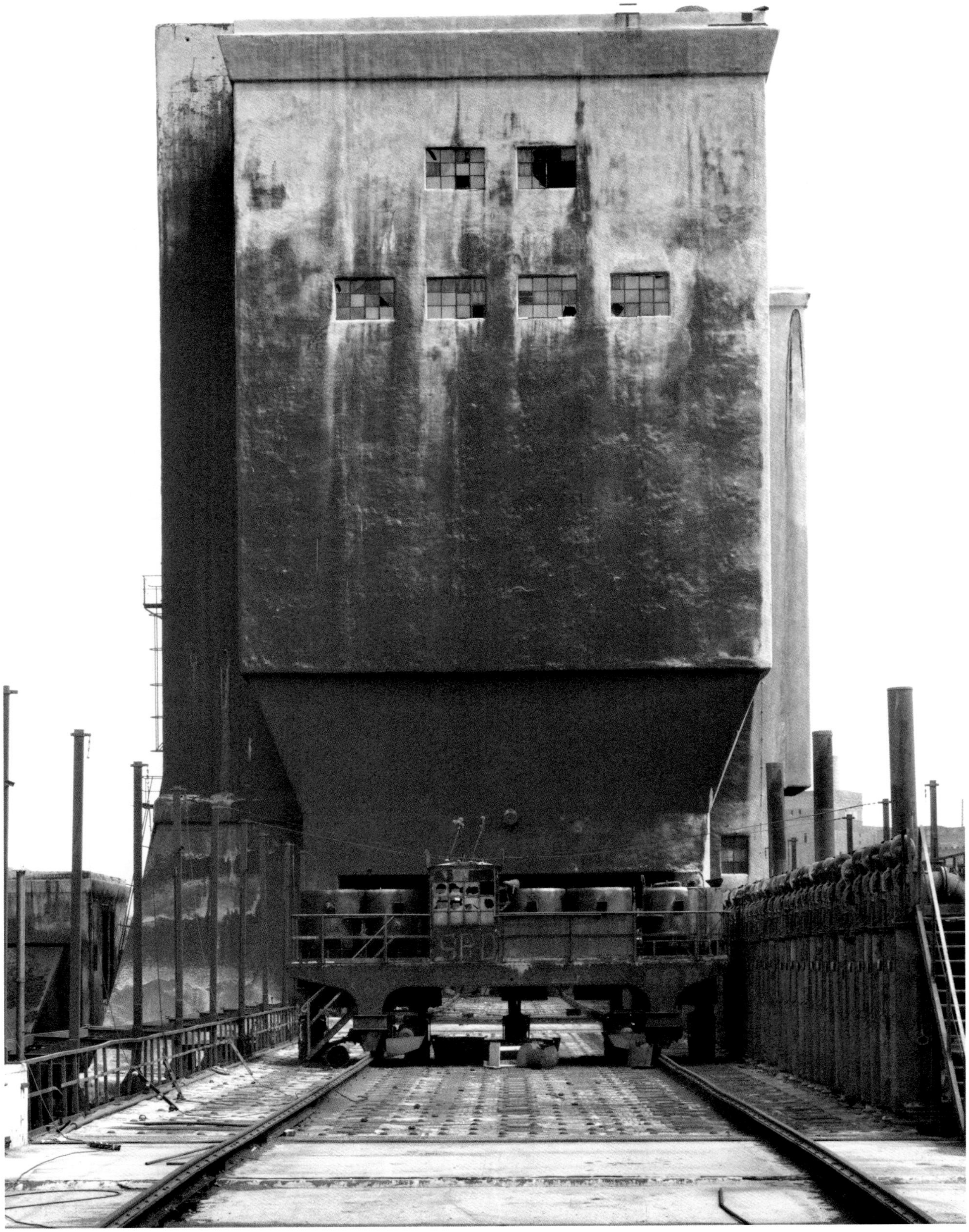

71
Kokskohlenturm
Coking coal tower

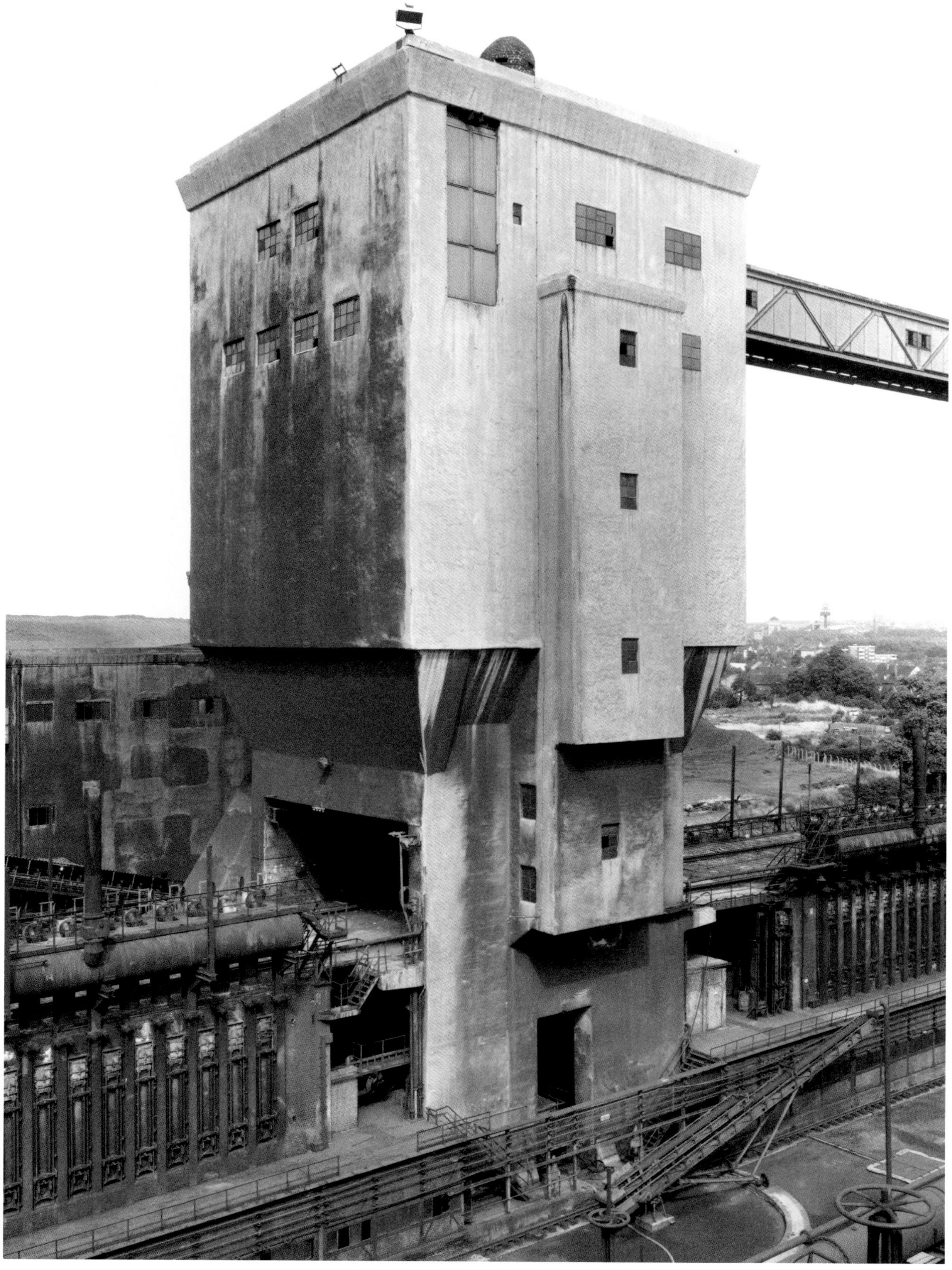

72
Kokskohlenturm
Coking coal tower

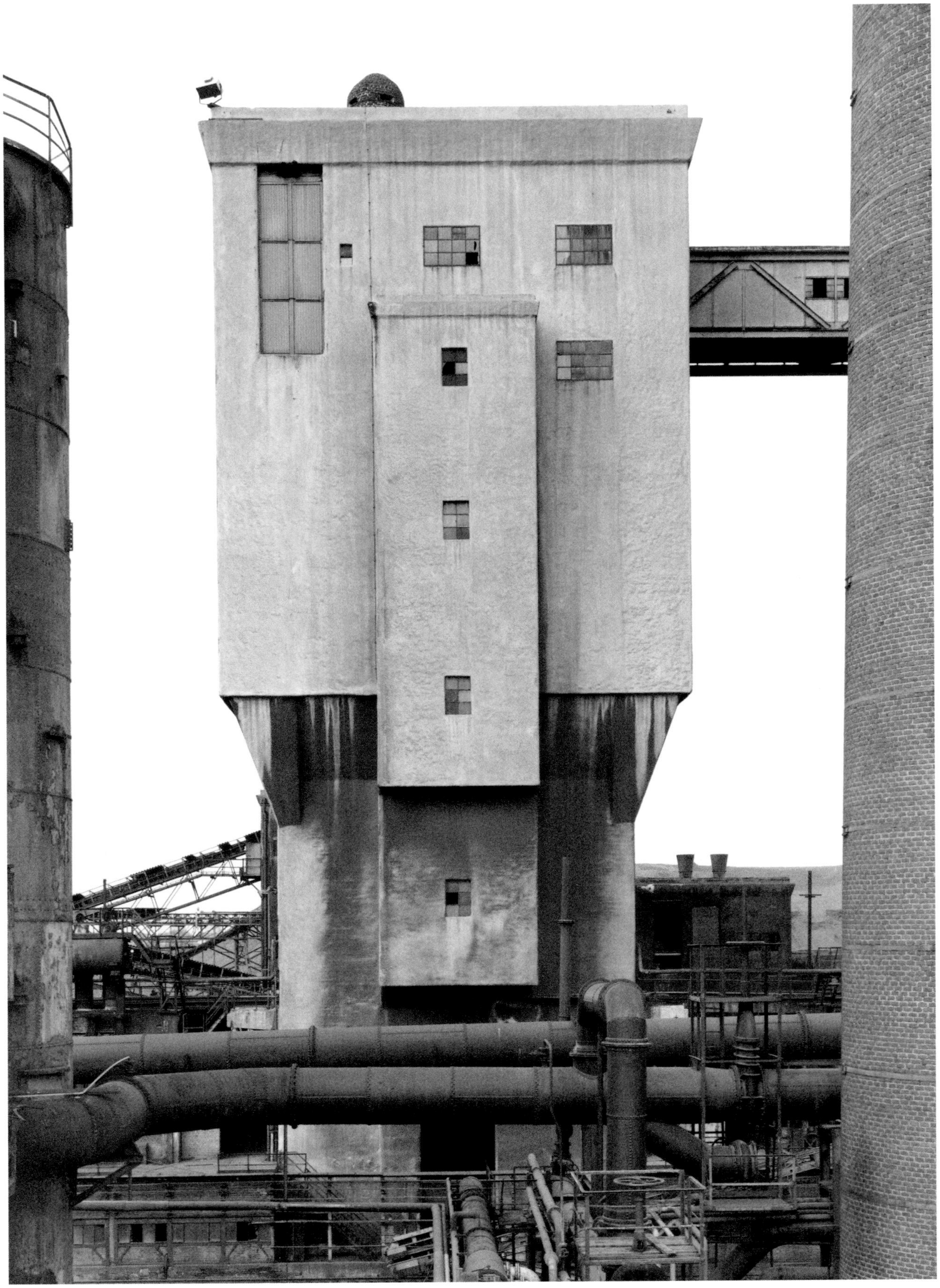

73
Kokskohlenturm
Coking coal tower

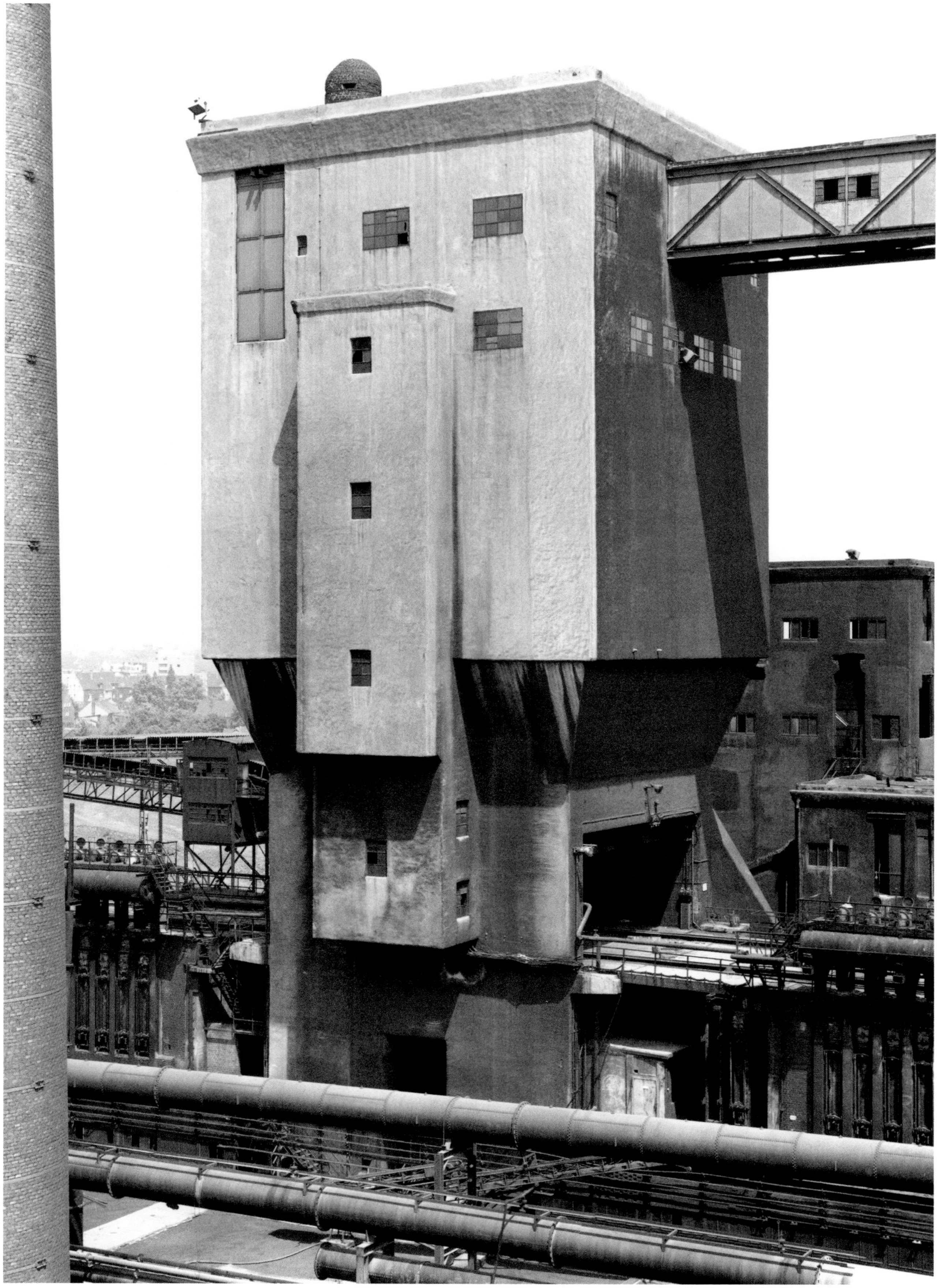

74
Kokskohlenturm
Coking coal tower

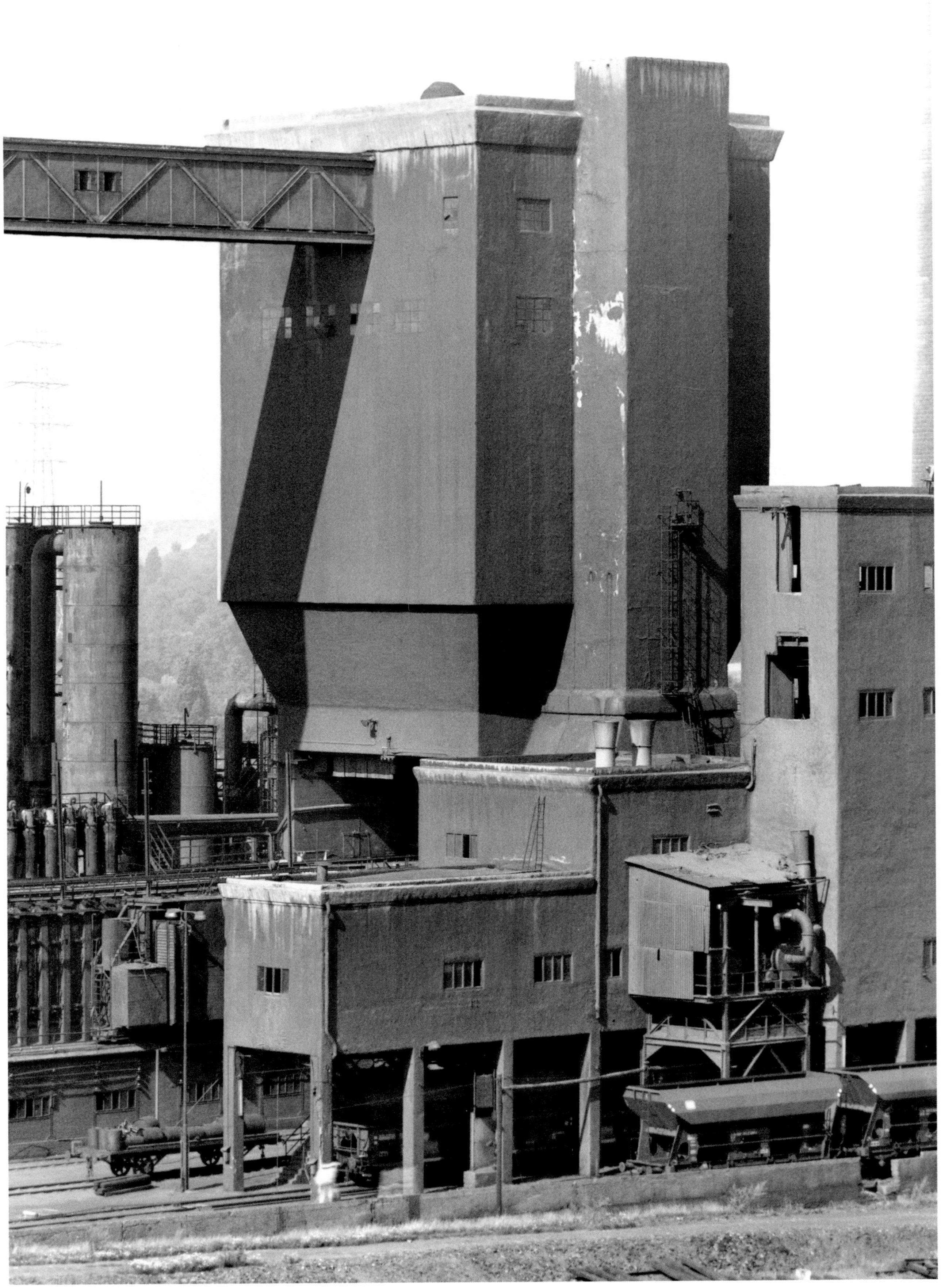

75
Kokskohlenturm
Coking coal tower

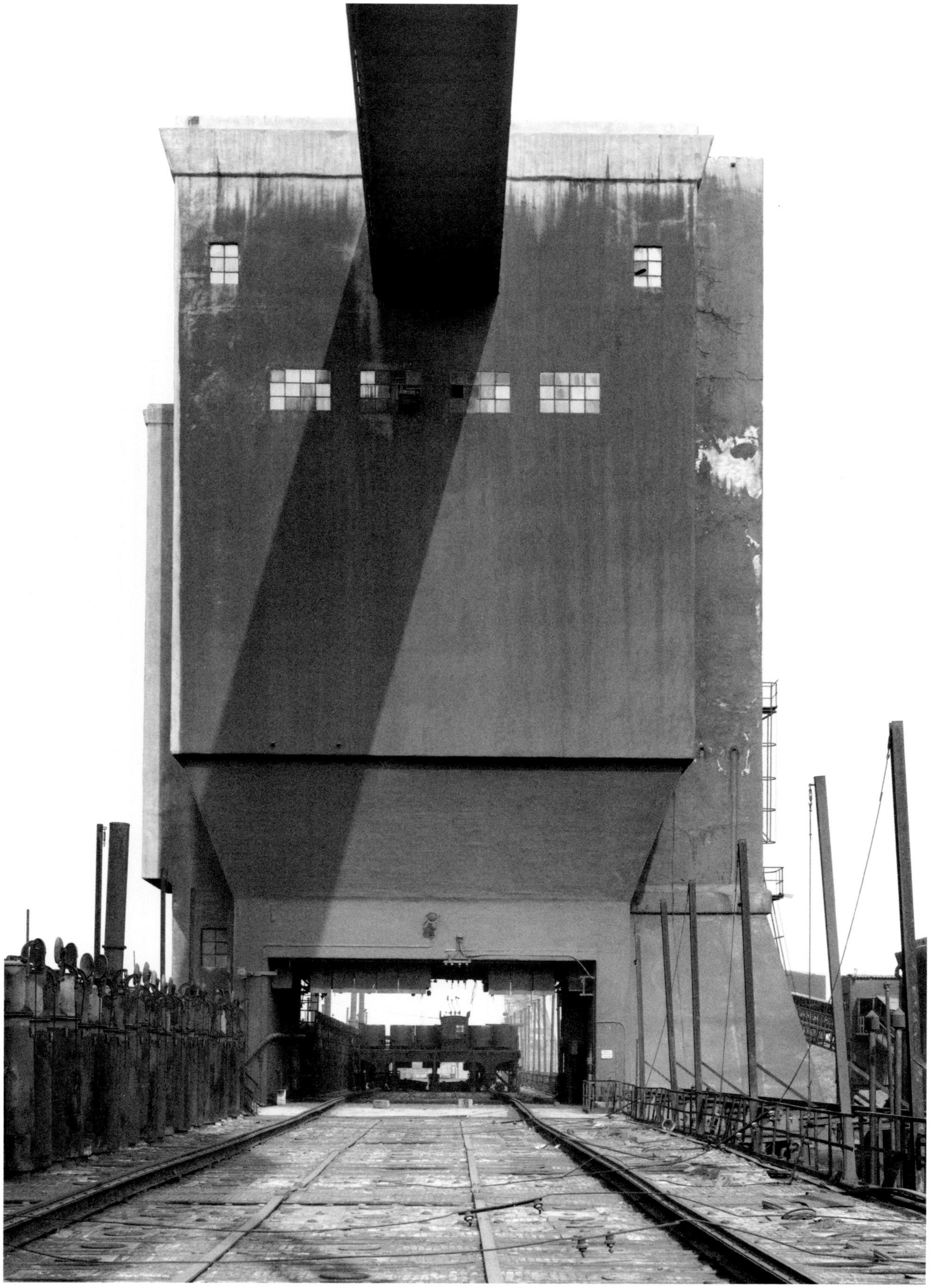

76
Kokskohlenturm
Coking coal tower

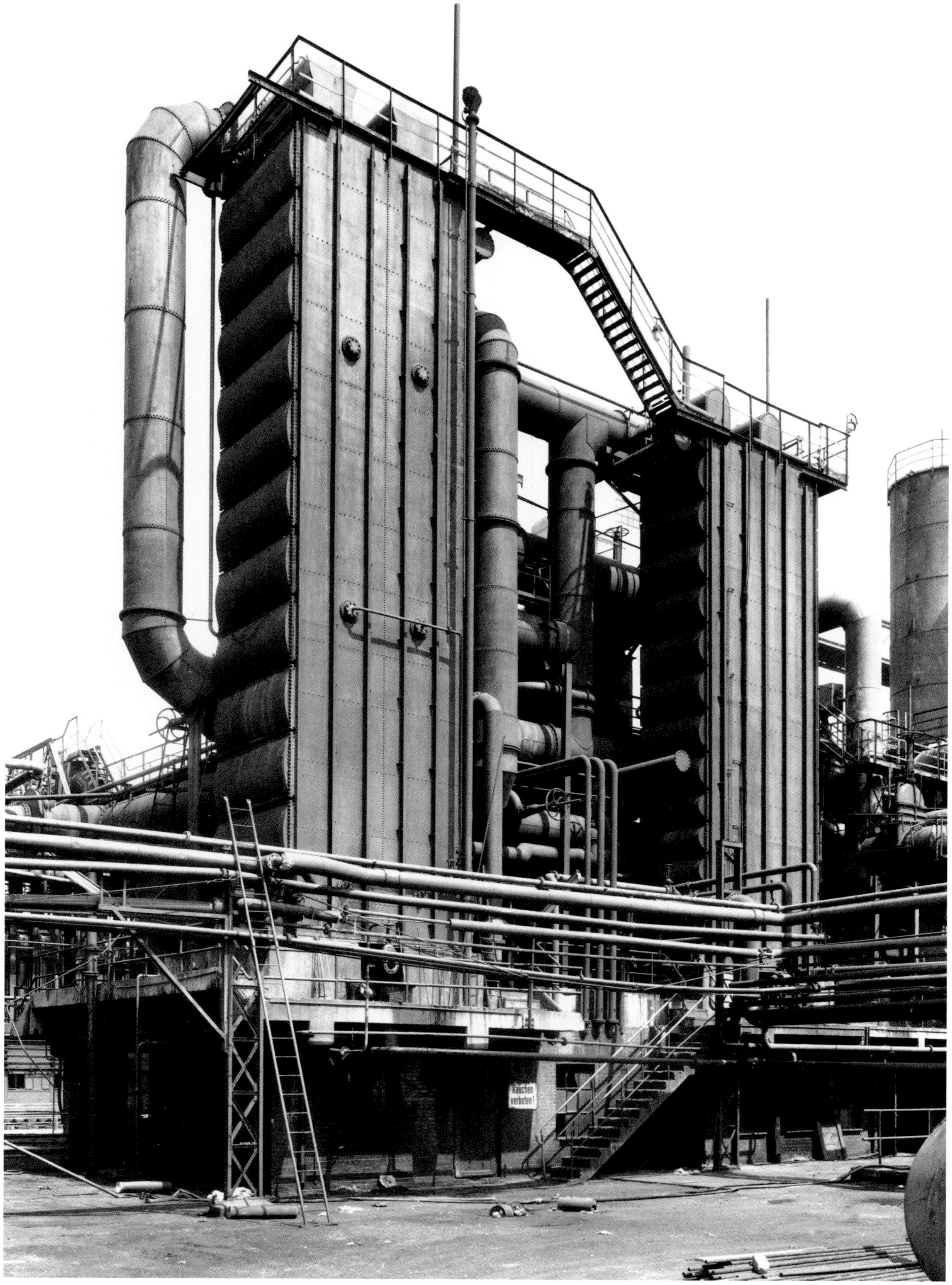

77
Gaskühler
Gas cooler

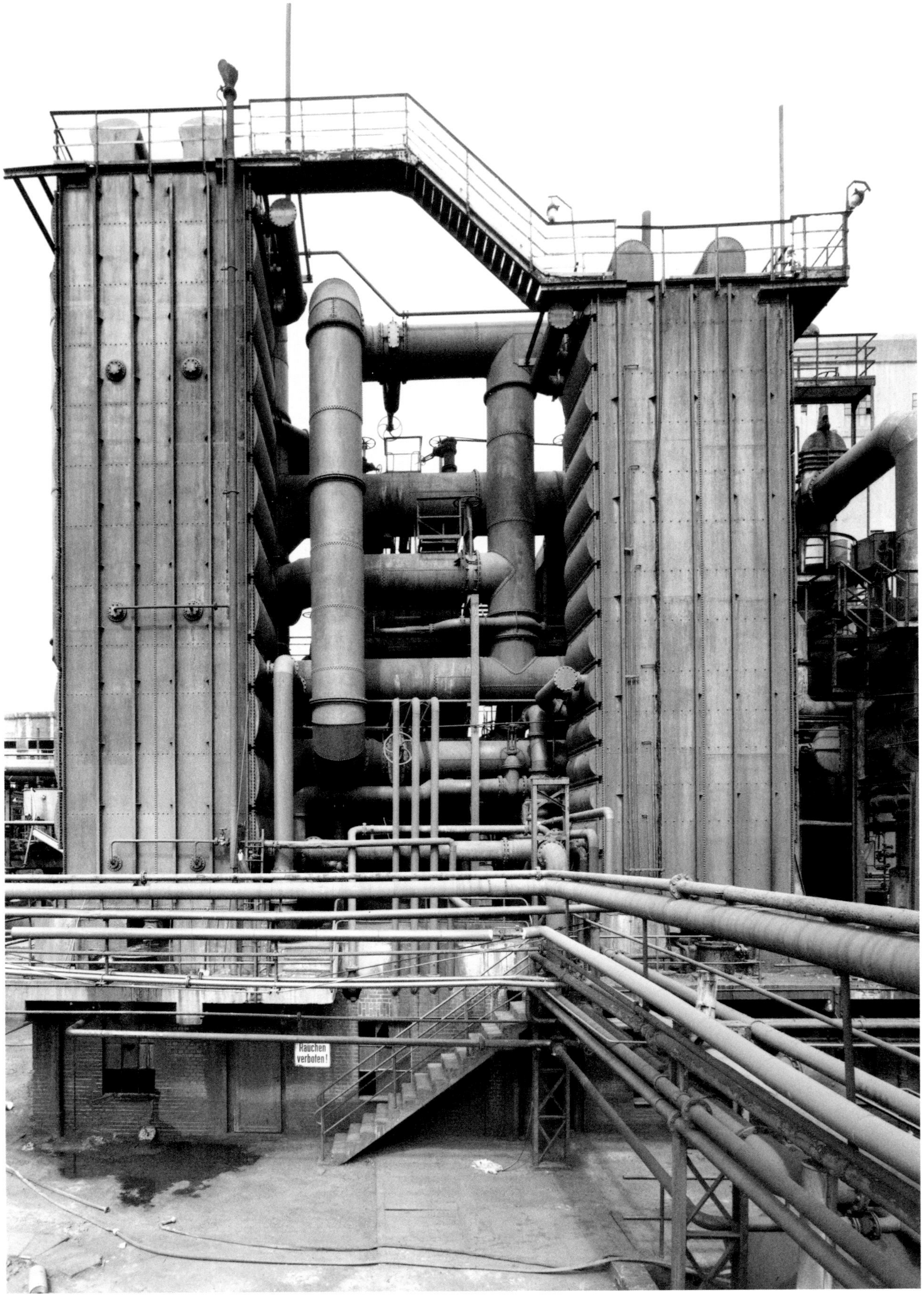

78
Gaskühler
Gas cooler

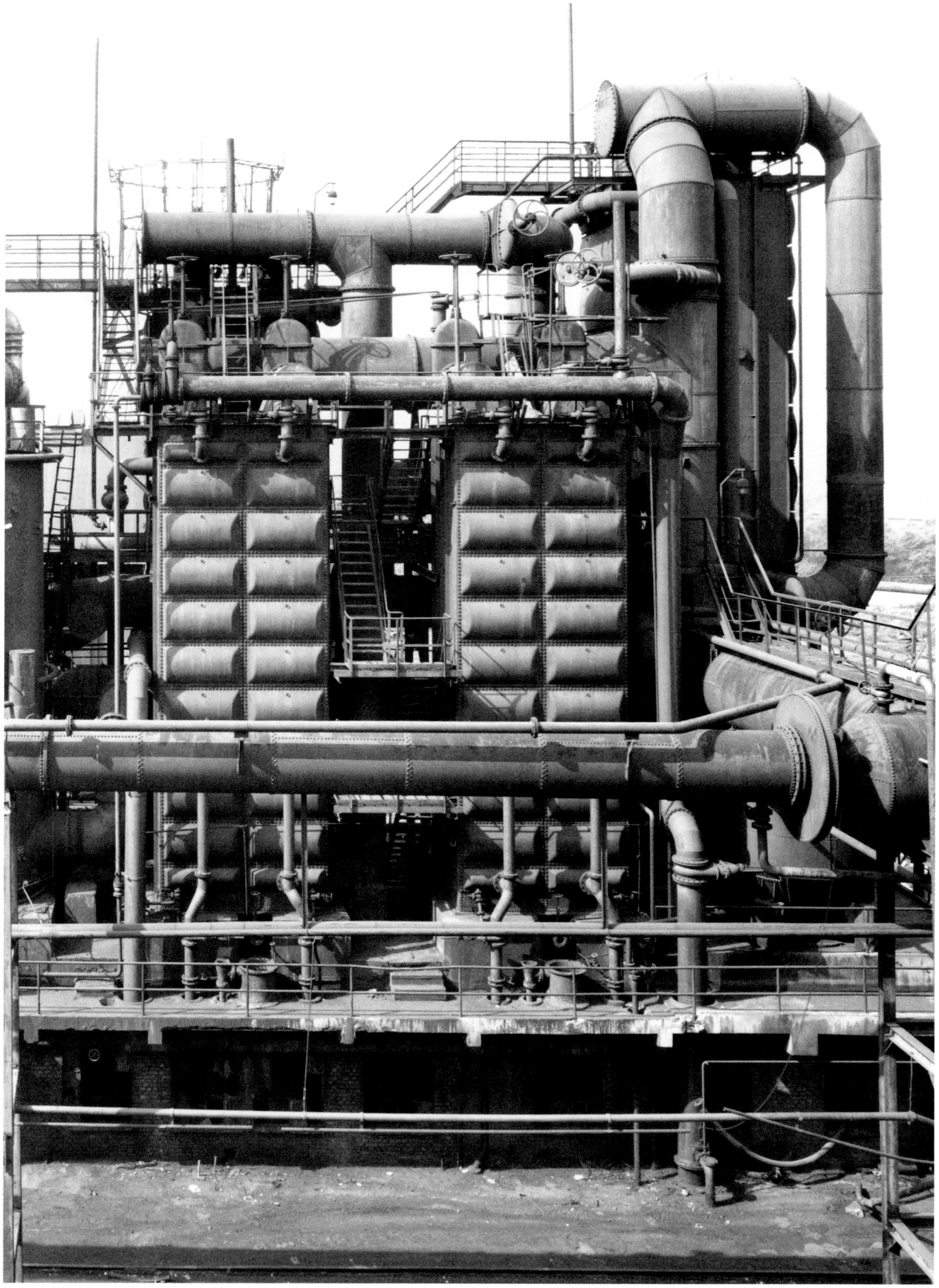

79
Gaskühler
Gas cooler

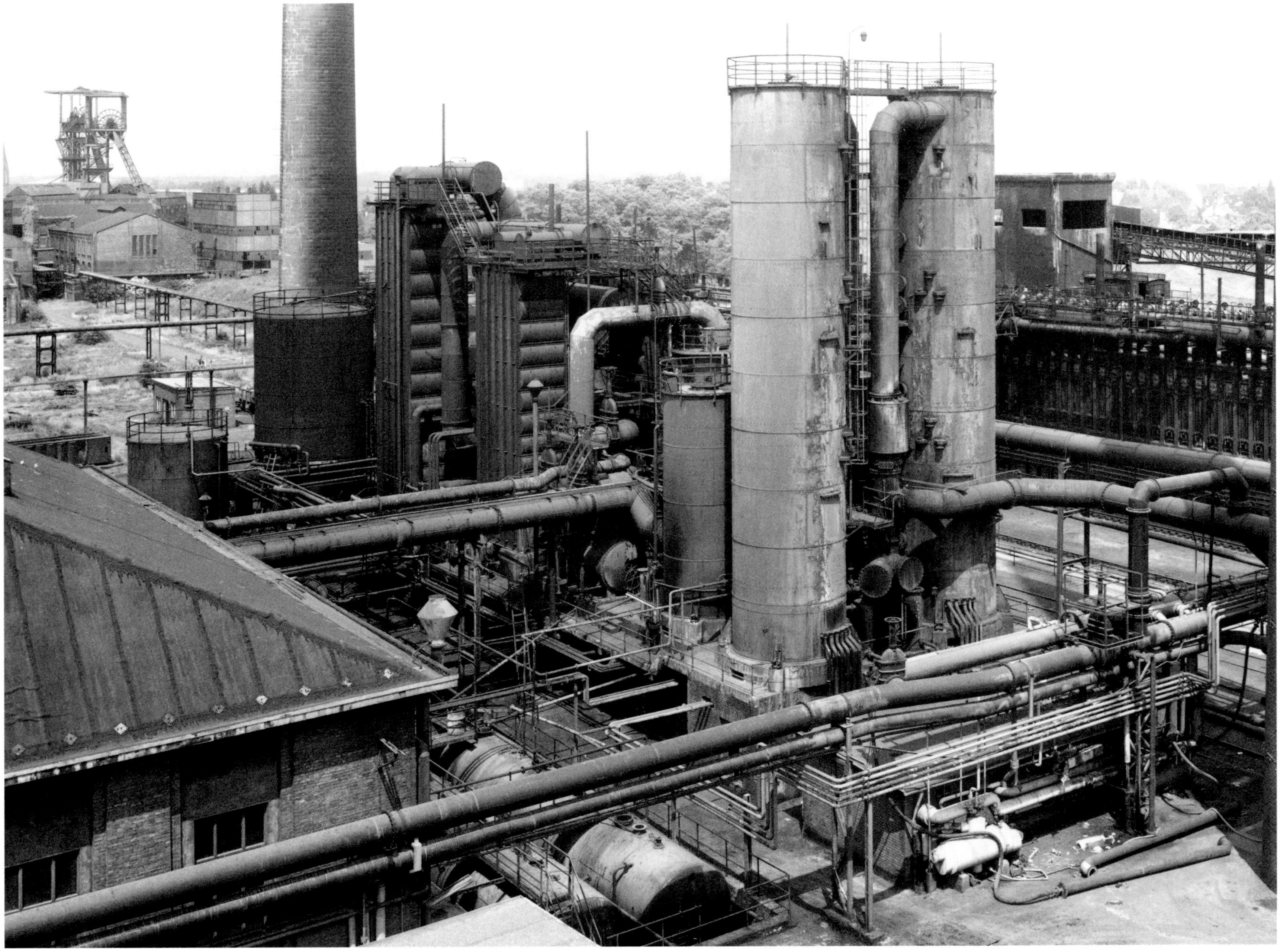

80
Kondensationsanlage, Gasreinigung und Teergewinnung, im Hintergrund Zeche Königsgrube
Condenser, gas purifier and tar production, Königsgrube Coal Mine in the background

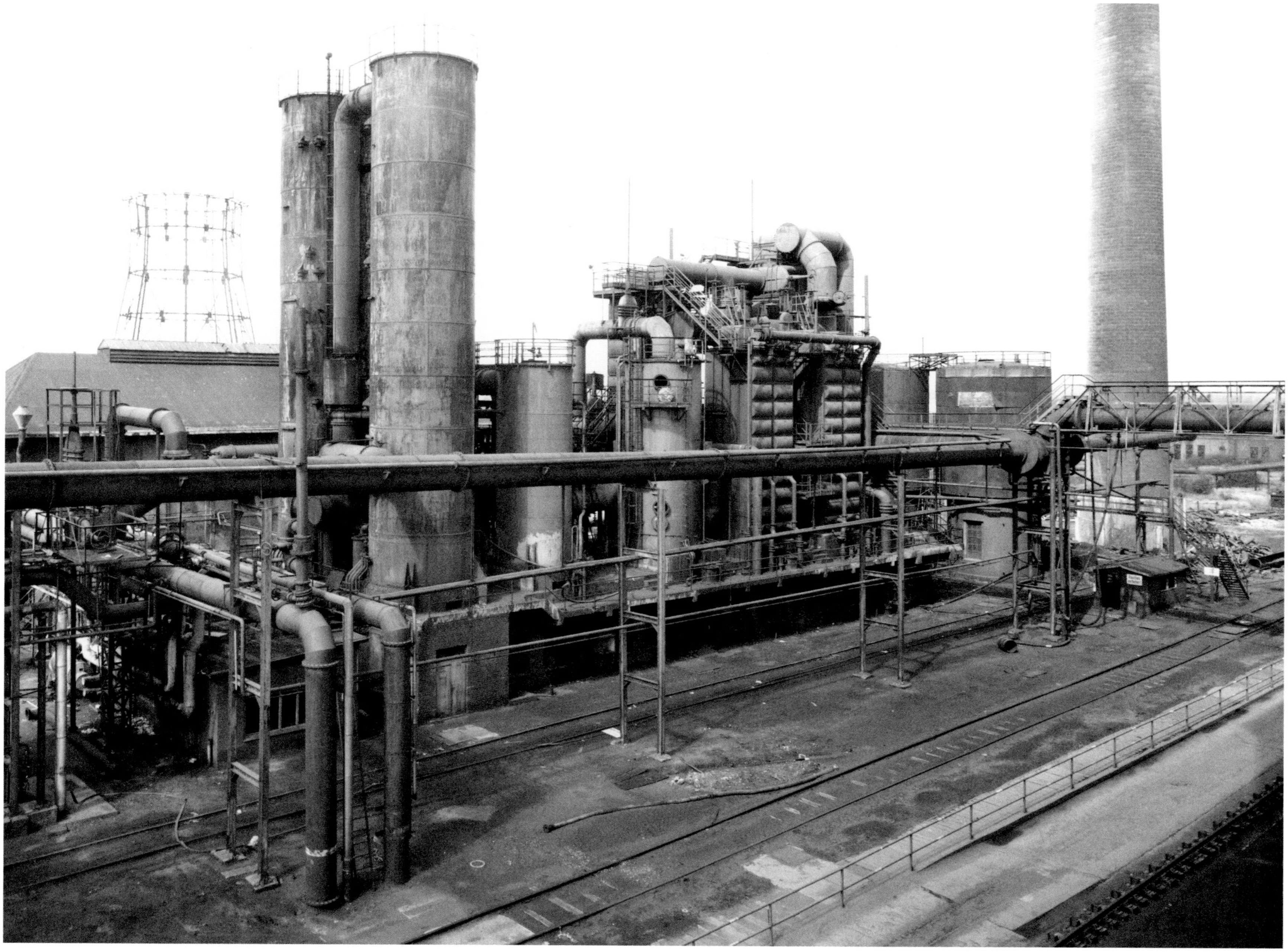

81
Kondensationsanlage, Gasreinigung und Teergewinnung
Condenser, gas purifier and tar production

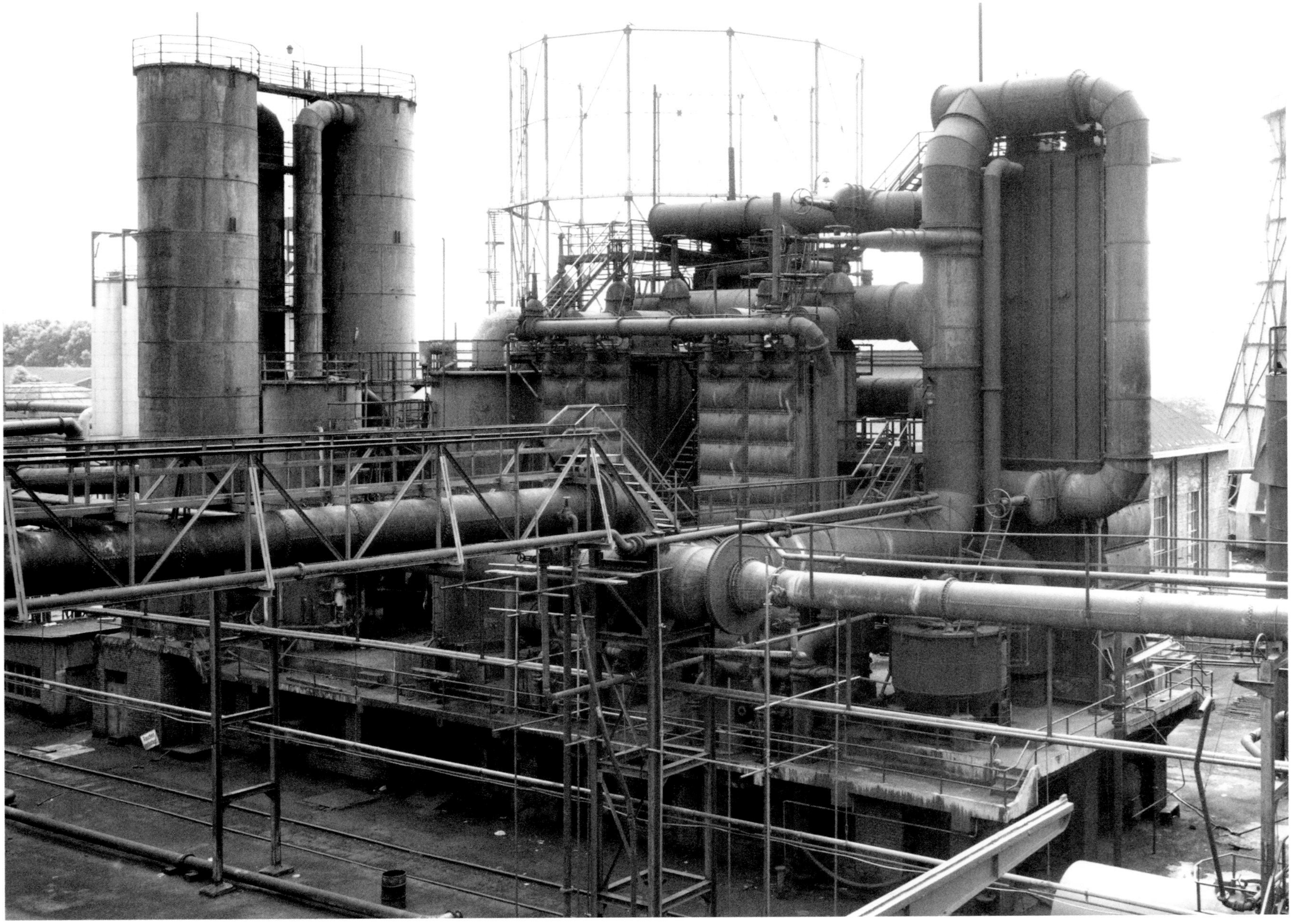

82
Kondensationsanlage, Gasreinigung und Teergewinnung
Condenser, gas purifier and tar production

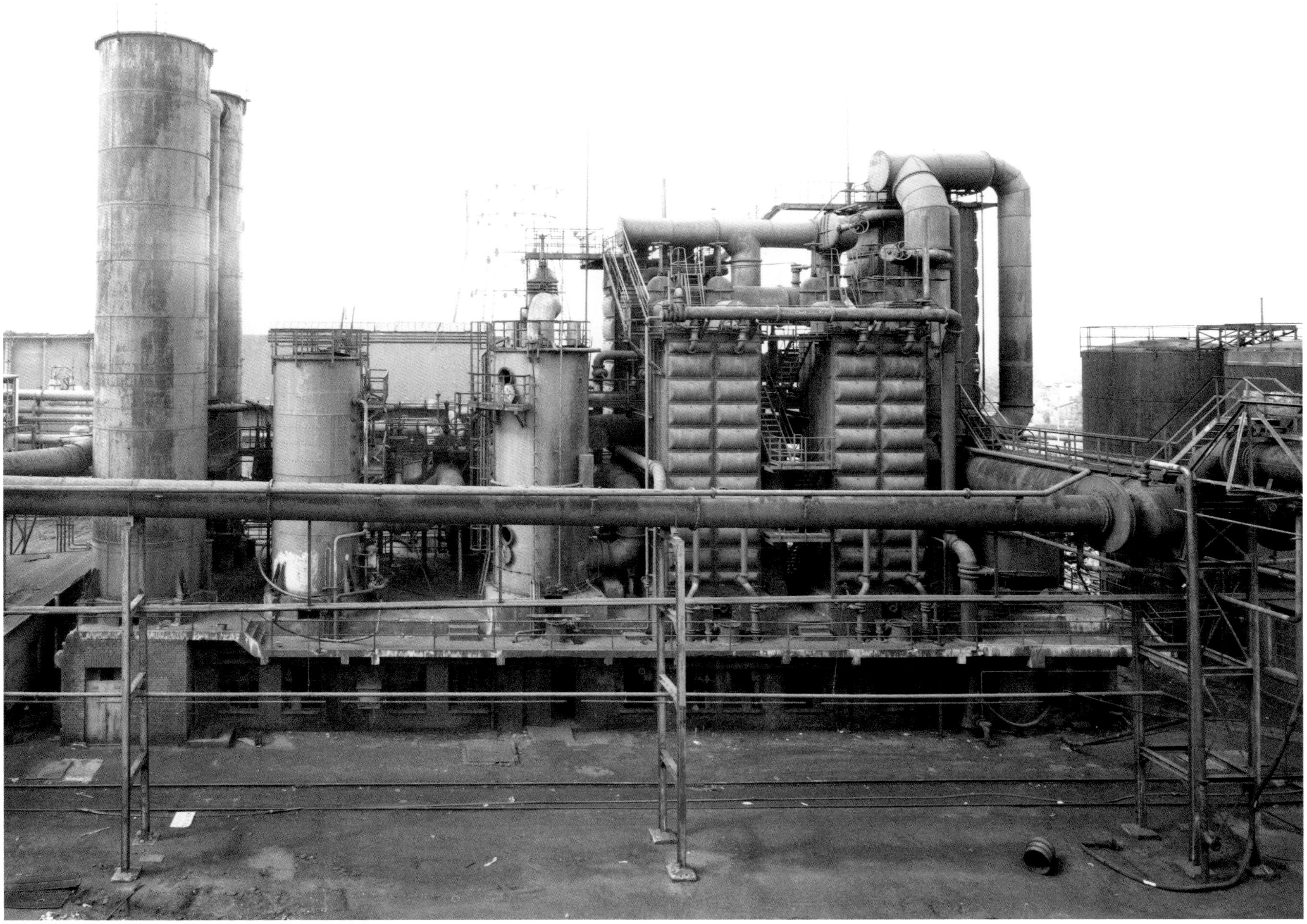

83
Kondensationsanlage, Gasreinigung und Teergewinnung
Condenser, gas purifier and tar production

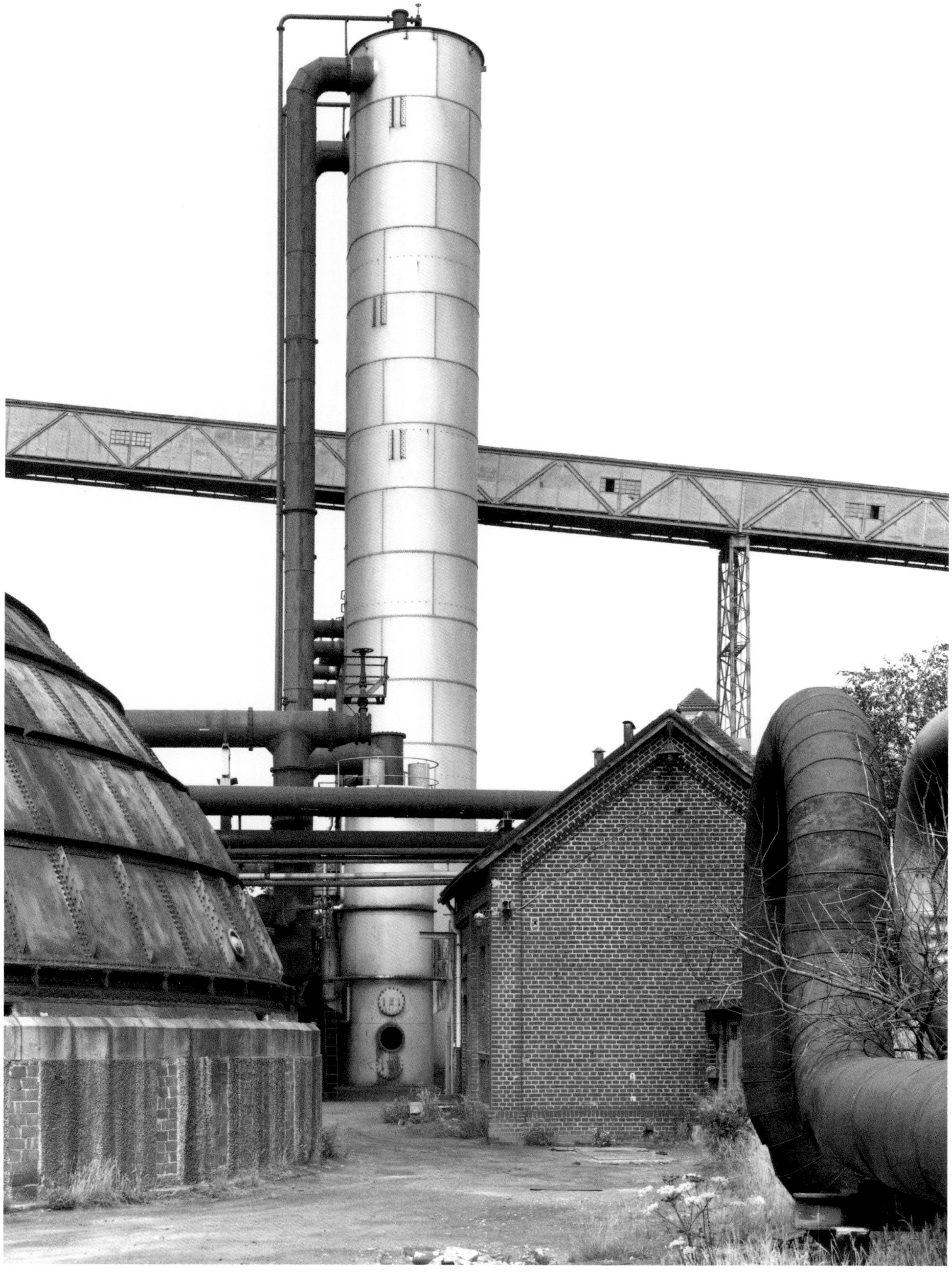

84
Benzolwascher
Benzole washer

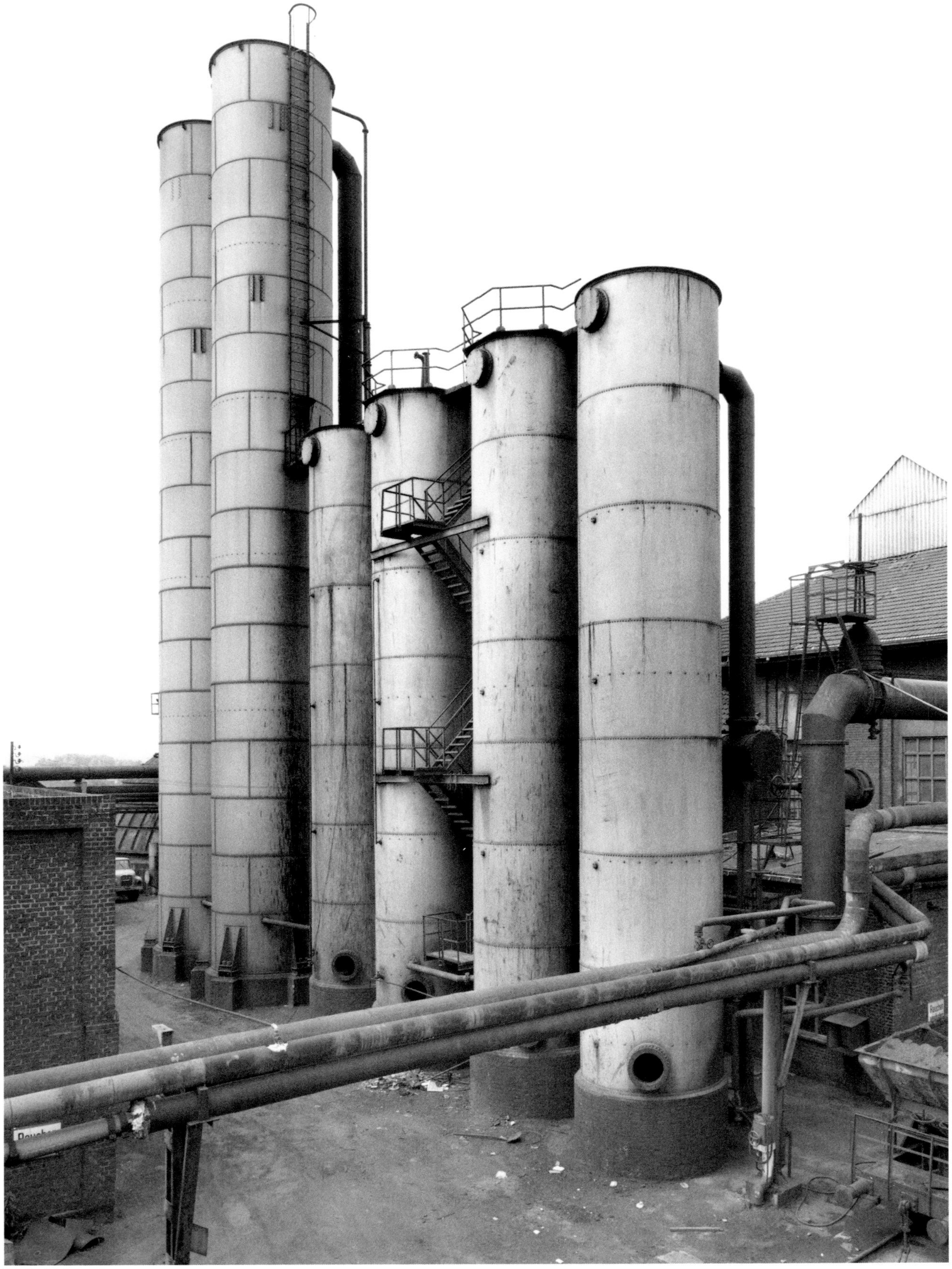

85
Benzolwascher
Benzole washer

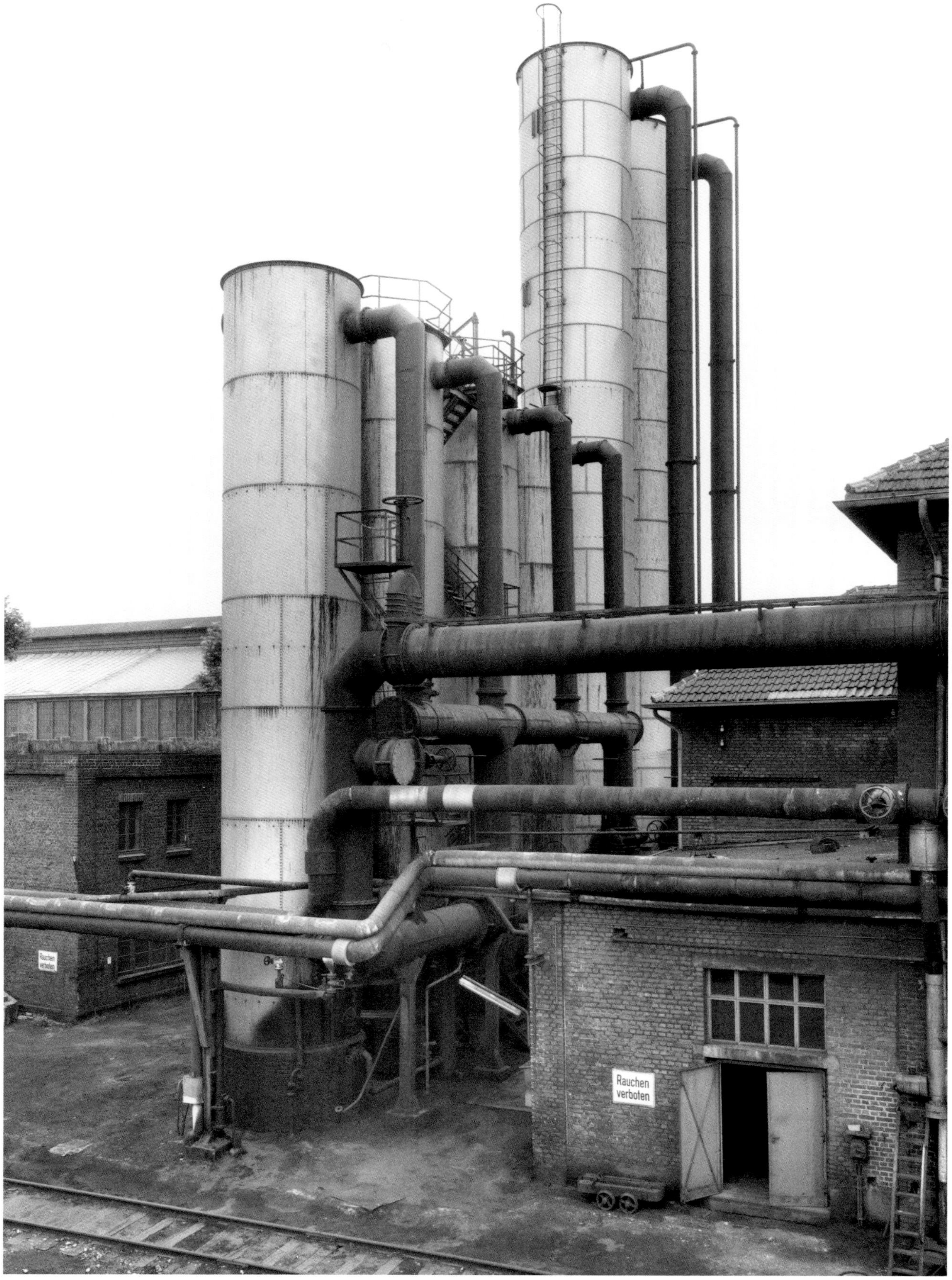

86
Benzolwascher
Benzole washer

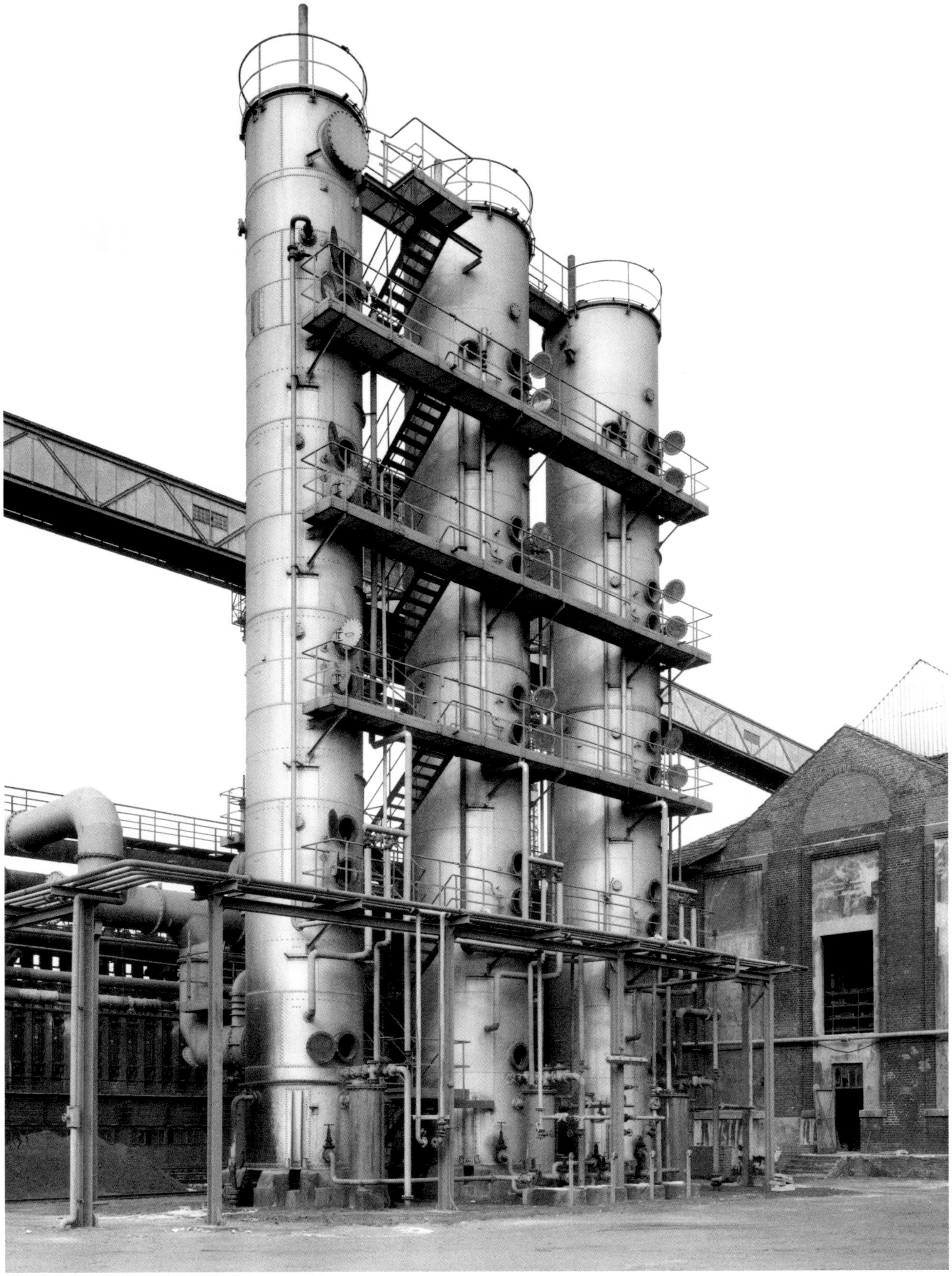

87
Gaswascher
Scrubber

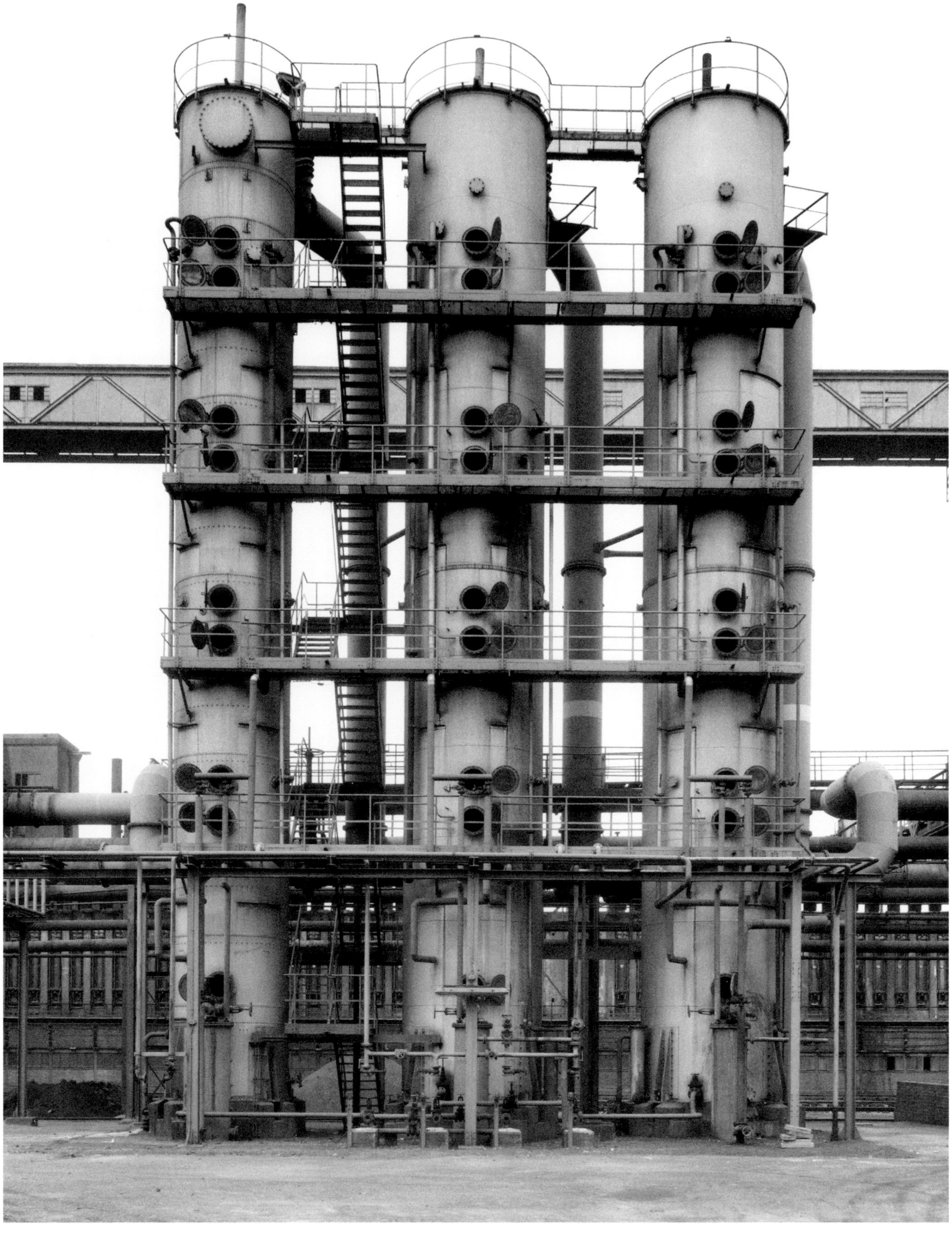

88
Gaswascher
Scrubber

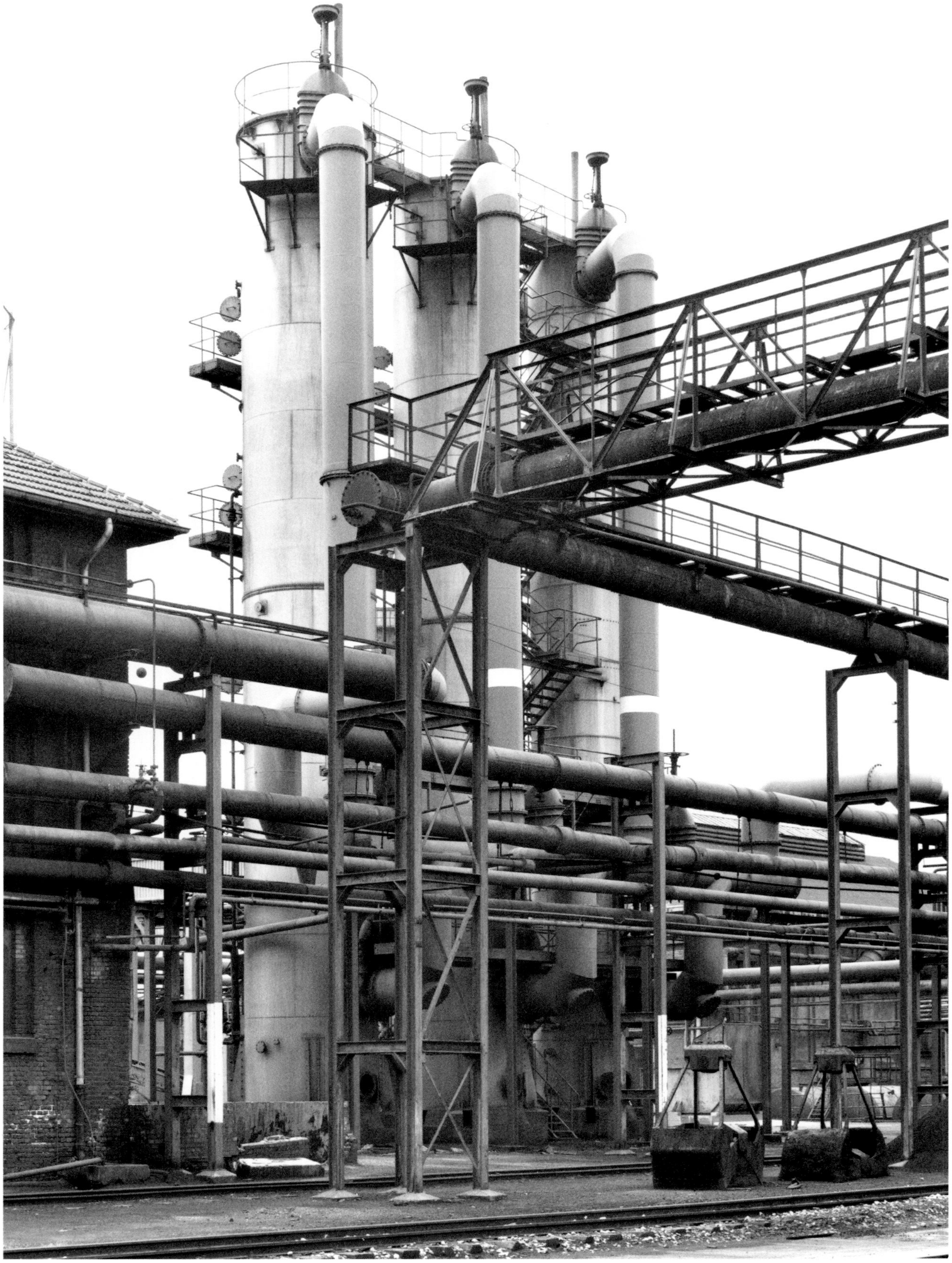

89
Gaswascher
Scrubber

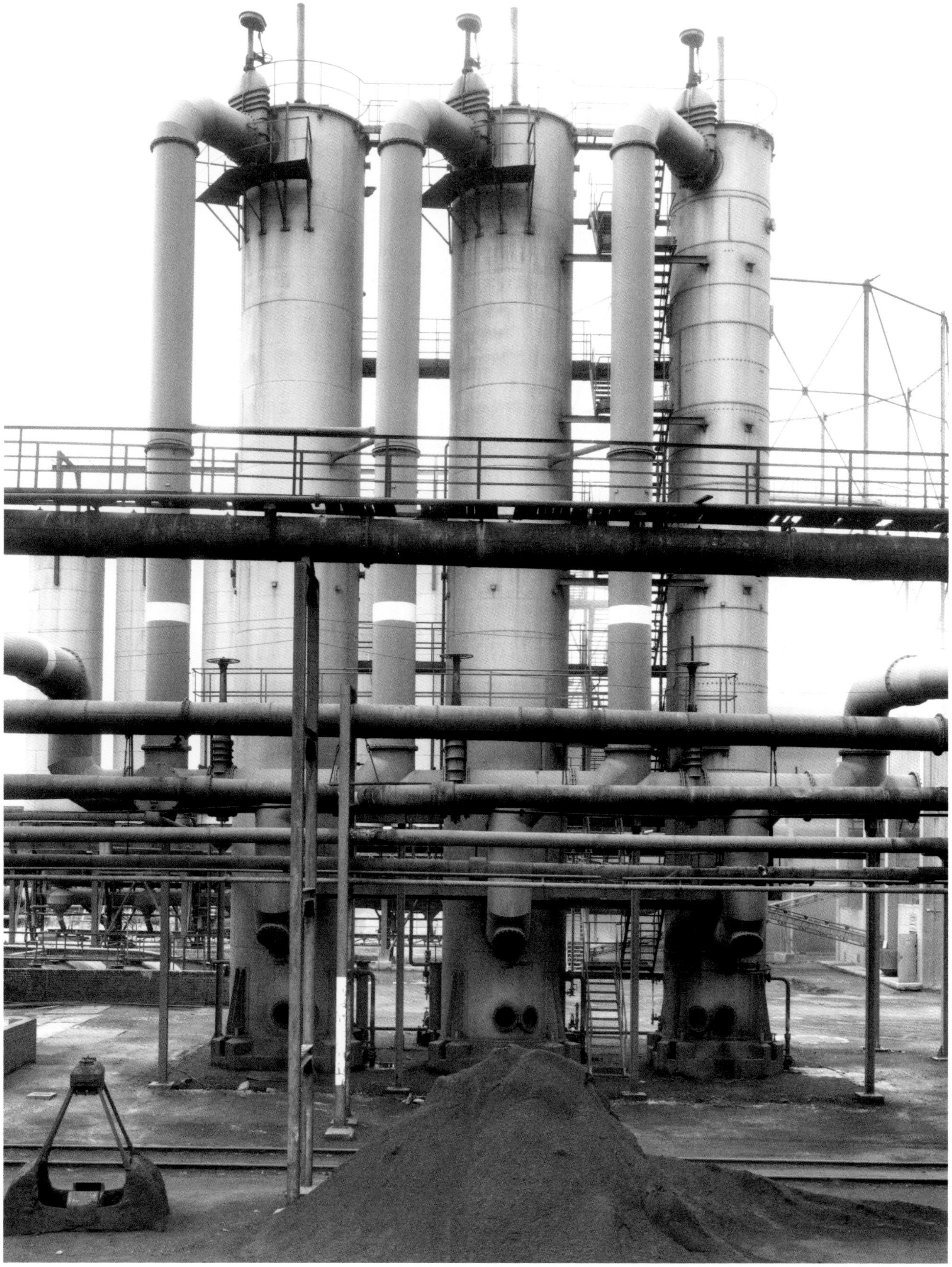

90
Gaswascher
Scrubber

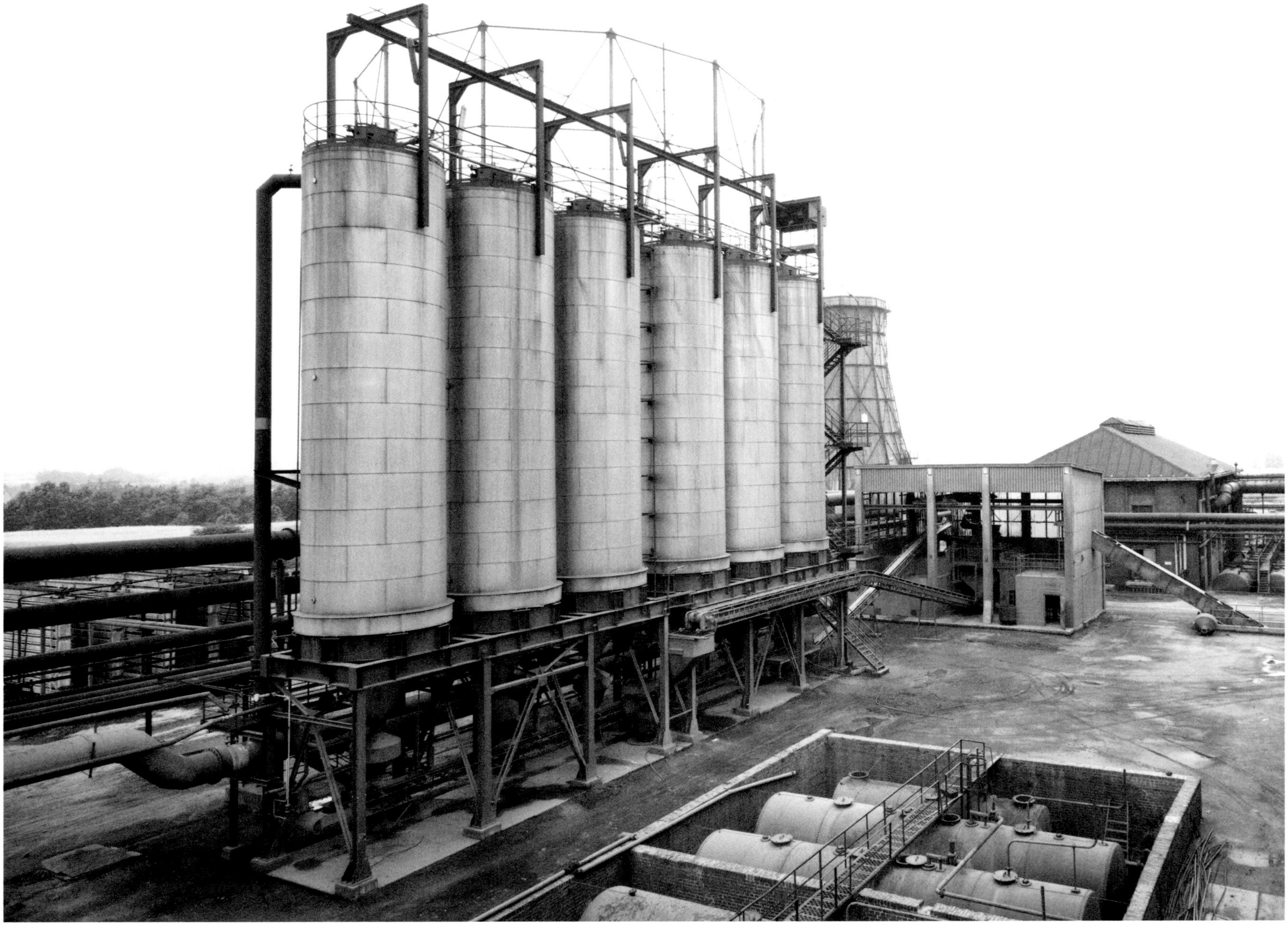

91
Ammoniakwascher
Ammonia washer

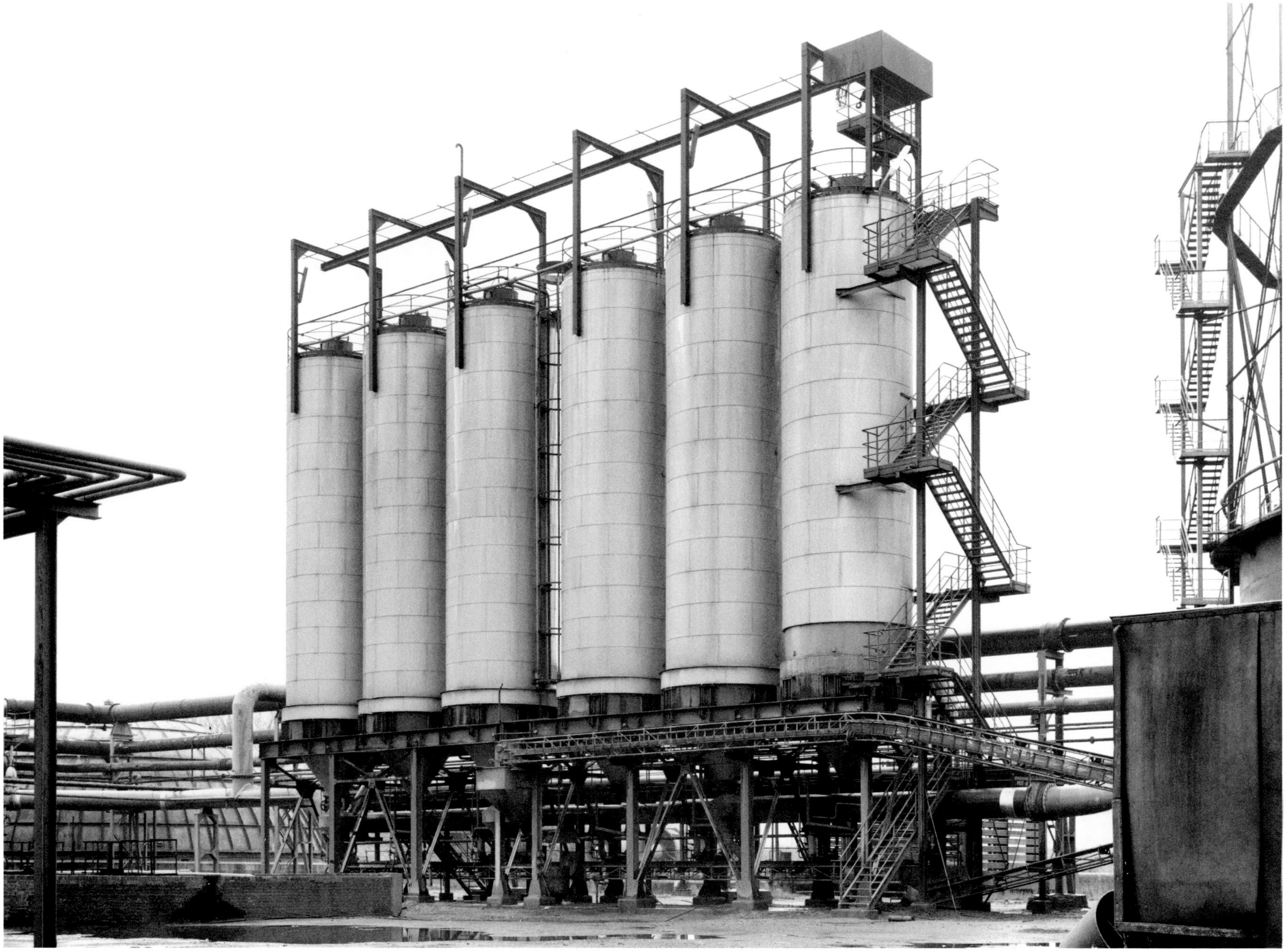

92
Ammoniakwascher
Ammonia washer

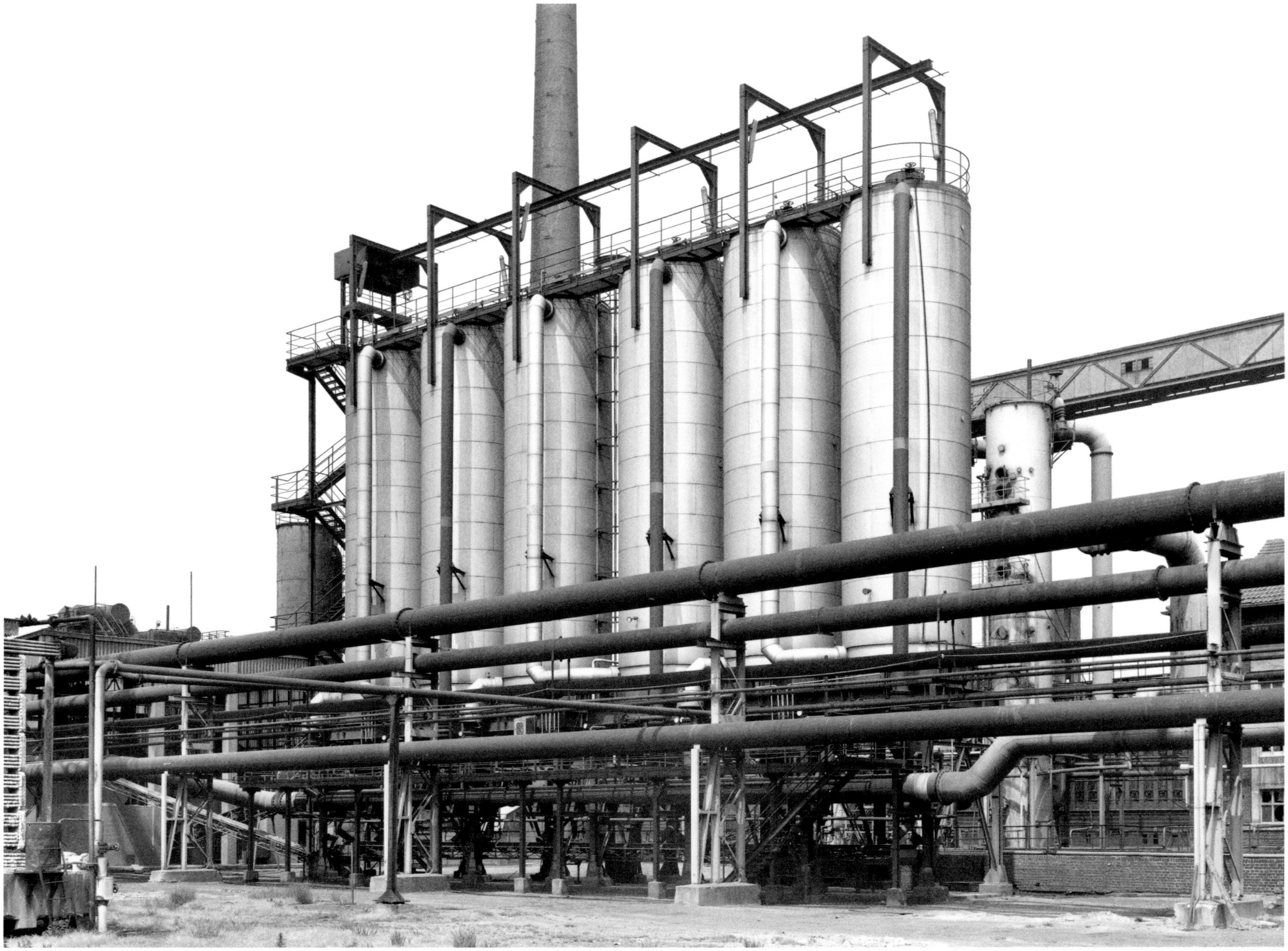

93
Ammoniakwascher
Ammonia washer

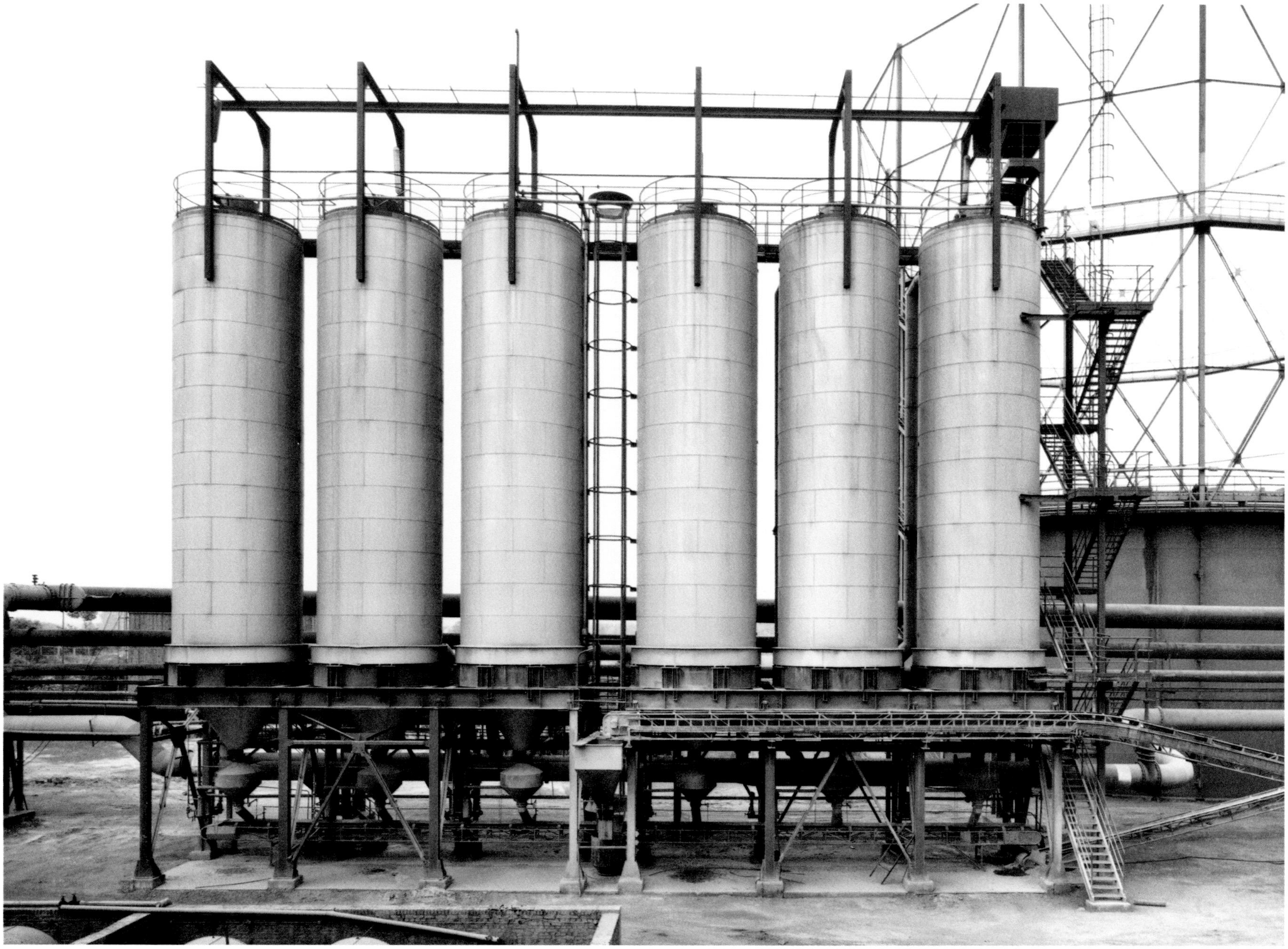

94
Ammoniakwascher
Ammonia washer

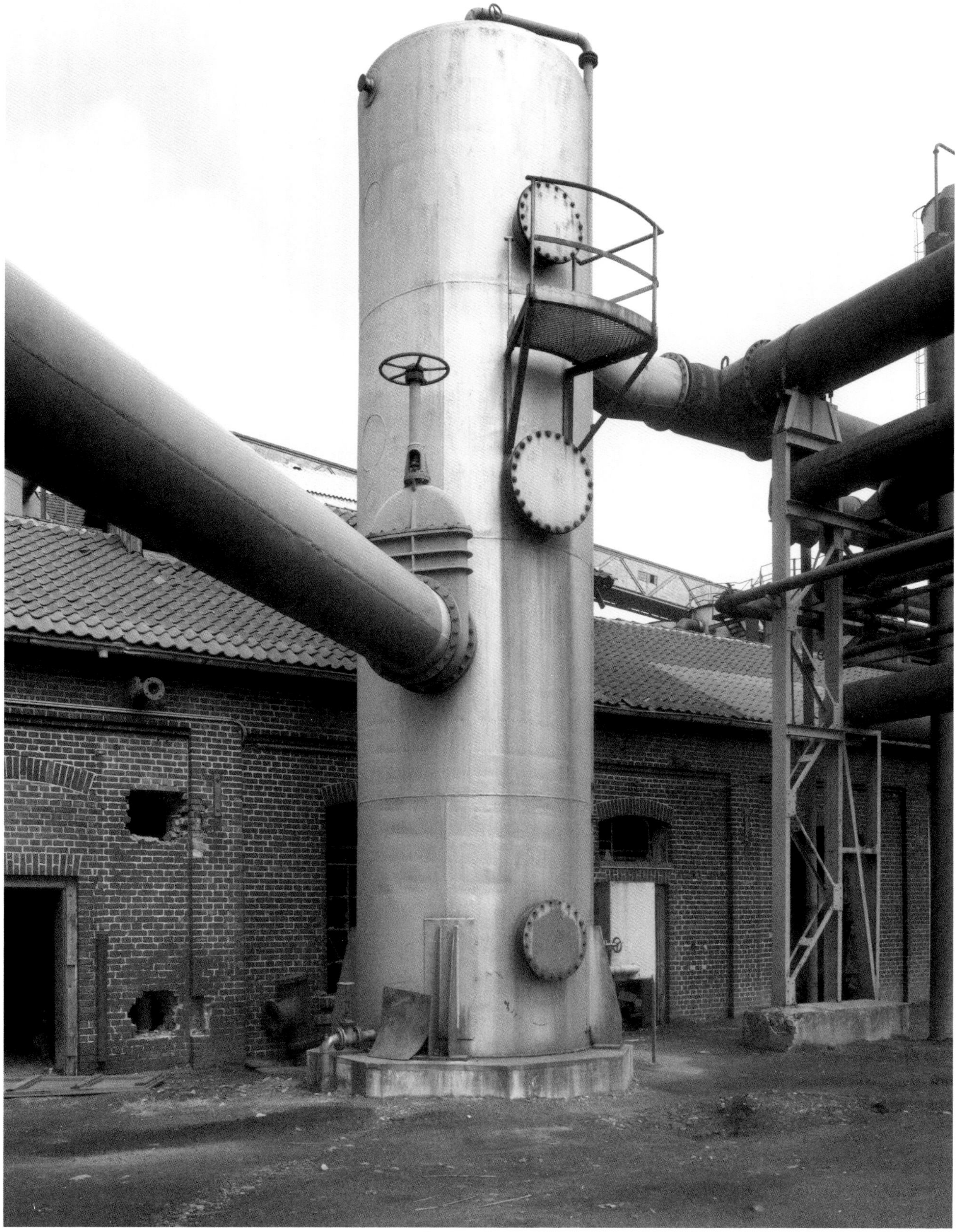

95
Behälter für Druckausgleich
Pressurization unit

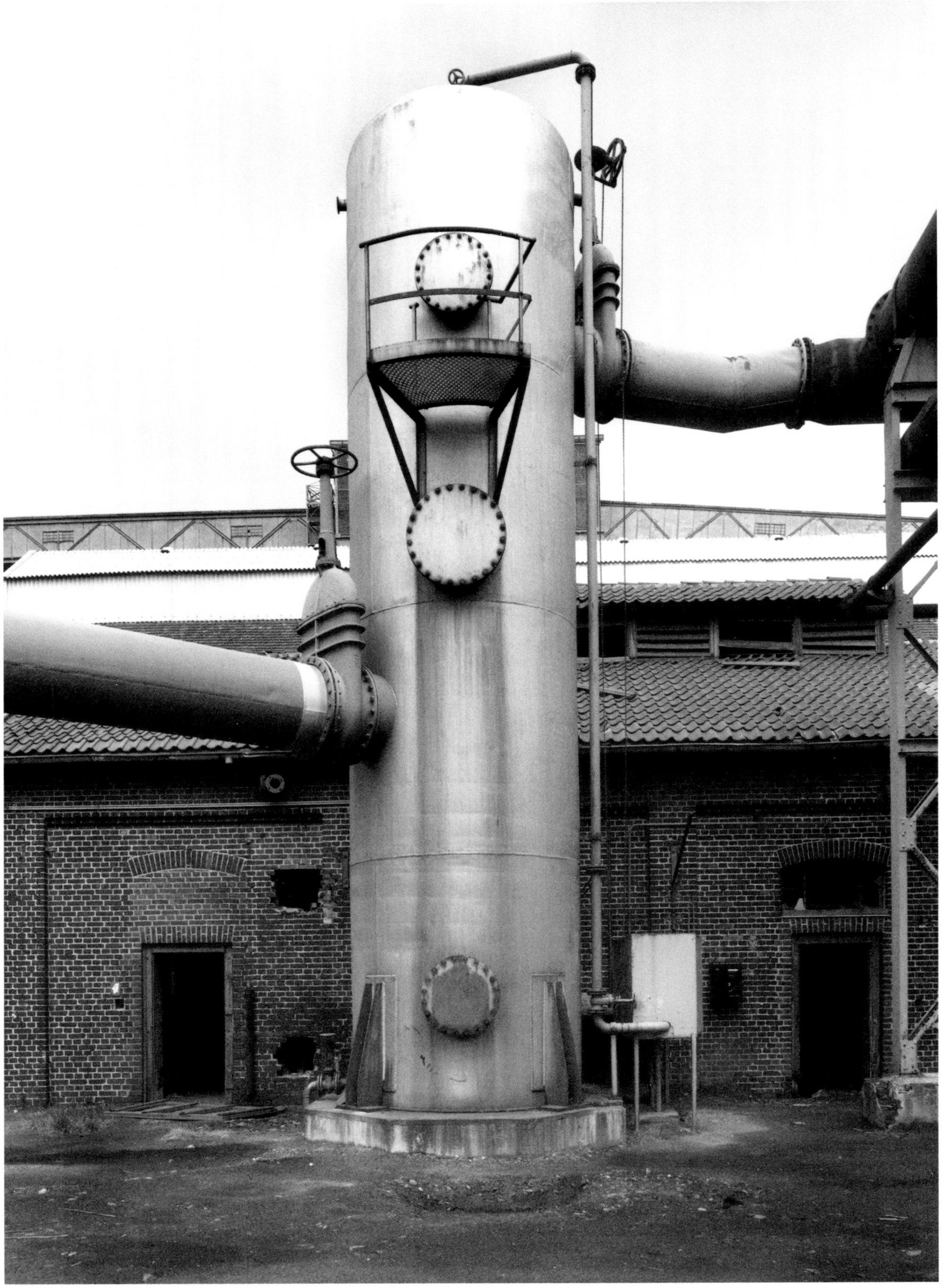

96
Behälter für Druckausgleich
Pressurization unit

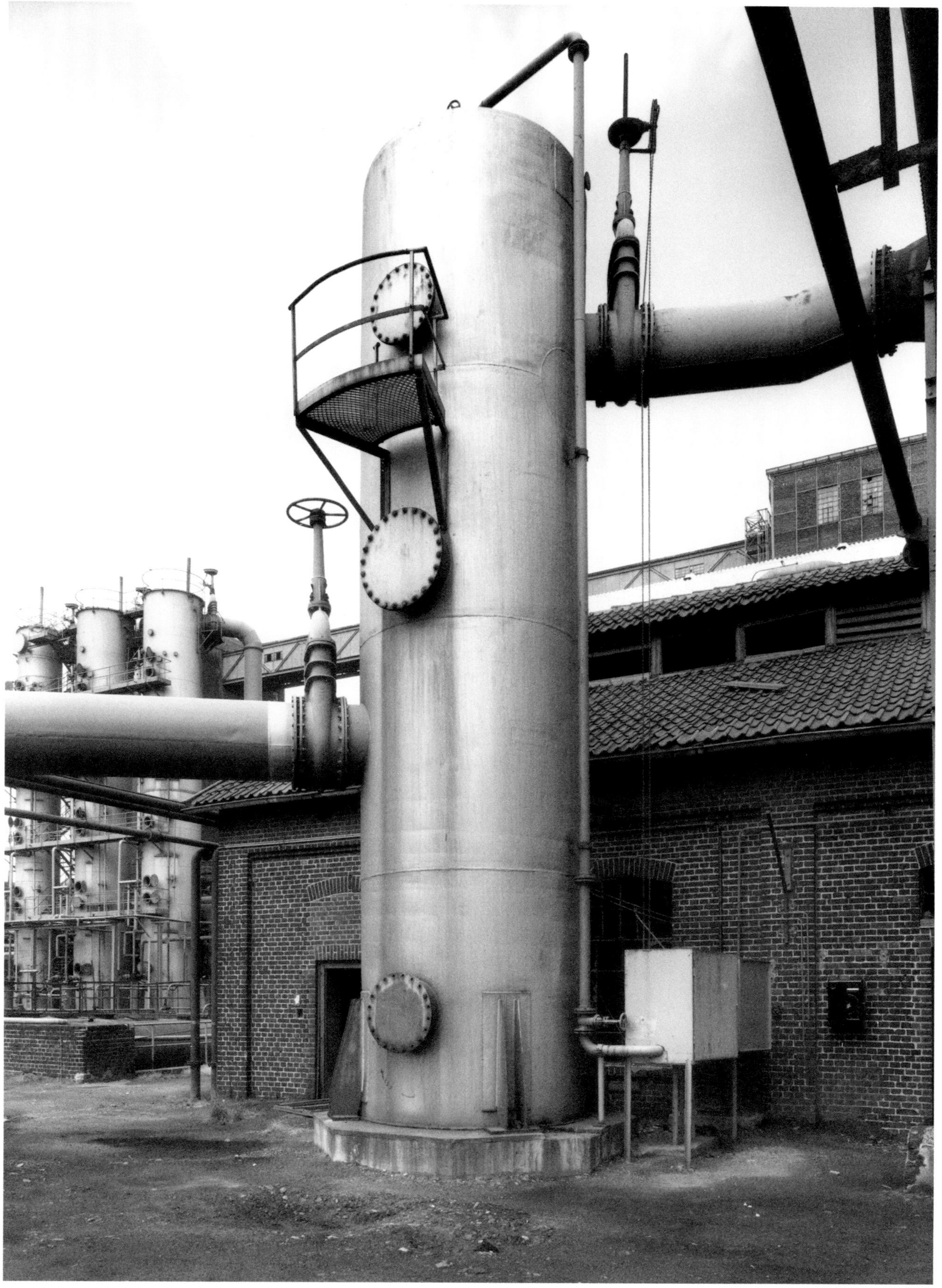

97
Behälter für Druckausgleich
Pressurization unit

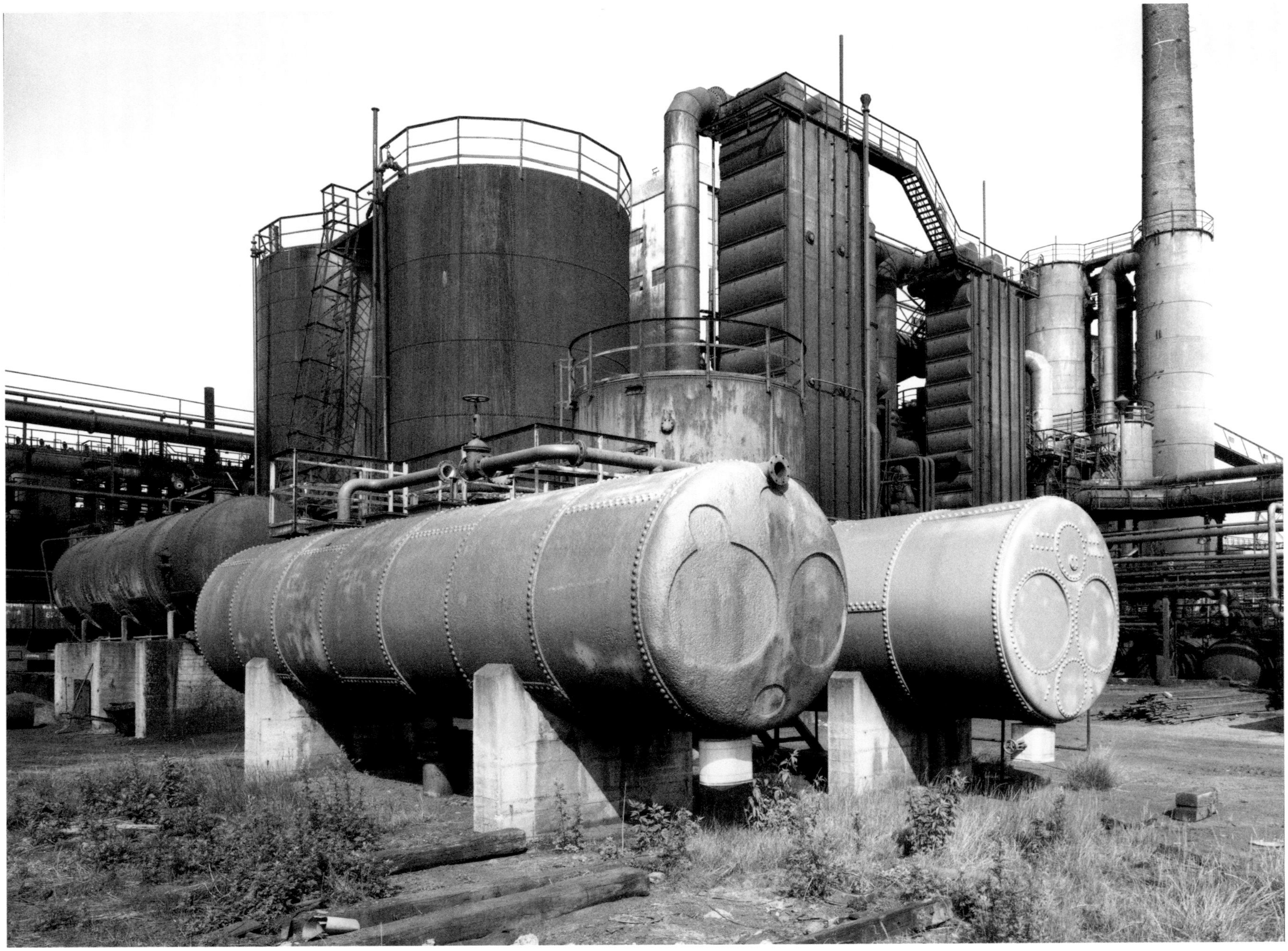

98
Teergewinnung
Tar production

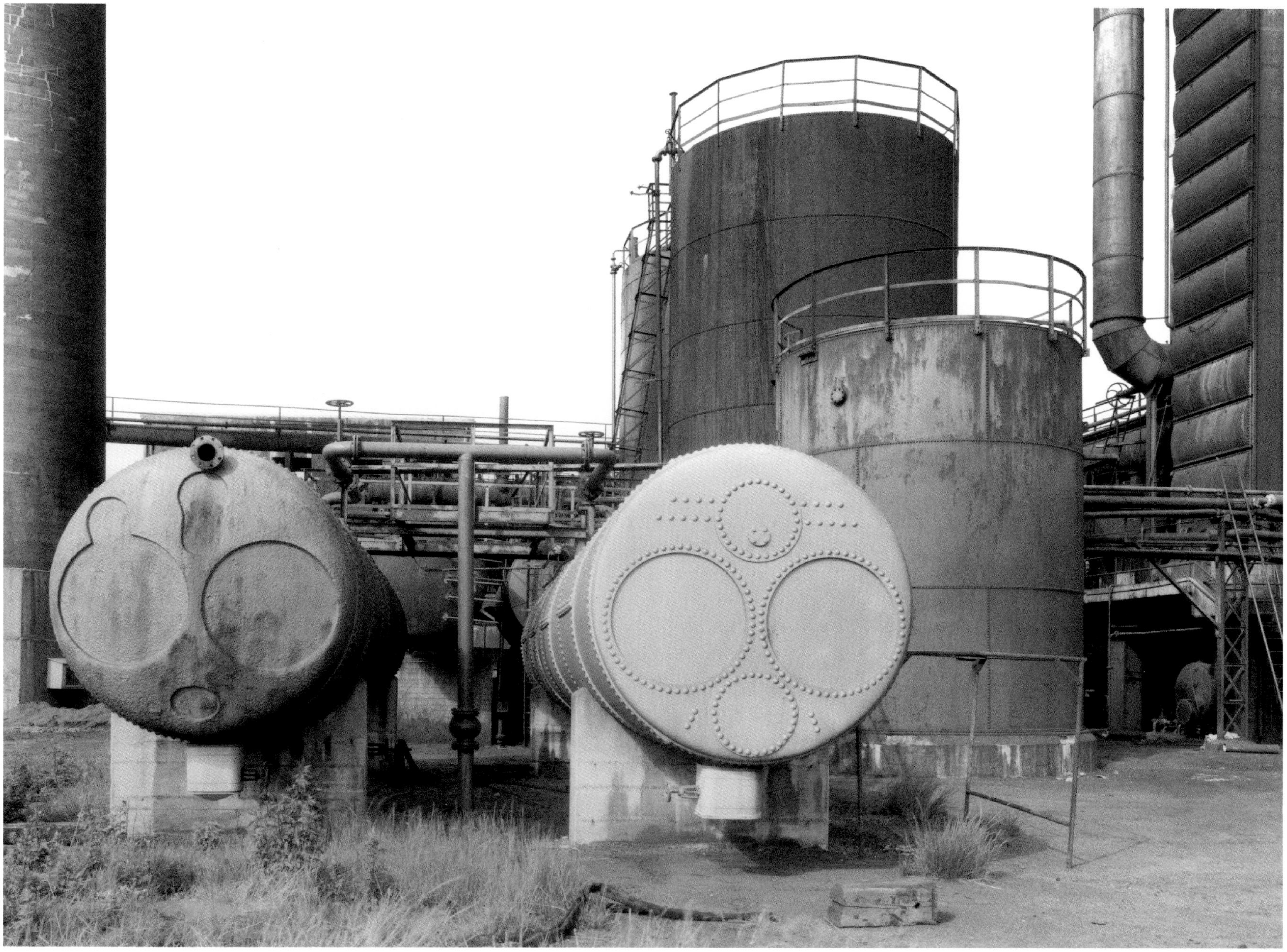

99
Teergewinnung
Tar production

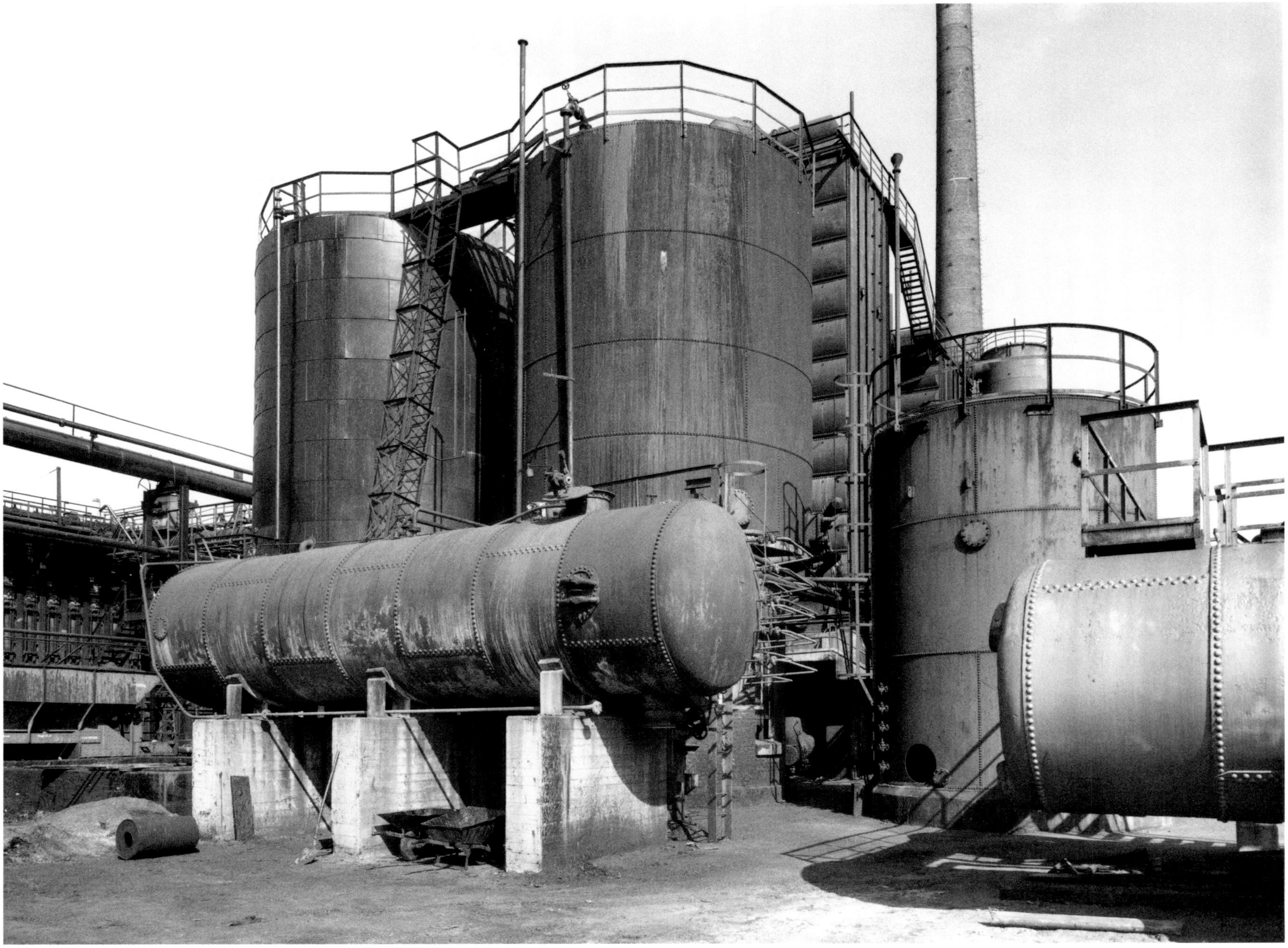

100
Teergewinnung
Tar production

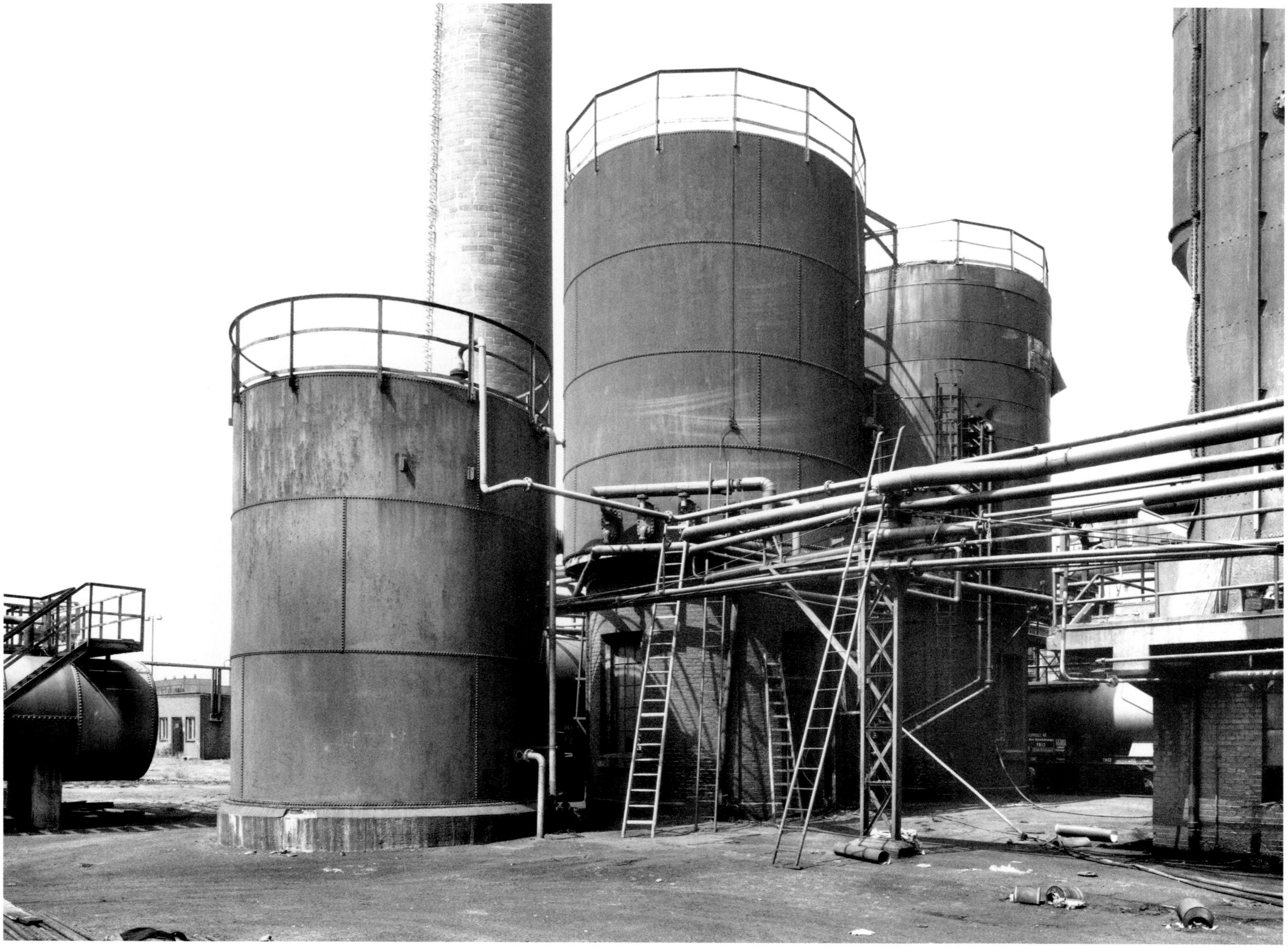

101
Teergewinnung
Tar production

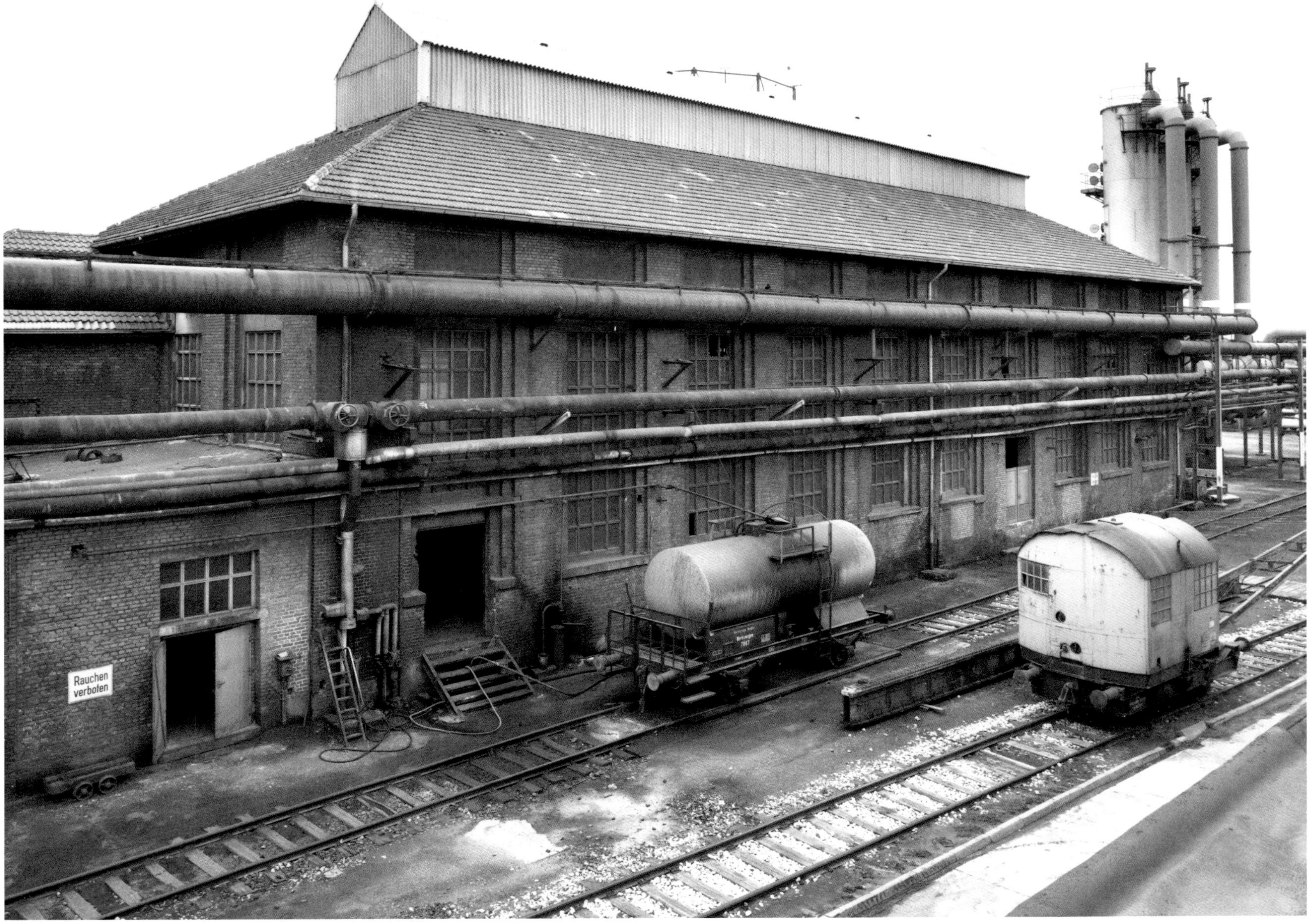

102
Benzolfabrik
Benzole plant

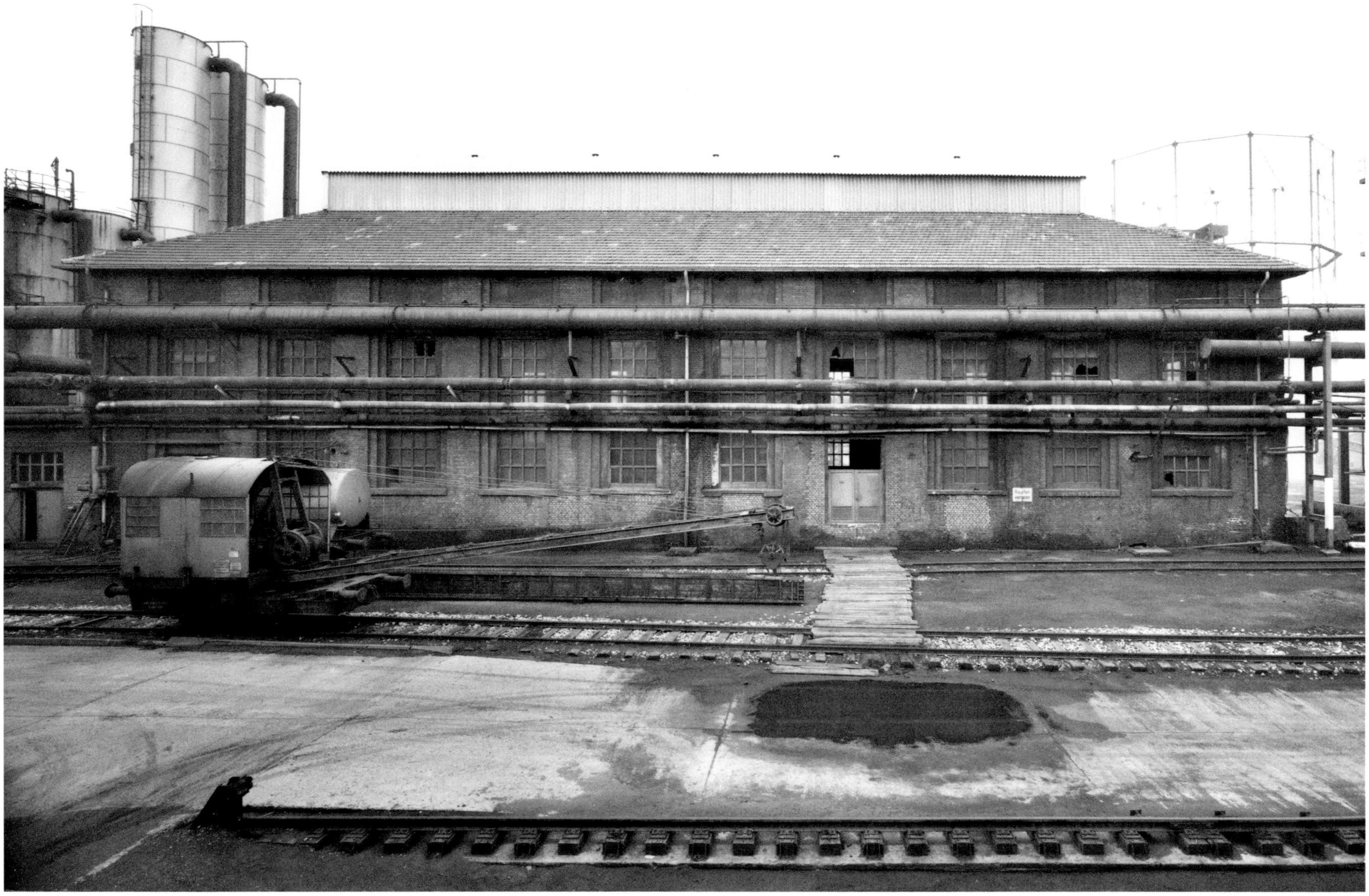

103
Benzolfabrik
Benzole plant

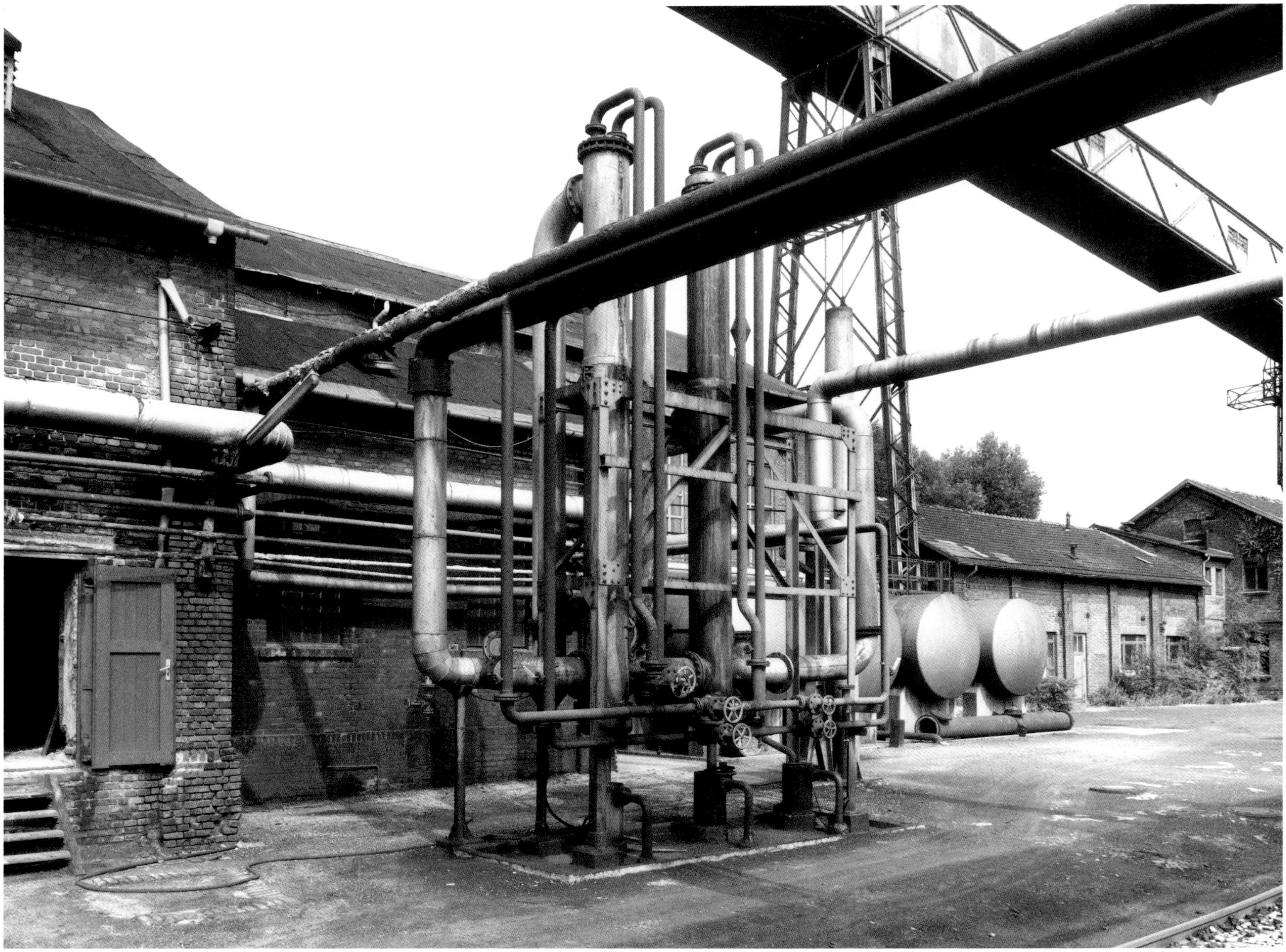

104
Ammoniakfabrik, Detail
Ammonia plant, detail

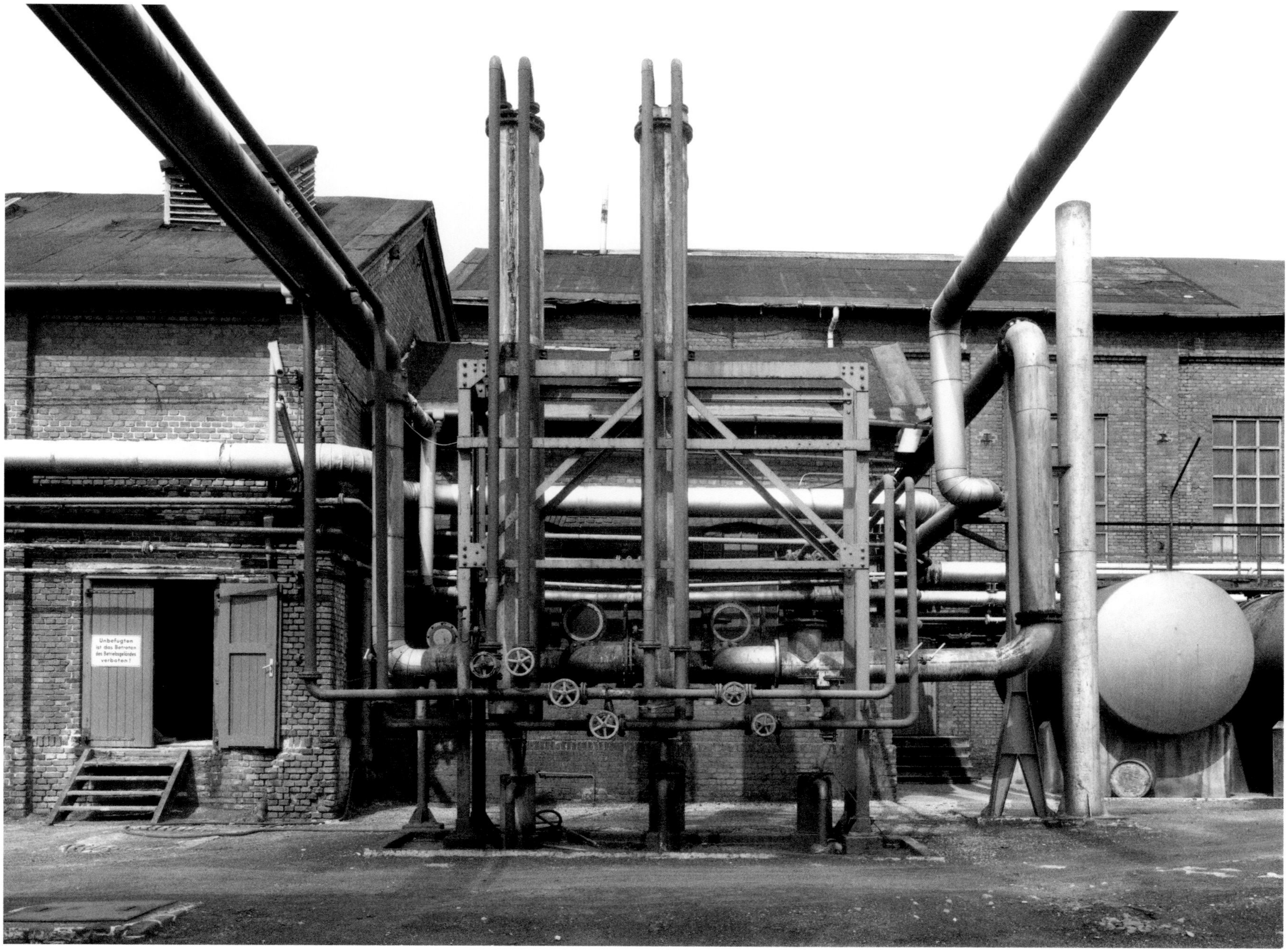

105
Ammoniakfabrik, Detail
Ammonia plant, detail

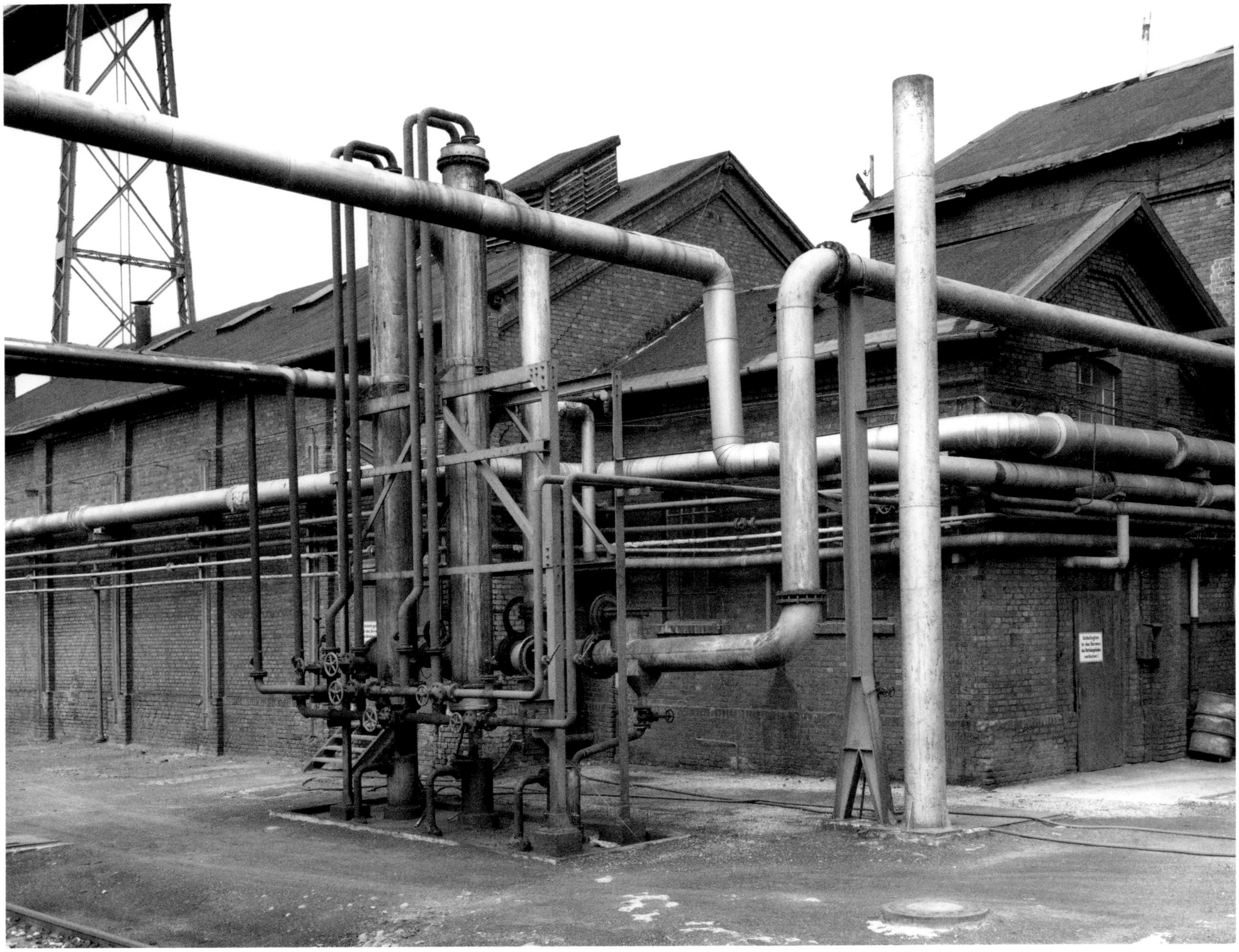

106
Ammoniakfabrik, Detail
Ammonia plant, detail

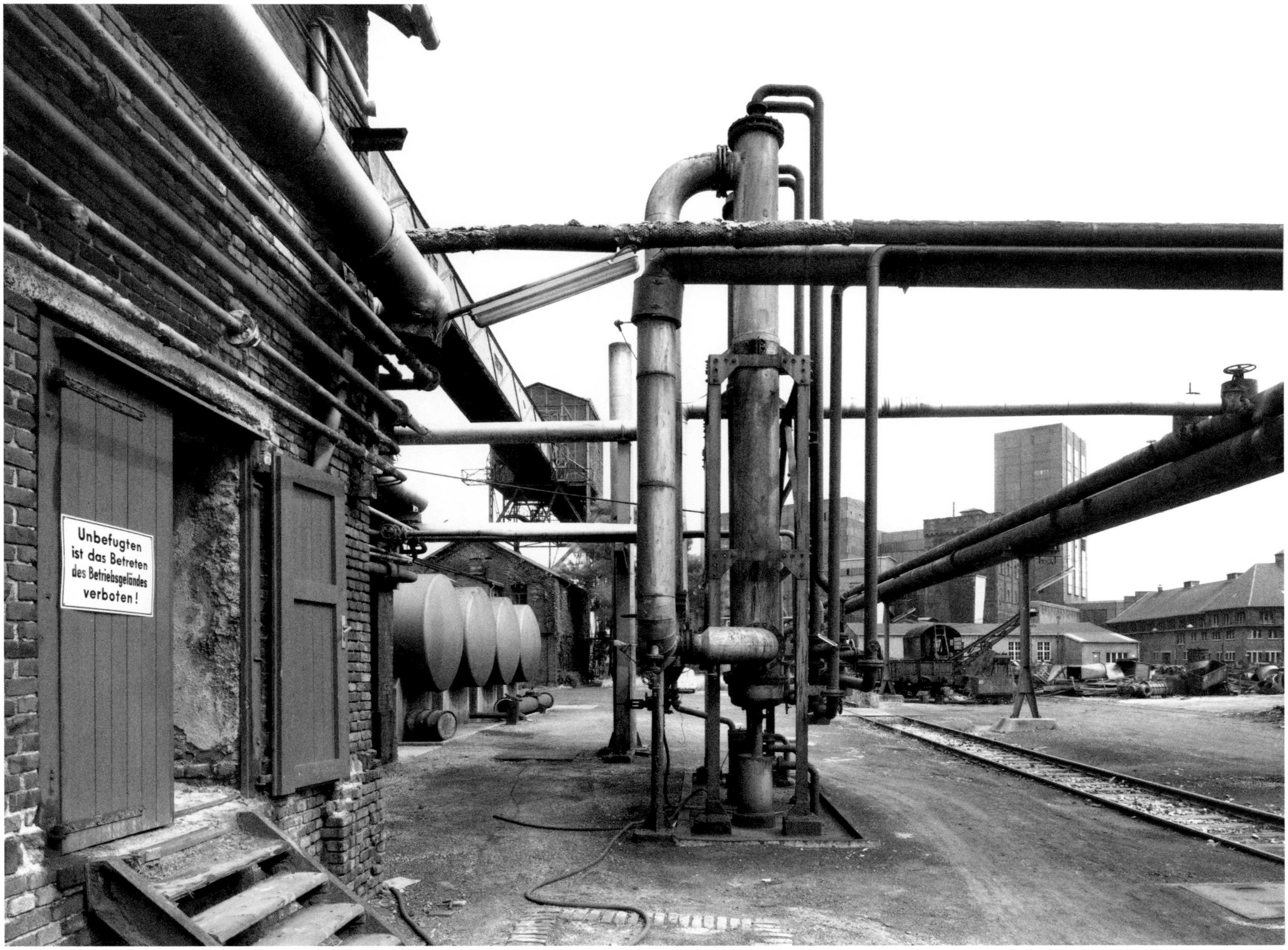

107
Ammoniakfabrik, Detail
Ammonia plant, detail

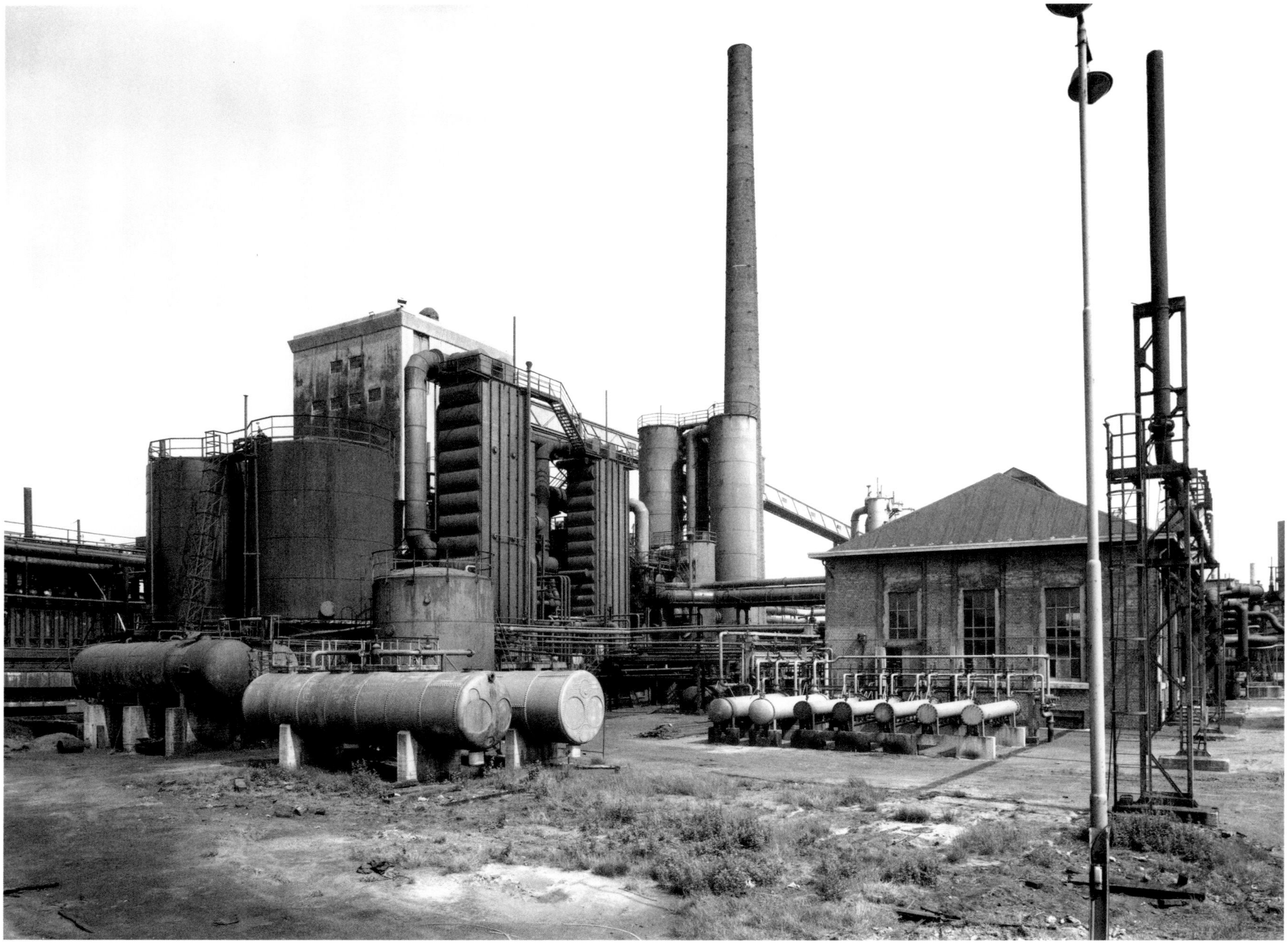

108
Kondensationsanlage, Maschinenhaus
Condenser, machine-house

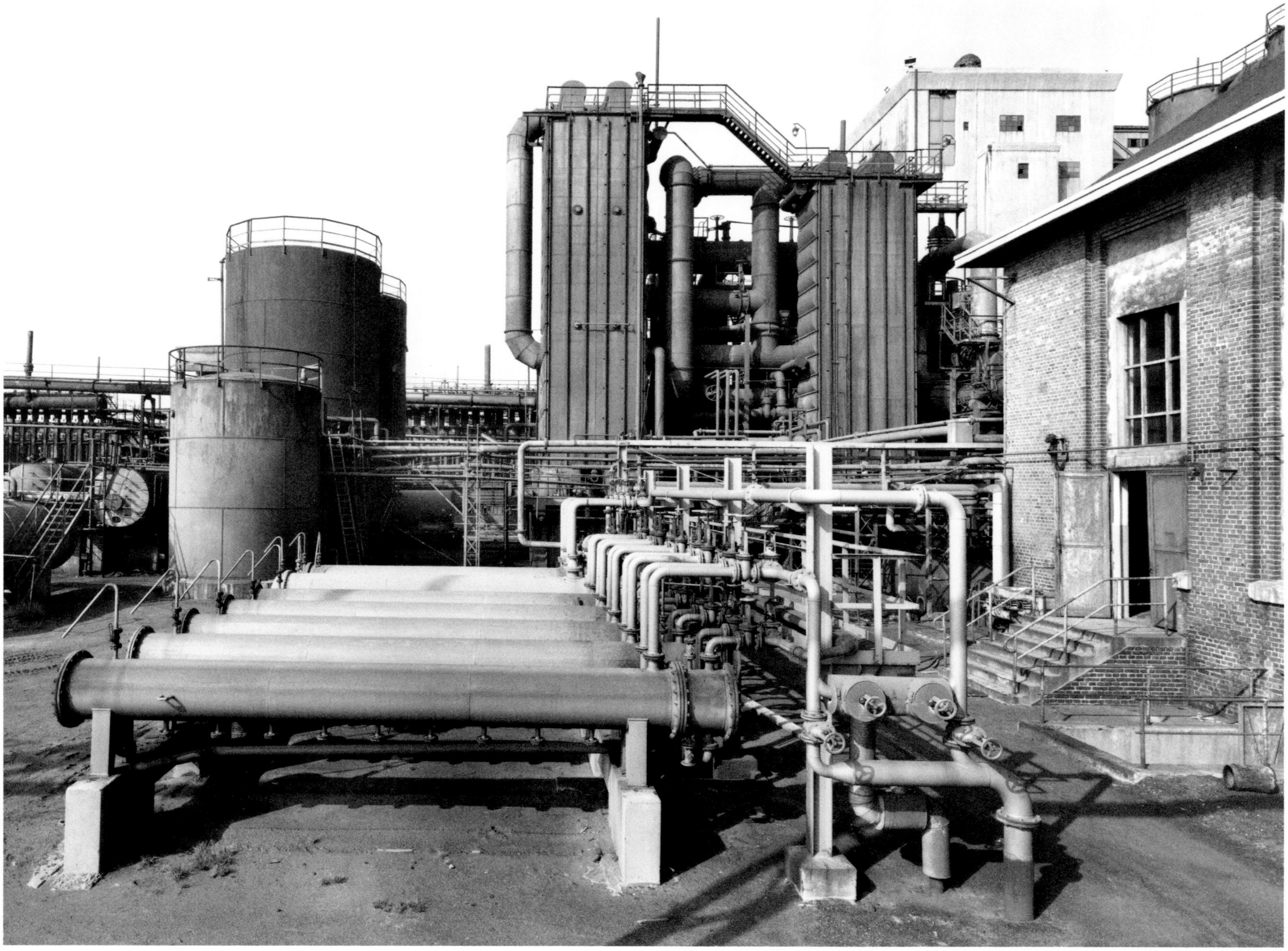

109
Regeneratoren, Teerbehälter, Gaskühler
Regenerators, tar tanks, gas cooler

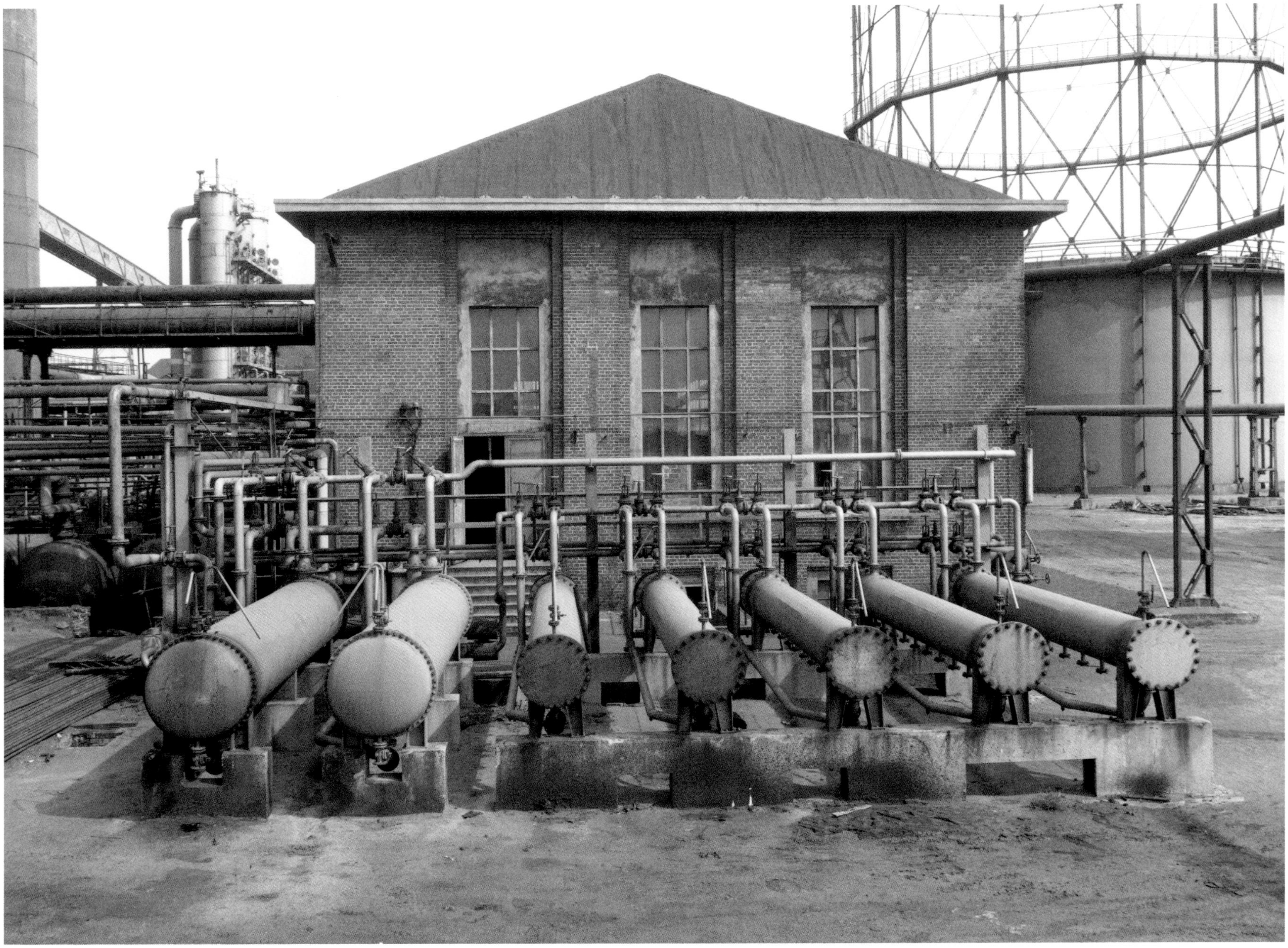

110
Maschinenhaus, Regeneratoren
Machine-house, regenerators

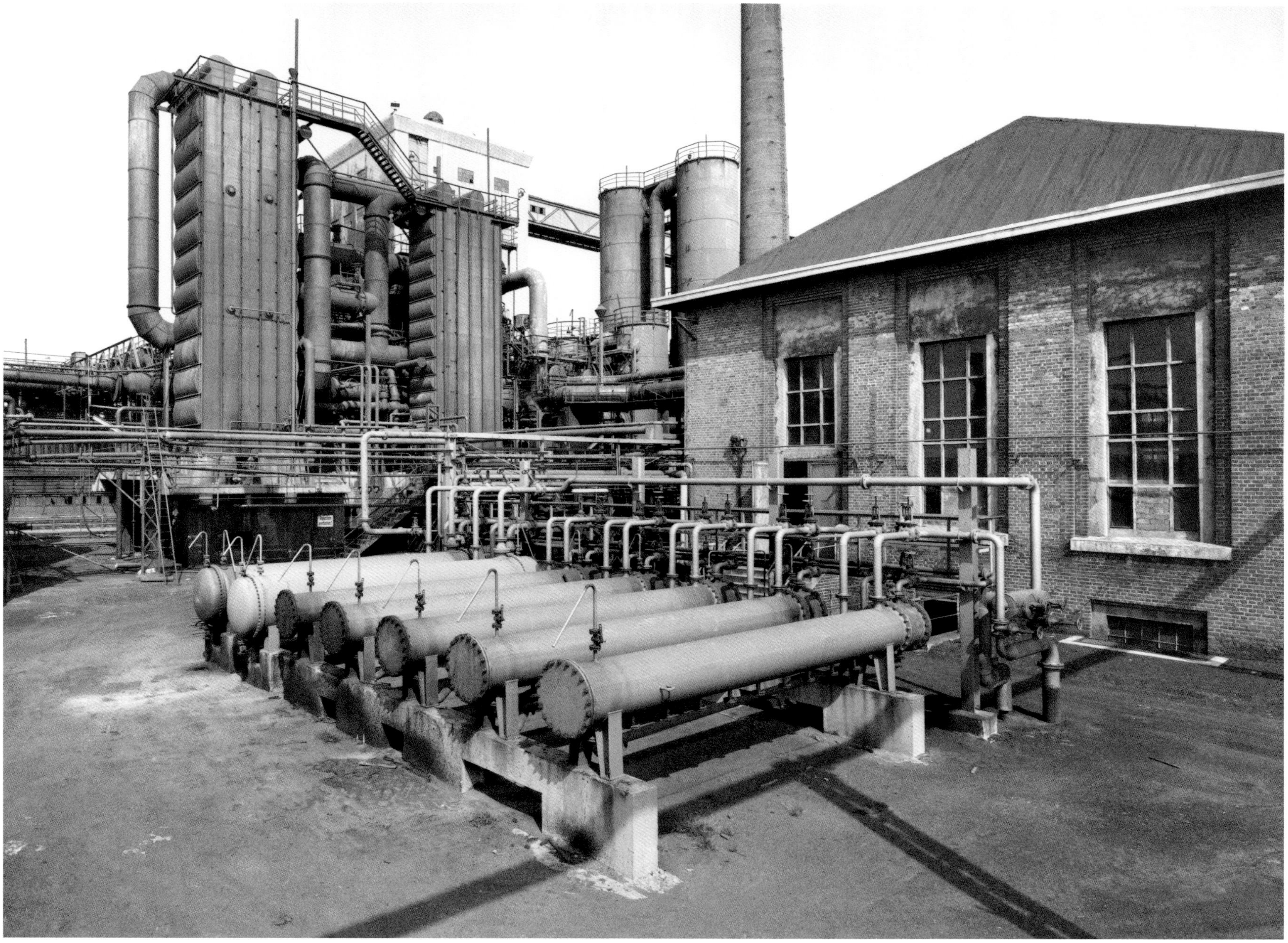

111
Kondensationsanlage, Regeneratoren, Maschinenhaus
Condenser, regenerators, machine-house

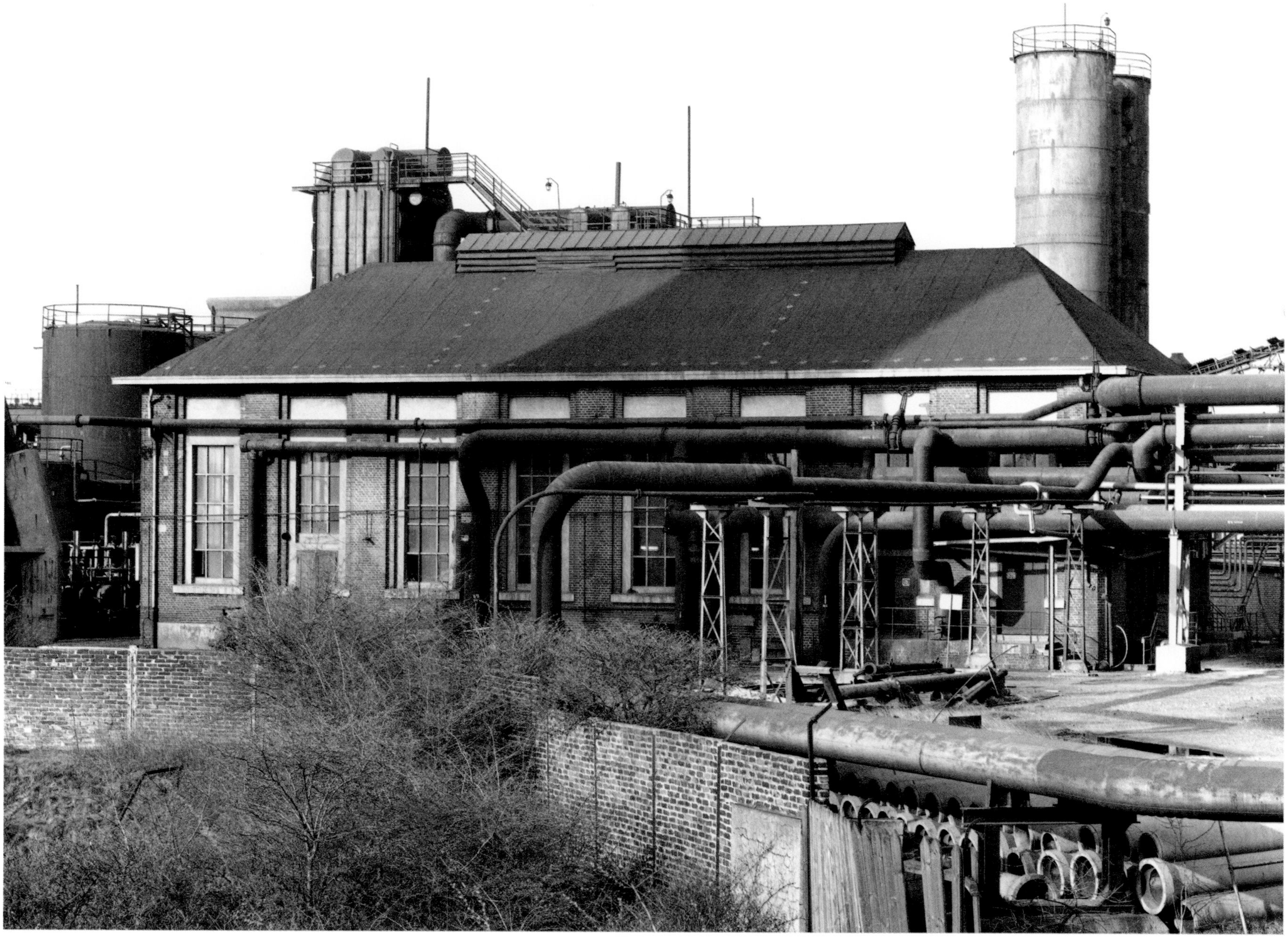

112
Maschinenhaus in der Kokerei
Machine-house in the coking plant

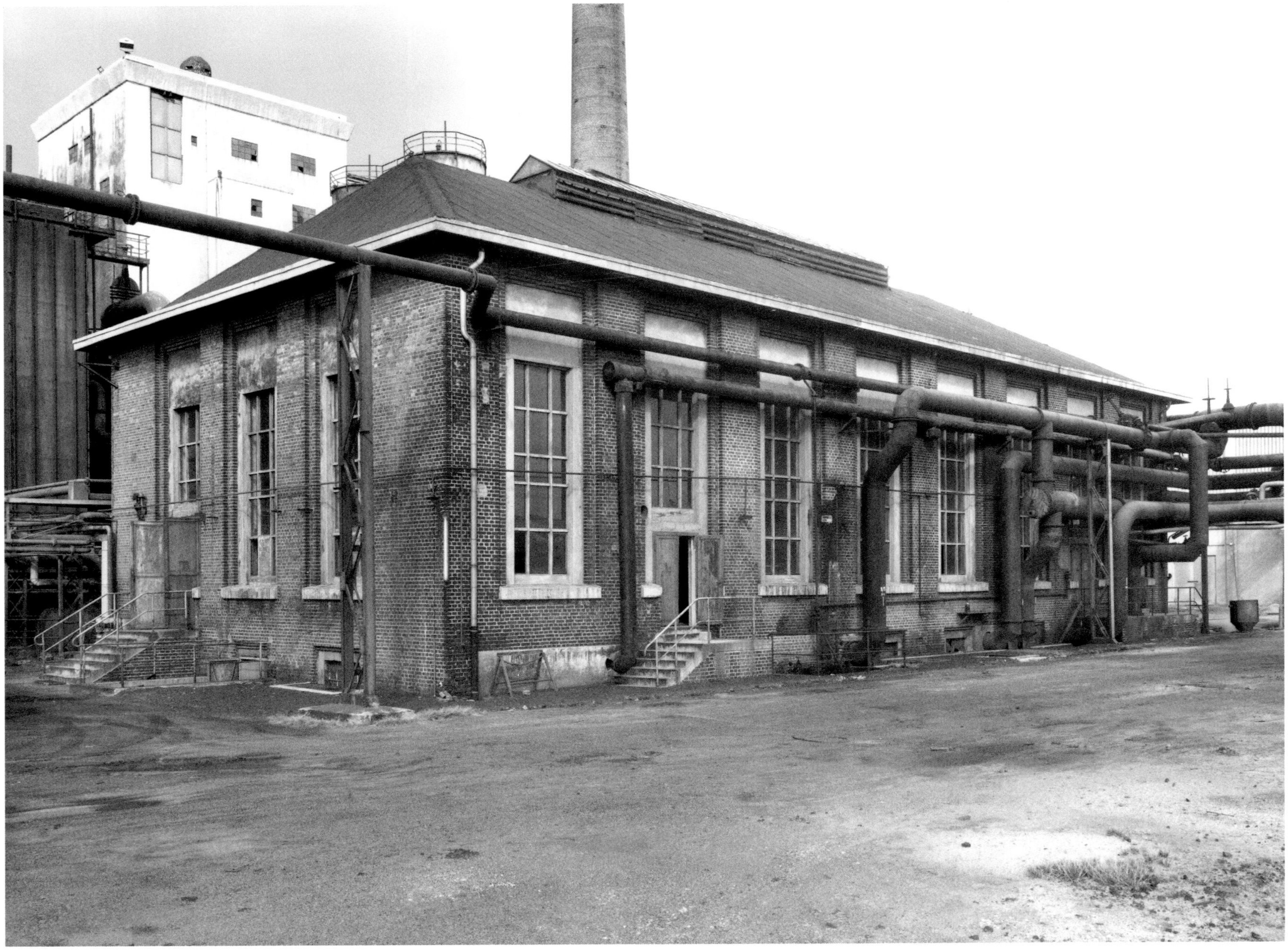

113
Maschinenhaus in der Kokerei
Machine-house in the coking plant

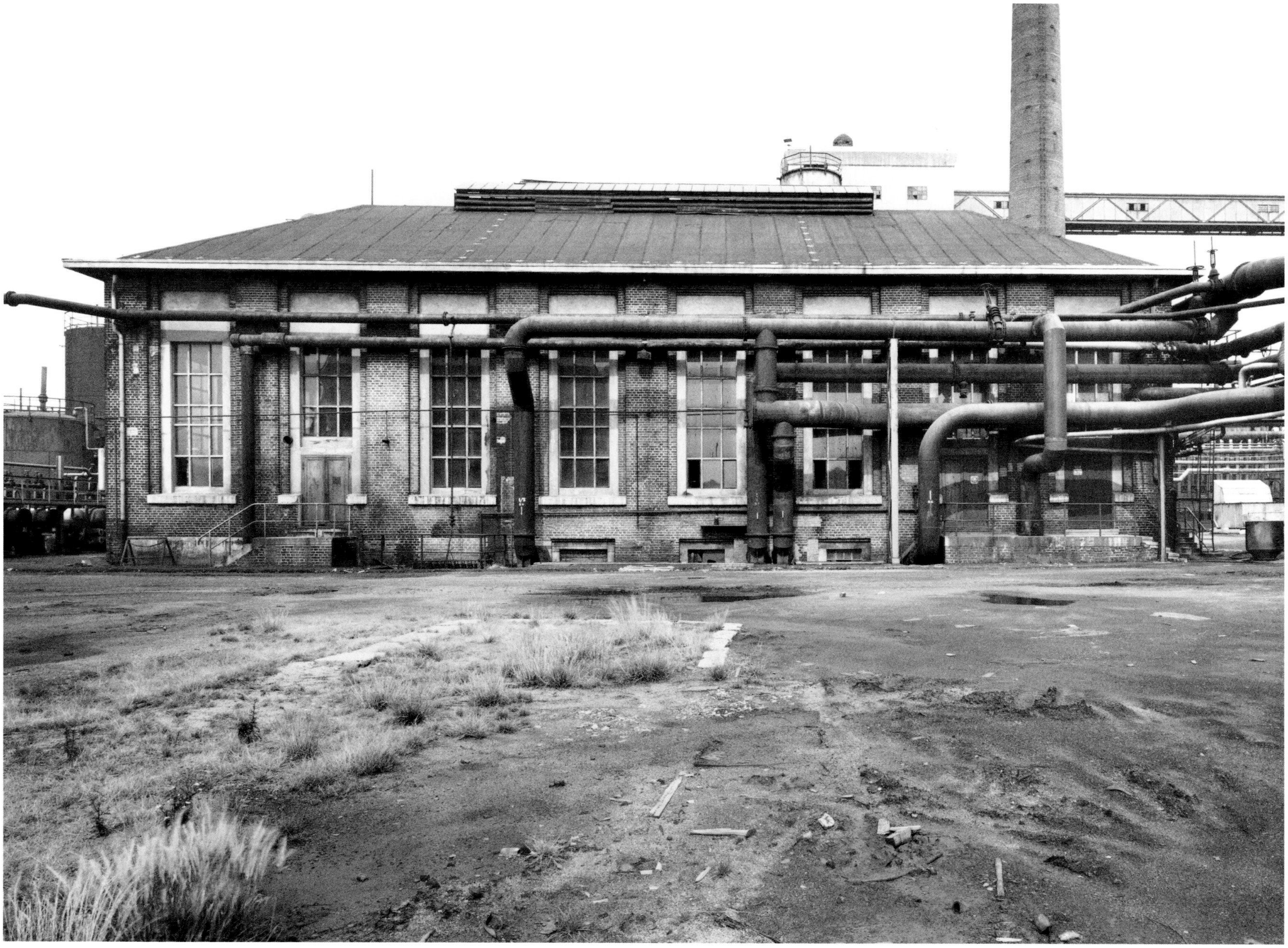

114
Maschinenhaus in der Kokerei
Machine-house in the coking plant

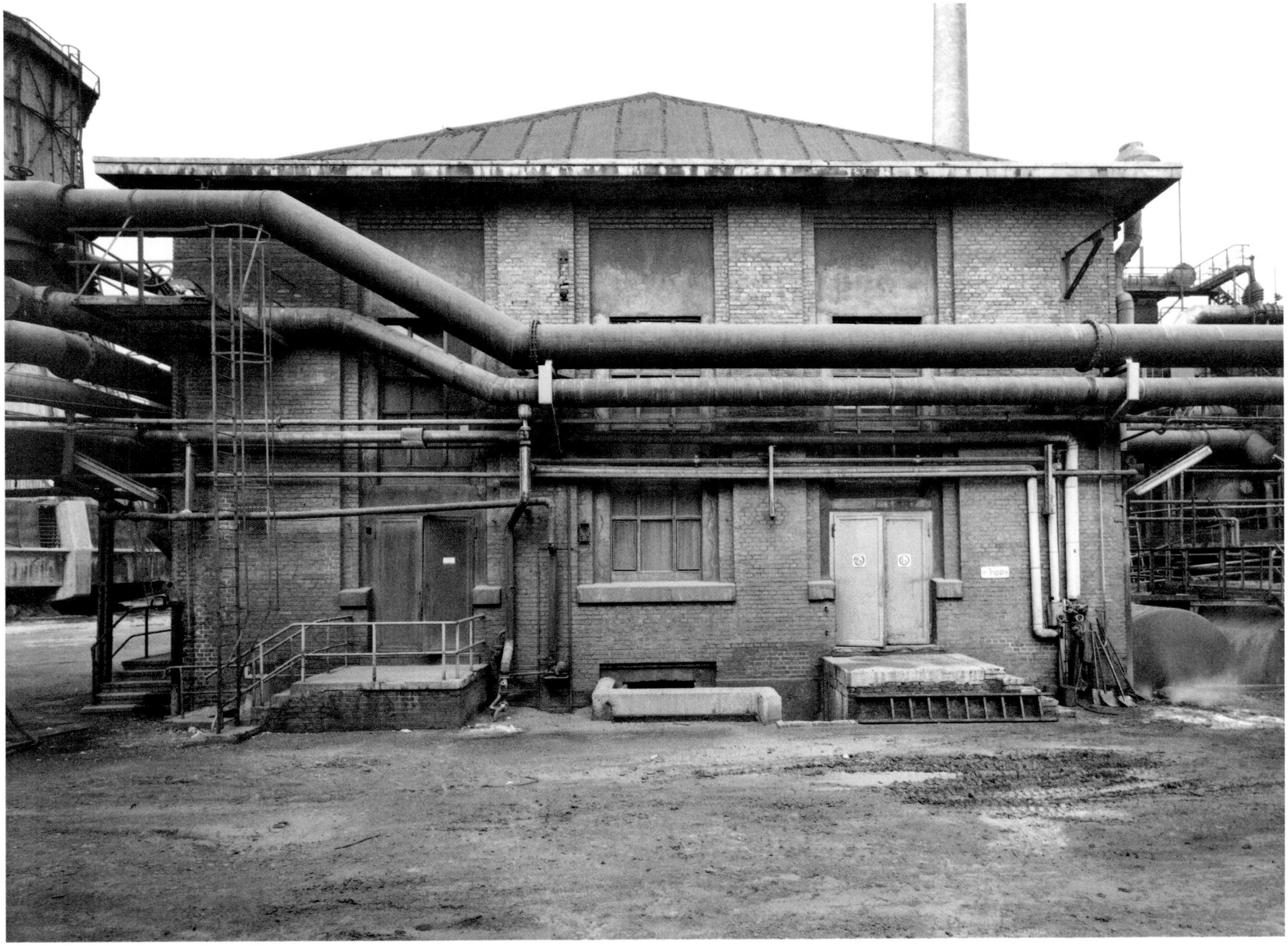

115
Maschinenhaus in der Kokerei
Machine-house in the coking plant

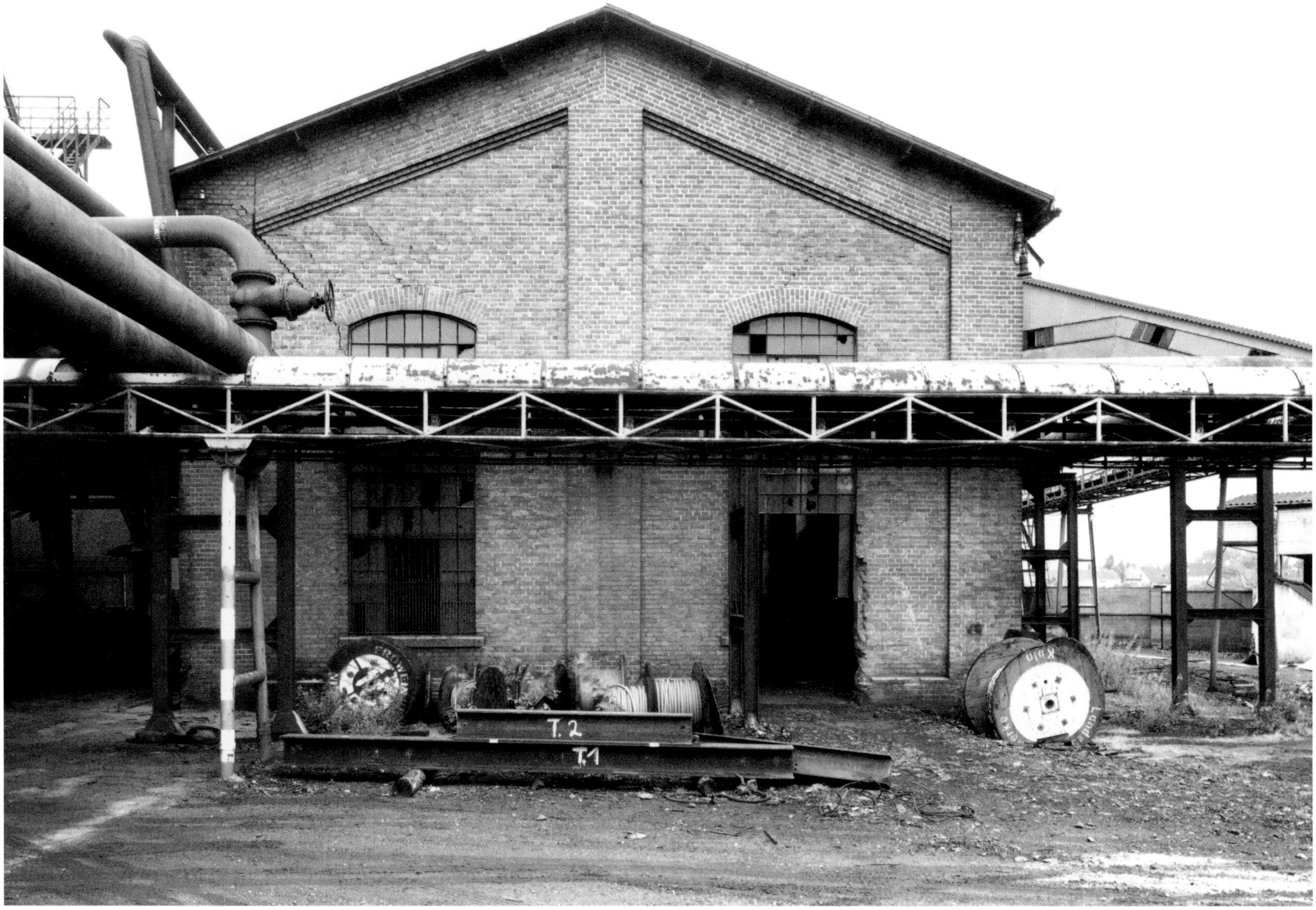

116
Umformergebäude, Schacht 5
Generator building, shaft 5

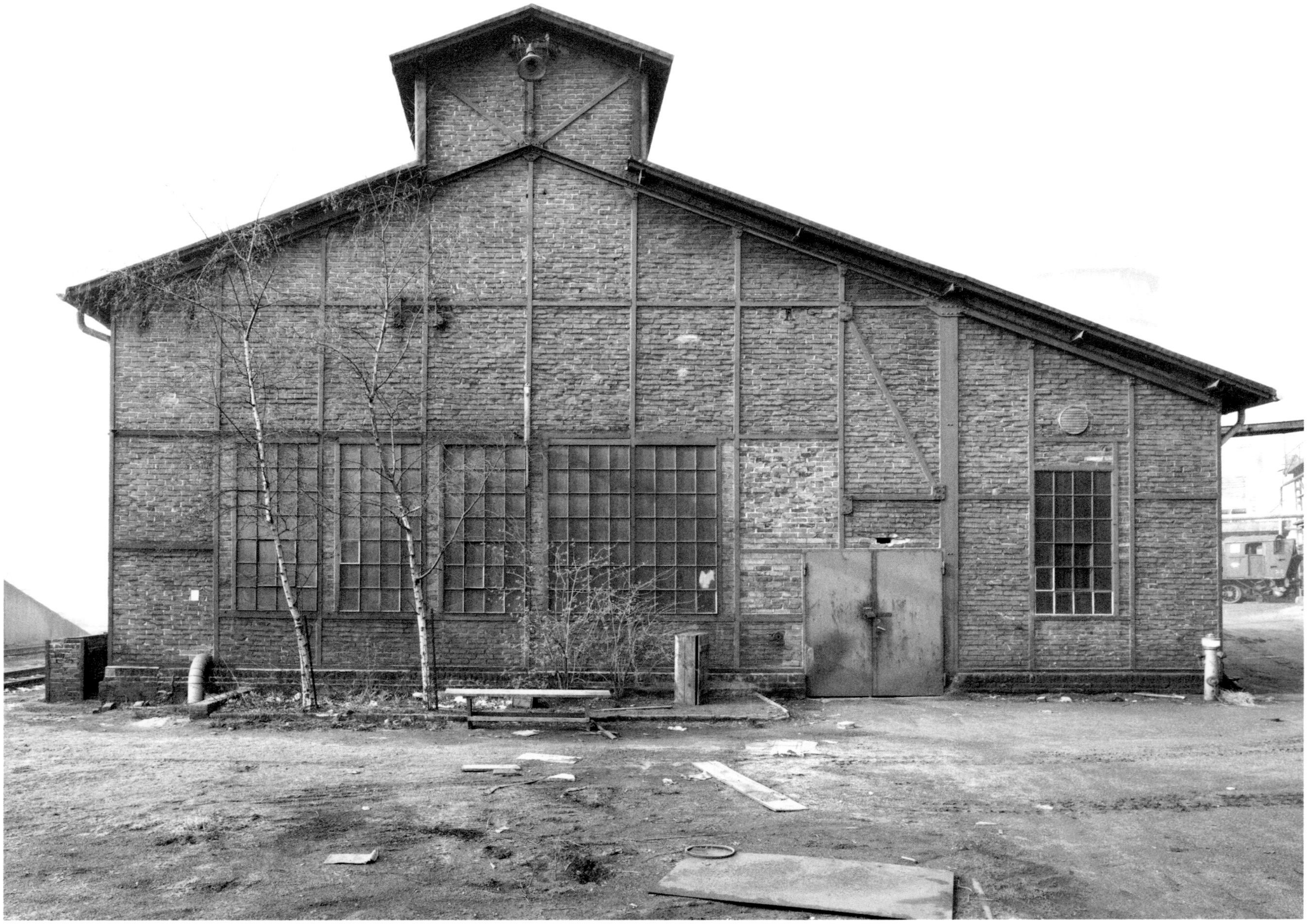

117
Lokomotivschuppen im Kraftwerk
Locomotive shed in the power plant

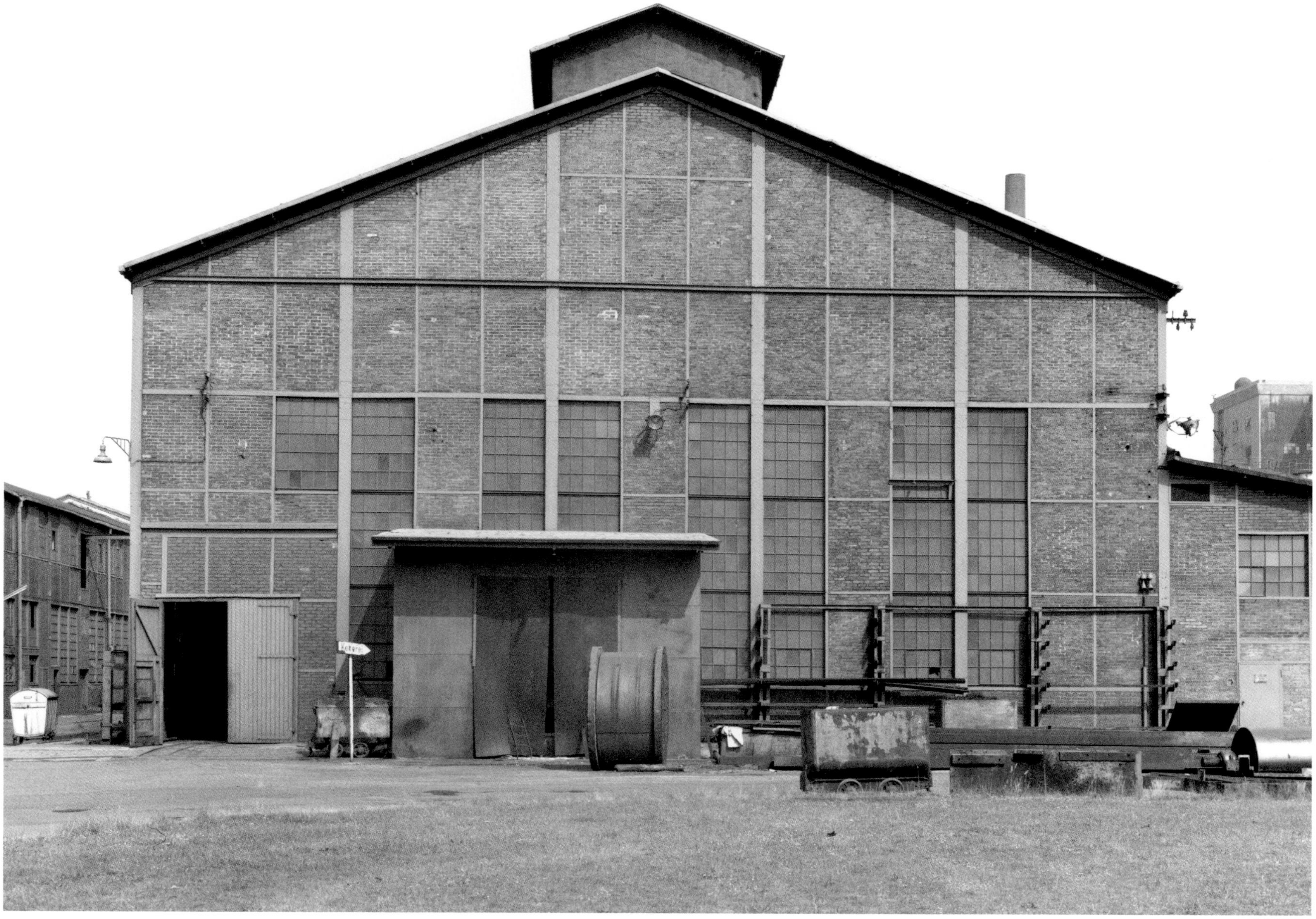

118
Werkstatt in der Kokerei
Workshop in the coking plant

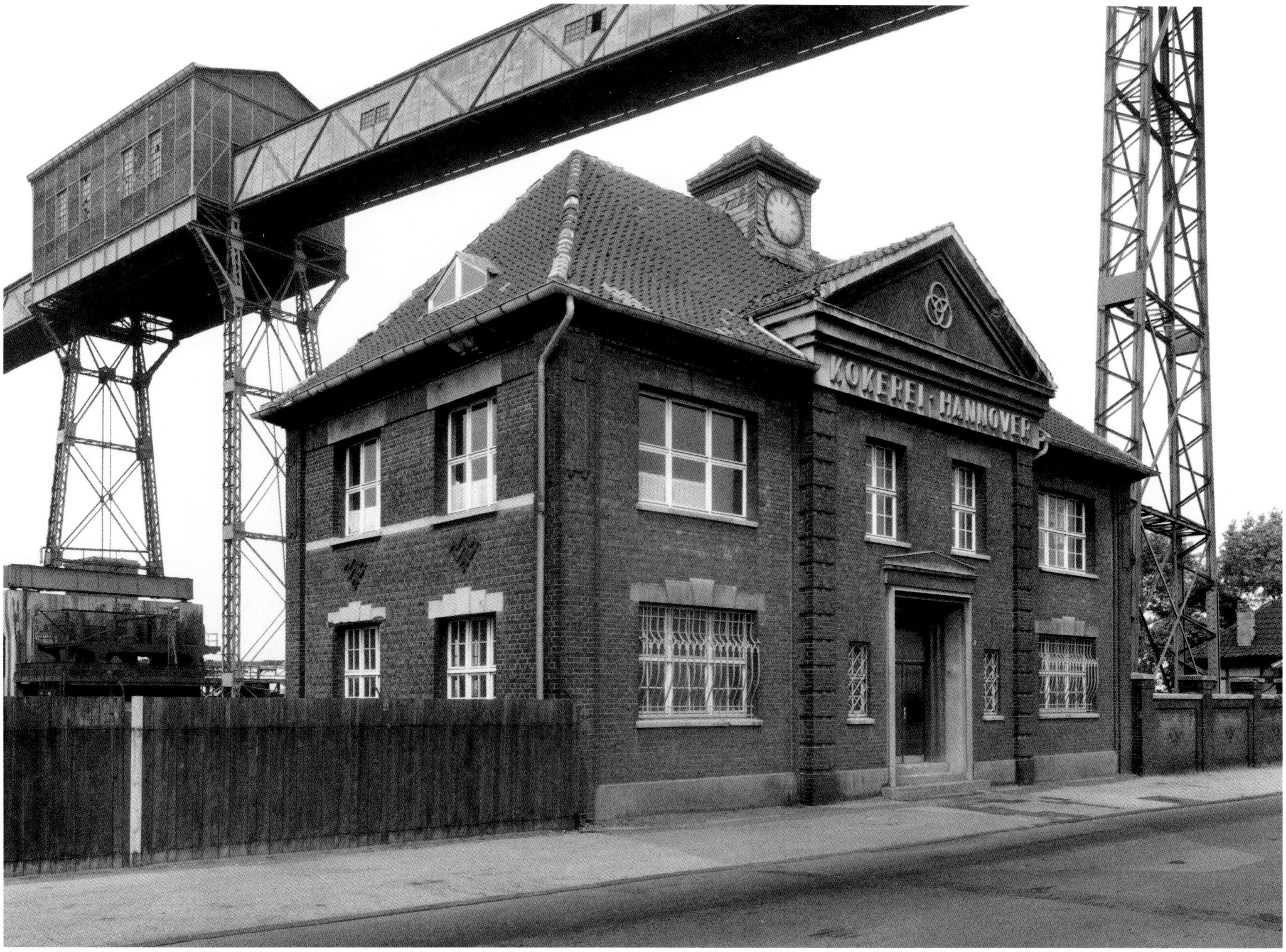

119
Kokerei-Verwaltungsgebäude
Coking plant administration building

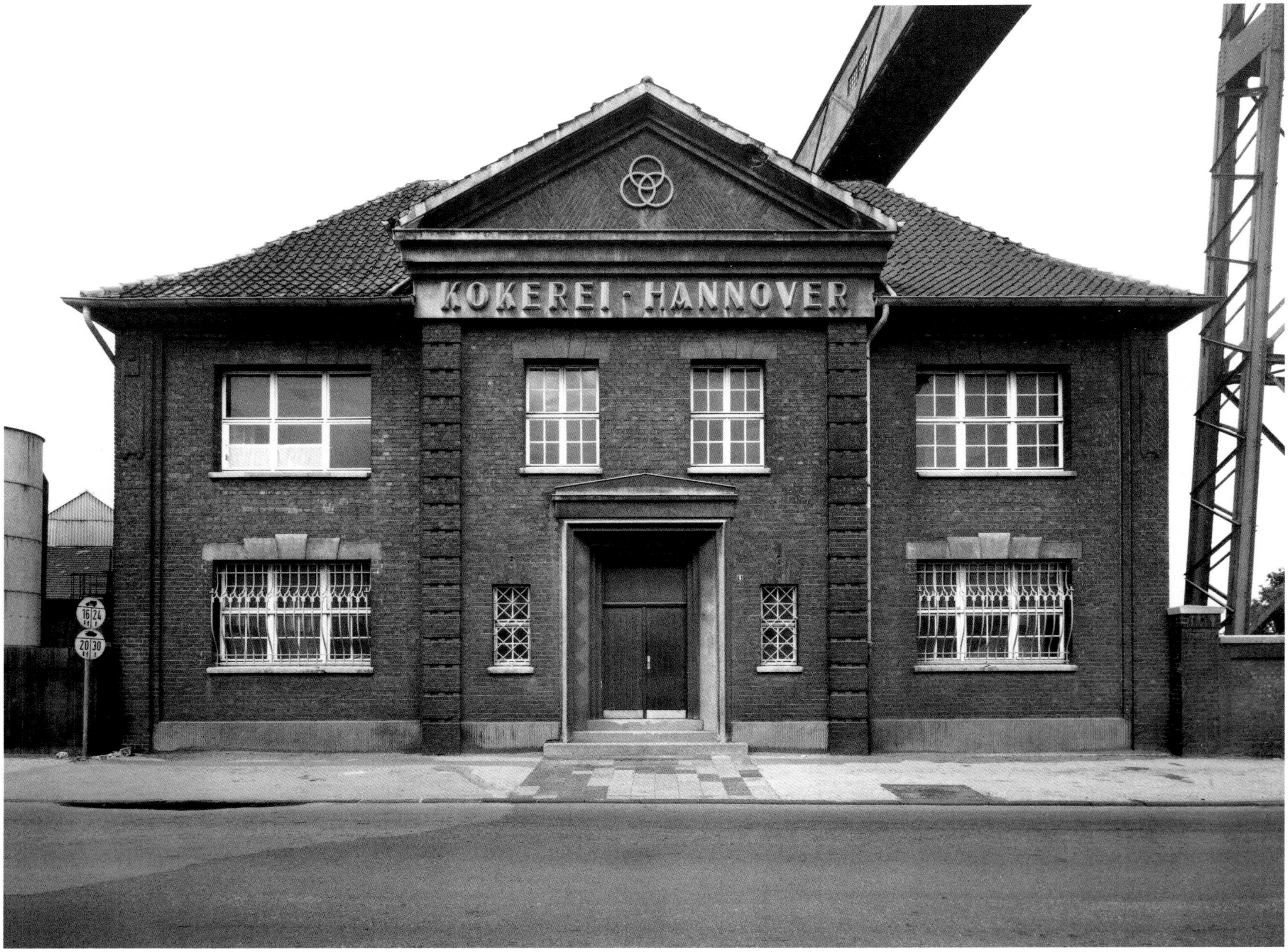

120
Kokerei-Verwaltungsgebäude
Coking plant administration building

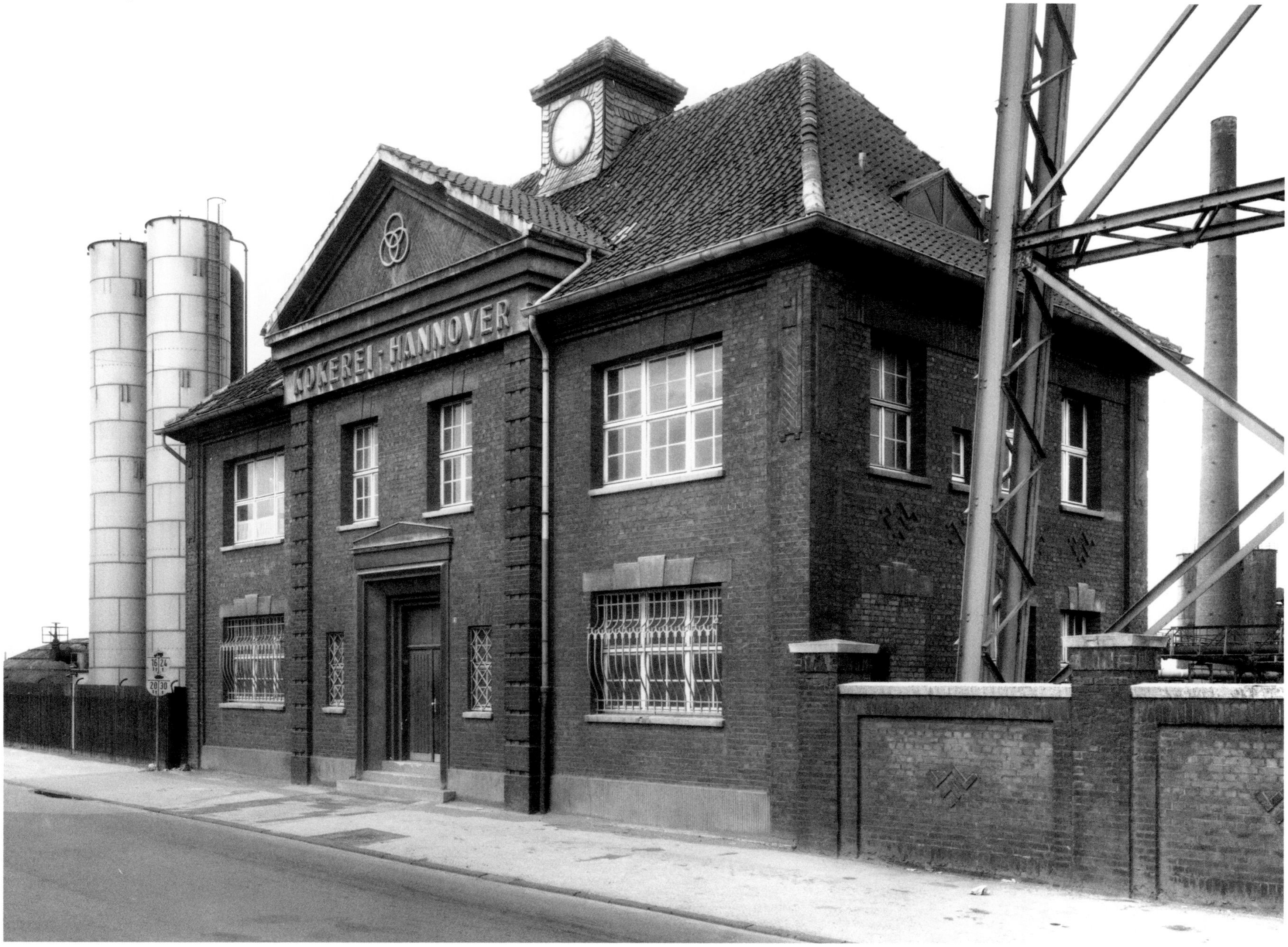

121
Kokerei-Verwaltungsgebäude
Coking plant administration building

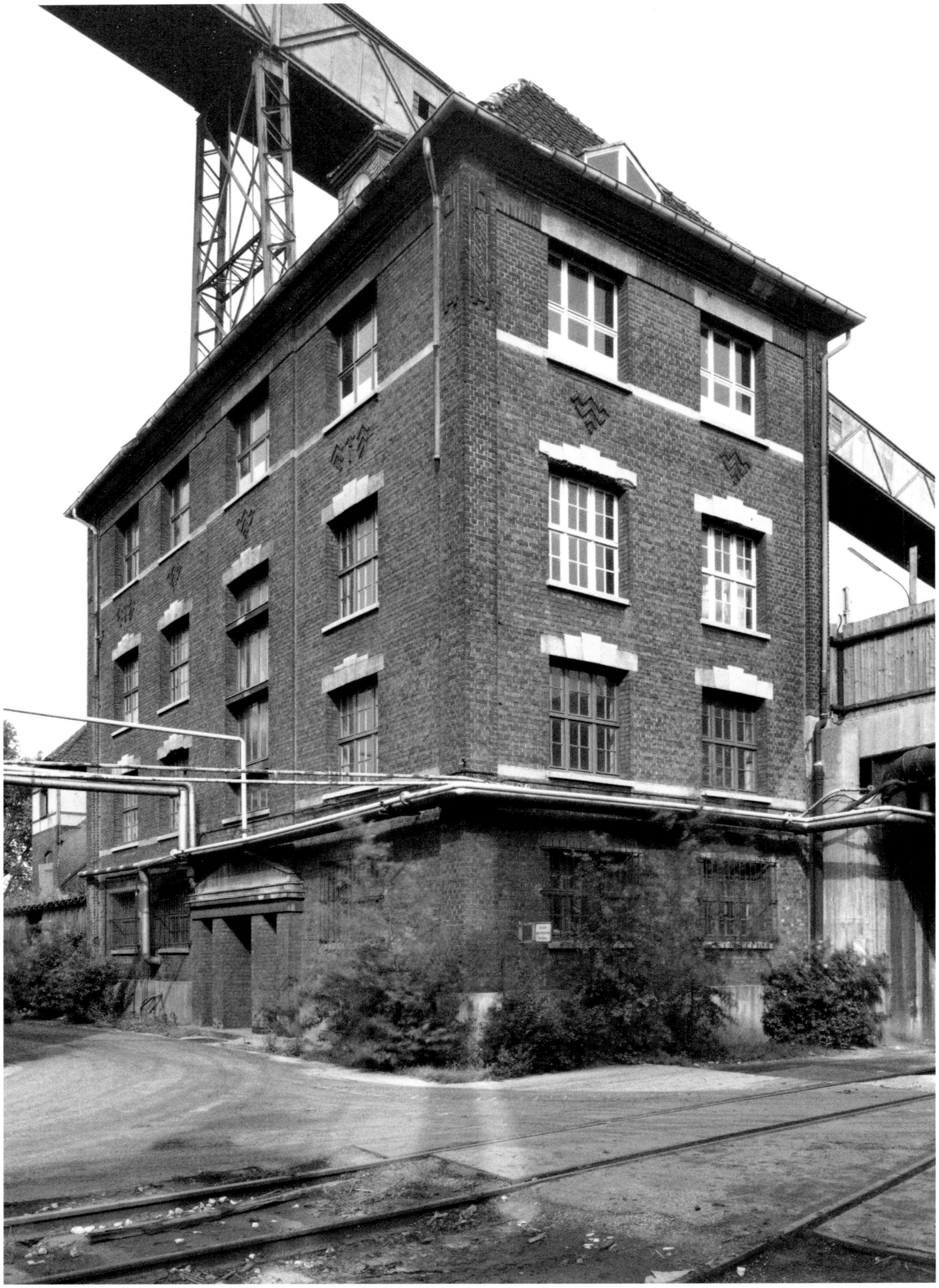

122
Kokerei-Verwaltungsgebäude
Coking plant administration building

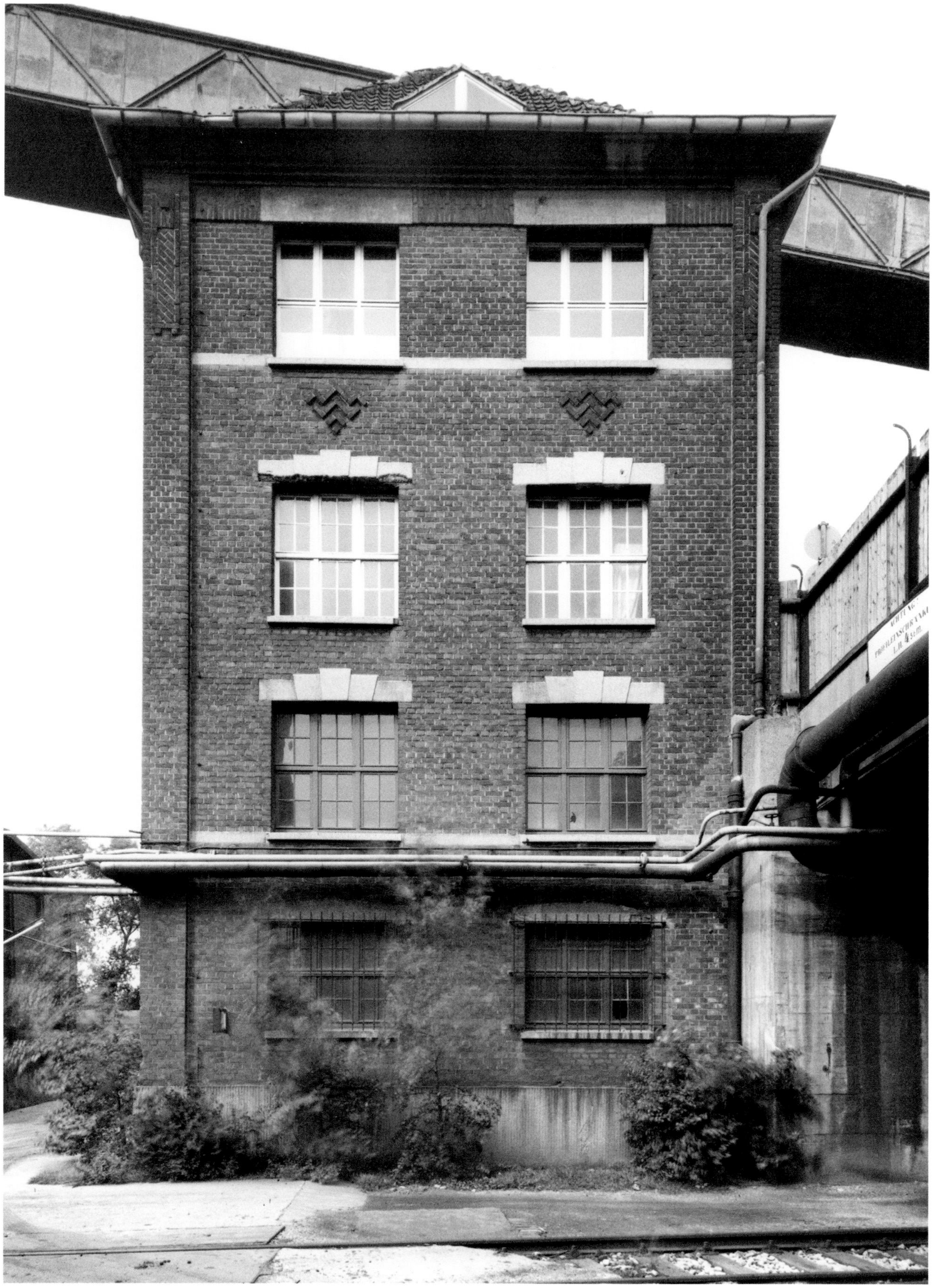

123
Kokerei-Verwaltungsgebäude
Coking plant administration building

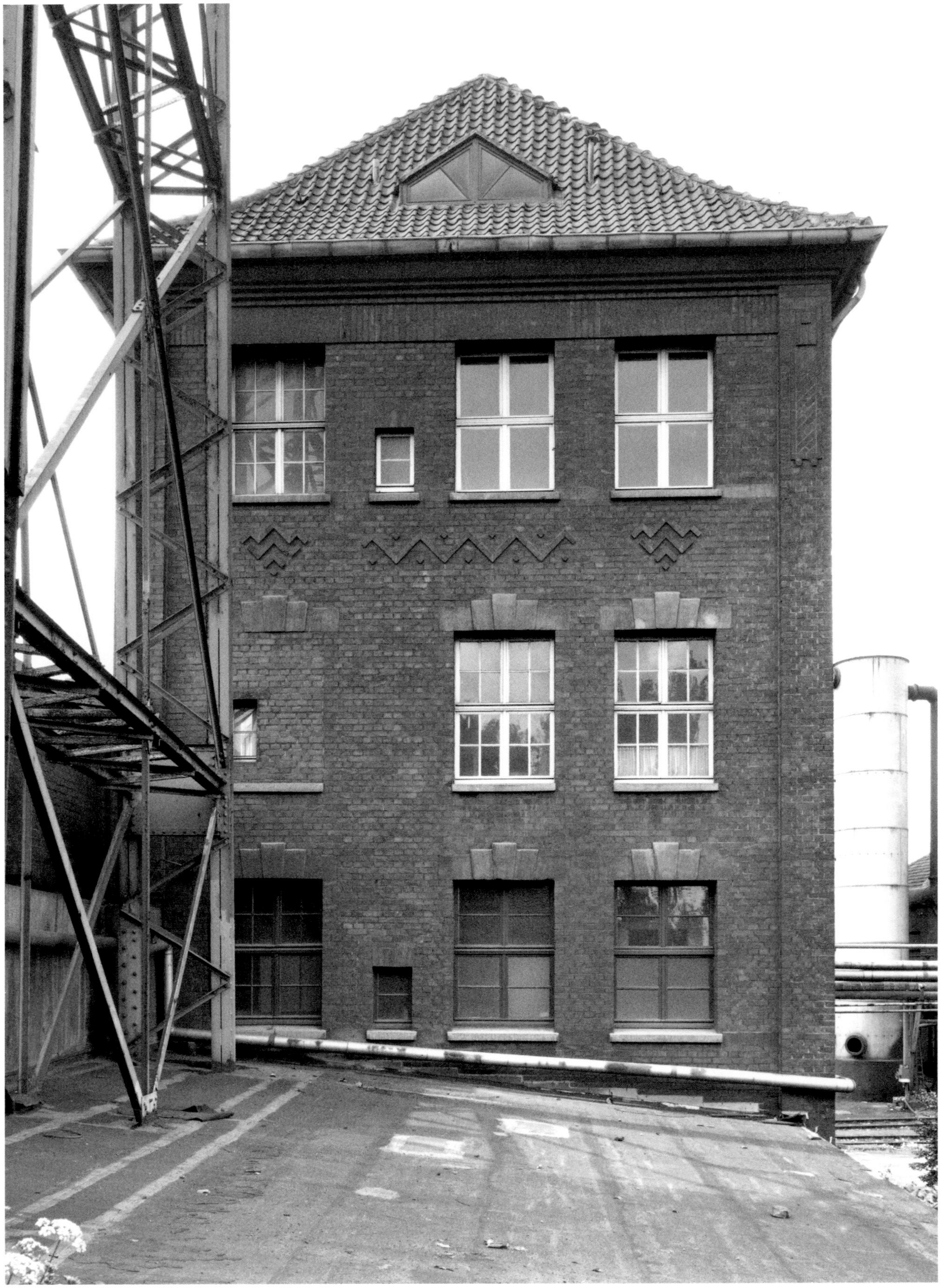

124
Kokerei-Verwaltungsgebäude
Coking plant administration building

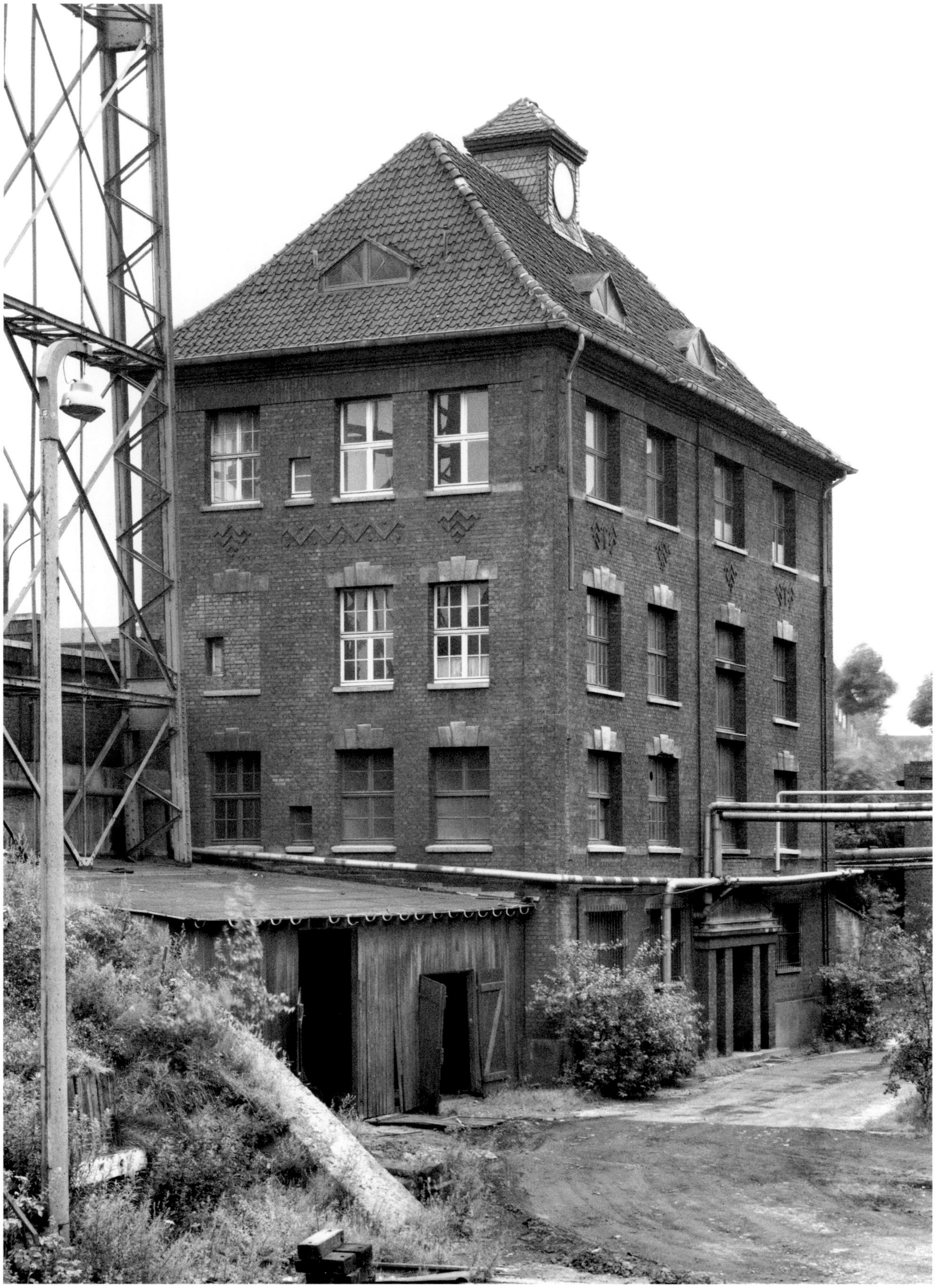

125
Kokerei-Verwaltungsgebäude
Coking plant administration building

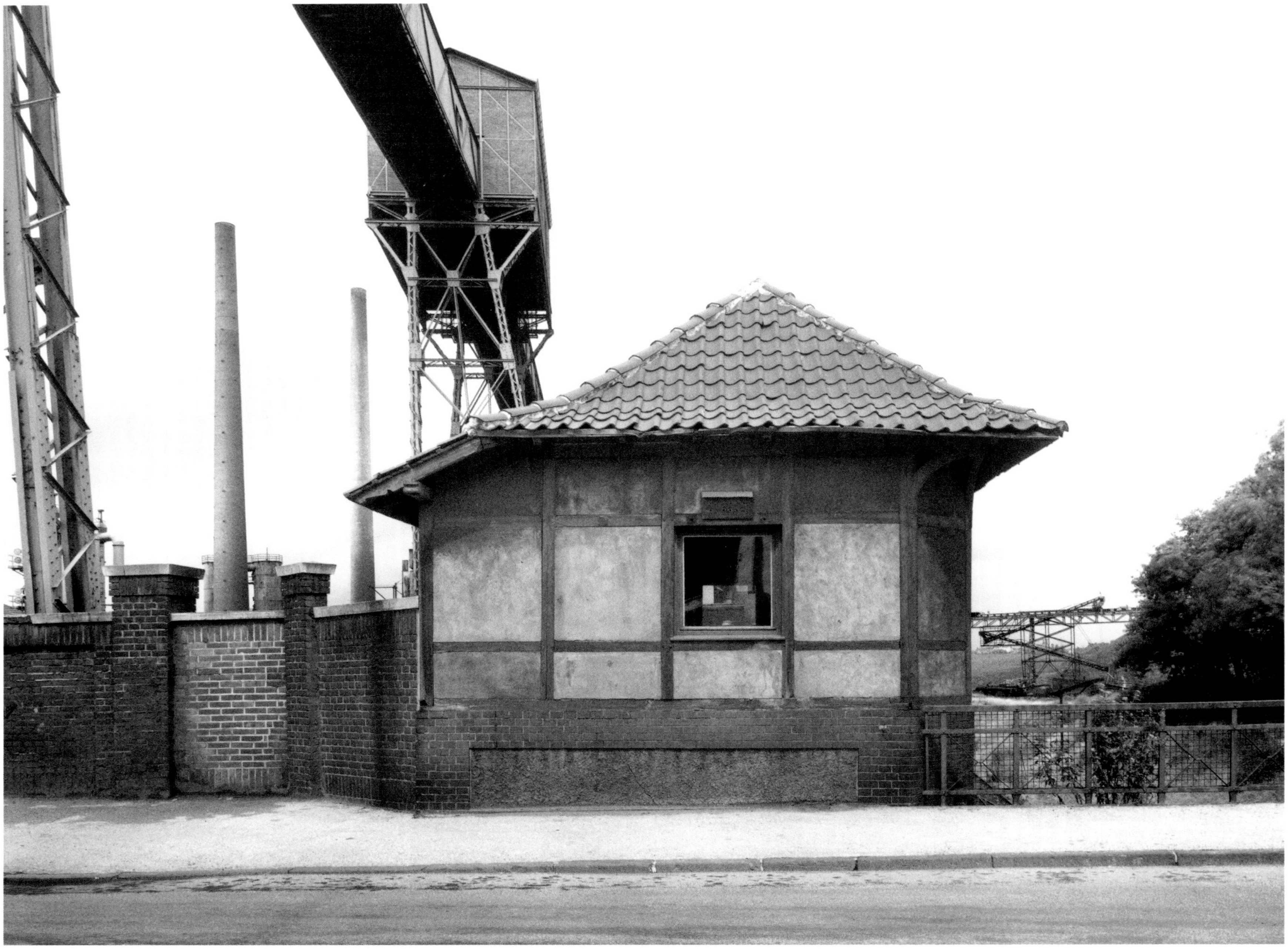

126
Stellwerk
Signal box

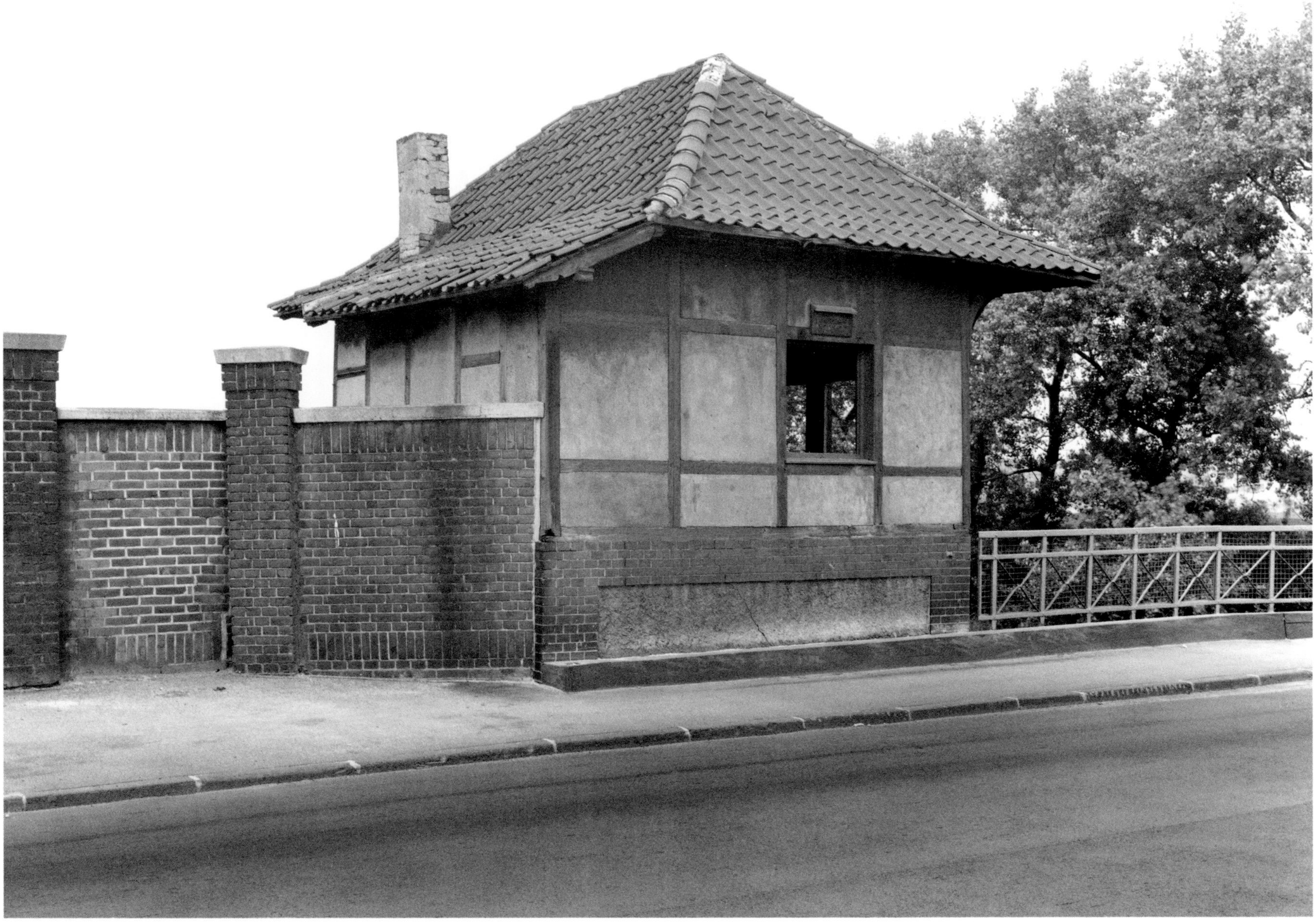

127
Stellwerk
Signal box

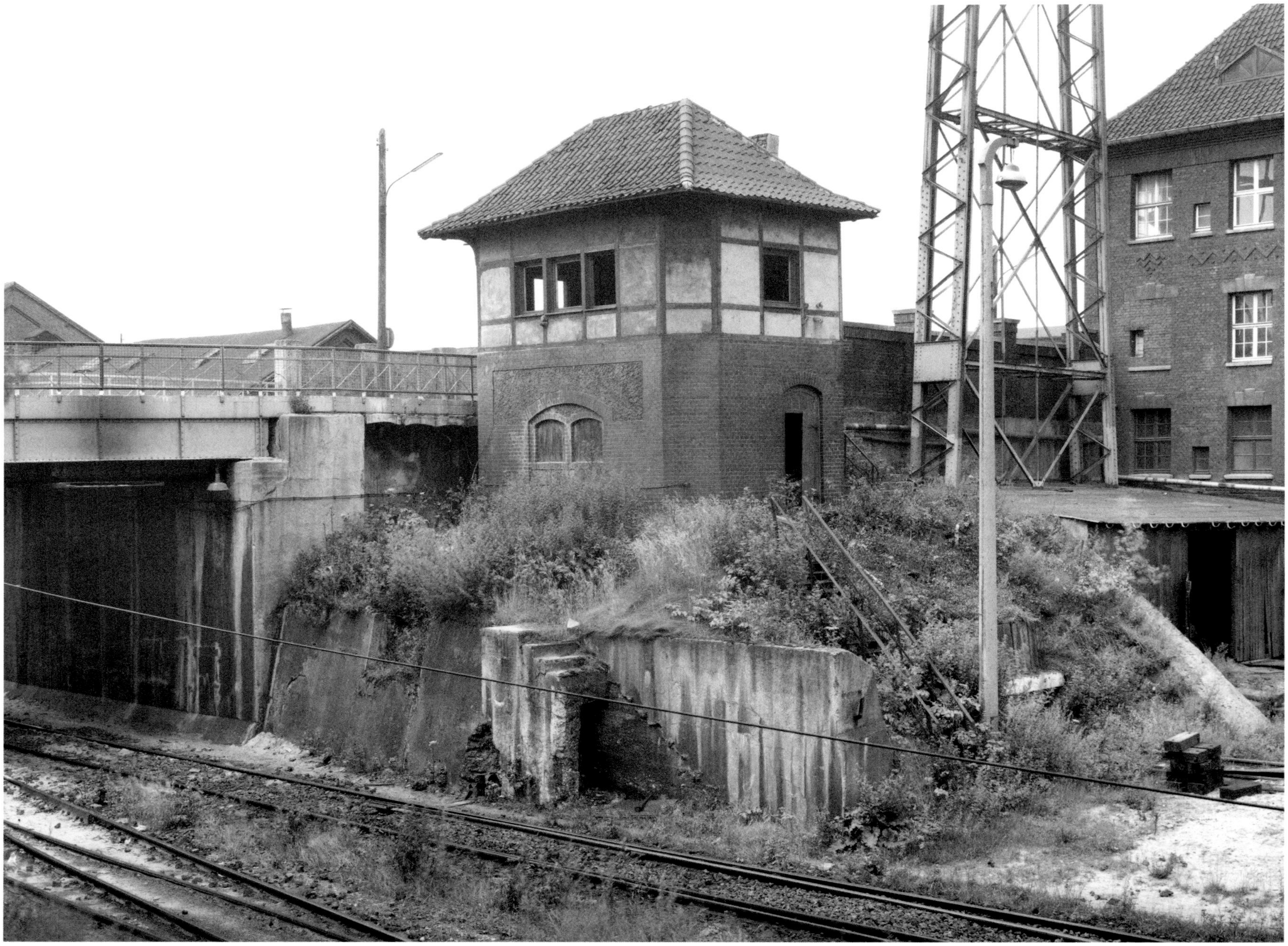

128
Stellwerk
Signal box

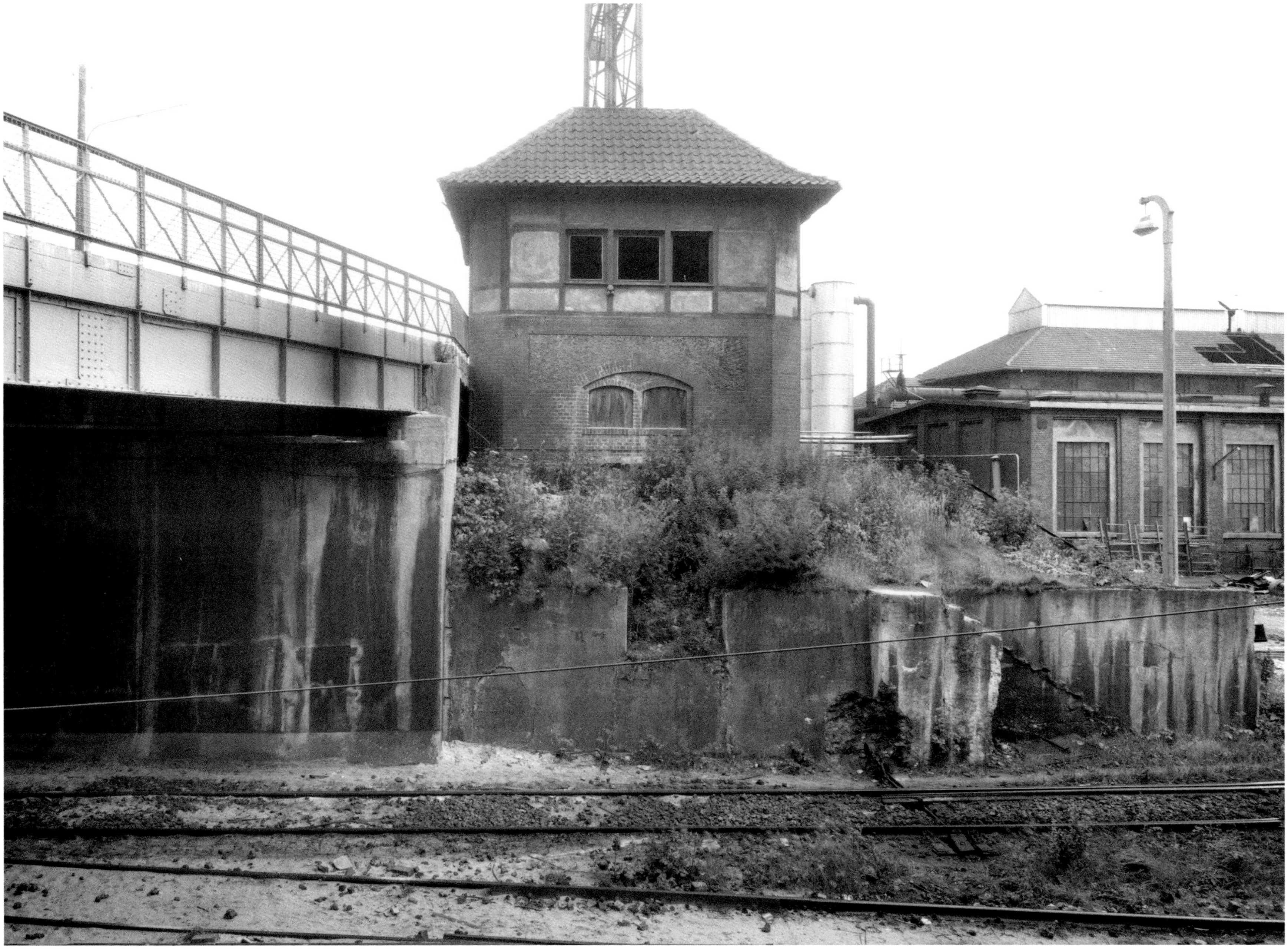

129
Stellwerk
Signal box

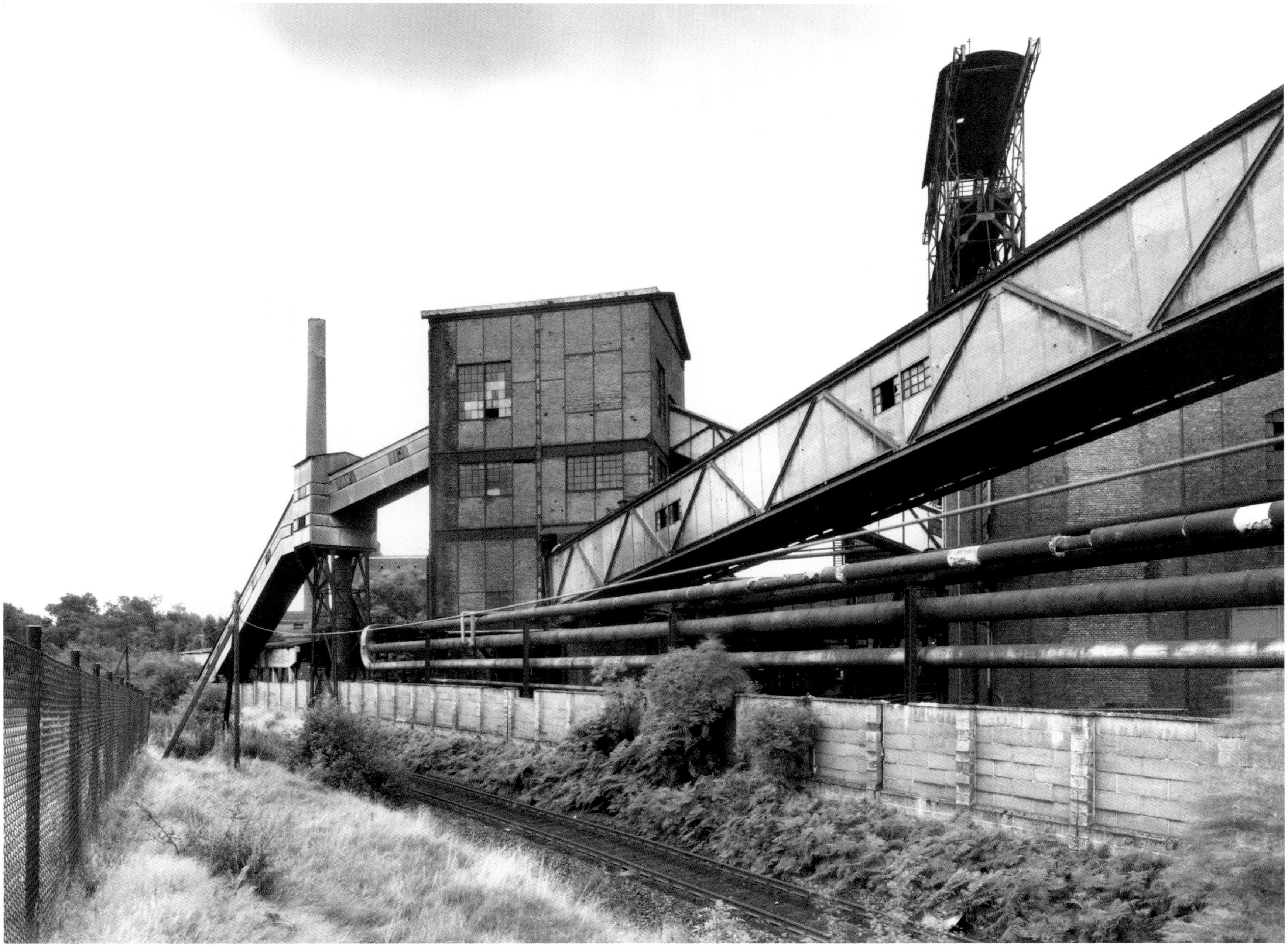

130
Bandstraße zwischen Schachtanlage und Kokerei
Mischstation, Bandübergabe zum Tiefbunker, Schacht 5

Conveyor belts between shafts and coking plant
Blending station, belt transfer point to the low-level bunker, shaft 5

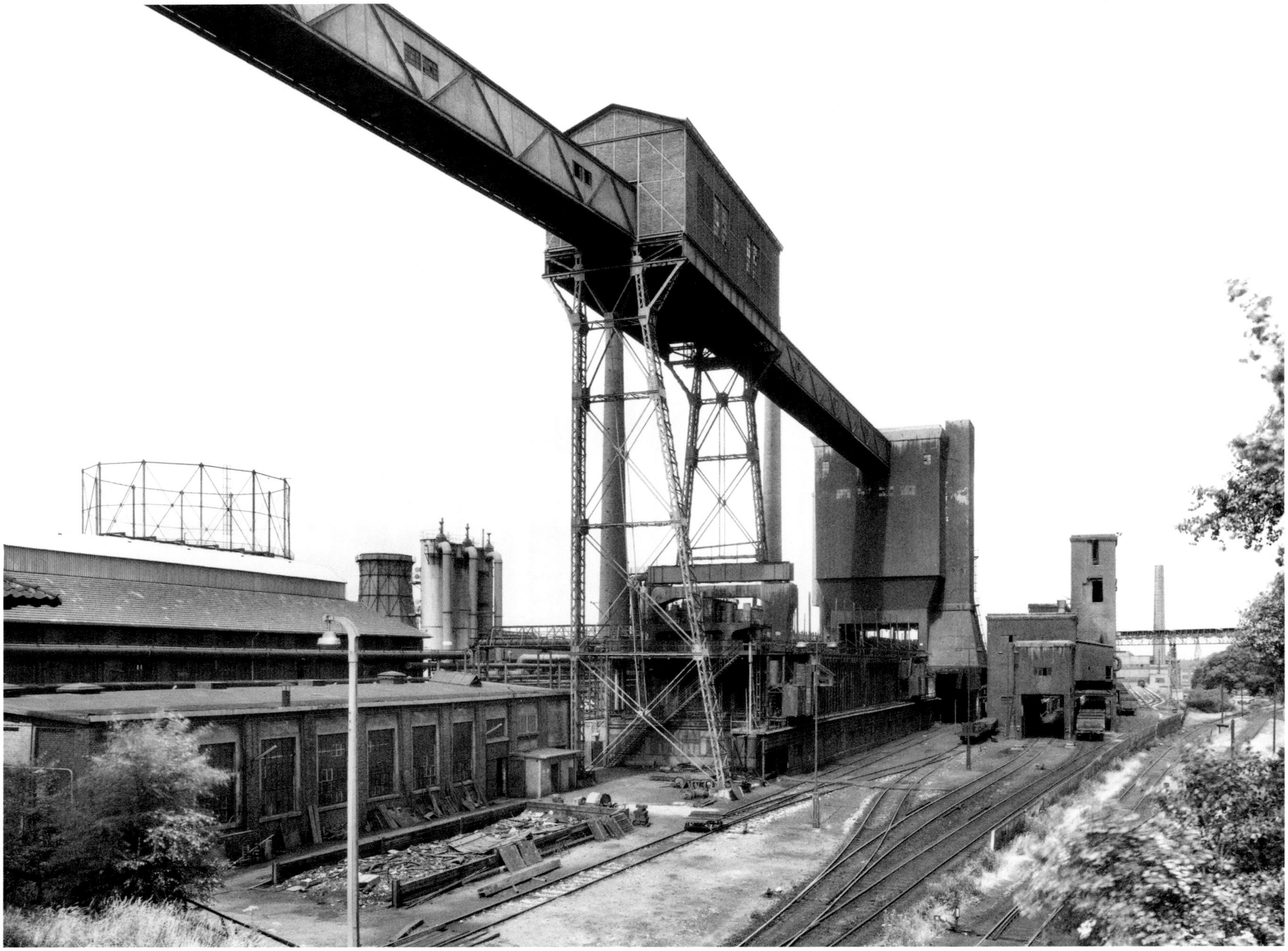

131
Bandstraße zwischen Schachtanlage und Kokerei
Bandübergabe zwischen Günnigfelder Straße und Koksofenanlage

Conveyor belts between shafts and coking plant
Belt transfer point between Günnigfelder Straße and coking oven plant

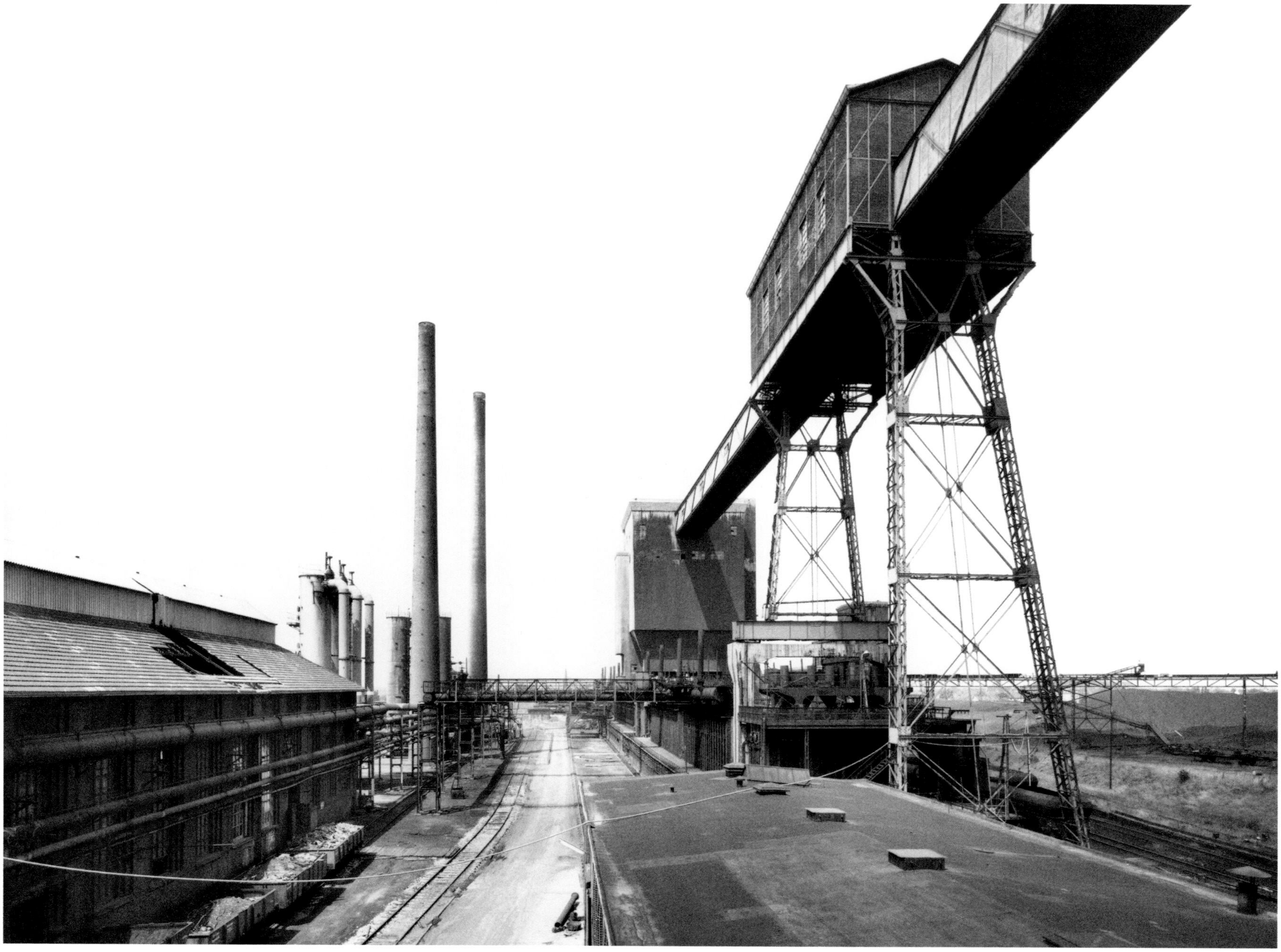

132
Bandstraße zwischen Schachtanlage und Kokerei
Bandübergabe zwischen Günnigfelder Straße und Koksofenanlage

Conveyor belts between shafts and coking plant
Belt transfer point between Günnigfelder Straße and coking oven plant

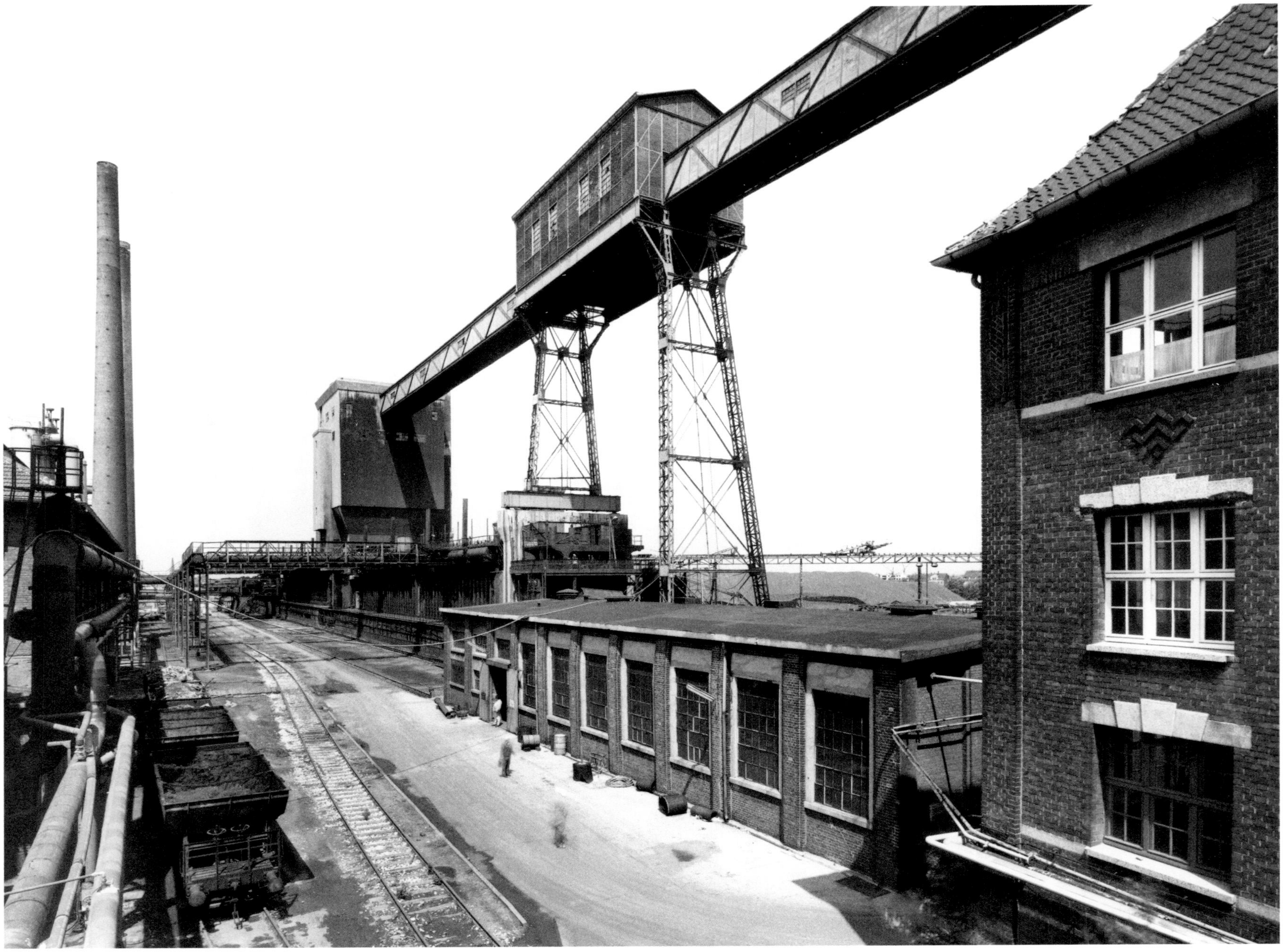

133
Bandstraße zwischen Schachtanlage und Kokerei
Bandübergabe zwischen Günnigfelder Straße und Koksofenanlage

Conveyor belts between shafts and coking plant
Belt transfer point between Günnigfelder Straße and coking oven plant

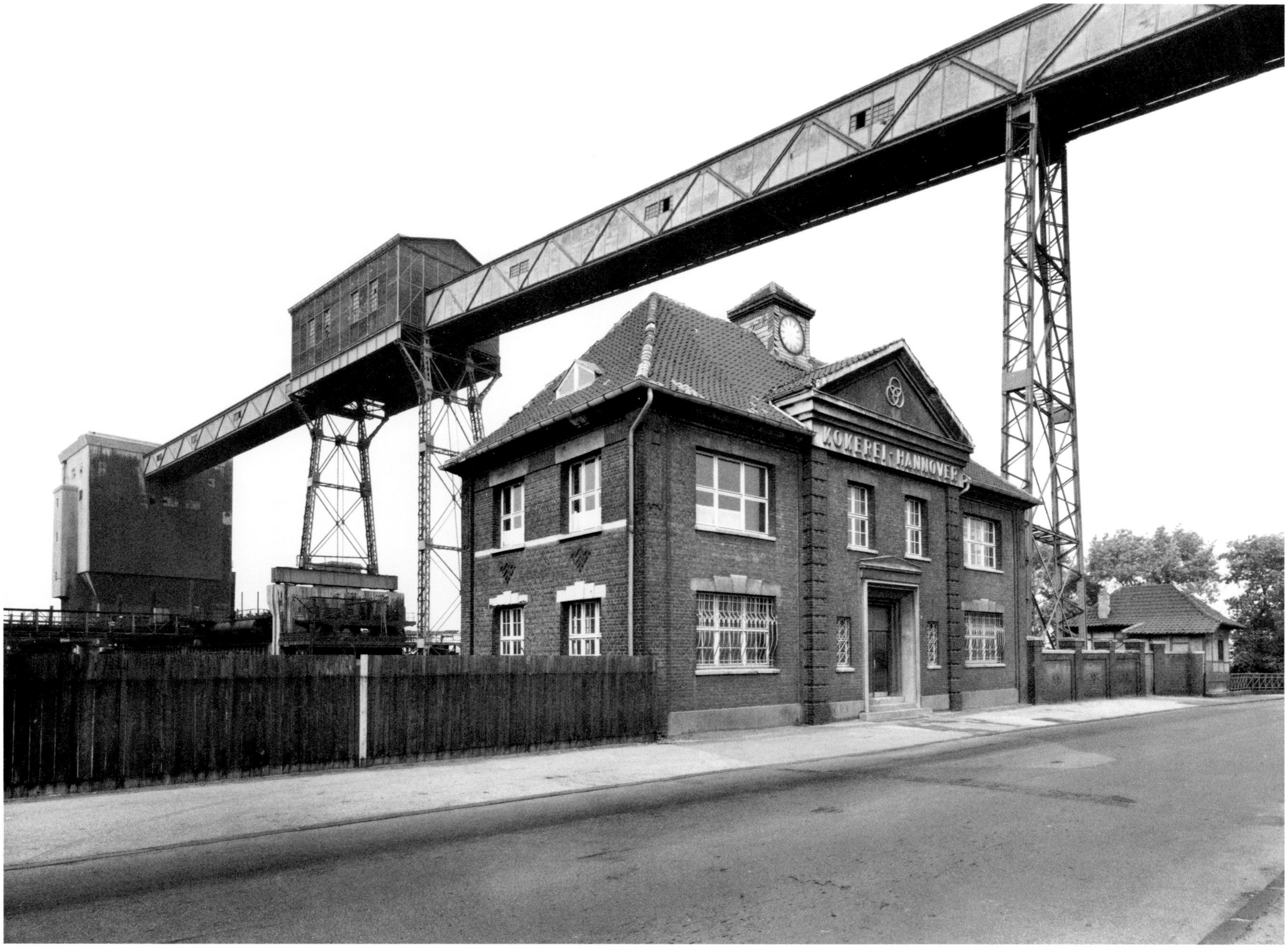

134
Bandstraße zwischen Schachtanlage und Kokerei
Bandübergabe zwischen Günnigfelder Straße und Koksofenanlage

Conveyor belts between shafts and coking plant
Belt transfer point between Günnigfelder Straße and coking oven plant

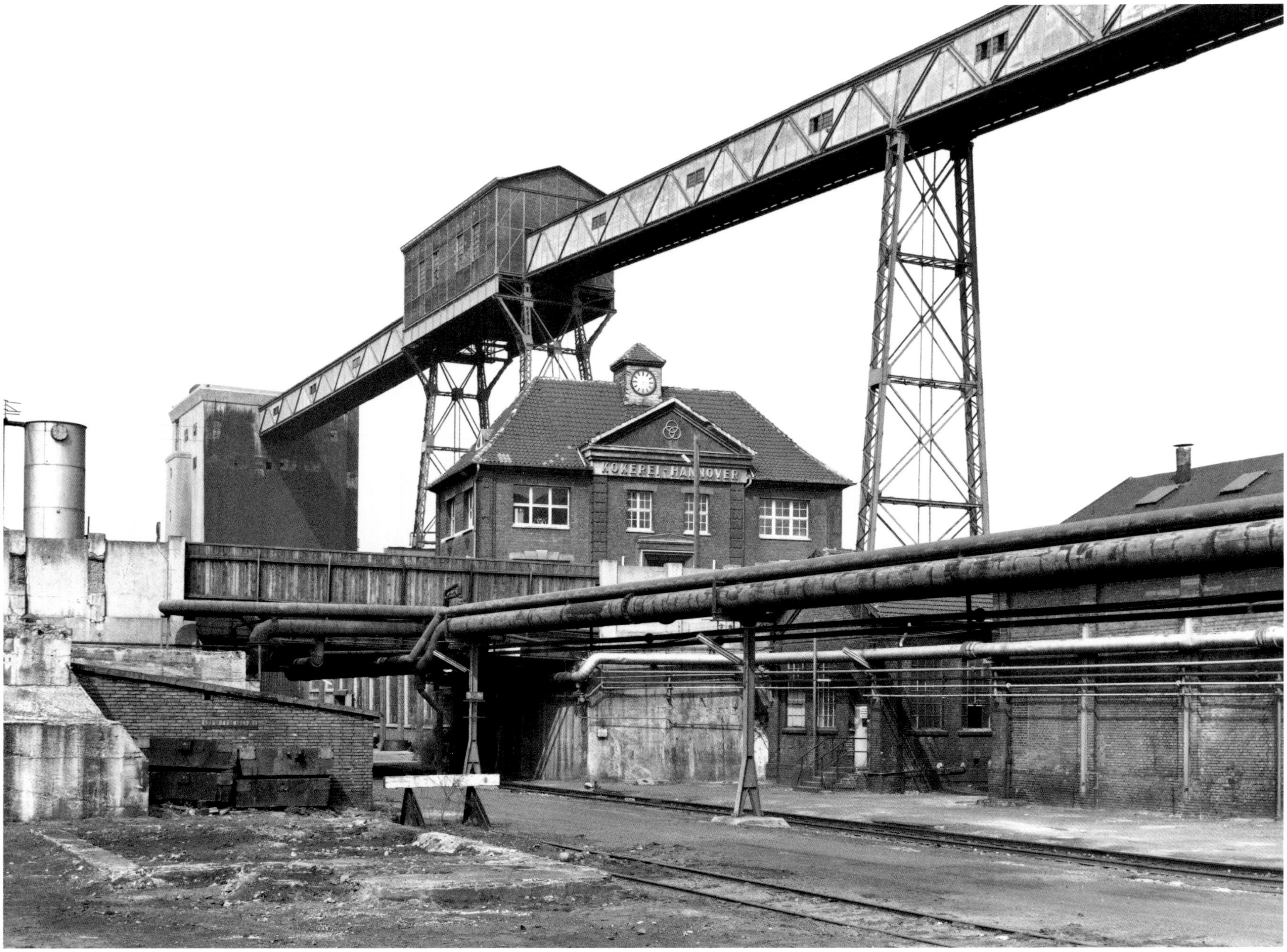

135
Bandstraße zwischen Schachtanlage und Kokerei
Bandübergabe zwischen Günnigfelder Straße und Koksofenanlage

Conveyor belts between shafts and coking plant
Belt transfer point between Günnigfelder Straße and coking oven plant

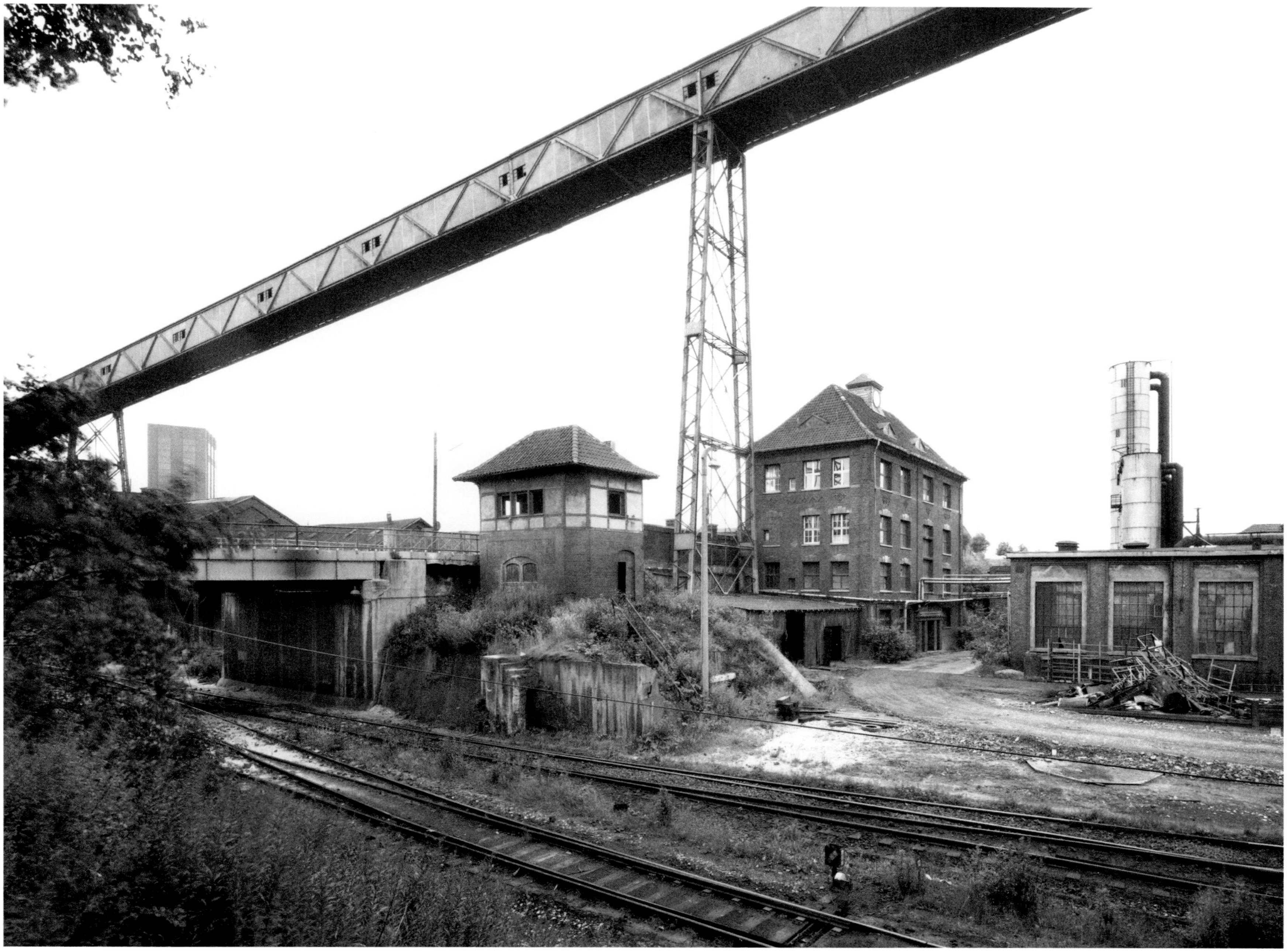

136
Bandstraße zwischen Schachtanlage und Kokerei
Conveyor belts between shafts and coking plant

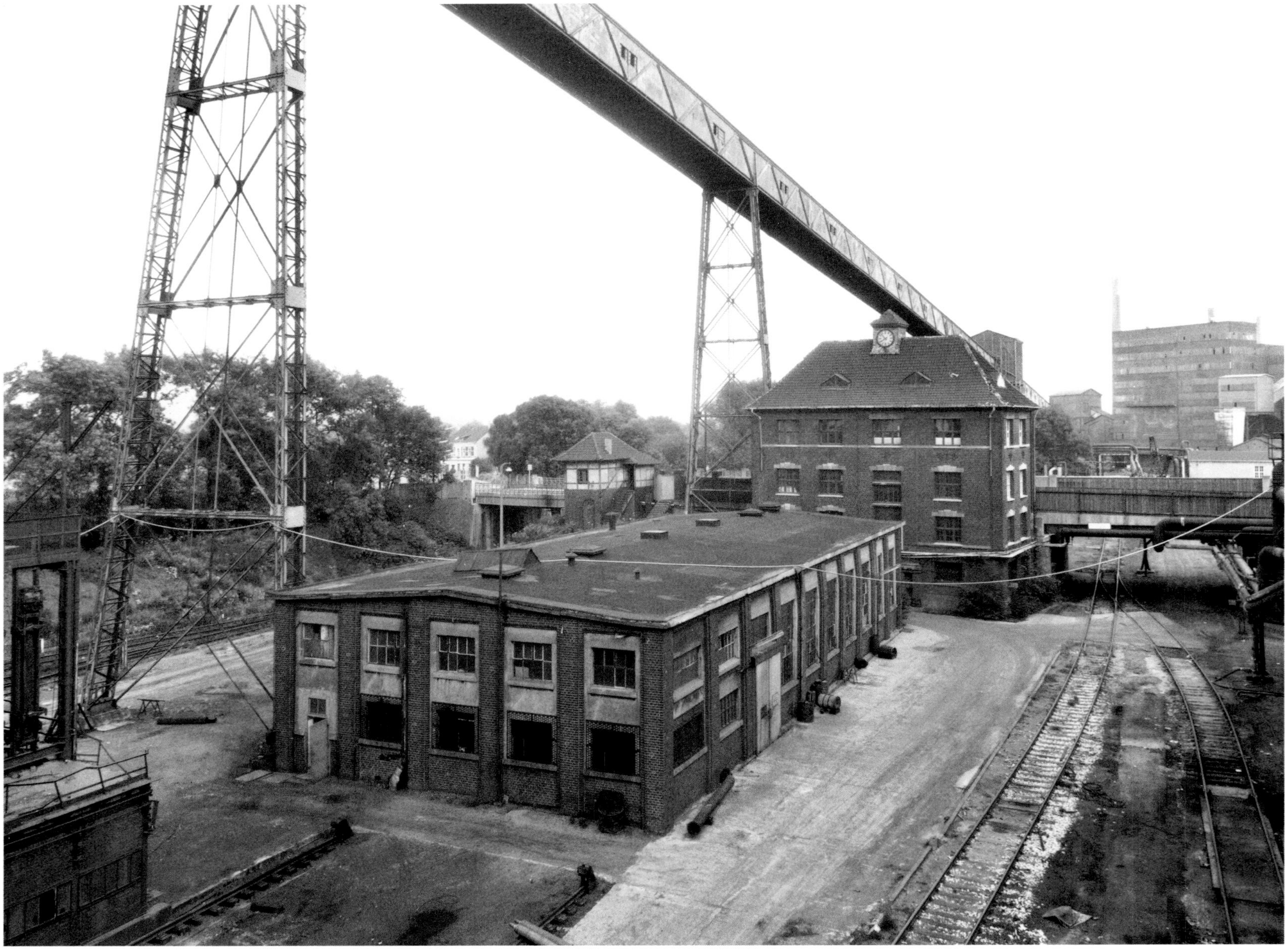

137
Bandstraße zwischen Schachtanlage und Kokerei
Instandsetzungswerkstatt, Kokereiverwaltungsgebäude

Conveyor belts between shafts and coking plant
Repair shop, coking plant administration building

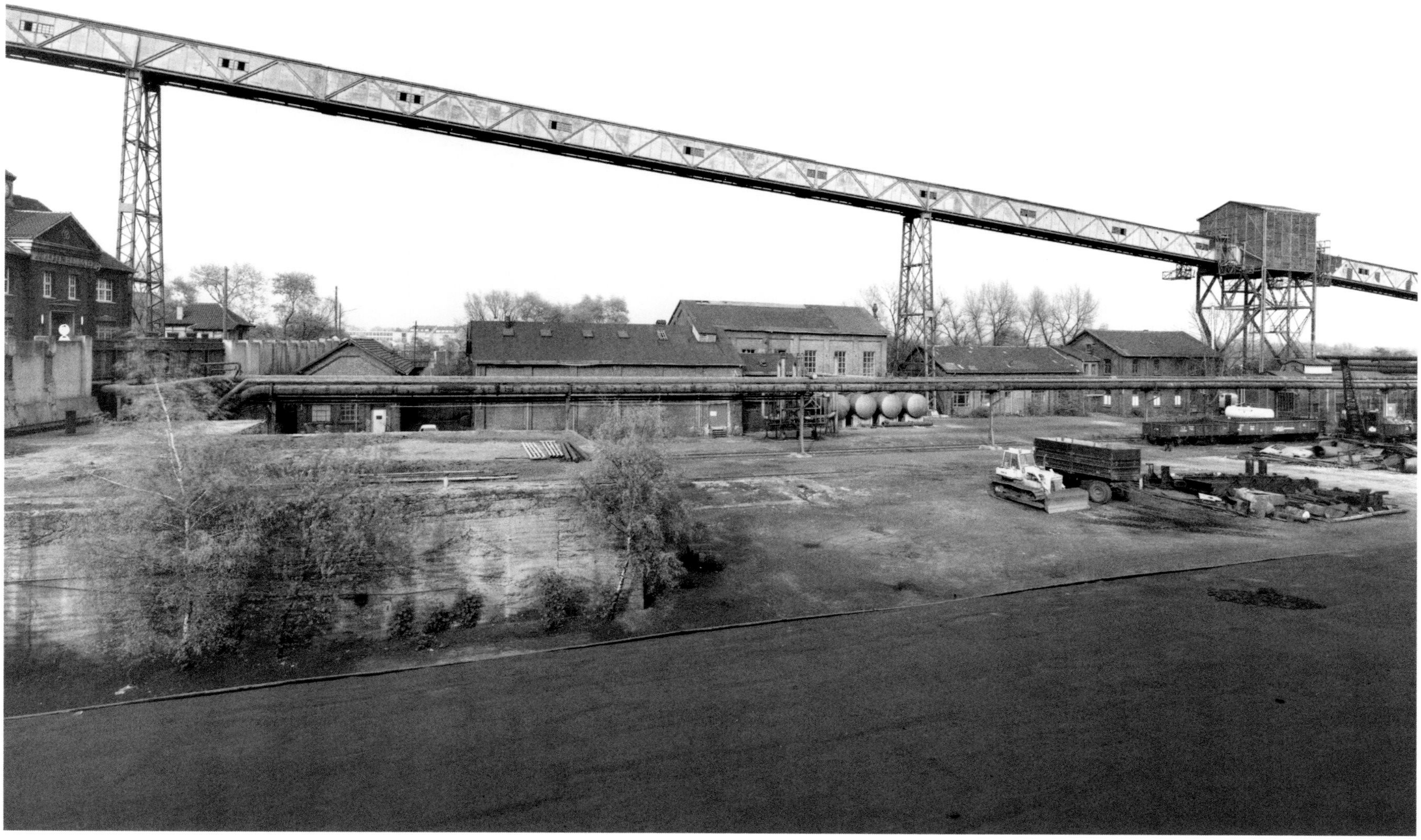

138
Bandstraße zwischen Schachtanlage und Kokerei
Bandübergabe südöstlich der Günnigfelder Straße

Conveyor belts between shafts and coking plant
Belt transfer point south-east of Günnigfelder Straße

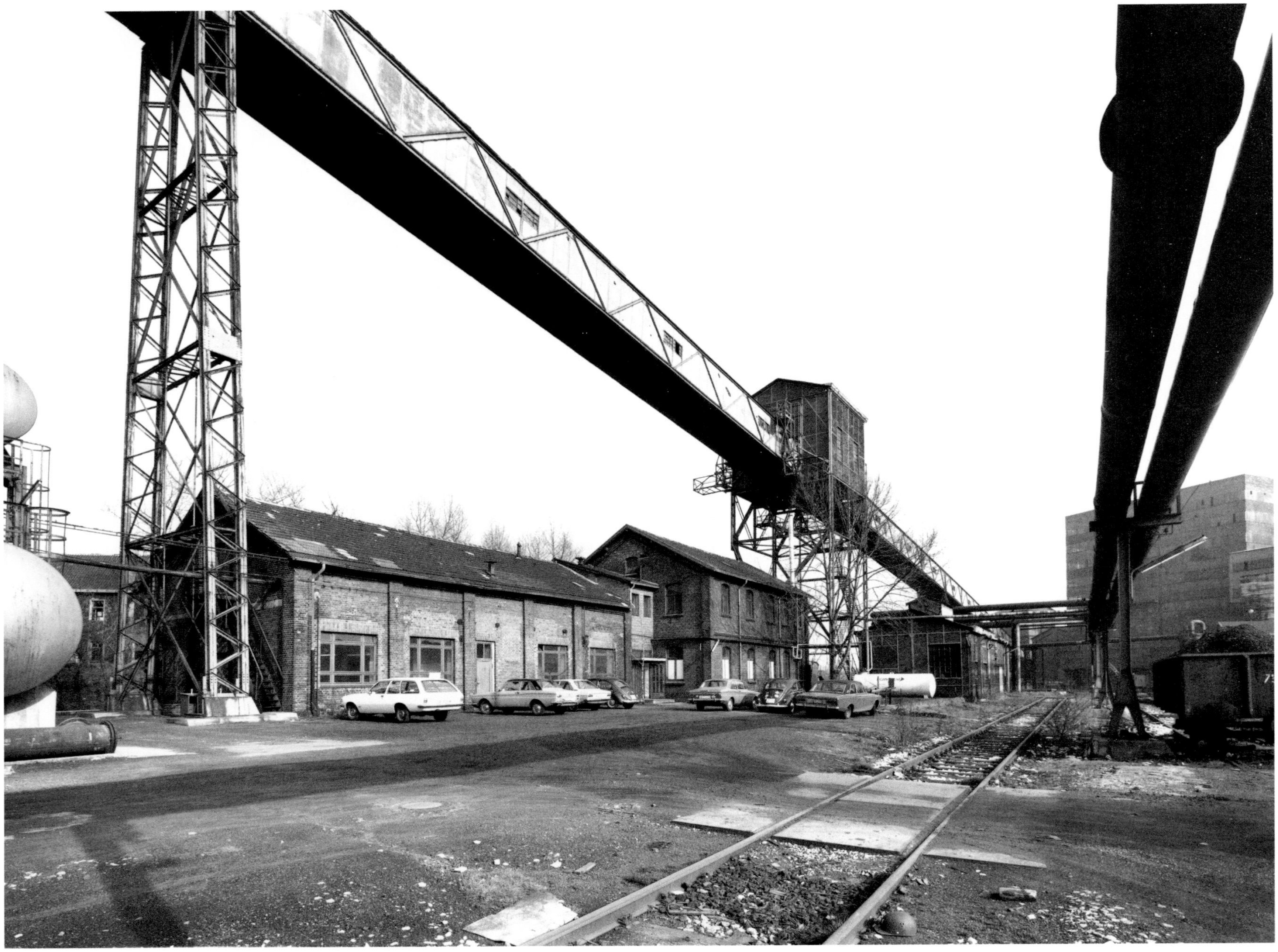

139
Bandstraße zwischen Schachtanlage und Kokerei
Bandübergabe südöstlich der Günnigfelder Straße, Pumpenhaus, Laboratorium

Conveyor belts between shafts and coking plant
Belt transfer point south-east of Günnigfelder Straße, pump house, laboratory

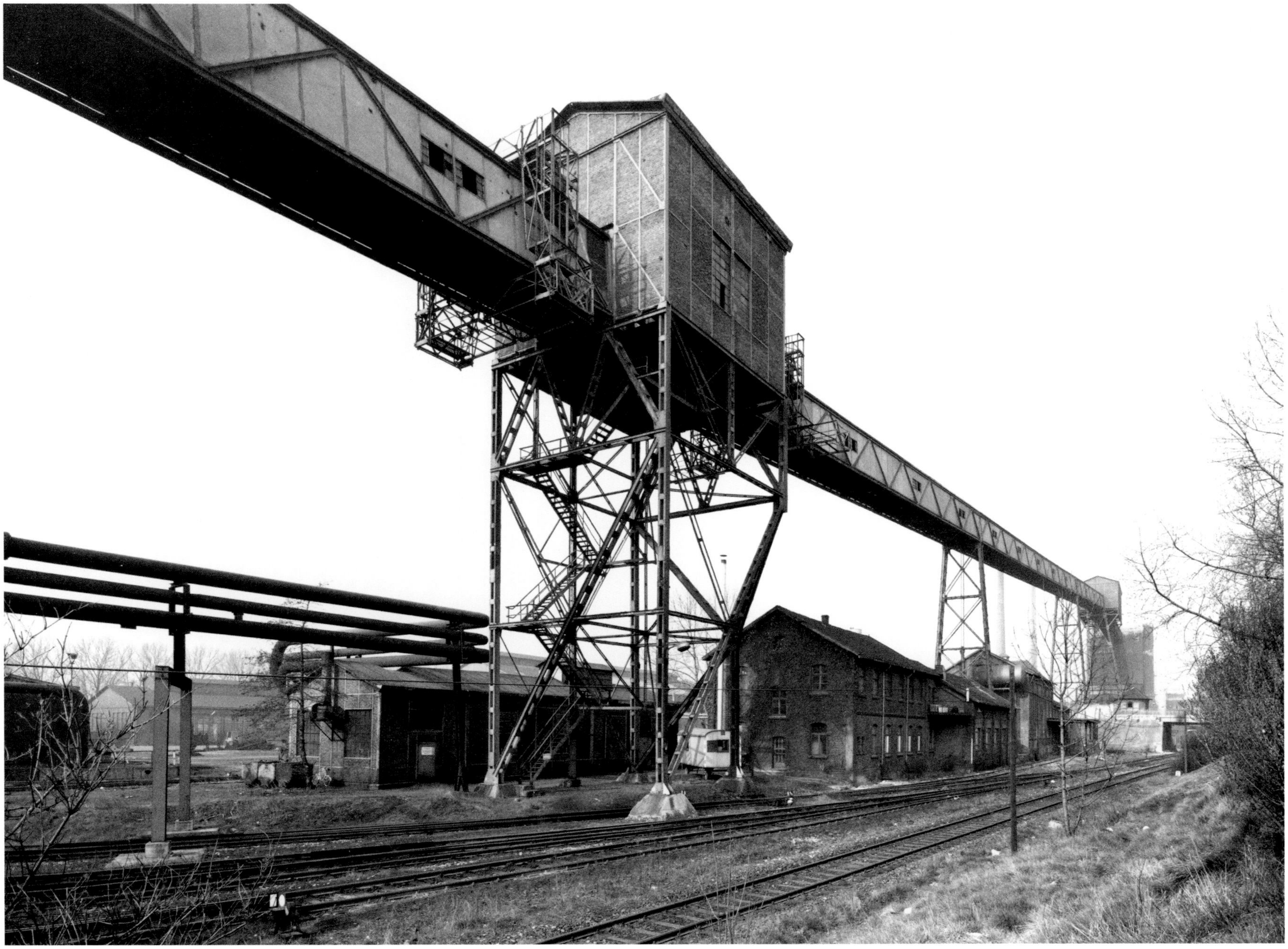

140
Bandstraße zwischen Schachtanlage und Kokerei
Bandübergabe südöstlich der Günnigfelder Straße, Laboratorium, Pumpenhaus

Conveyor belts between shafts and coking plant
Belt transfer point south-east of Günnigfelder Straße, laboratory, pump house

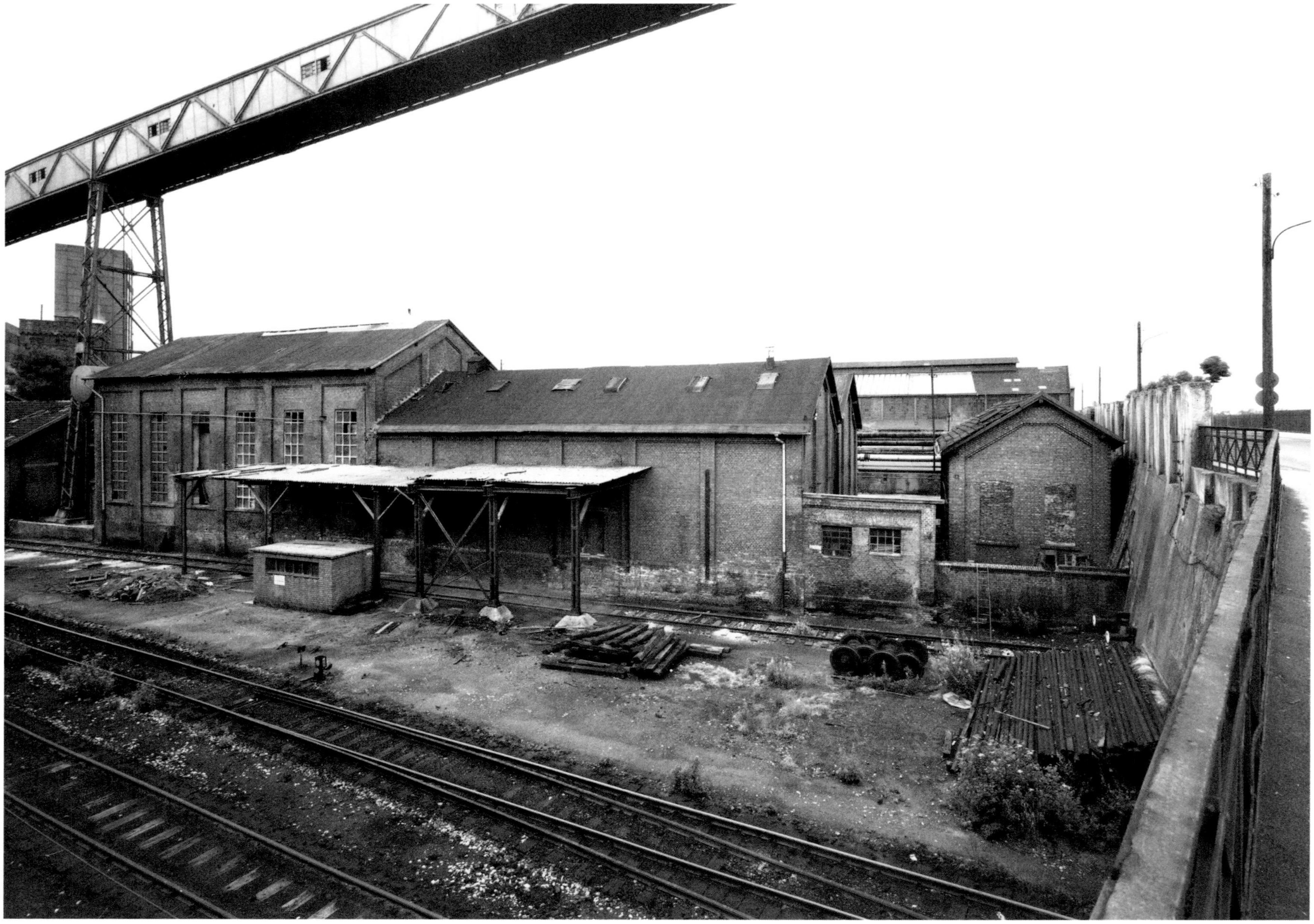

141
Bandstraße zwischen Schachtanlage und Kokerei
Waschkaue, Salzlager, Ammoniakfabrik

Conveyor belts between shafts and coking plant
Wash house, salt store, ammonia plant

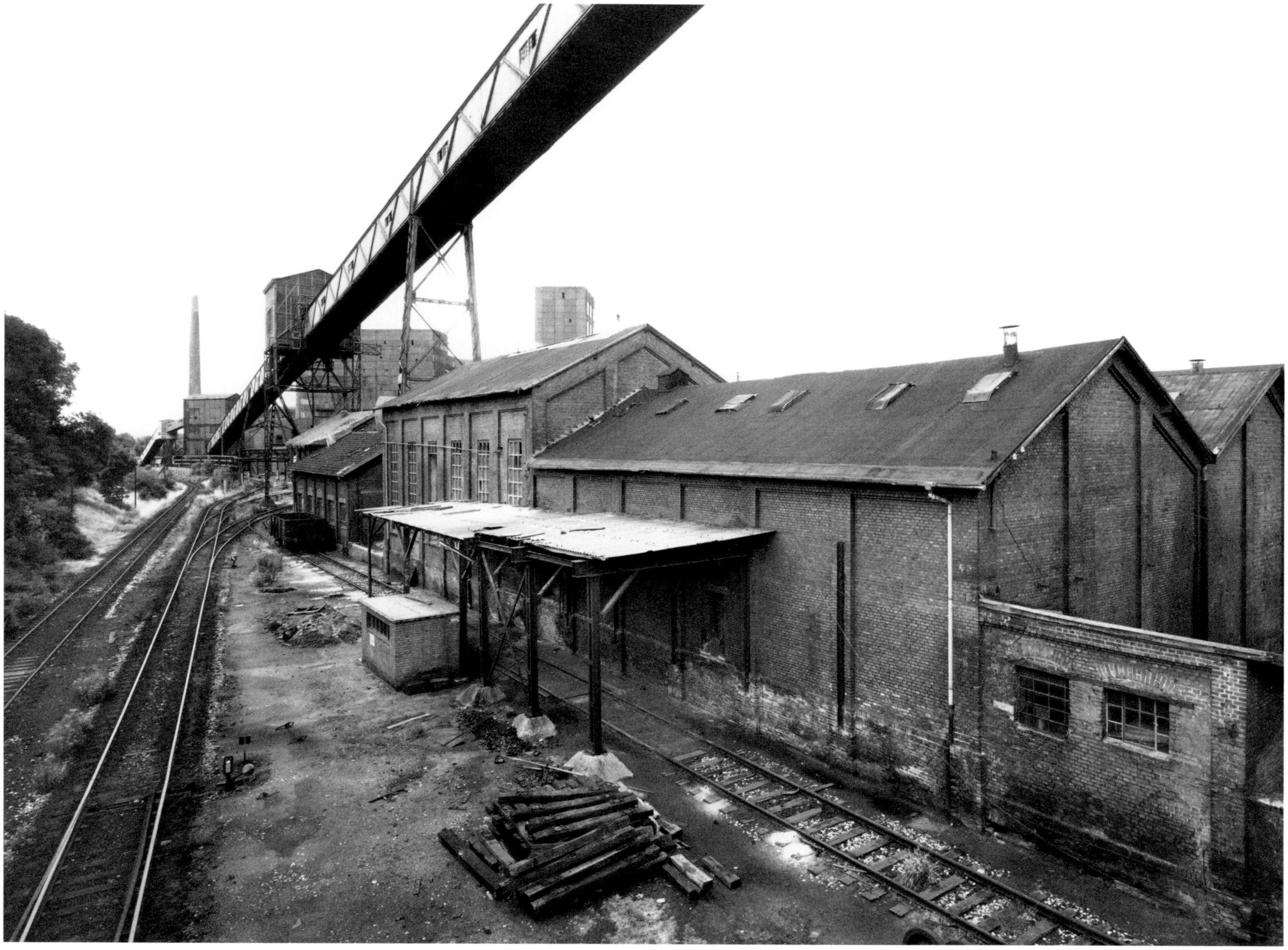

142
Bandstraße zwischen Schachtanlage und Kokerei
Bandübergabe südöstlich der Günnigfelder Straße, Ammoniakfabrik, Salzlager

Conveyor belts between shafts and coking plant
Belt transfer point south-east of Günnigfelder Straße, ammonia plant, salt store

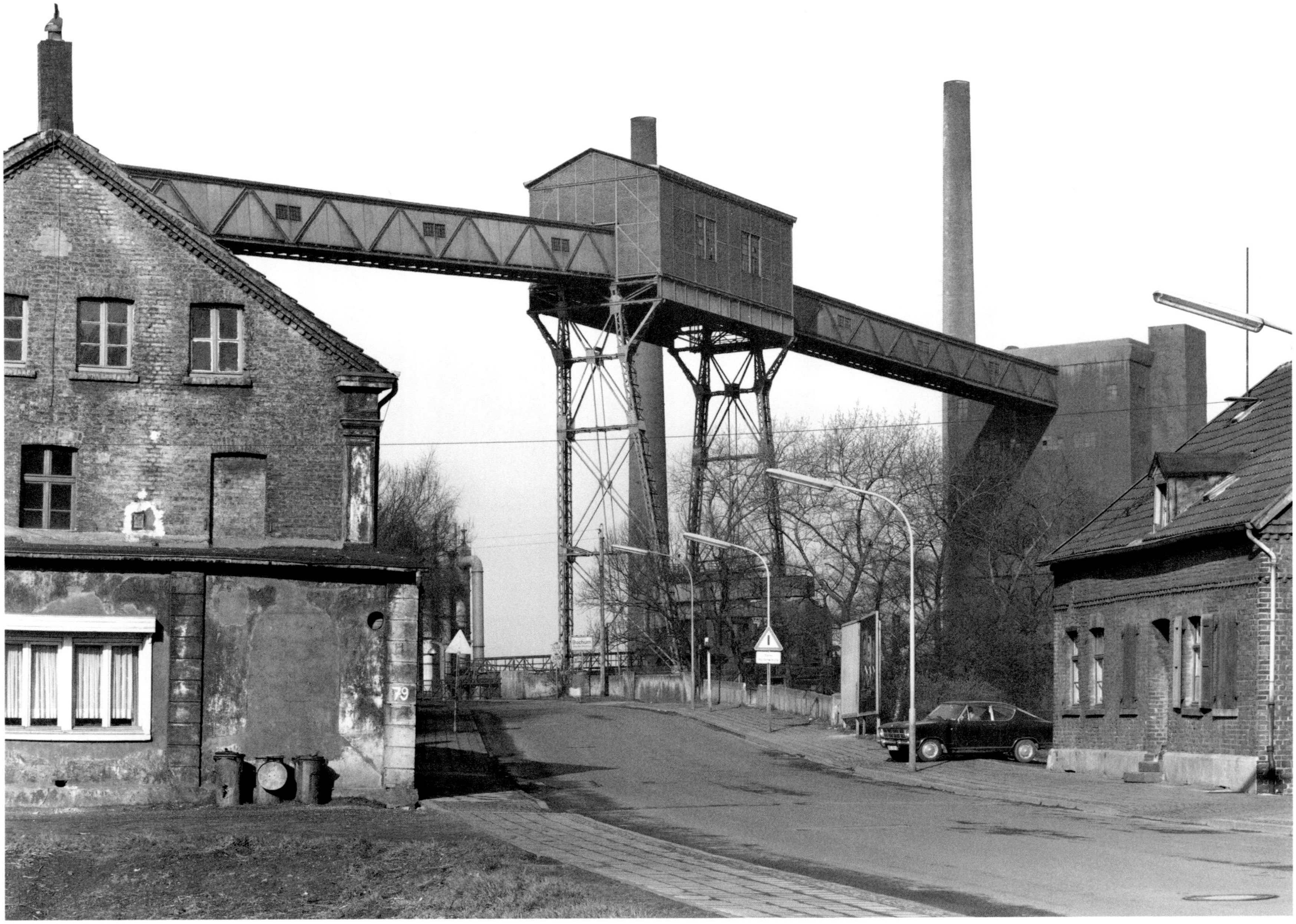

143
Bandstraße zwischen Schachtanlage und Kokerei
Bandübergabe zwischen Günnigfelder Straße und Koksofenanlage

Conveyor belts between shafts and coking plant
Belt transfer point between Günnigfelder Straße and coking oven plant

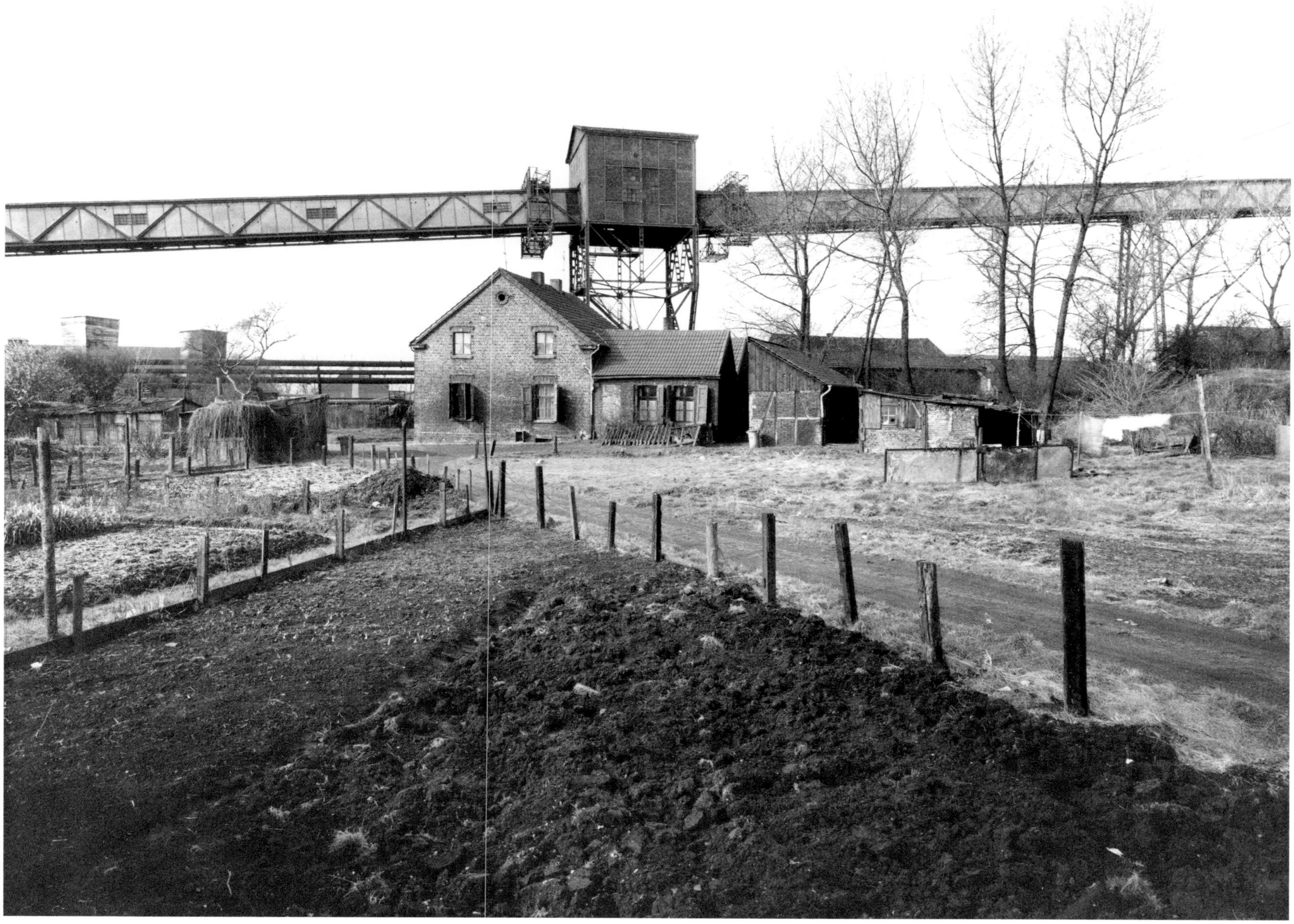

144
Bandstraße zwischen Schachtanlage und Kokerei
Bandübergabe südöstlich der Günnigfelder Straße

Conveyor belts between shafts and coking plant
Belt transfer point south-east of Günnigfelder Straße

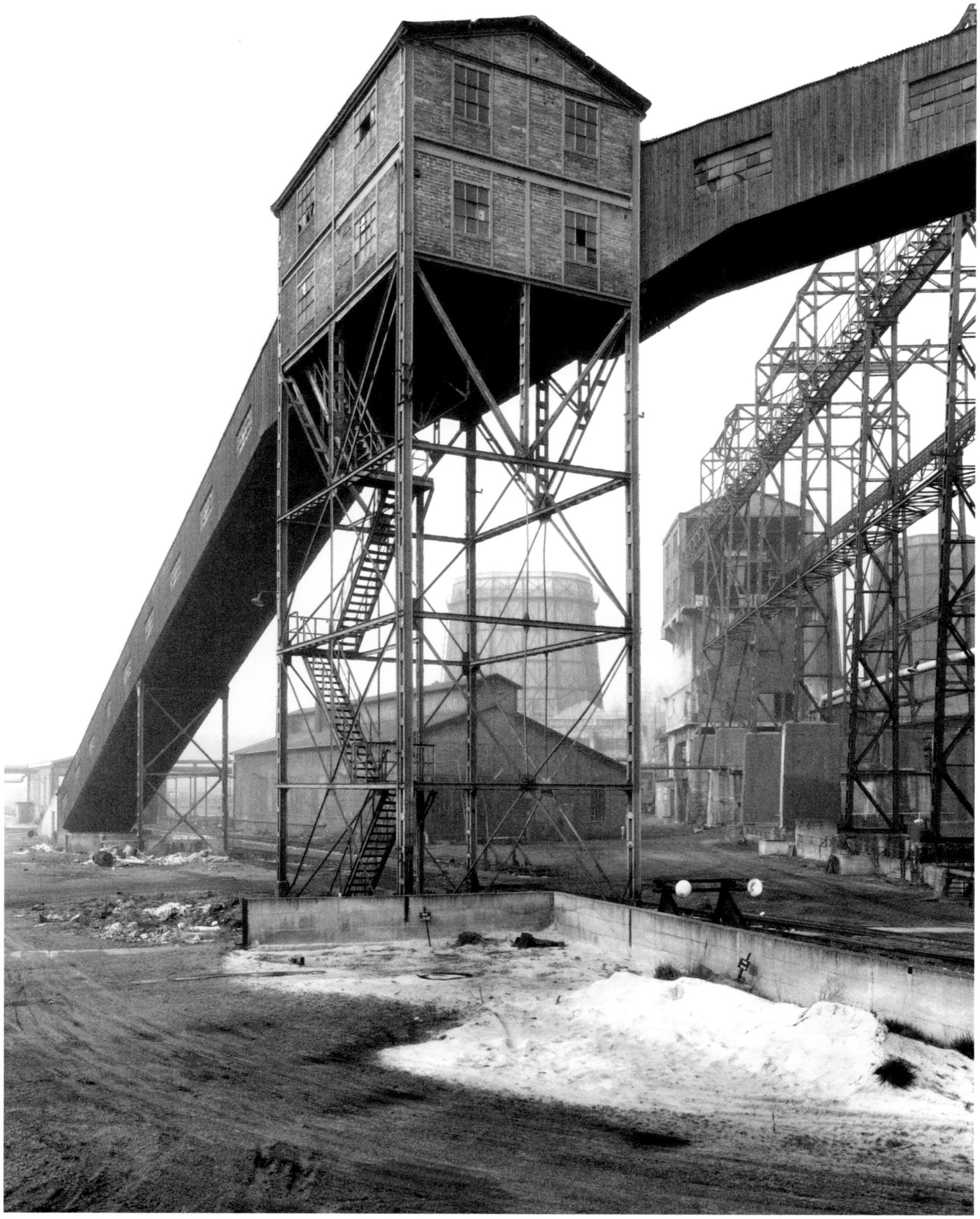

145
Bandübergabe zum Tiefbunker im Kraftwerk
Belt transfer point to the low-level bunker in the power plant

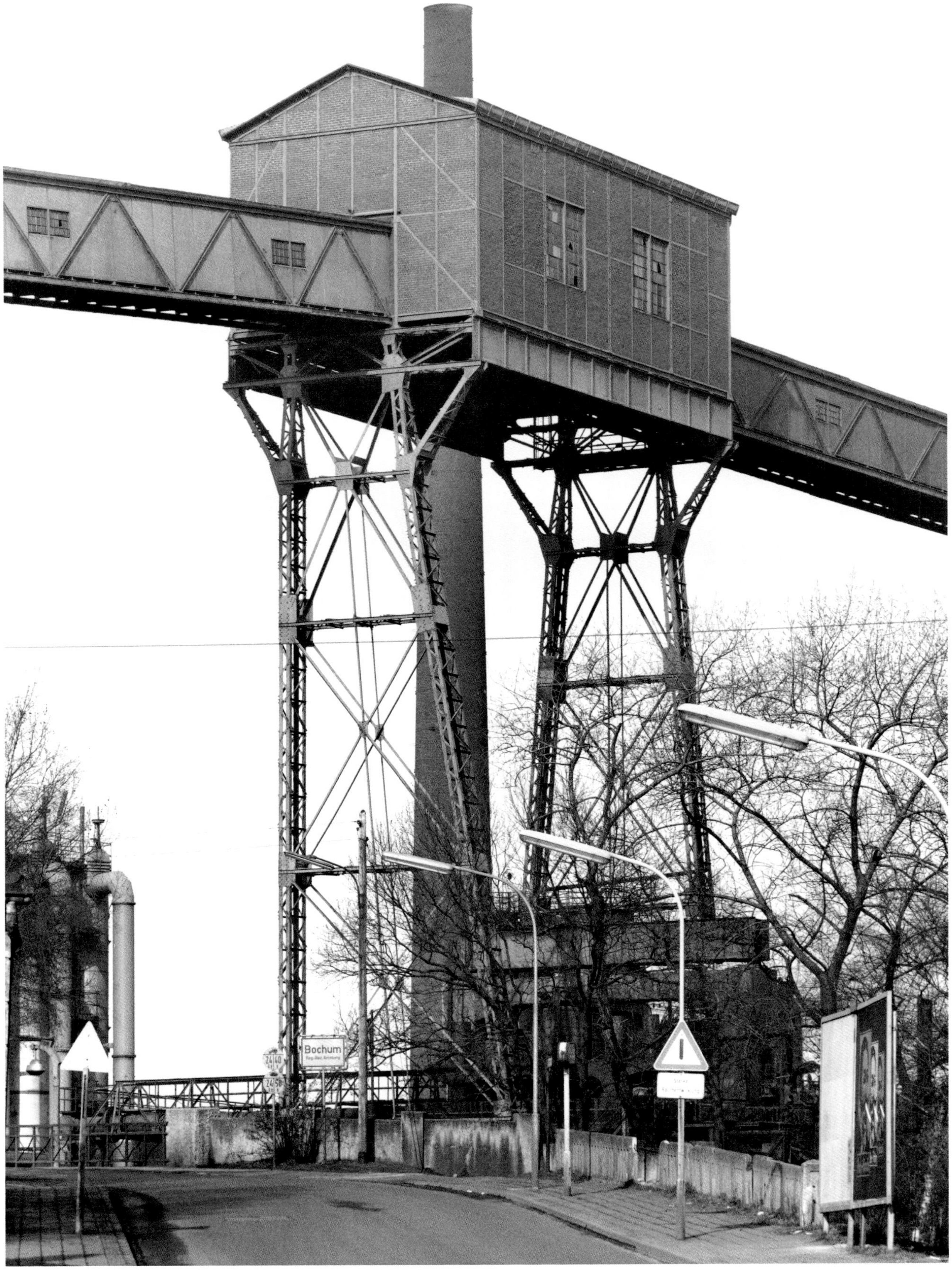

146

Bandübergabe zwischen Günnigfelder Straße und Koksofenanlage

Belt transfer point between Günnigfelder Straße and coke oven plant

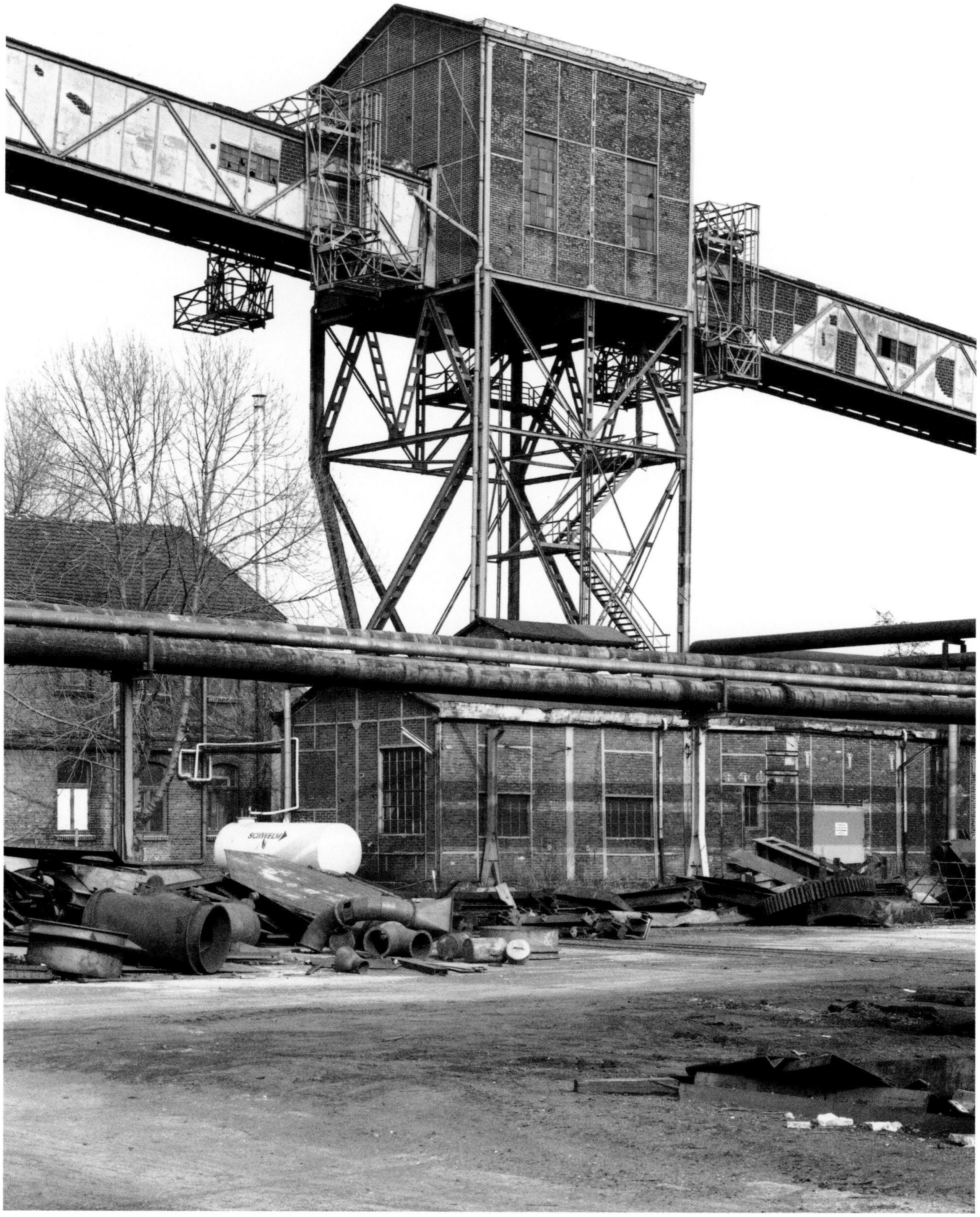

147
Bandübergabe südöstlich der Günnigfelder Straße
Belt transfer point south-east of Günnigfelder Straße

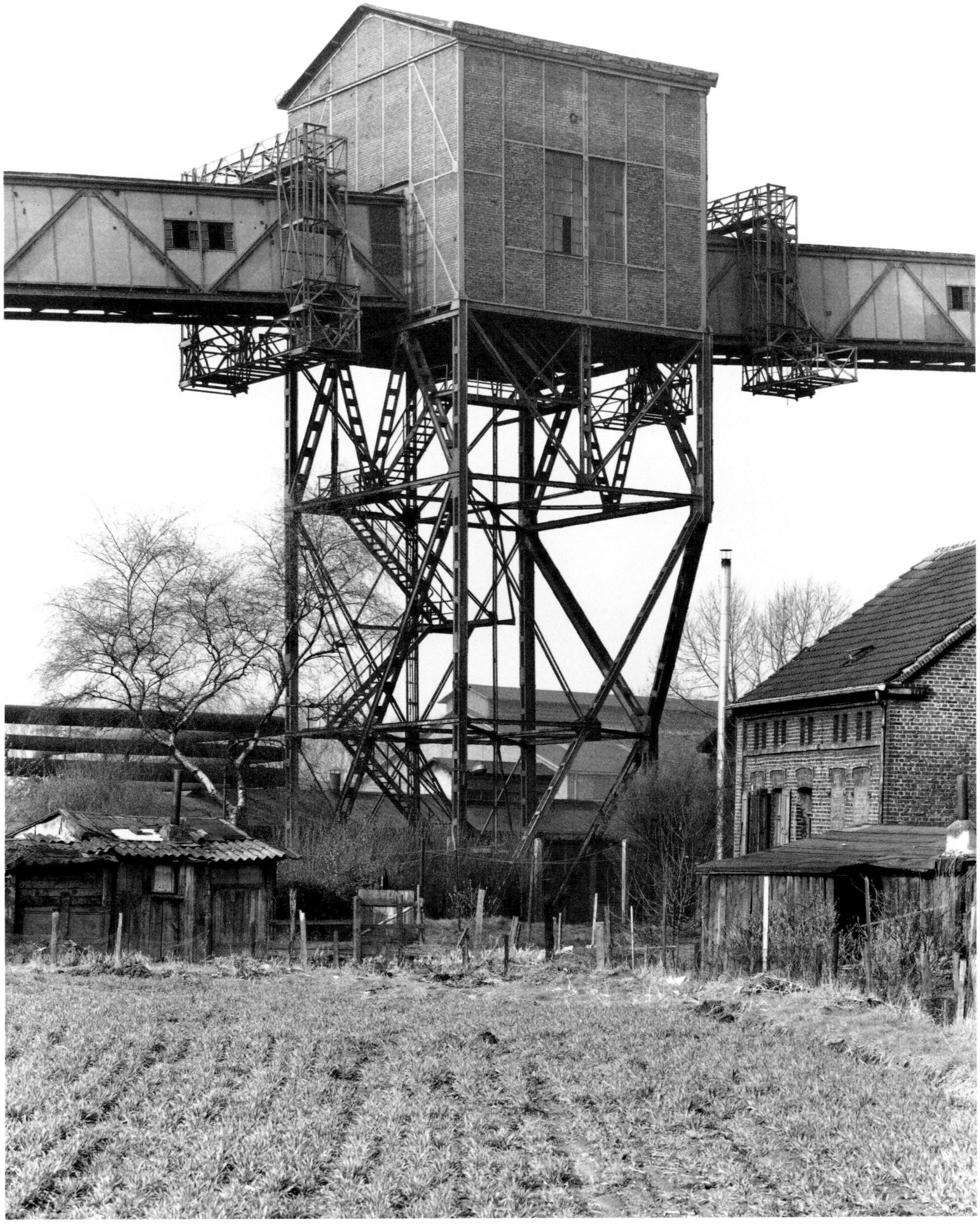

148
Bandübergabe südöstlich der Günnigfelder Straße
Belt transfer point south-east of Günnigfelder Straße

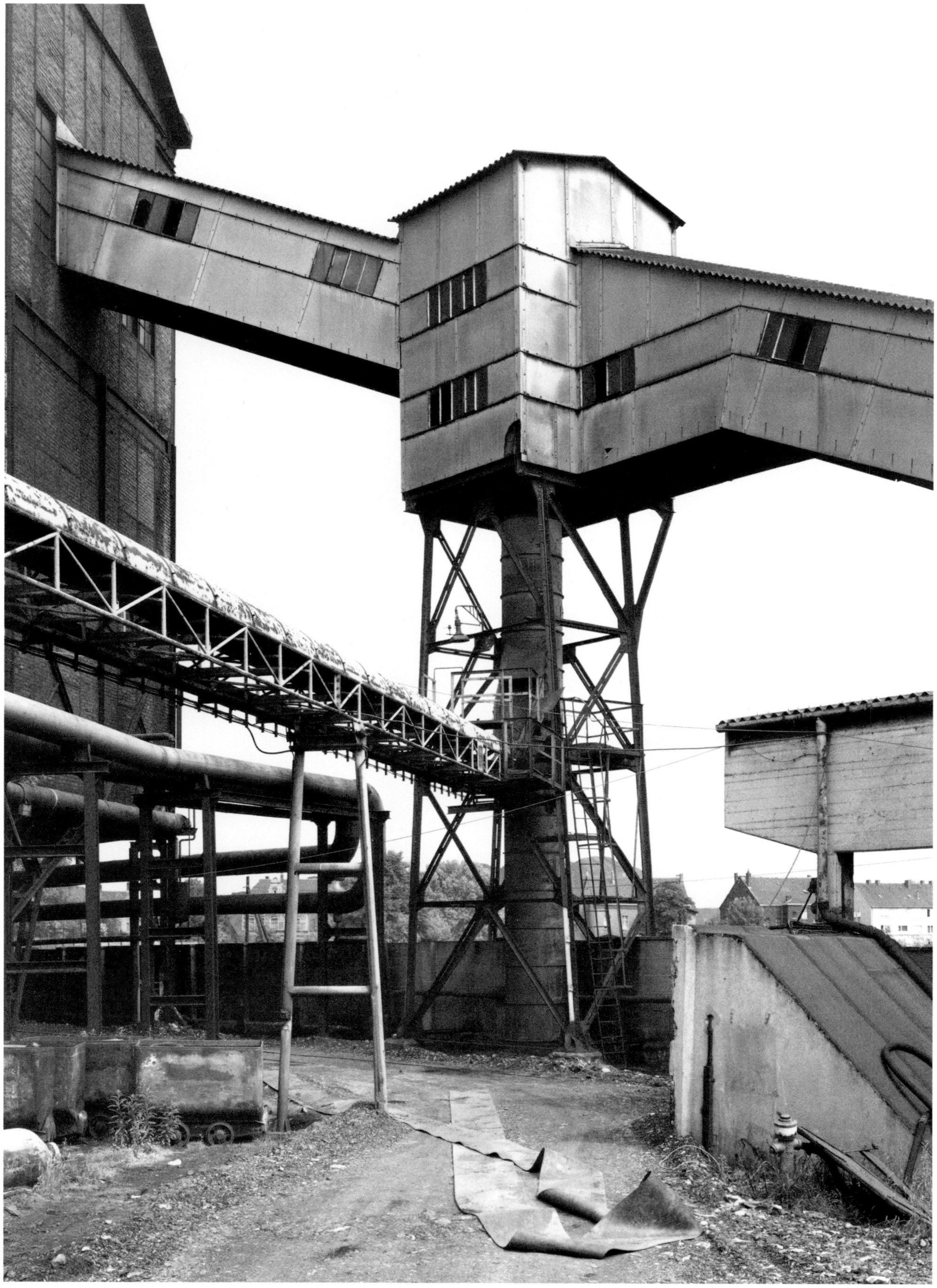

149
Bandübergabe zum Tiefbunker, Schacht 5
Belt transfer point to the low-level bunker, shaft 5

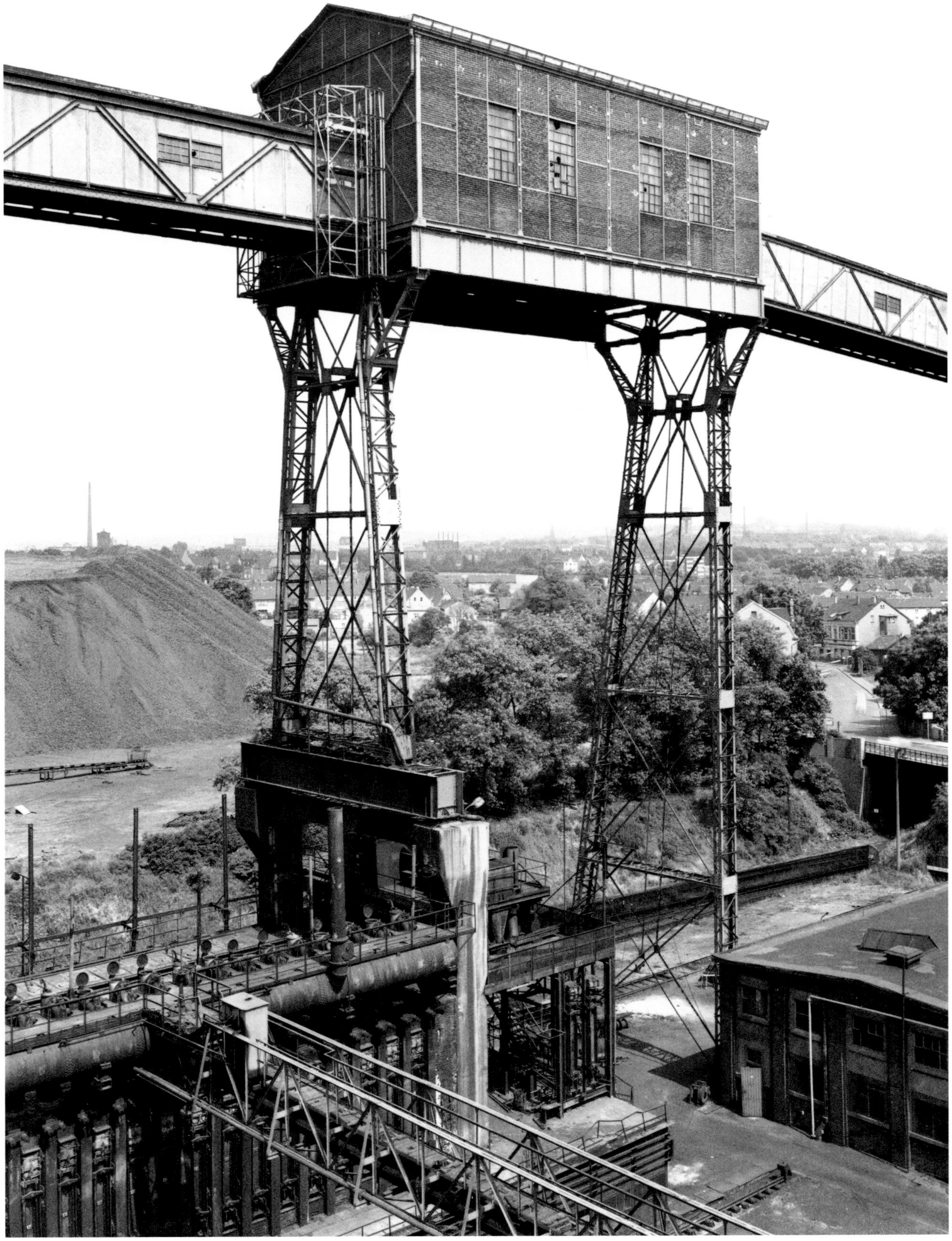

150

Bandübergabe zwischen Günnigfelder Straße und Koksofenanlage

Belt transfer point between Günnigfelder Straße and coking oven plant

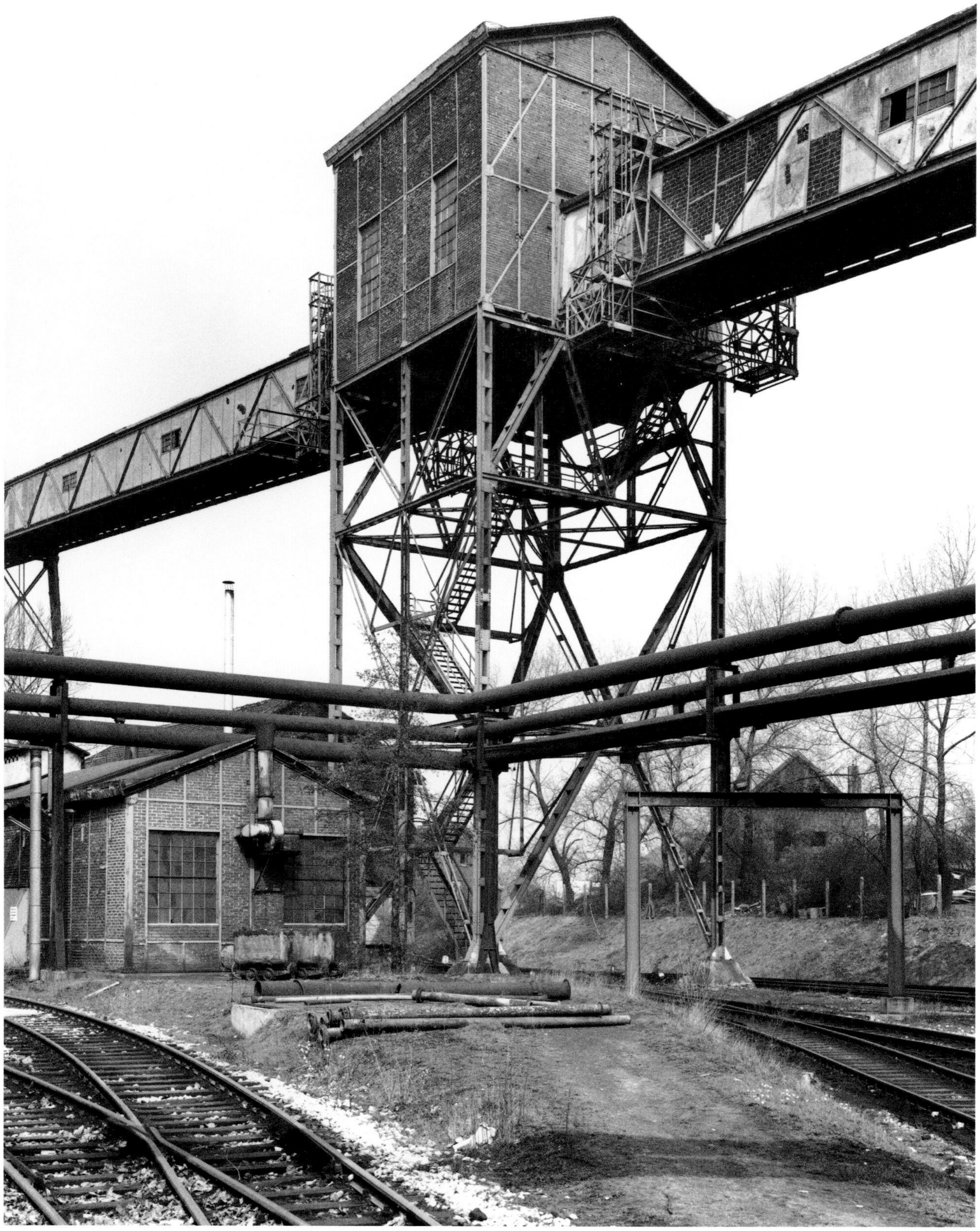

151
Bandübergabe südöstlich der Günnigfelder Straße
Belt transfer point south-east of Günnigfelder Straße

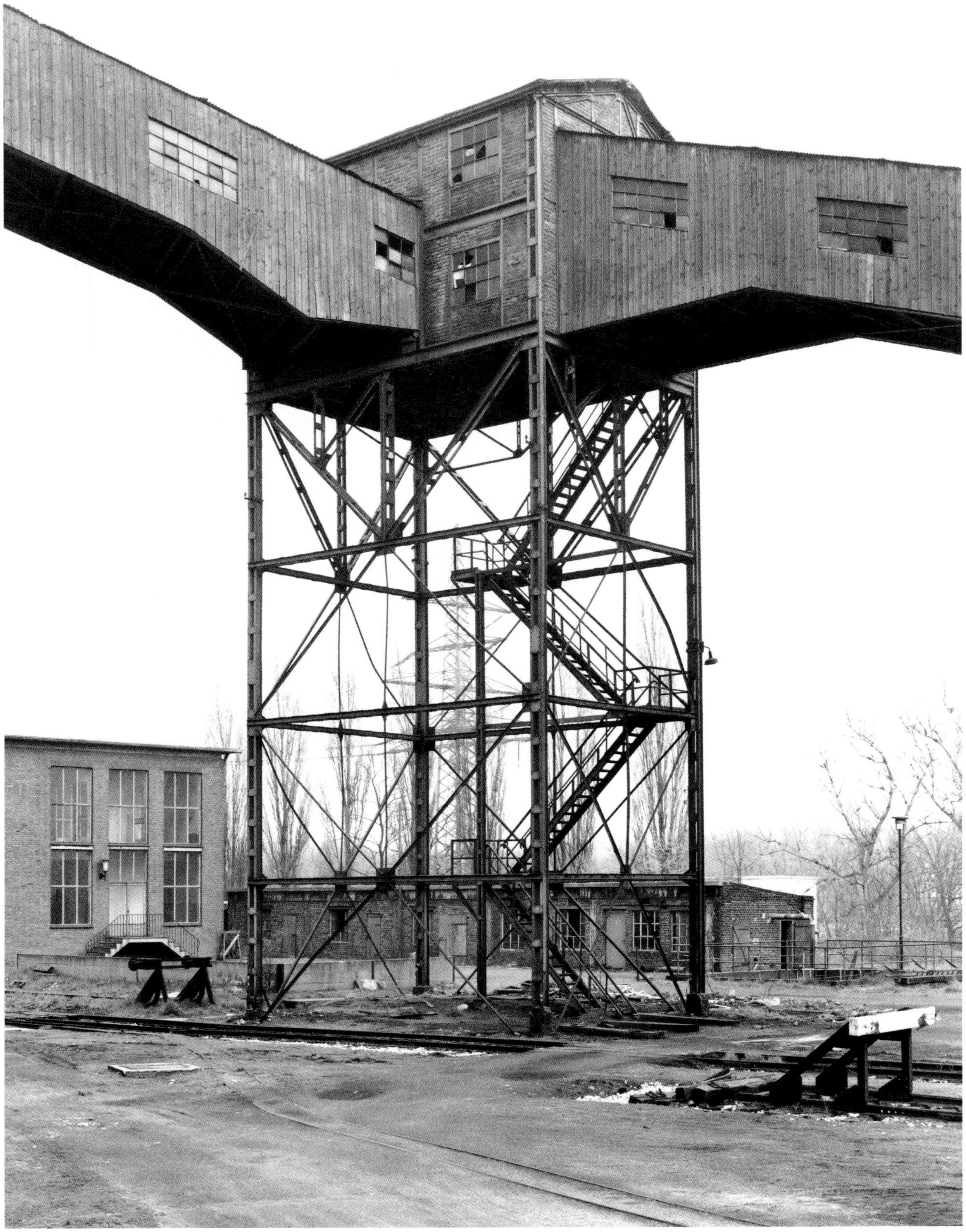

152
Bandübergabe zum Tiefbunker im Kraftwerk
Belt transfer point to the low-level bunker in the power plant

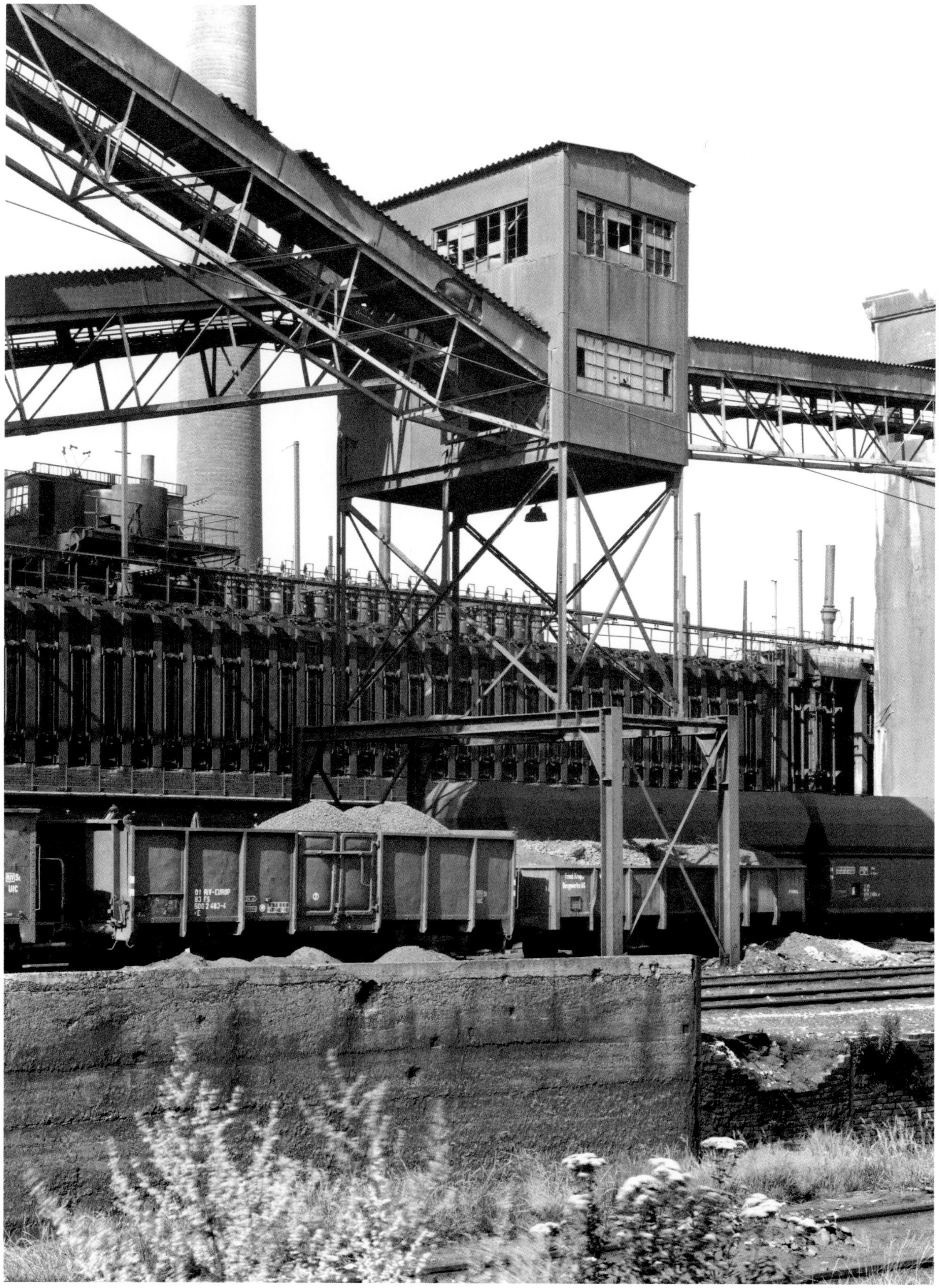

153
Bandübergabe Koksofenanlage
Belt transfer point at coking oven plant

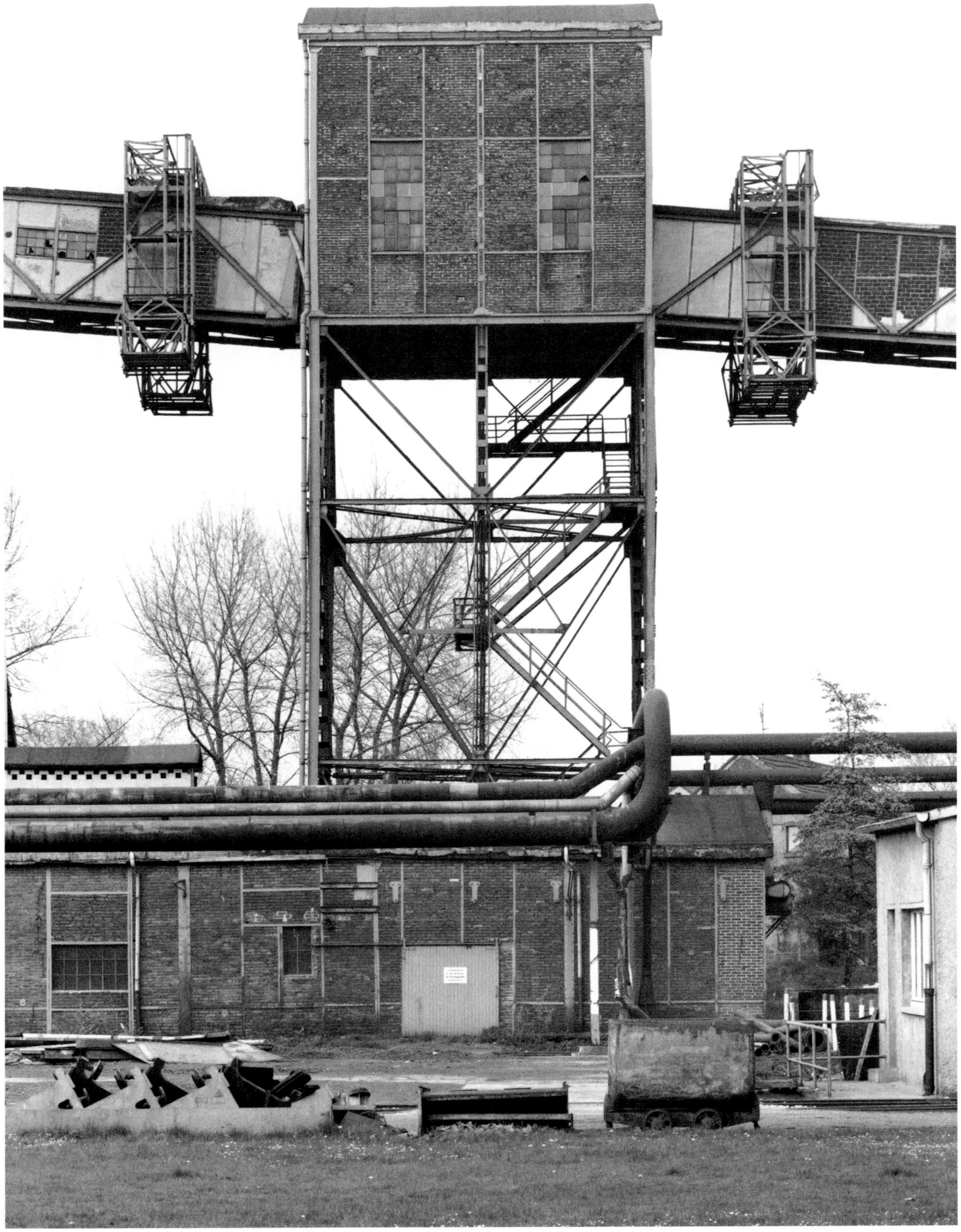

154
Bandübergabe südöstlich der Günnigfelder Straße
Belt transfer point south-east of Günnigfelder Straße

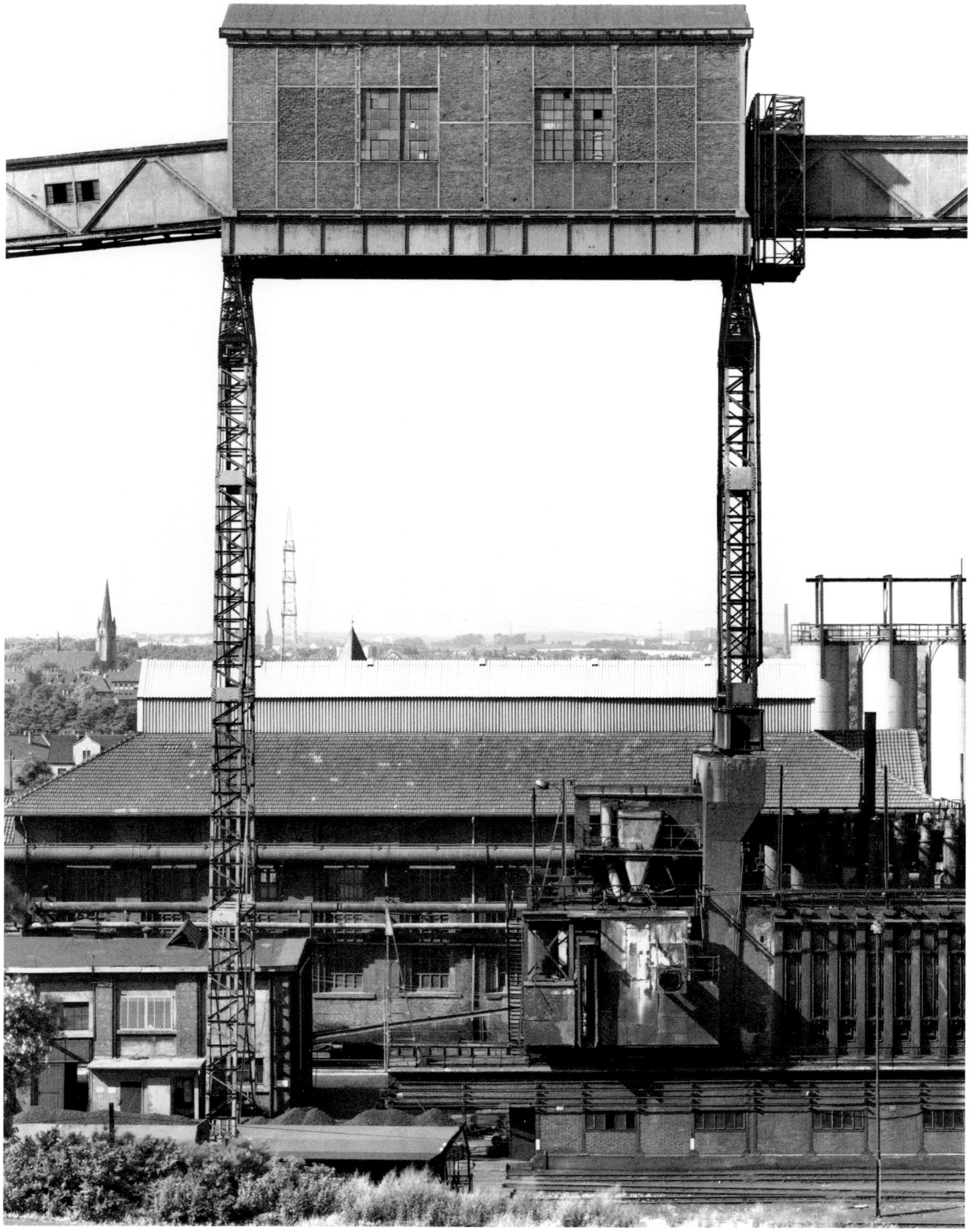

155
Bandübergabe zwischen Günnigfelder Straße und Koksofenanlage
Belt transfer point between Günnigfelder Straße and coking oven plant

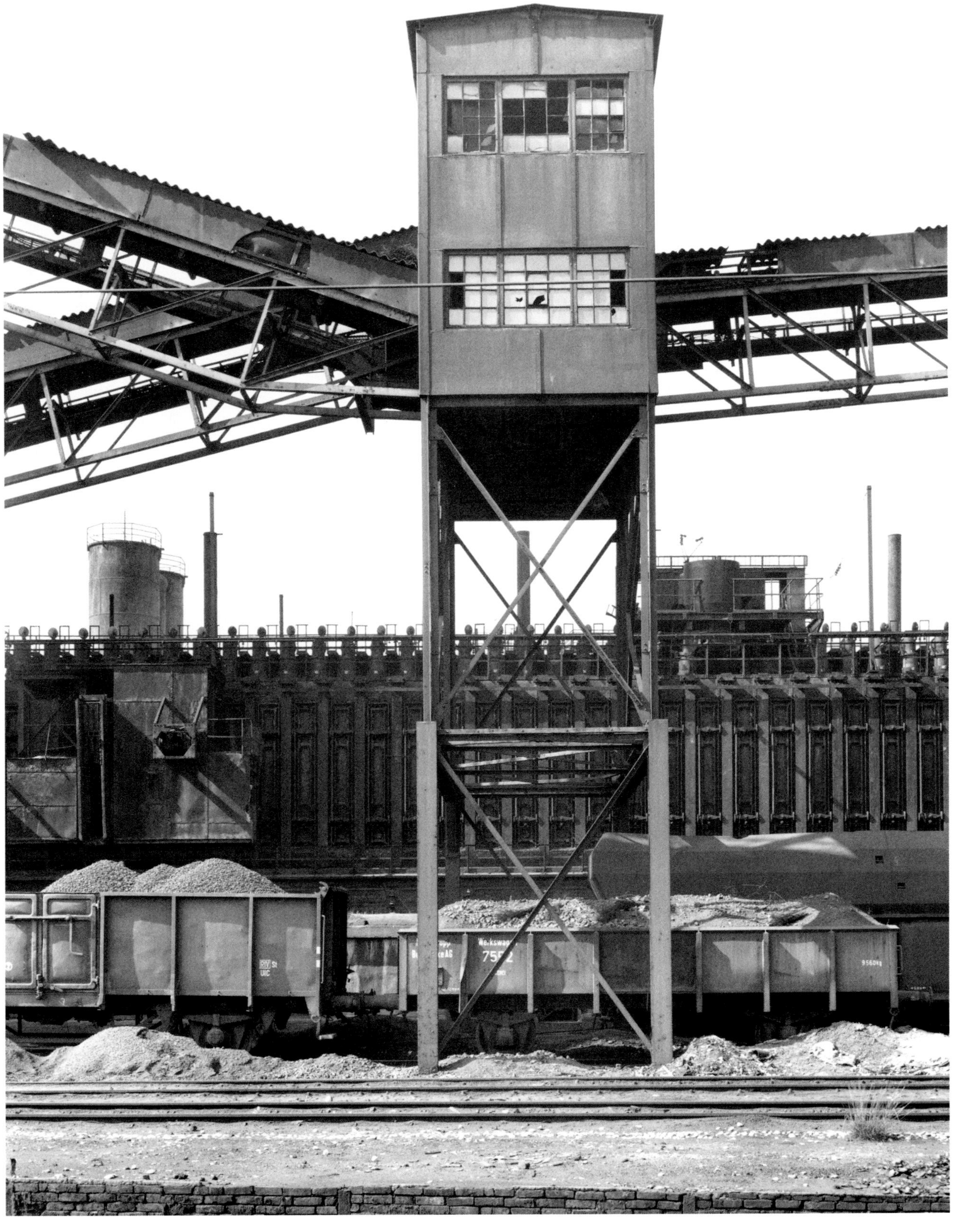

156
Bandübergabe Koksofenanlage
Belt transfer point at coking oven plant

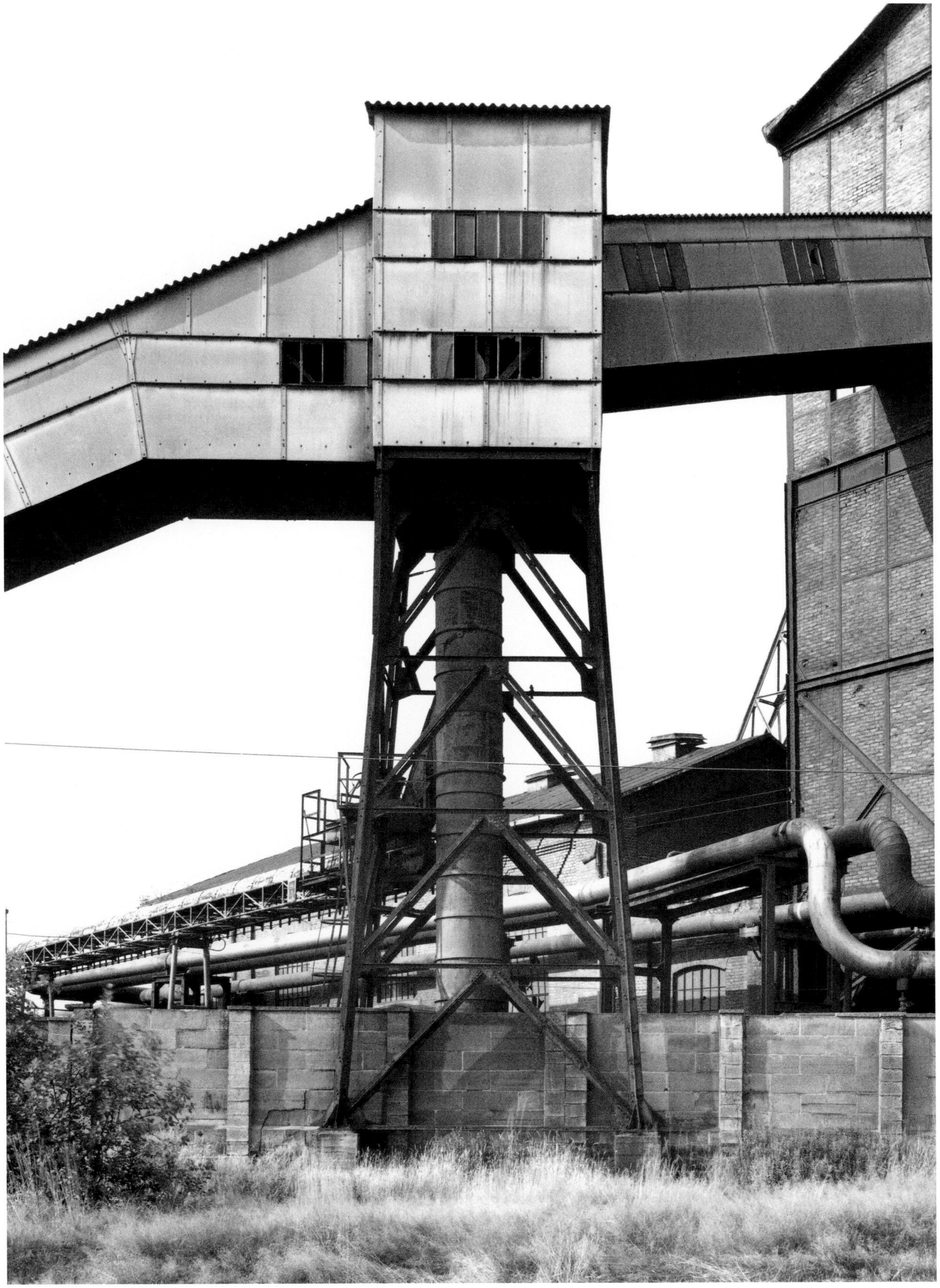

157
Bandübergabe zum Tiefbunker, Schacht 5
Belt transfer to the low-level bunker, shaft 5

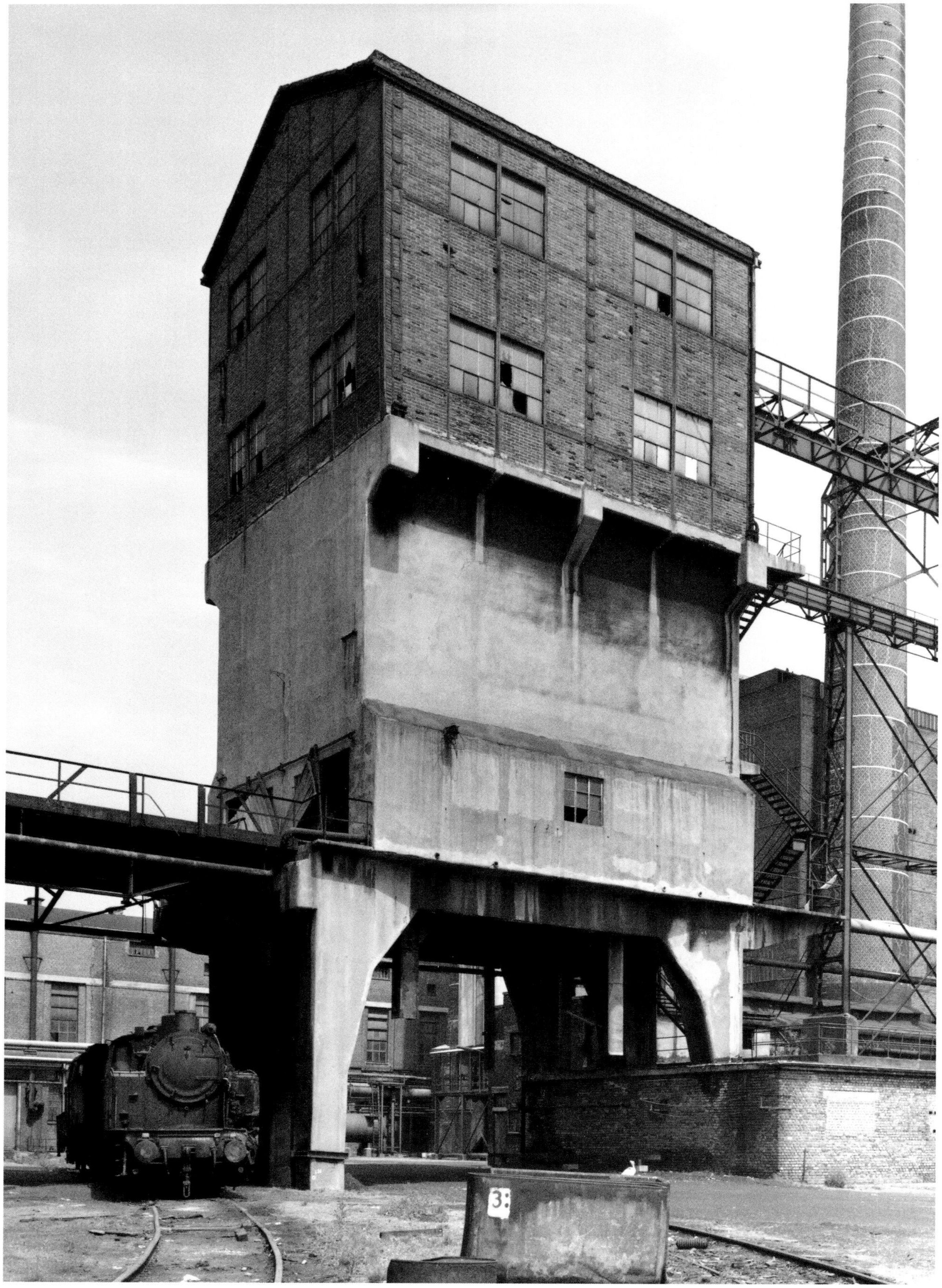

158
Verladung im Kraftwerk
Loading bay in the power plant

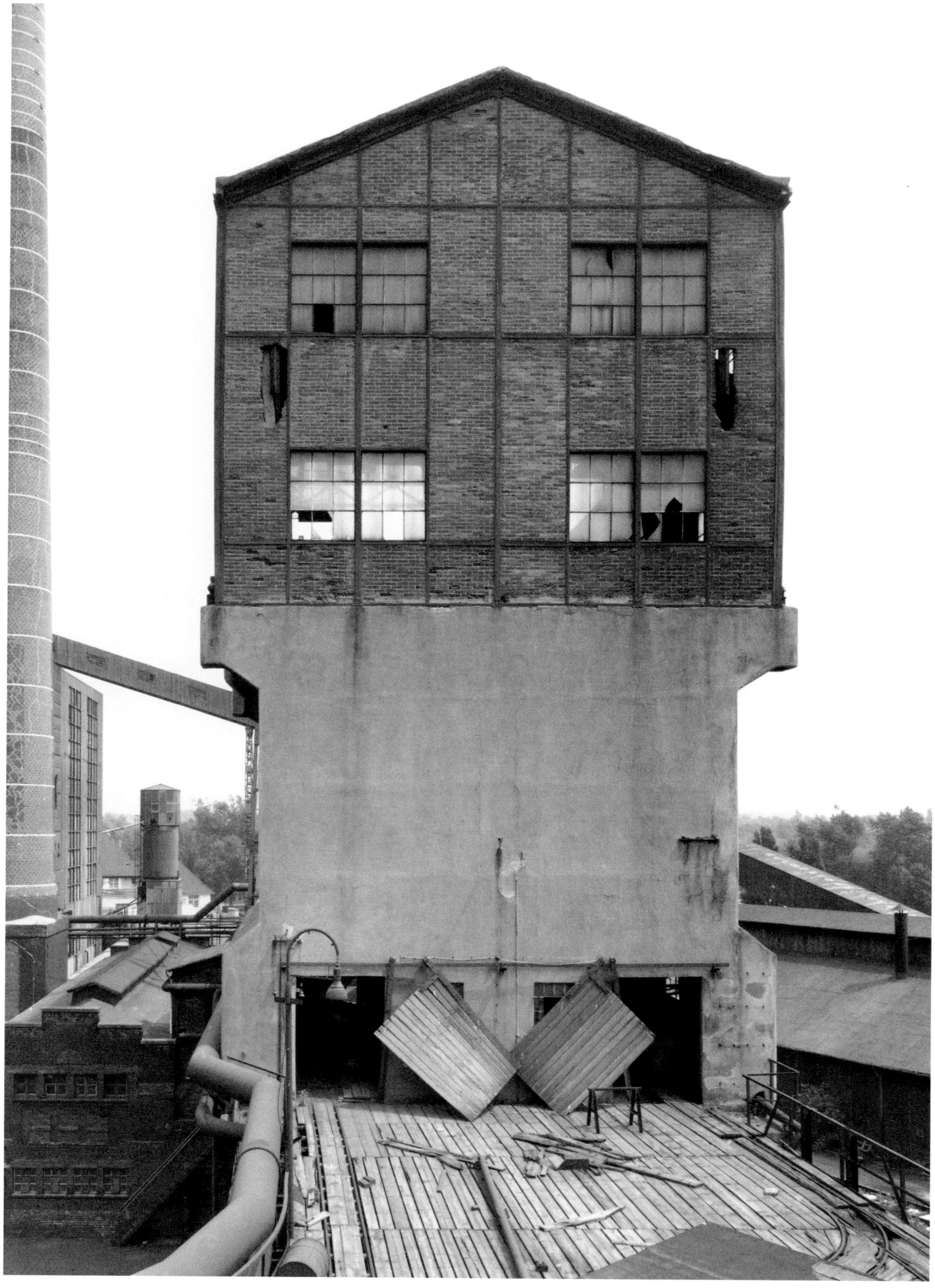

159
Verladung im Kraftwerk
Loading bay in the power plant

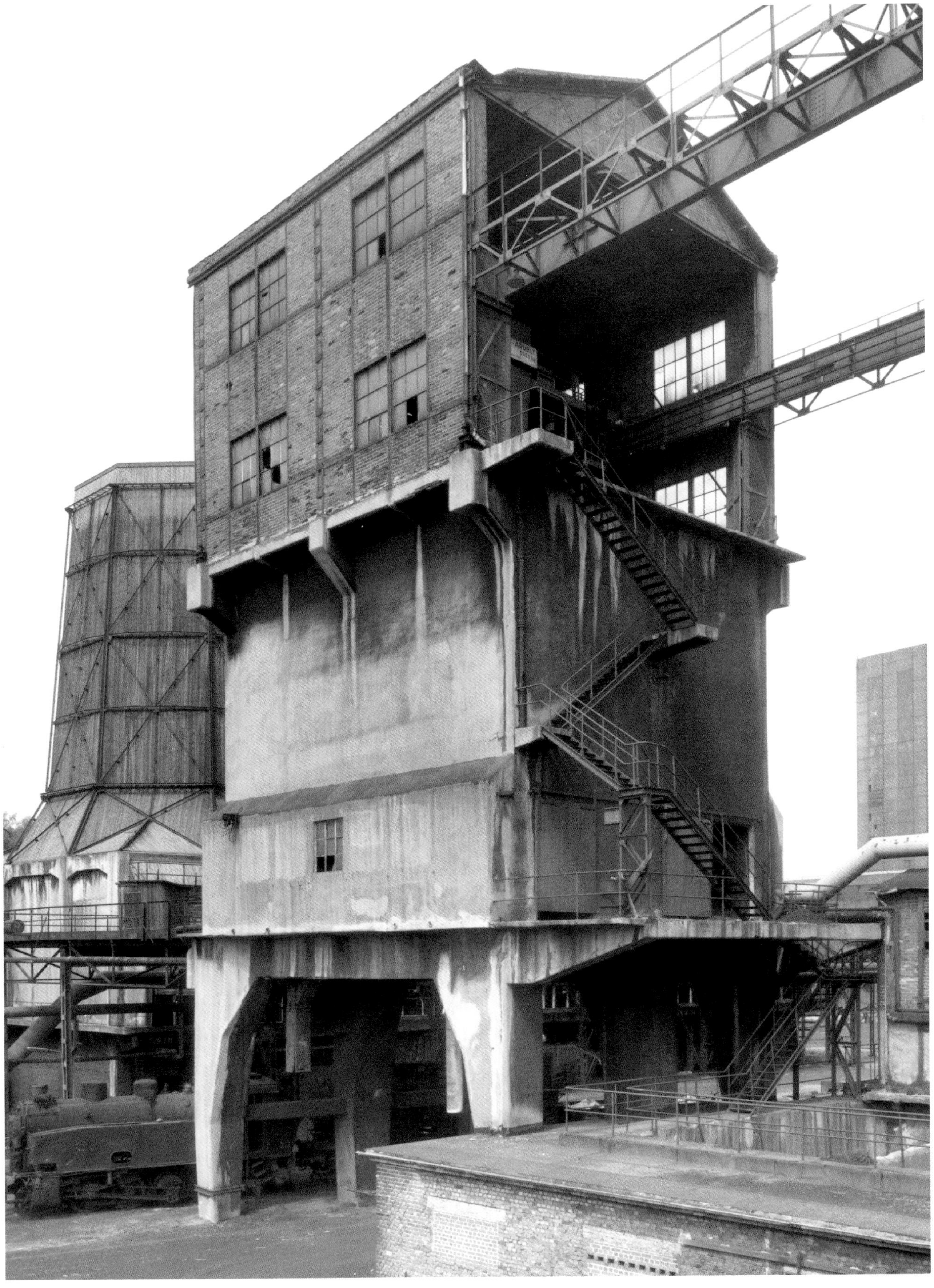

160
Verladung im Kraftwerk
Loading bay in the power plant

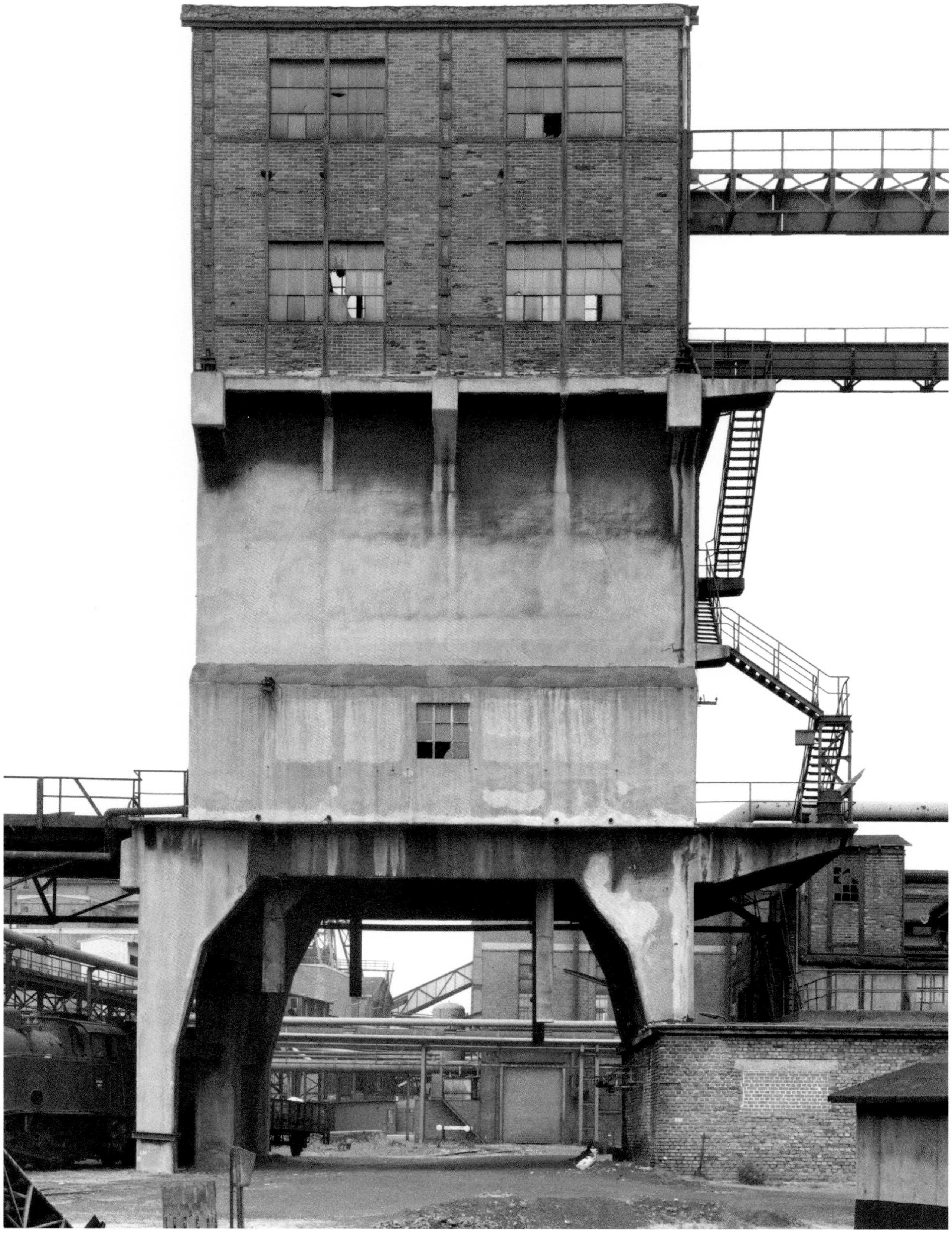

161
Verladung im Kraftwerk
Loading bay in the power plant

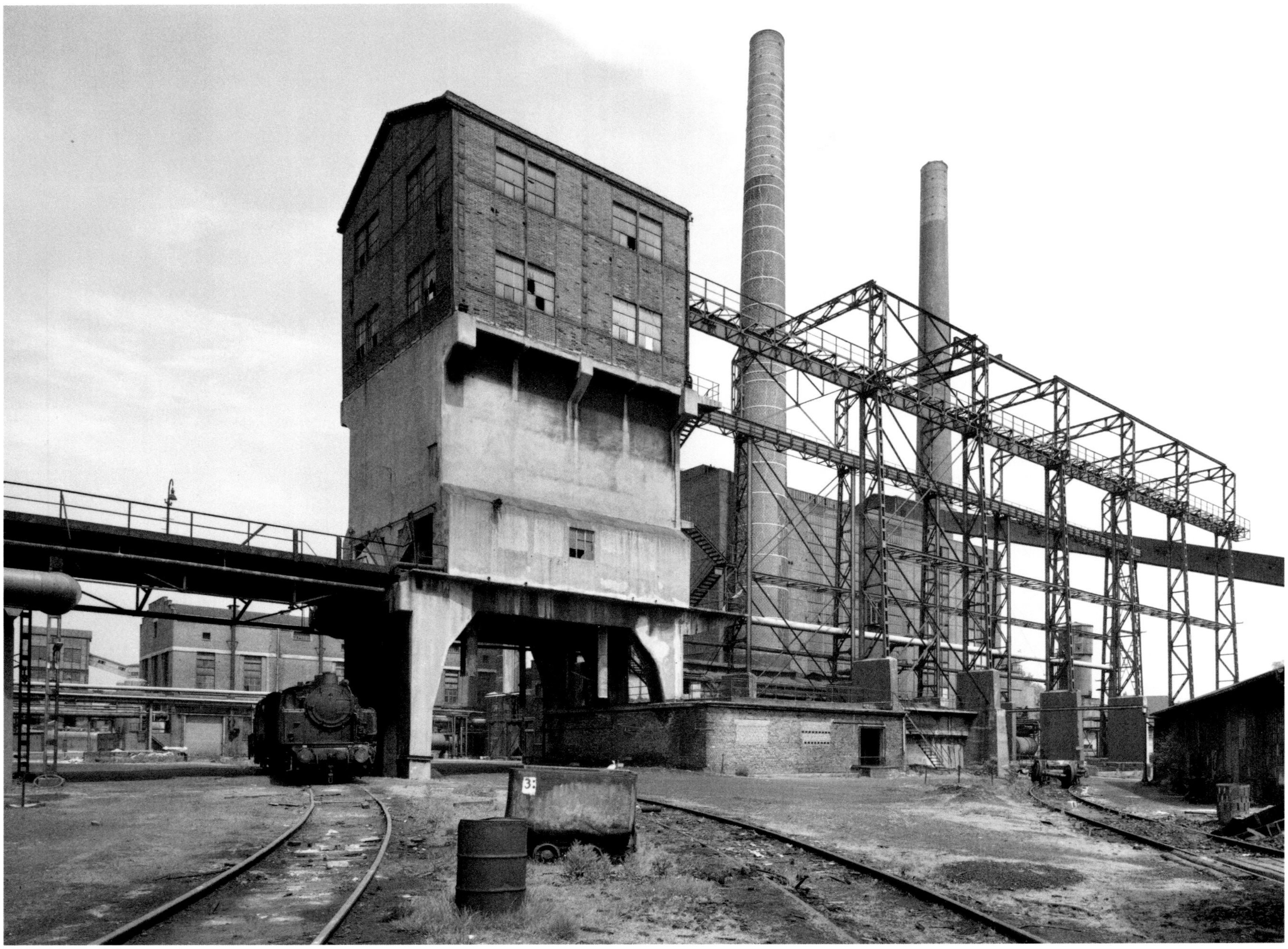

162
Kraftwerk von Süden
Verladung und Krananlage

Power plant from the south
Loading bay and crane installation

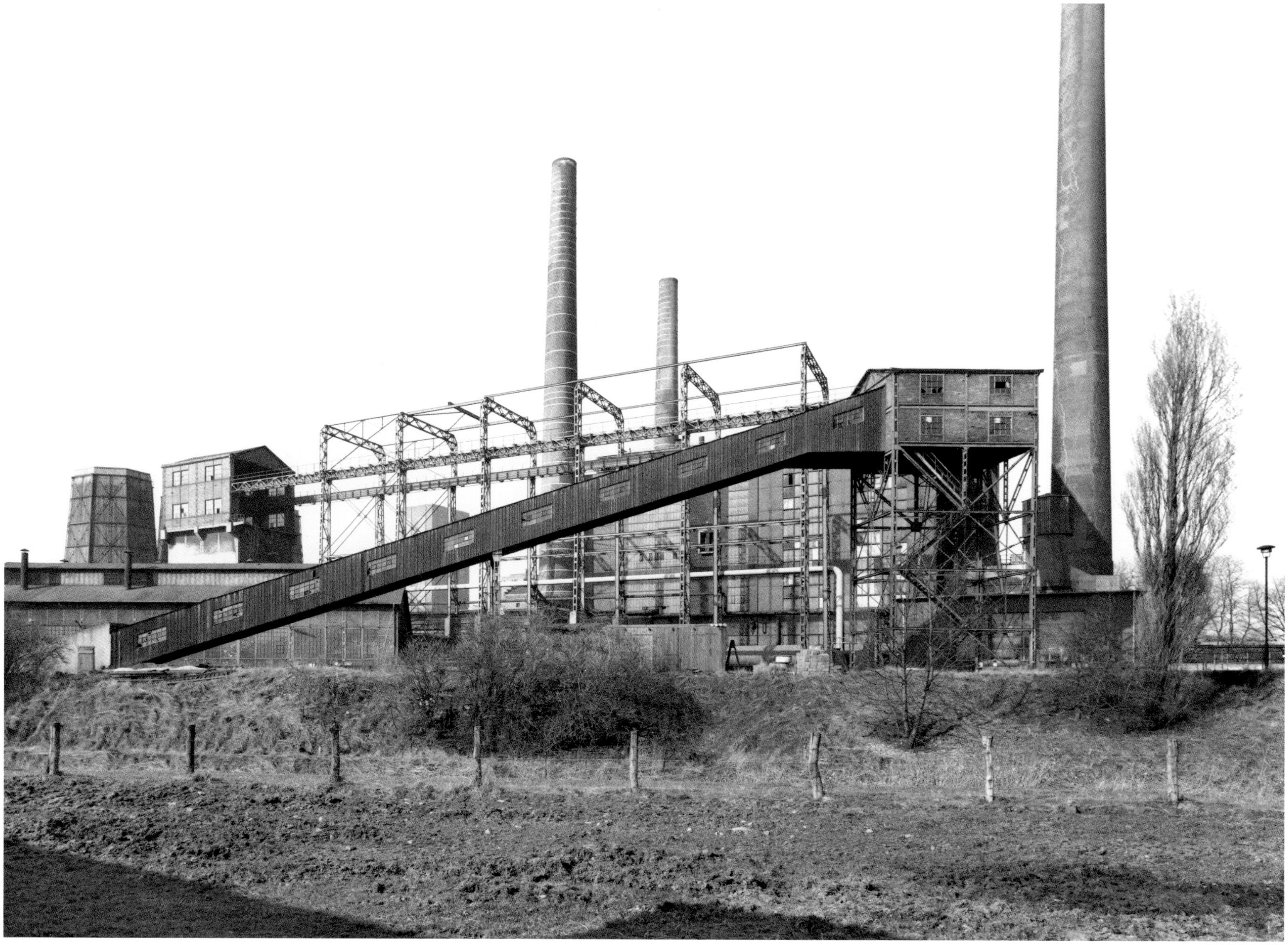

163
Kraftwerk von Südosten
Verladung, Krananlage, Bandstraße zum Tiefbunker

Power plant from the south-east
Loading bay, crane installation, conveyor belts to the low-level bunker

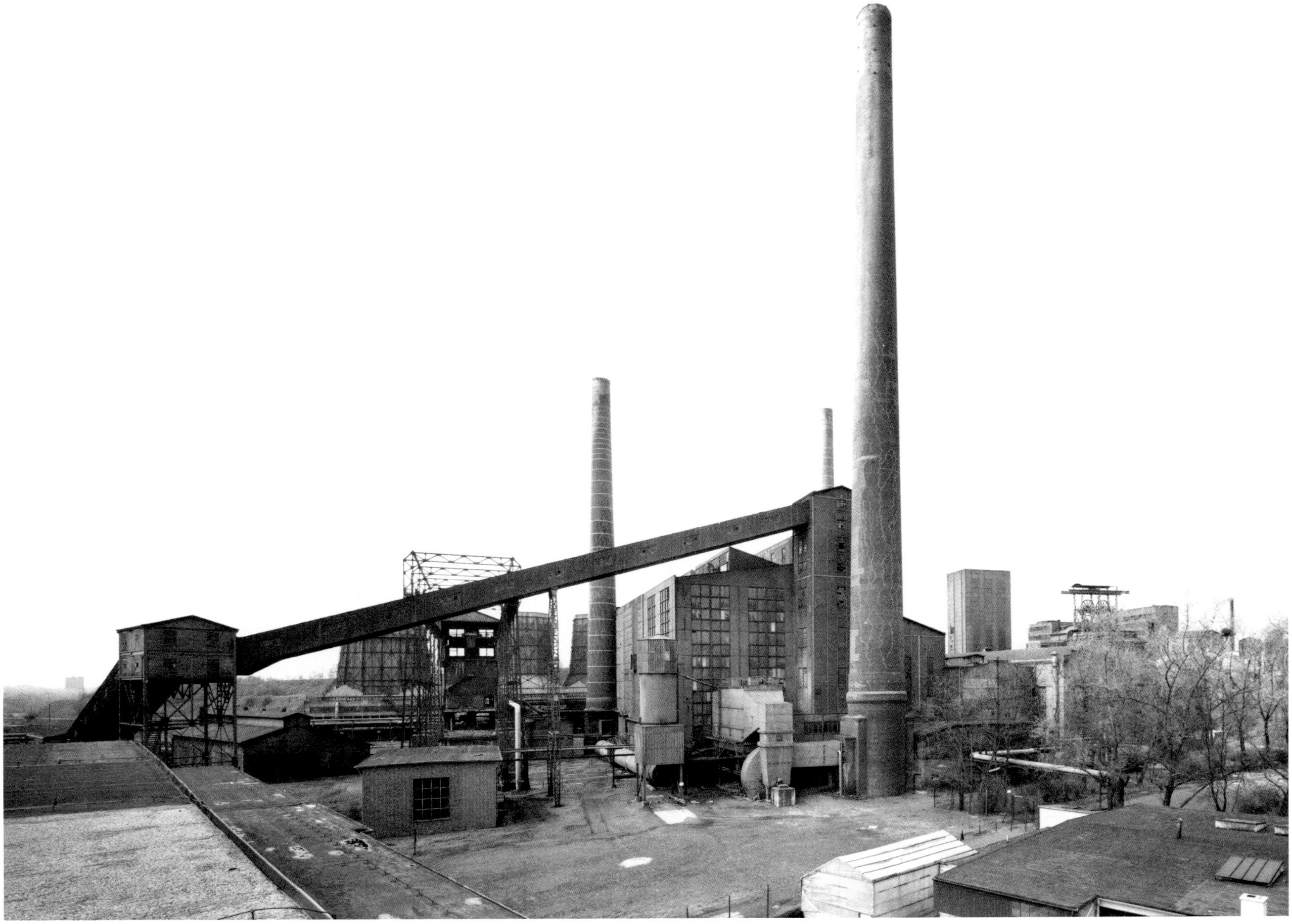

164
Kraftwerk von Osten
Bandstraße, Lokomotivschuppen, Verladung, Kesselanlage

Power plant from the east
Conveyor belts, locomotive shed, loading bay, boiler plant

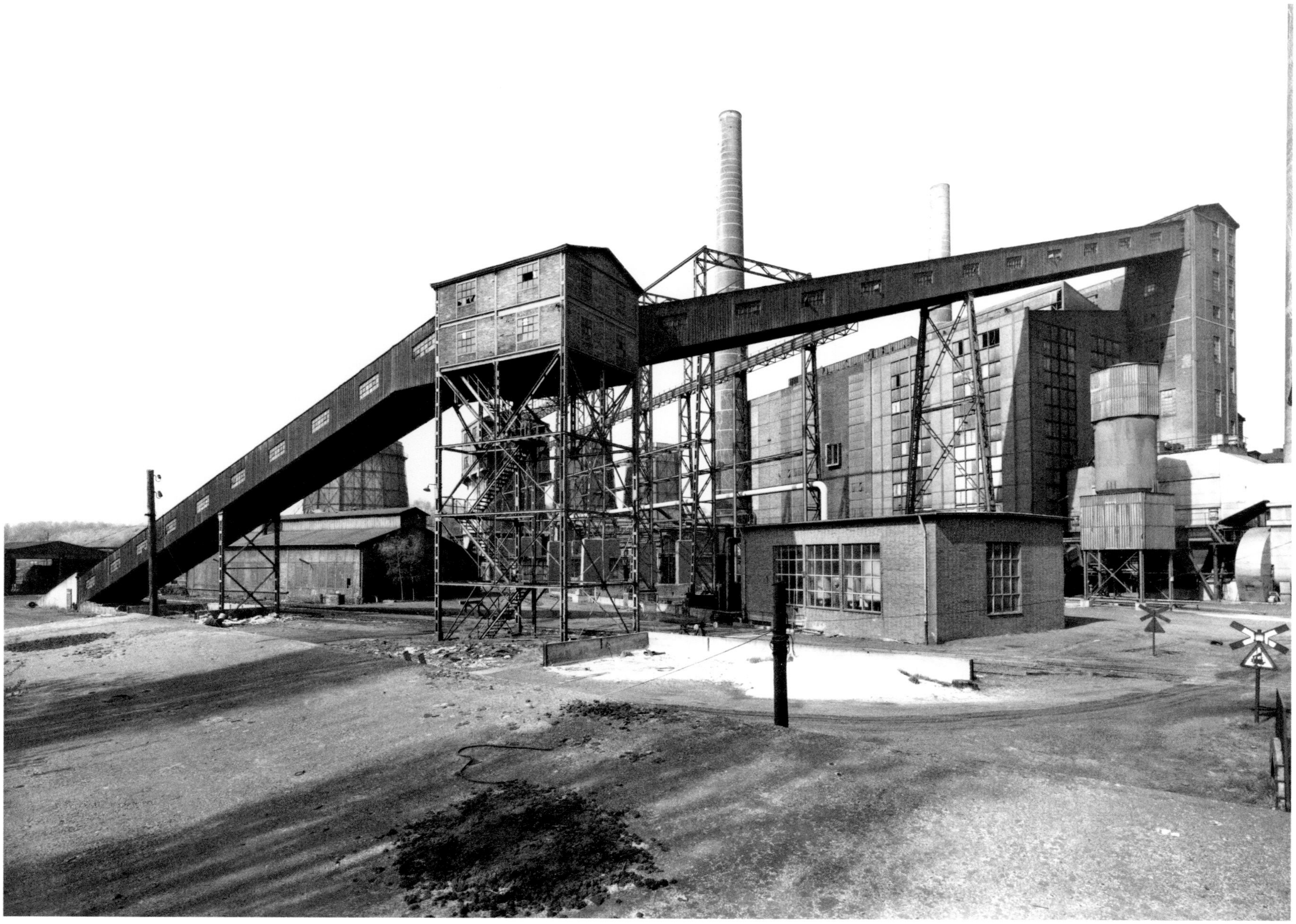

165
Kraftwerk von Südosten
Bandstraße, Lokomotivschuppen, Kesselanlage

Power plant from the south-east
Conveyor belts, locomotive shed, boiler plant

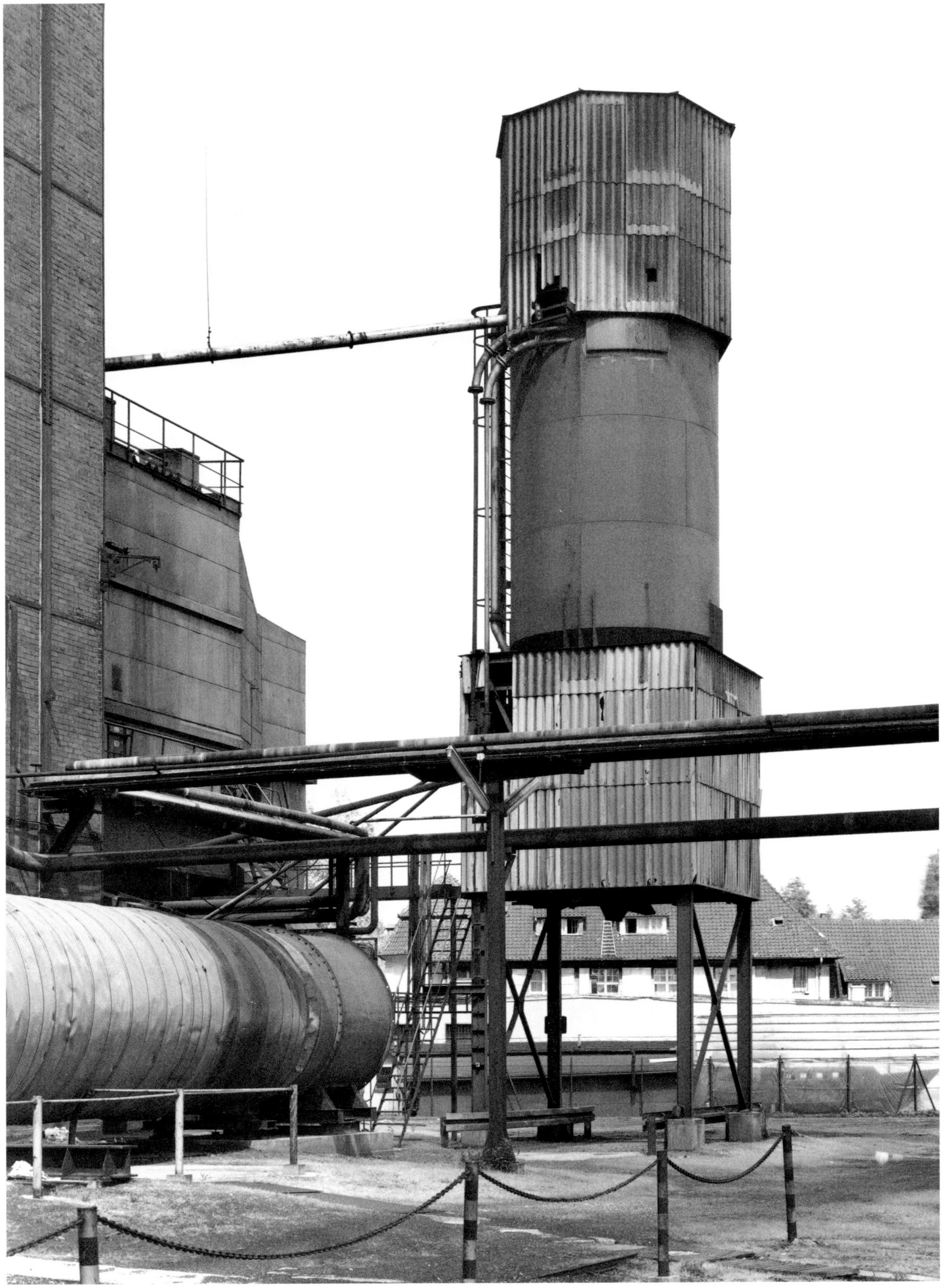

166
Hochbehälter
Elevated tank

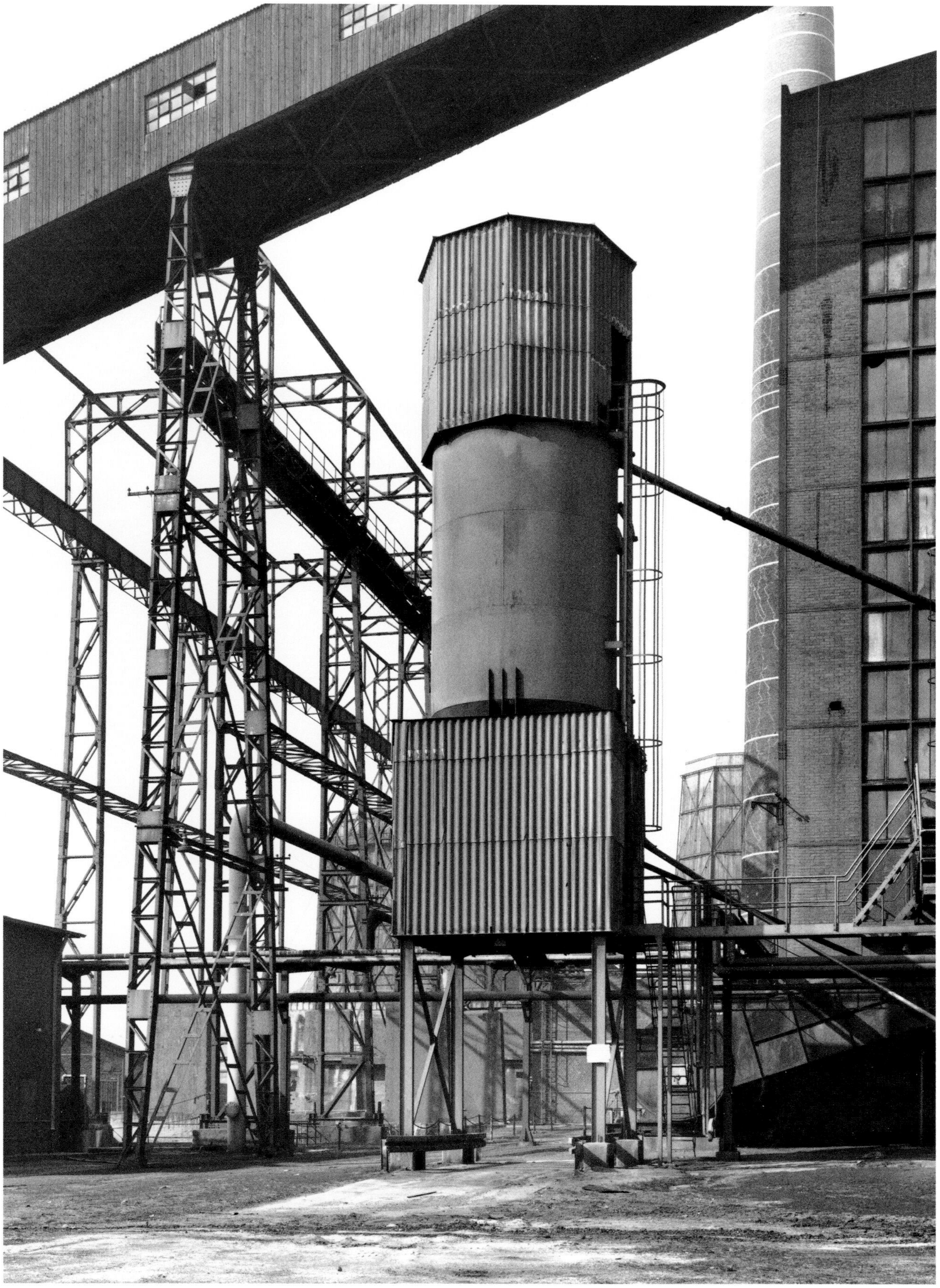

167
Hochbehälter
Elevated tank

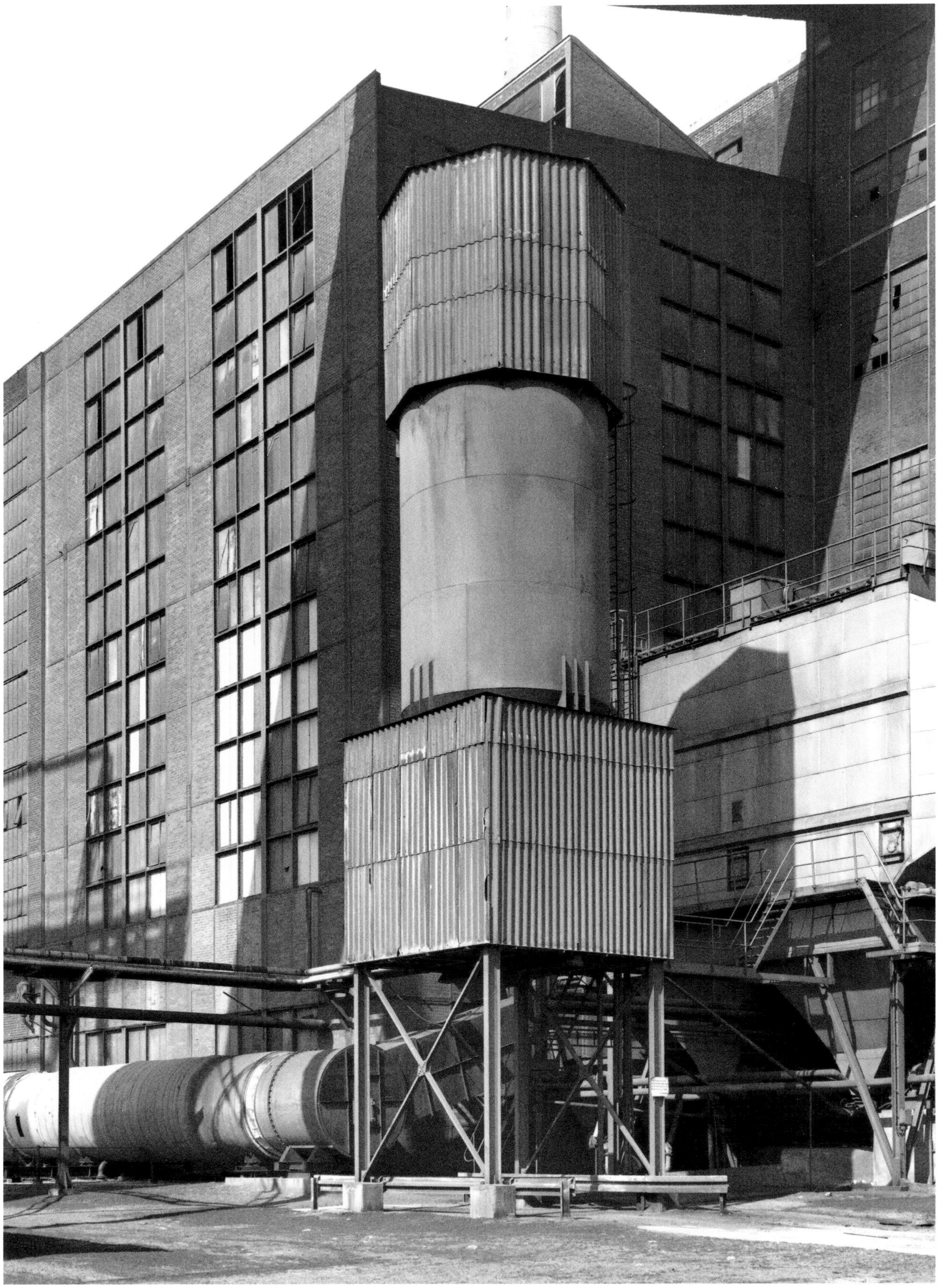

168
Hochbehälter
Elevated tank

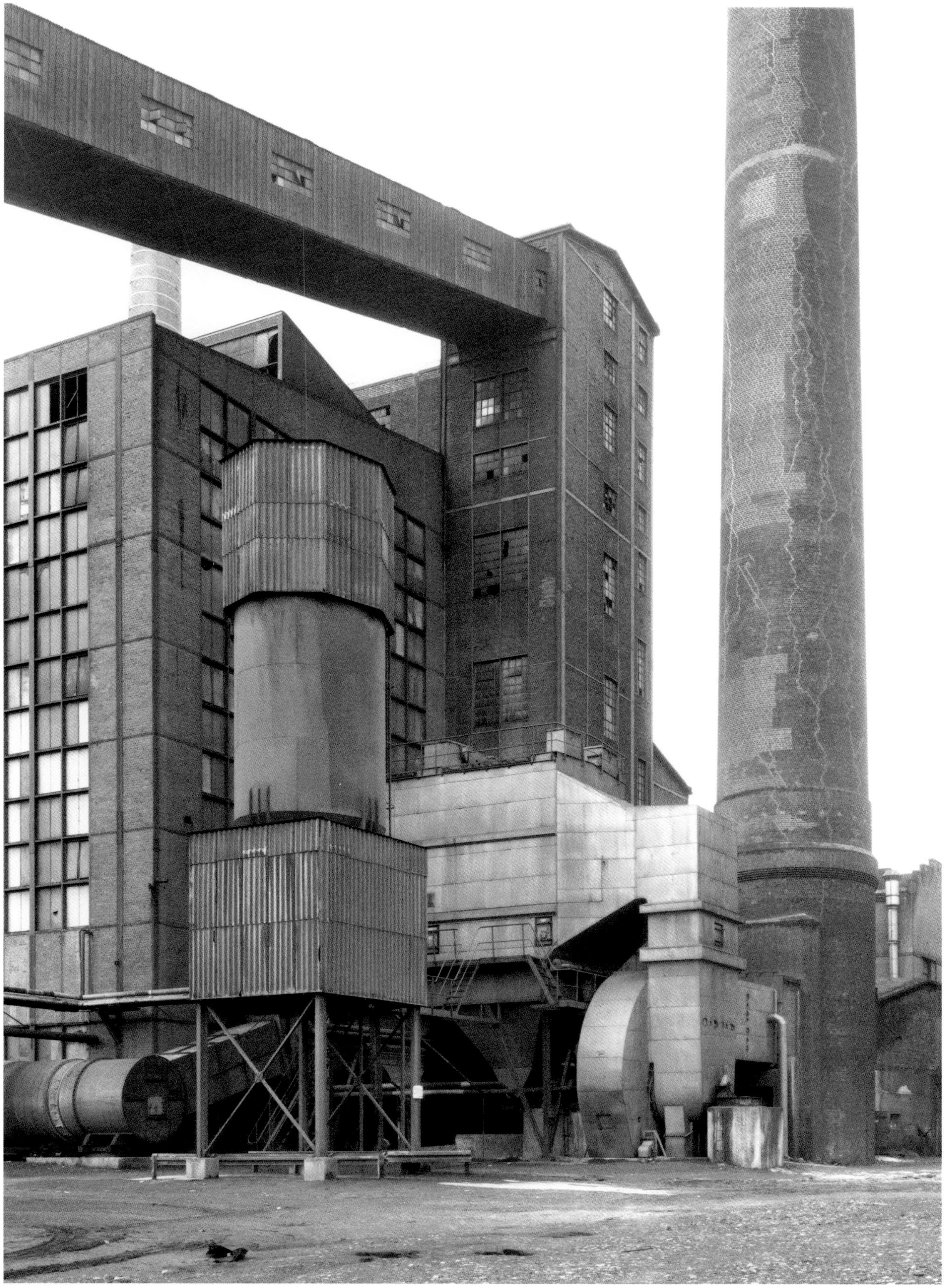

169
Hochbehälter
Elevated tank

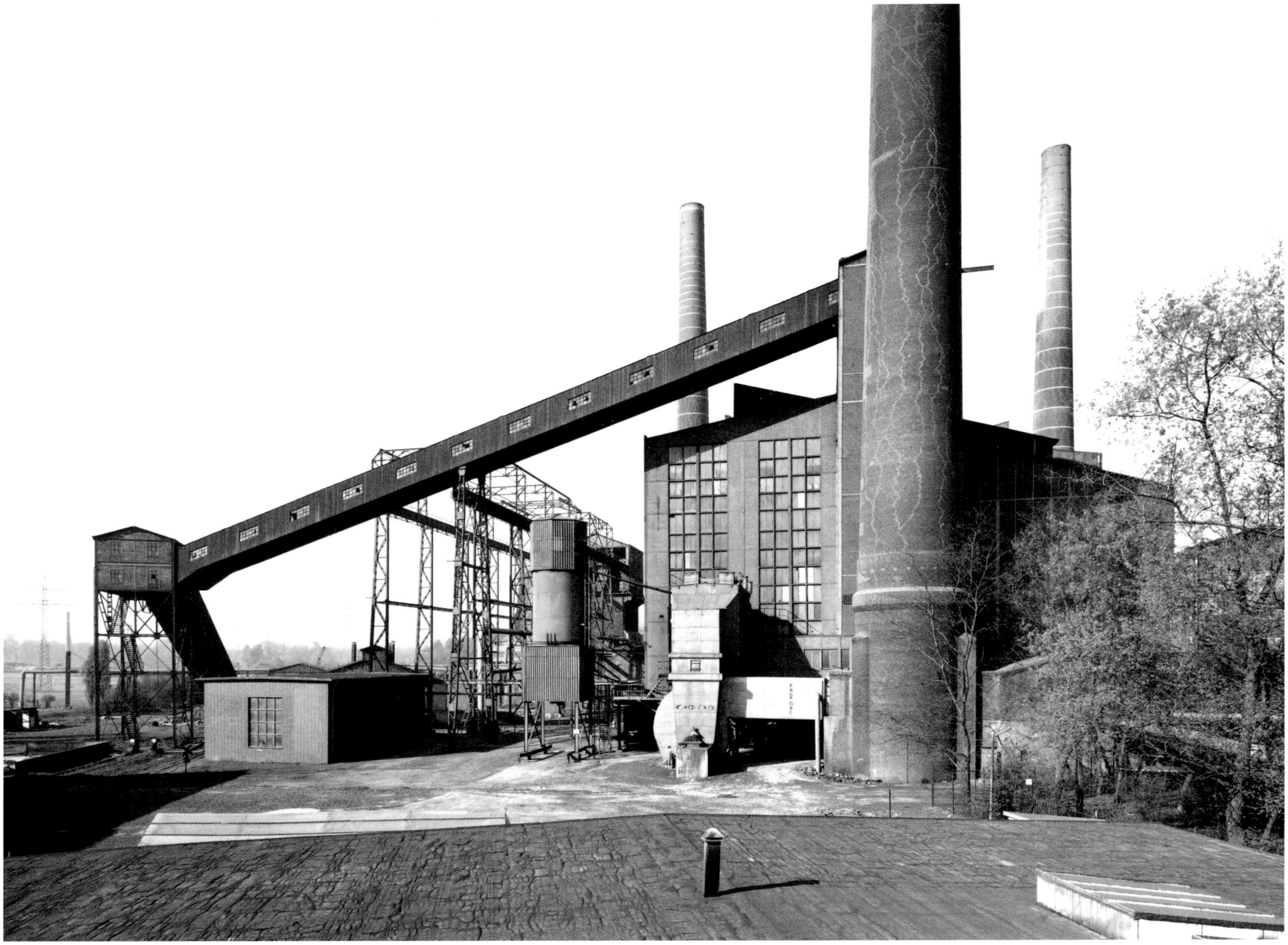

170
Kesselanlage von Nordosten
Bandstraße zum Tiefbunker

Boiler plant from the north-east
Conveyor belts to the low-level bunker

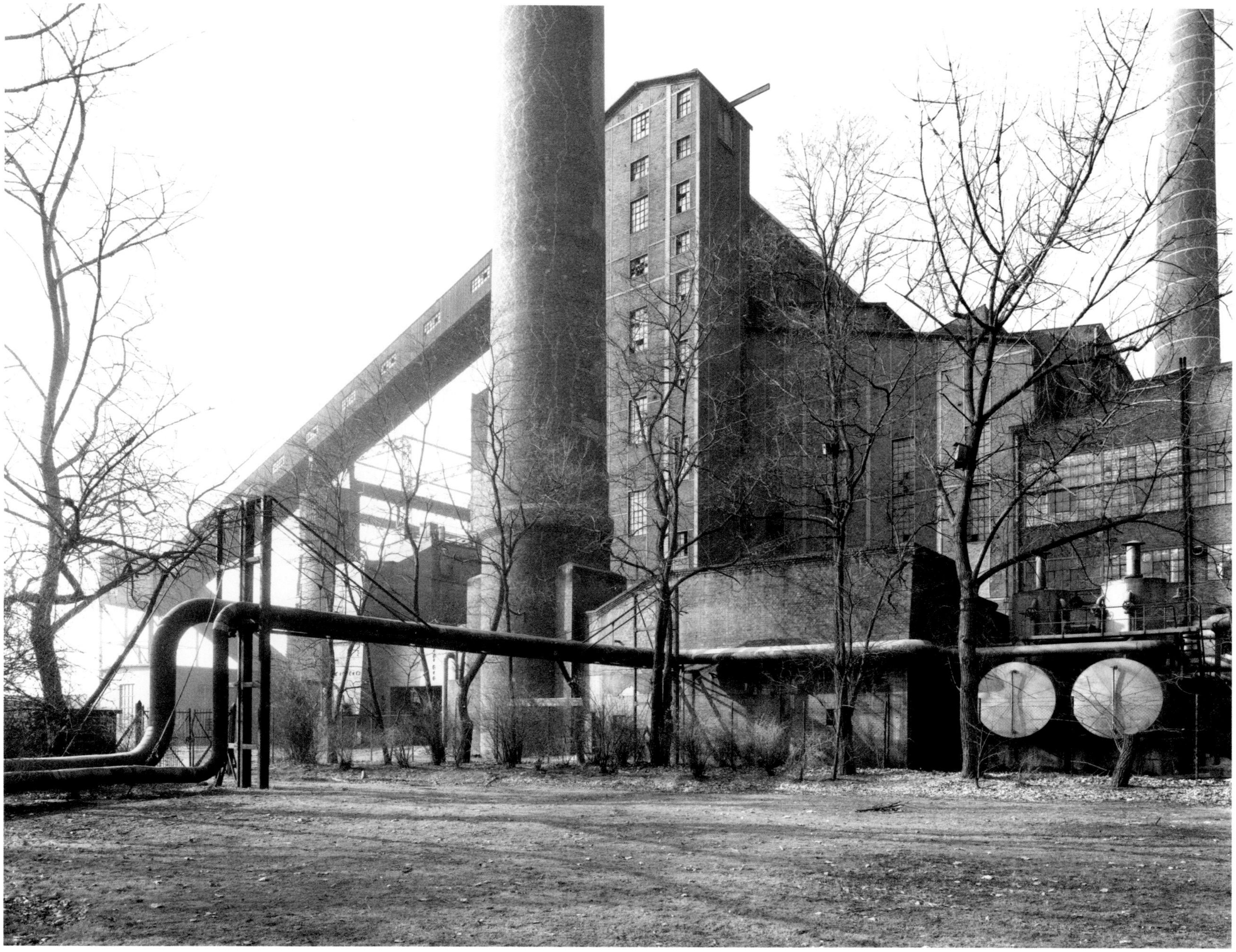

171
Kesselanlage von Norden
Boiler plant from the north

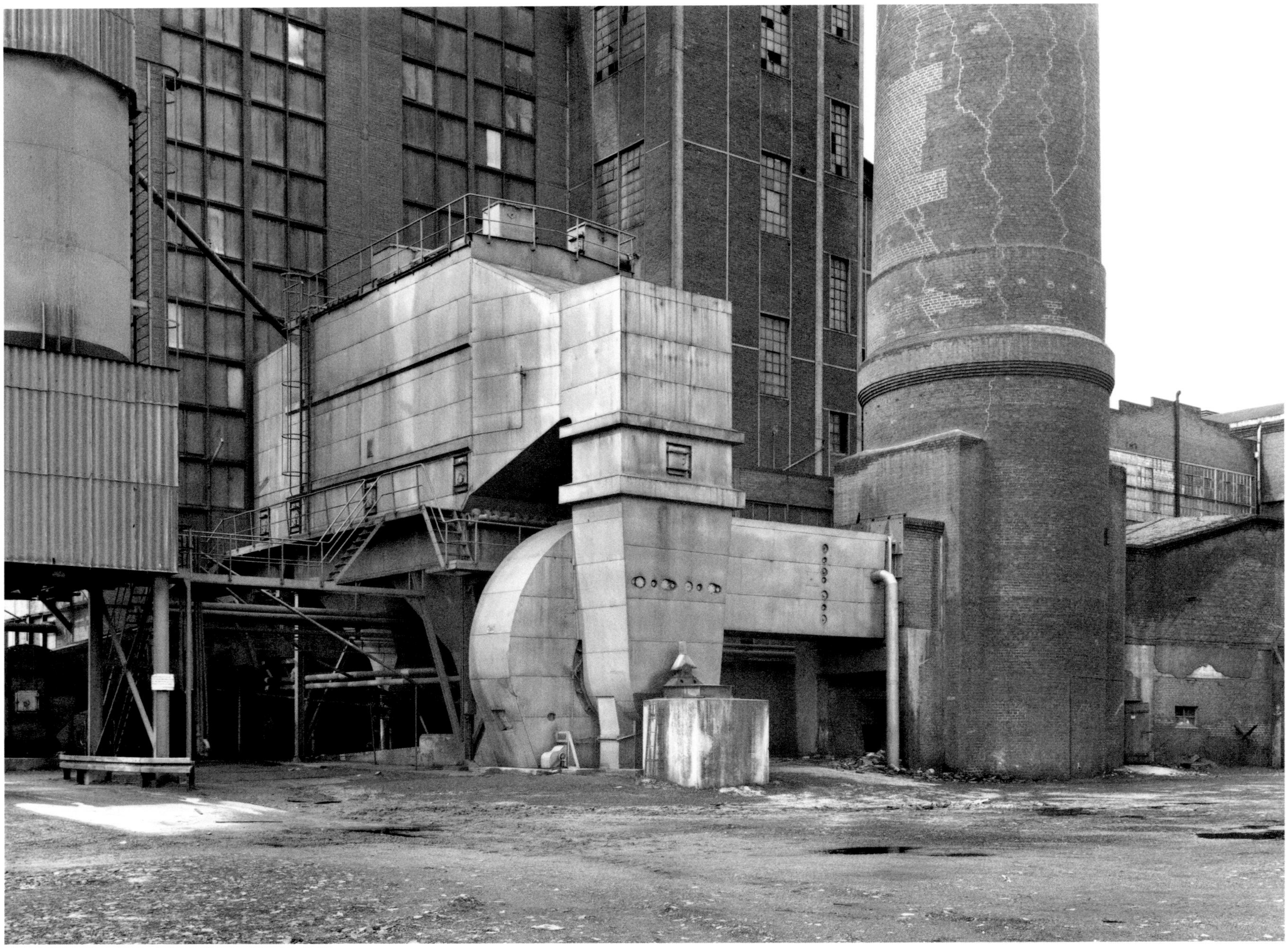

172
Rauchgasabsauger
Flue gas extractor

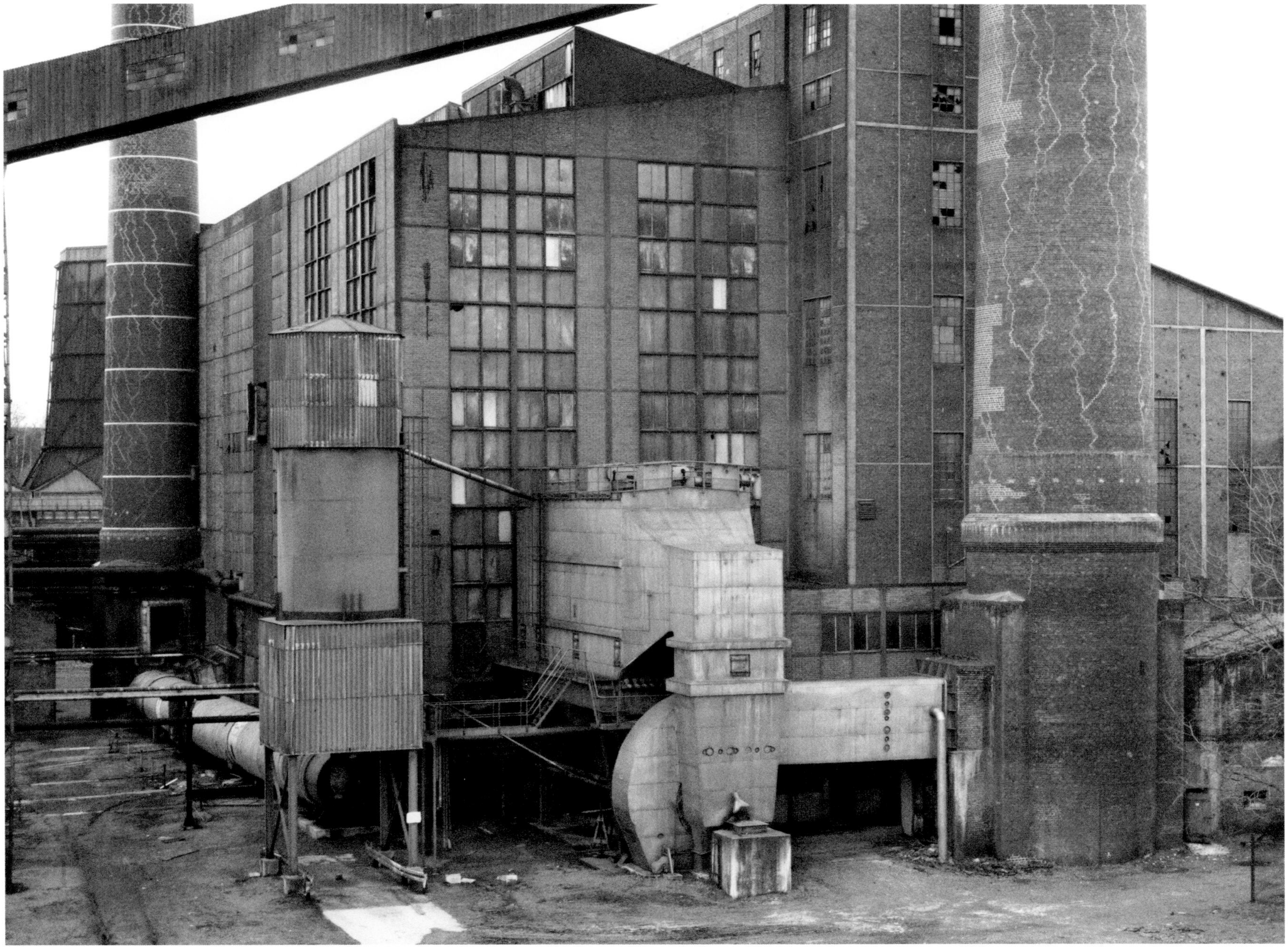

173
Kesselanlage von Osten
Hochbehälter, Rauchgasabsauger, Kamin

Boiler plant from the east
Elevated tank, flue gas extractor, chimney

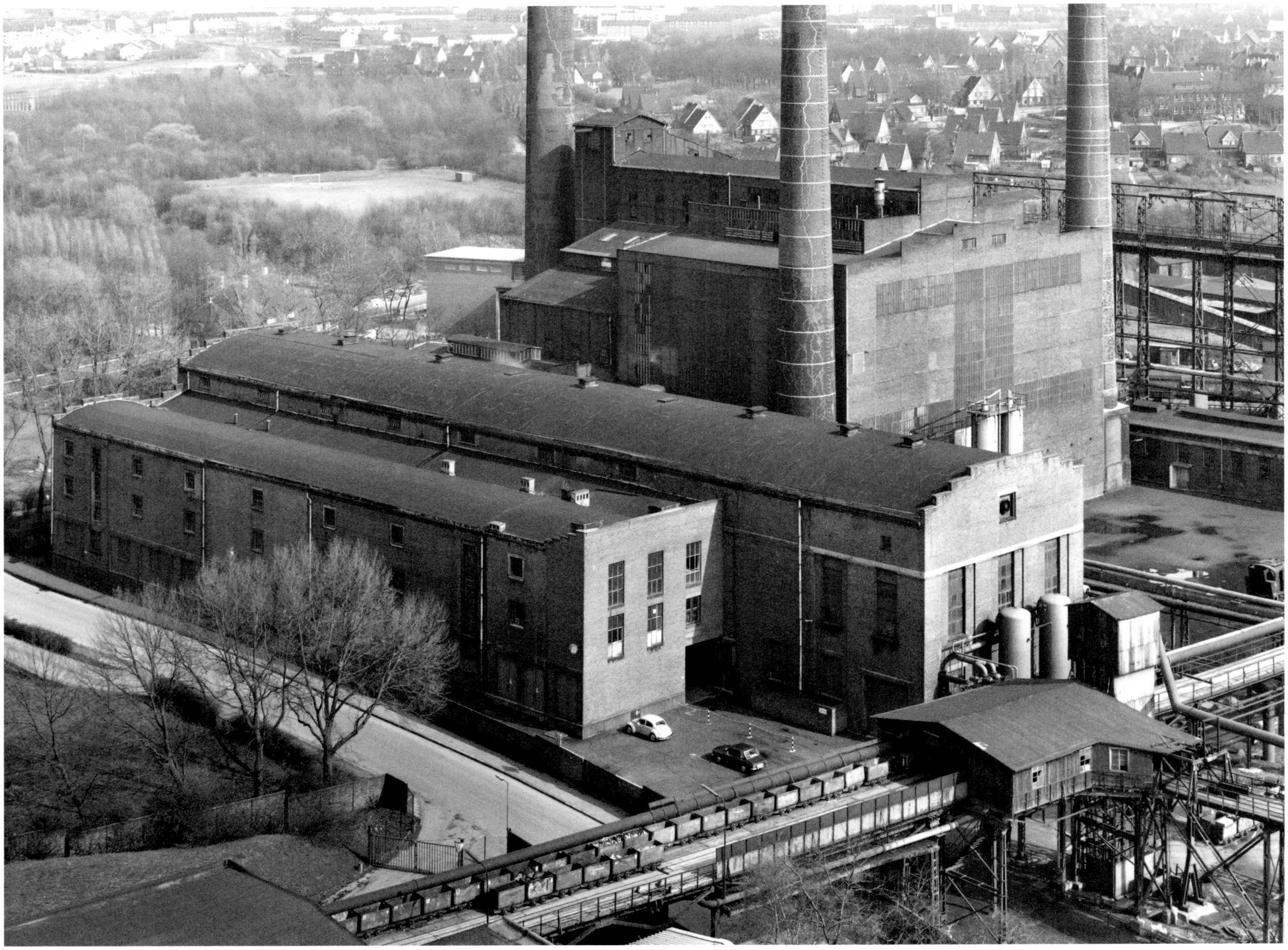

174
Kraftwerk von Westen
Schalthaus, Maschinenhaus, Kesselanlage

Power plant from the west
Distribution station, machine hall, boiler plant

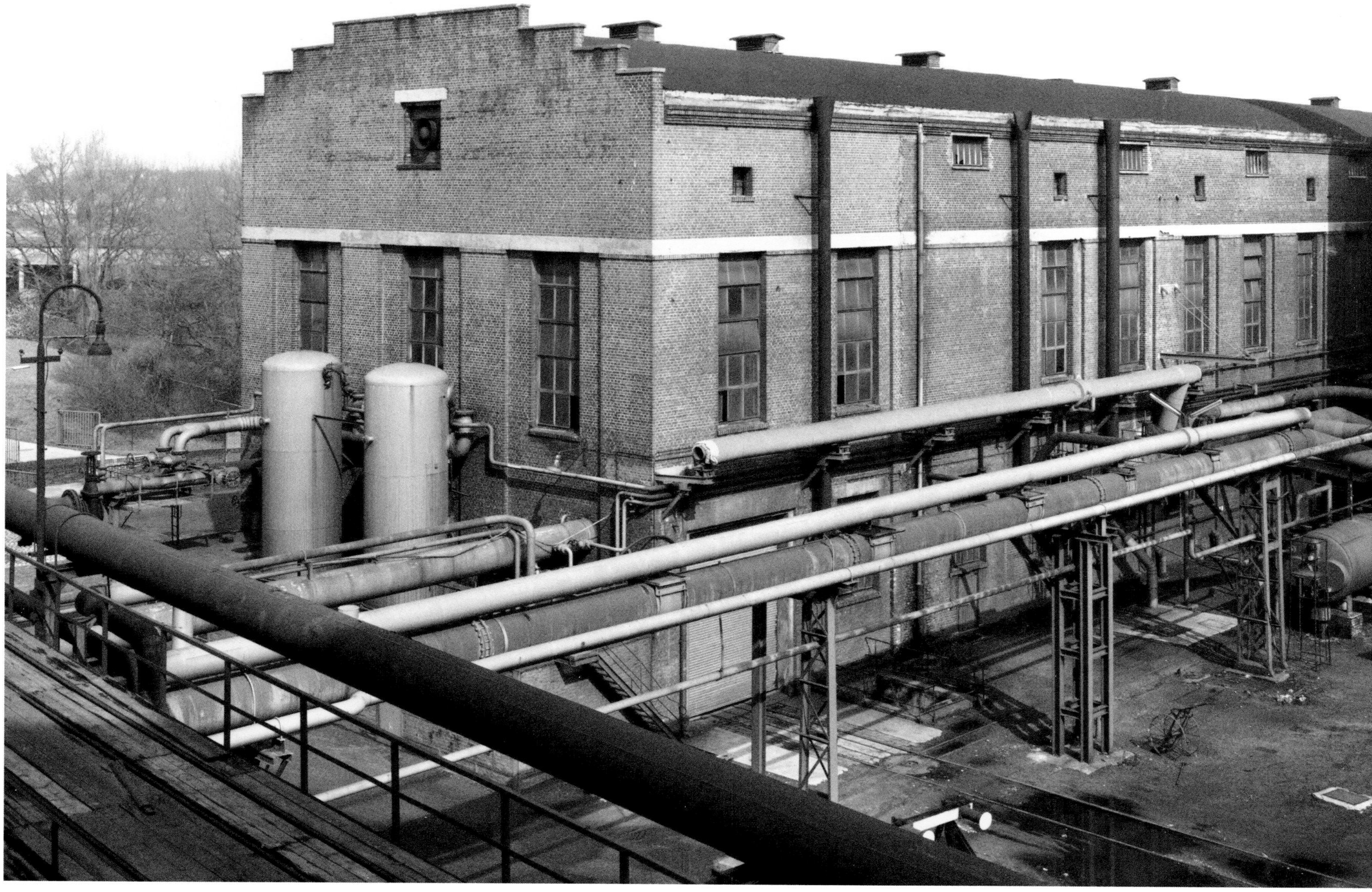

175
Maschinenhaus
Machine hall

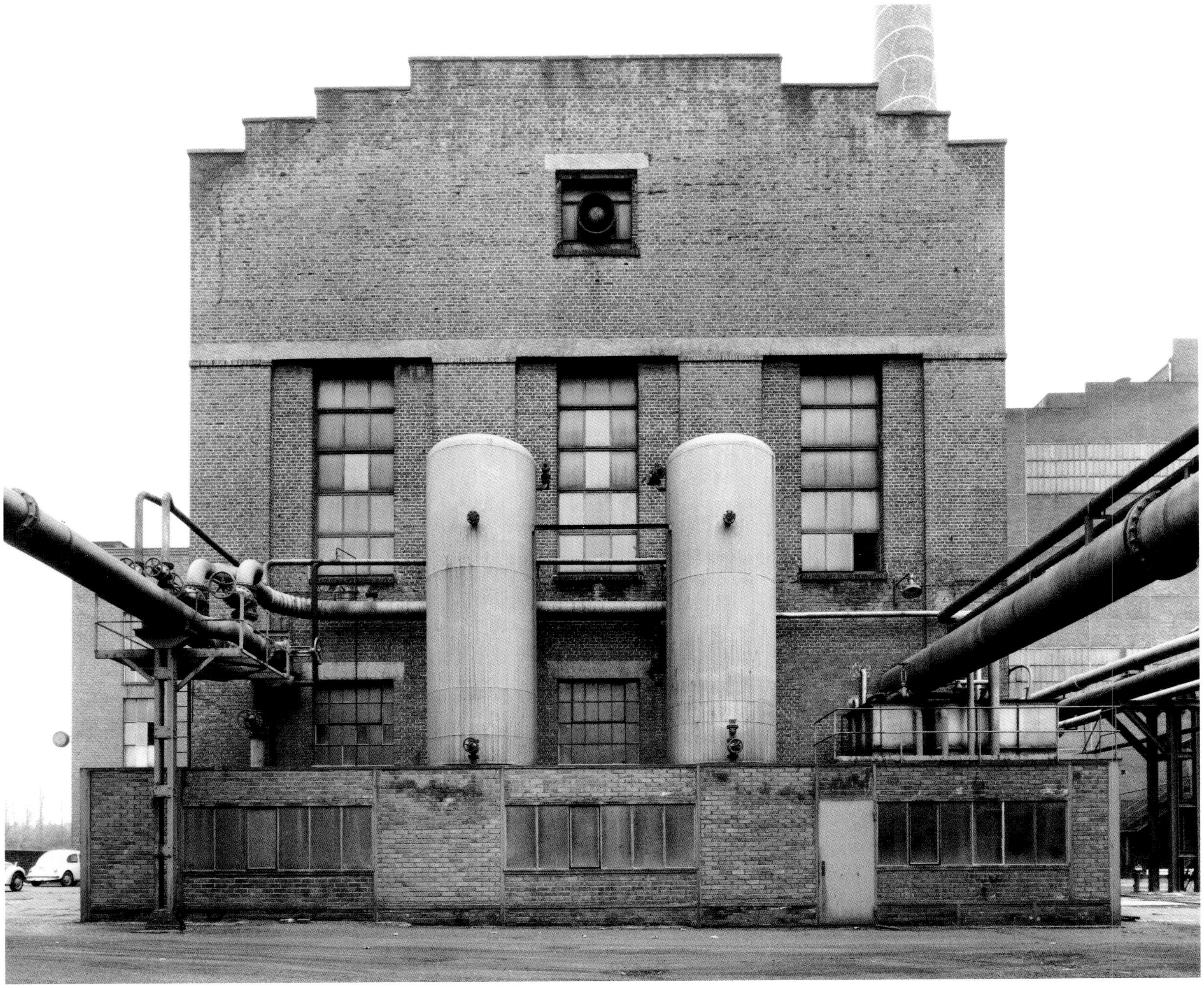

176
Maschinenhaus mit Druckluftnachkühlern
Machine hall with aftercoolers for compessed air

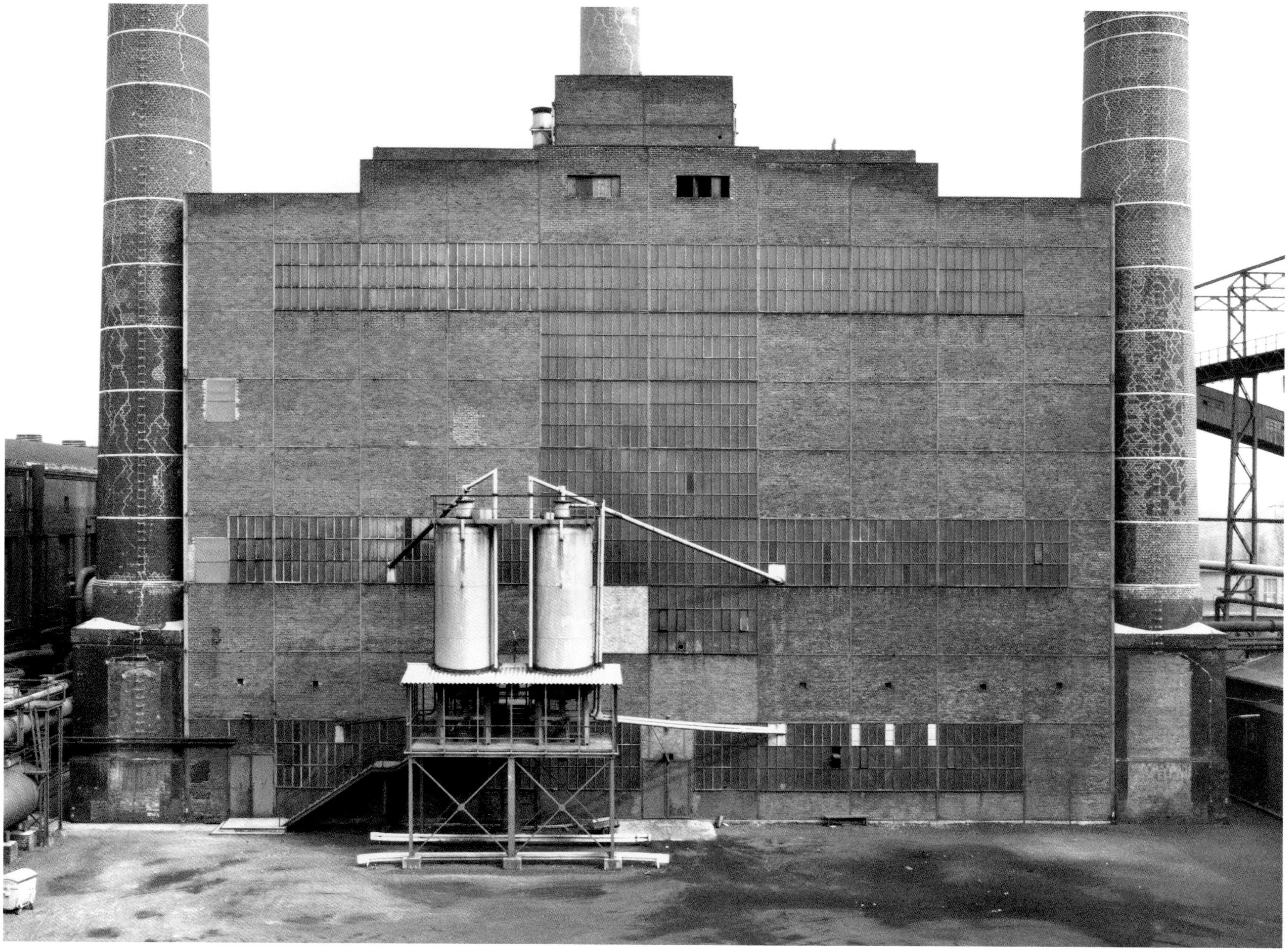

177
Kesselanlage
Boiler plant

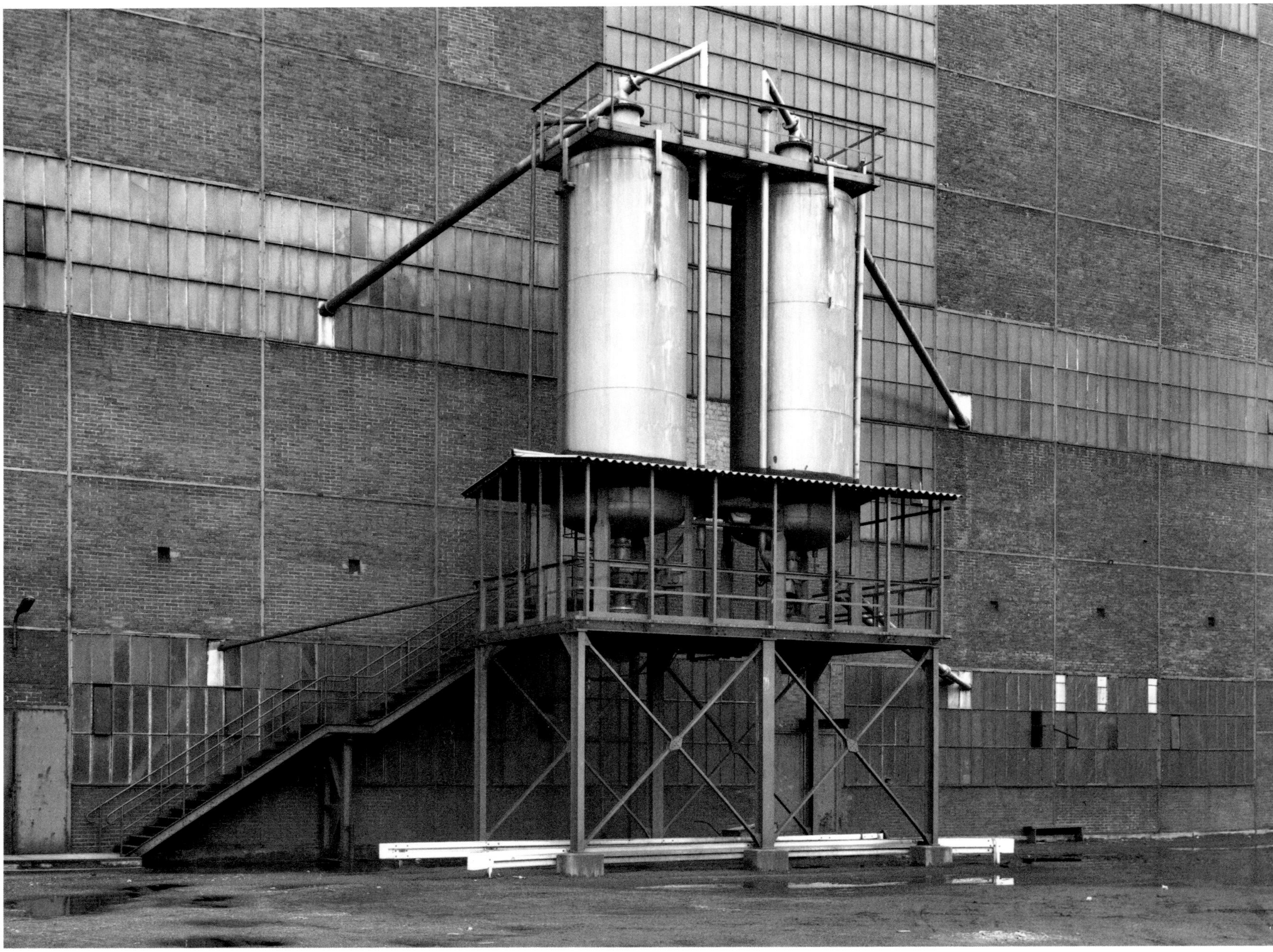

178
Kesselanlage, Detail
Boiler plant, detail

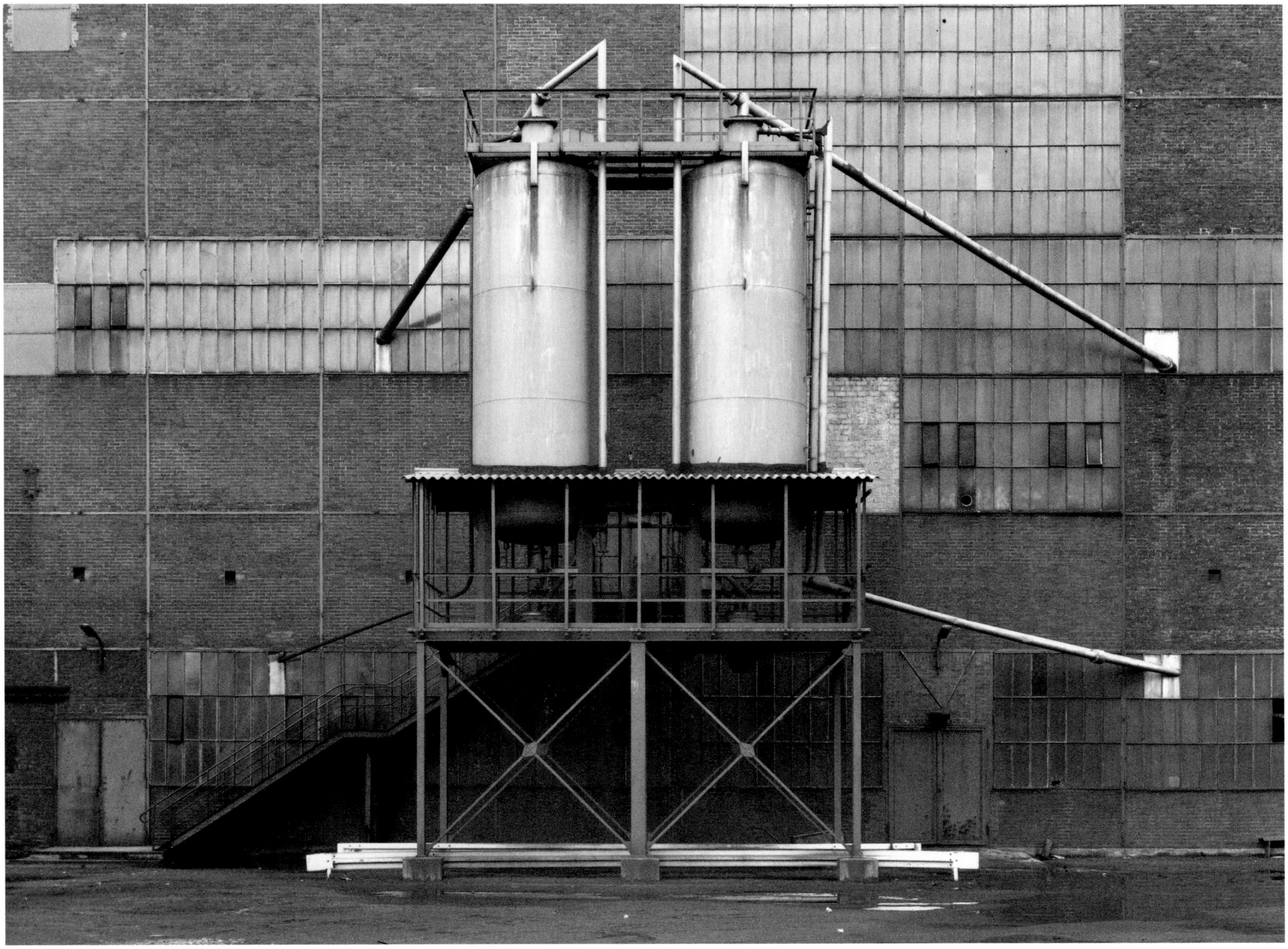

179
Kesselanlage, Detail
Boiler plant, detail

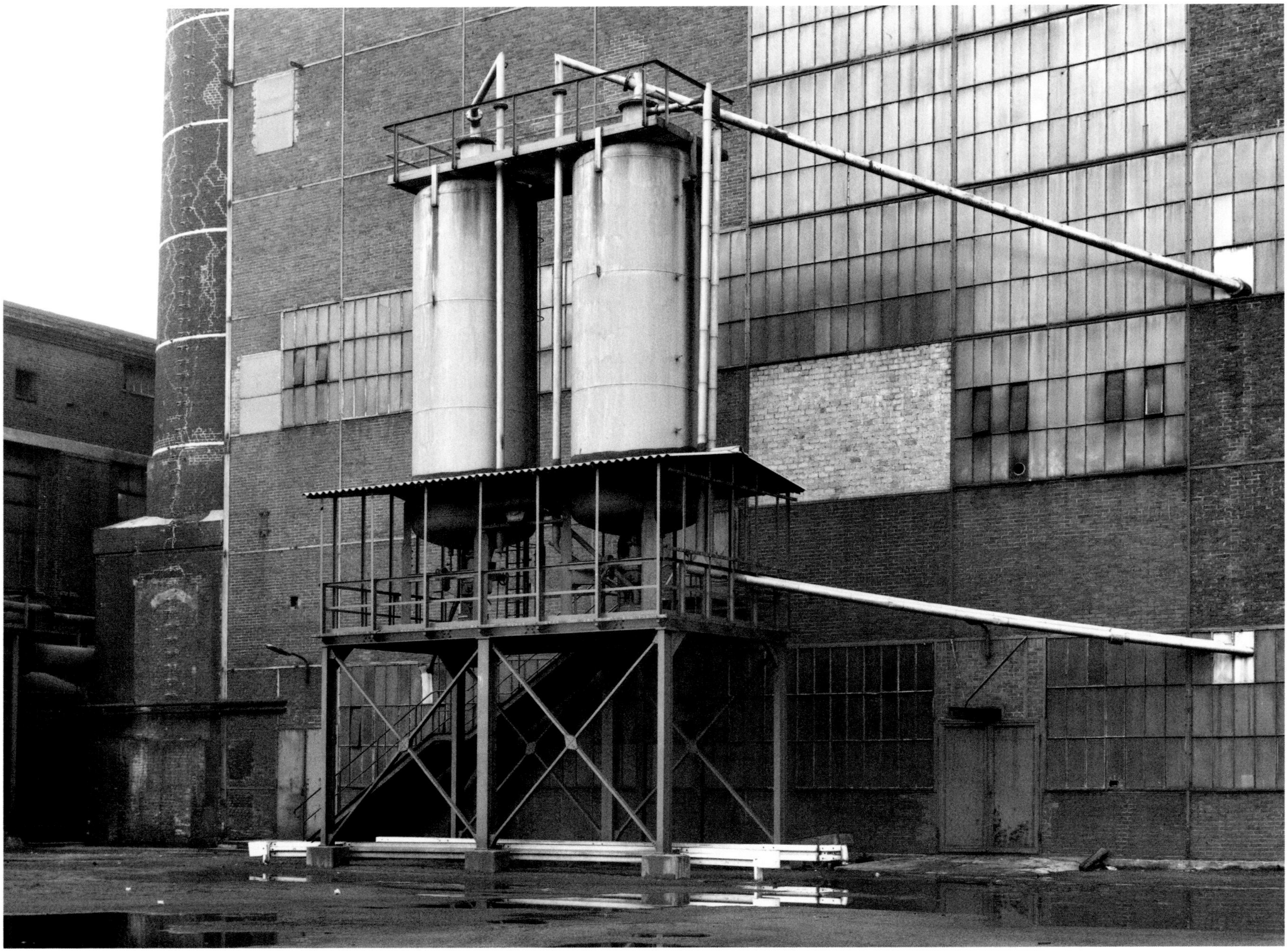

180
Kesselanlage, Detail
Boiler plant, detail

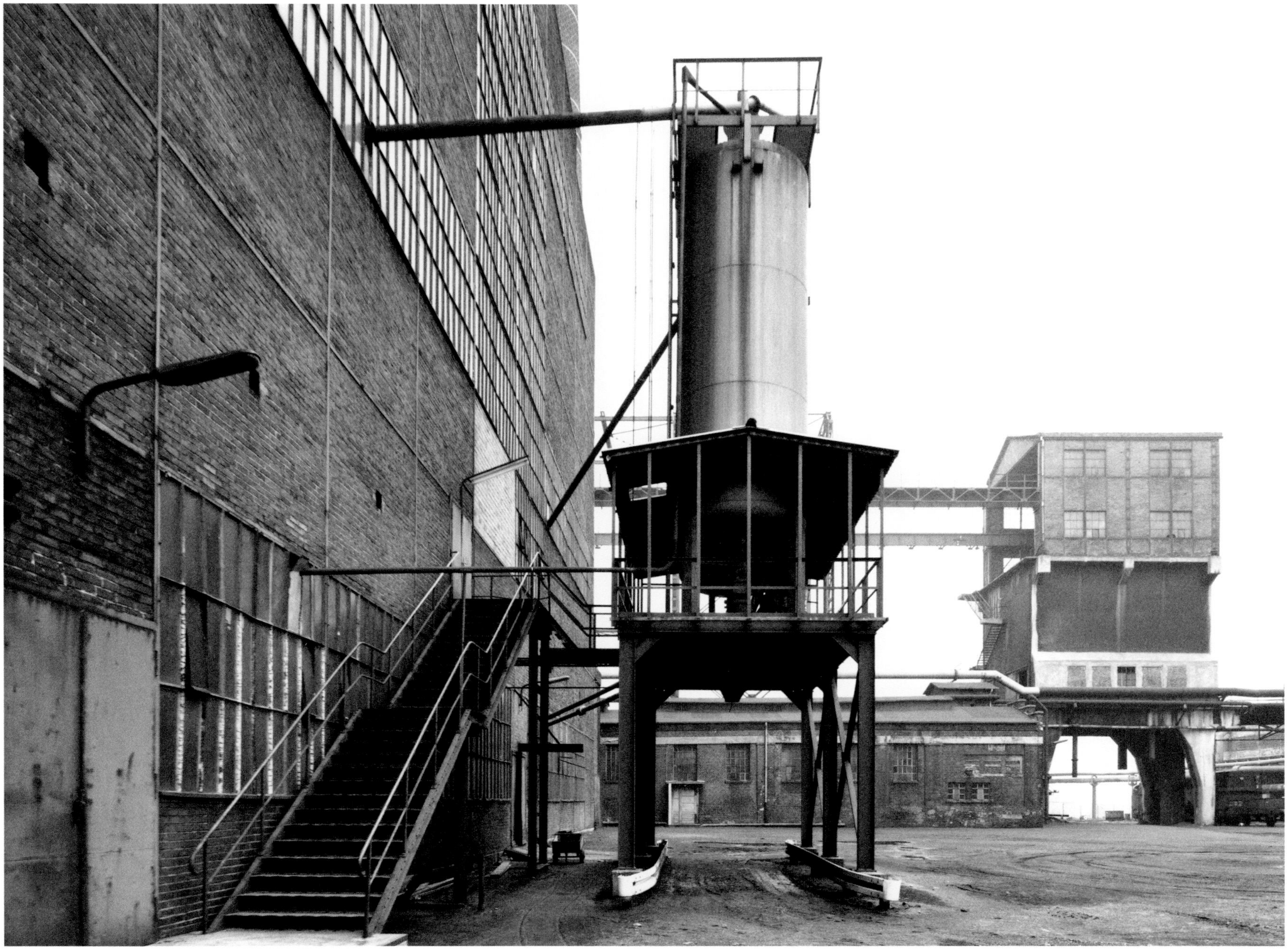

181
Kesselanlage, Detail
Boiler plant, detail

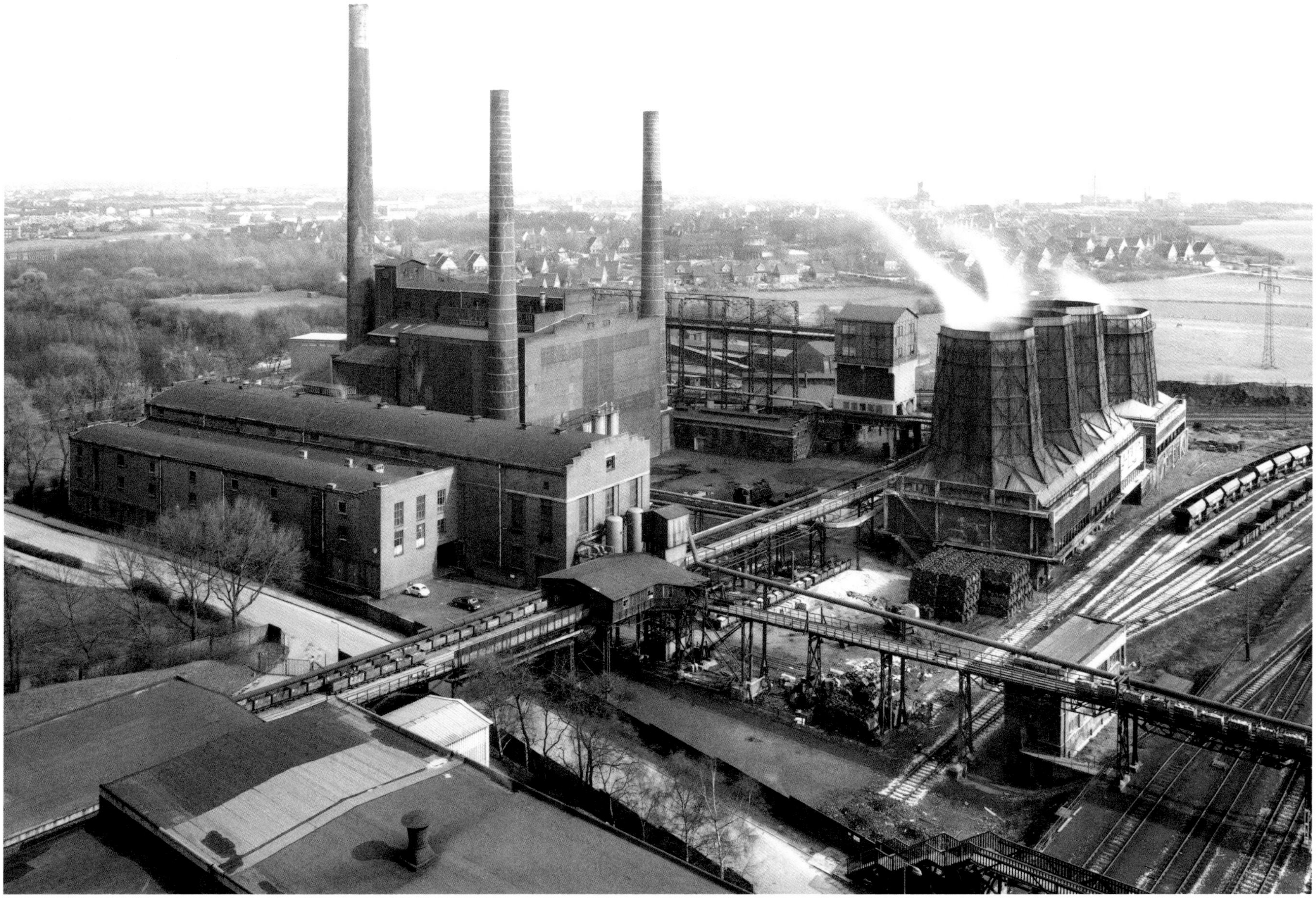

182
Kraftwerk von Nordwesten
Power plant from the north-west

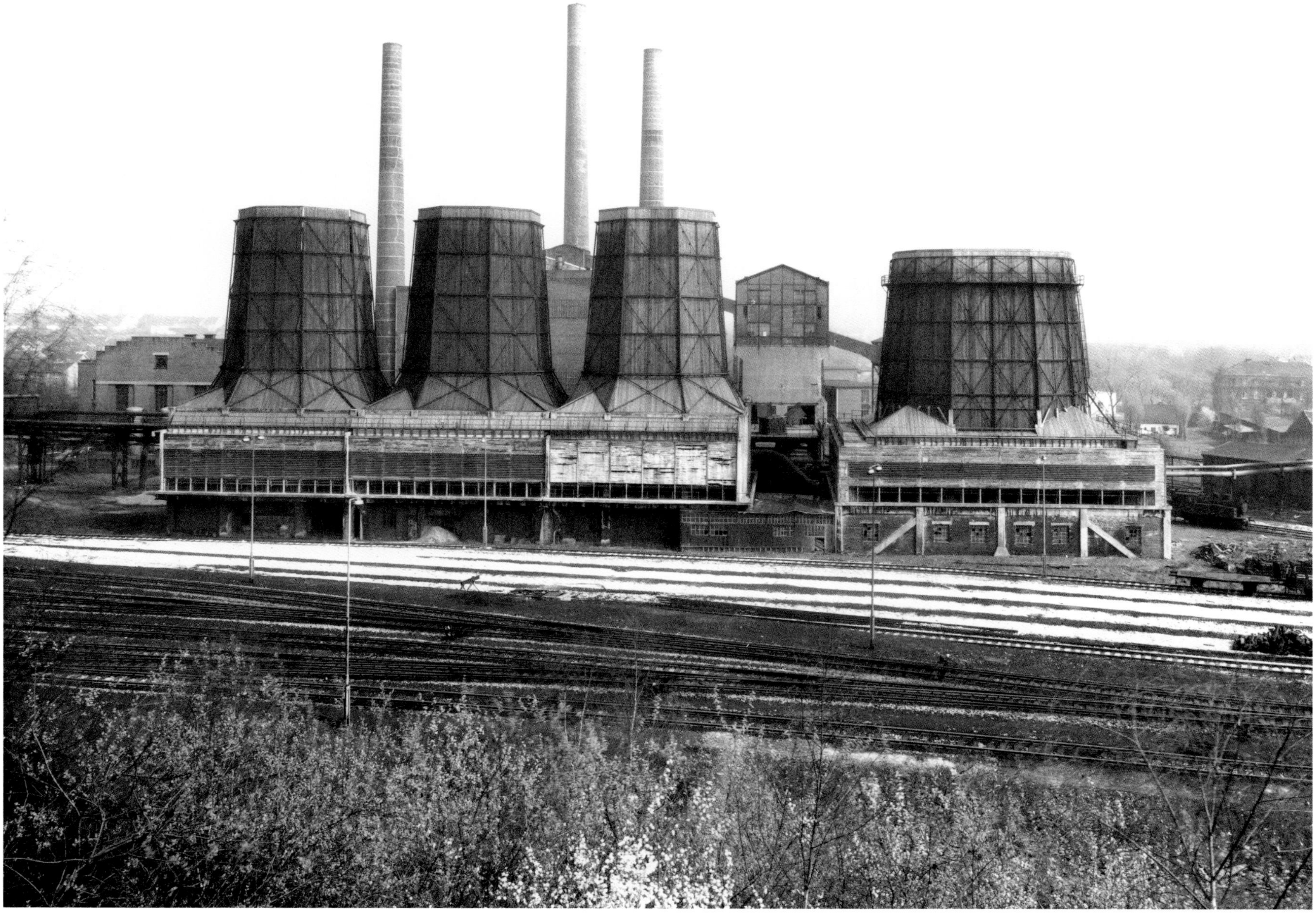

183
Kraftwerk von Westen
Kühltürme

Power plant from the west
Cooling towers

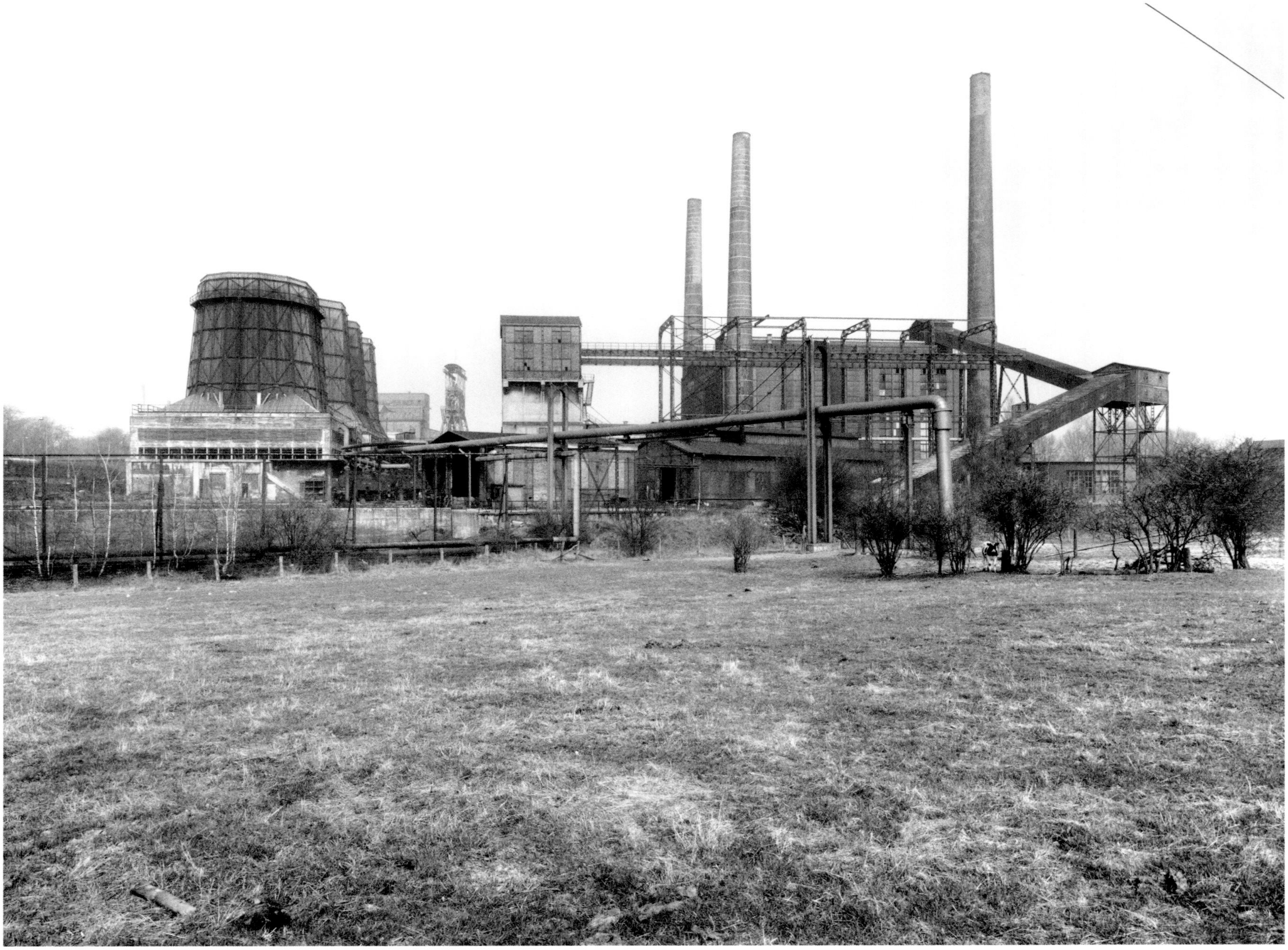

184
Kraftwerk von Südosten
Kühltürme, Verladung, Krananlage, Bandstraße, Kesselanlage

Power plant from the south-east
Cooling towers, loading bay, crane installation, conveyor belts, boiler plant

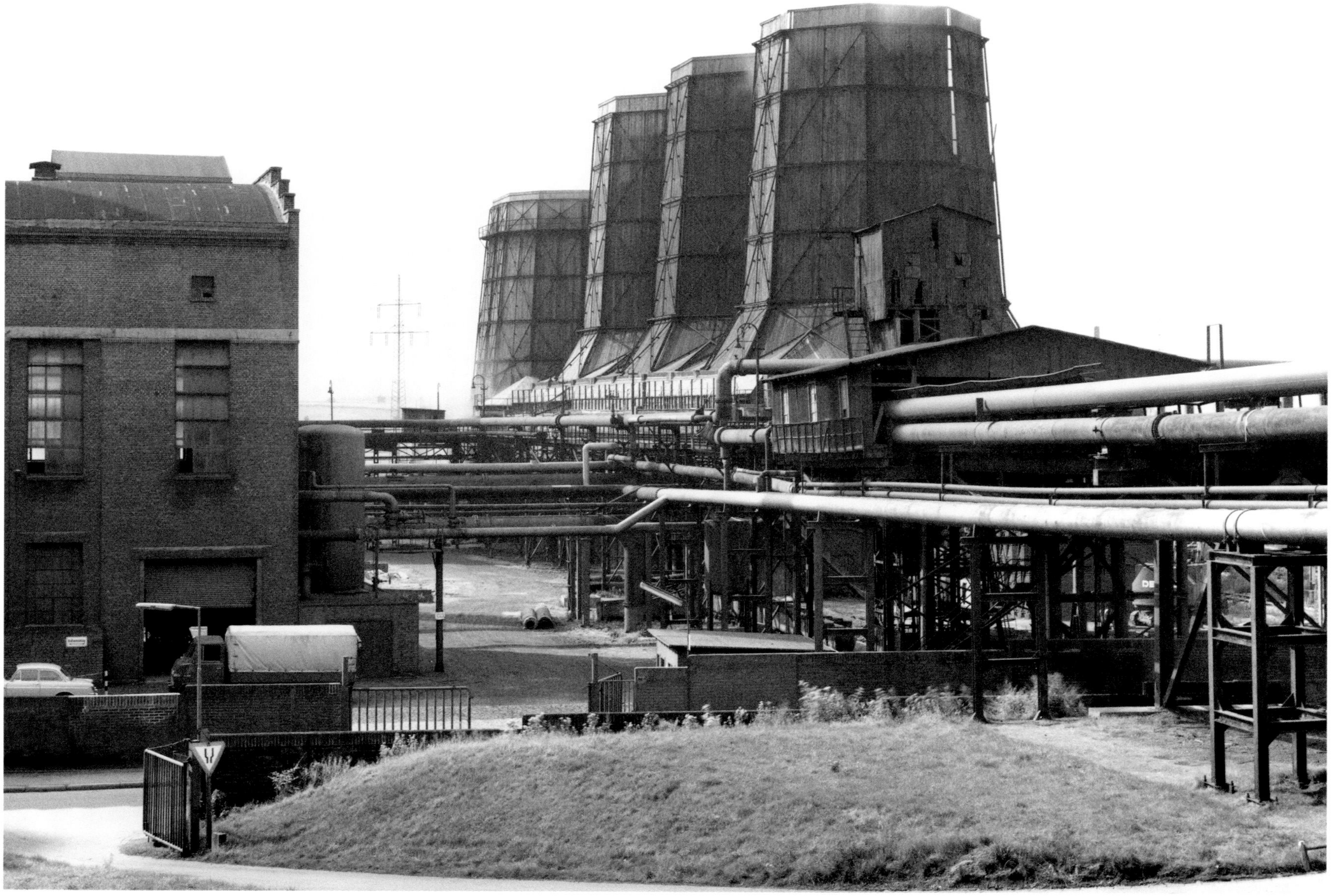

185
Kraftwerk von Nordosten
Kühltürme

Power plant from the north-east
Cooling towers

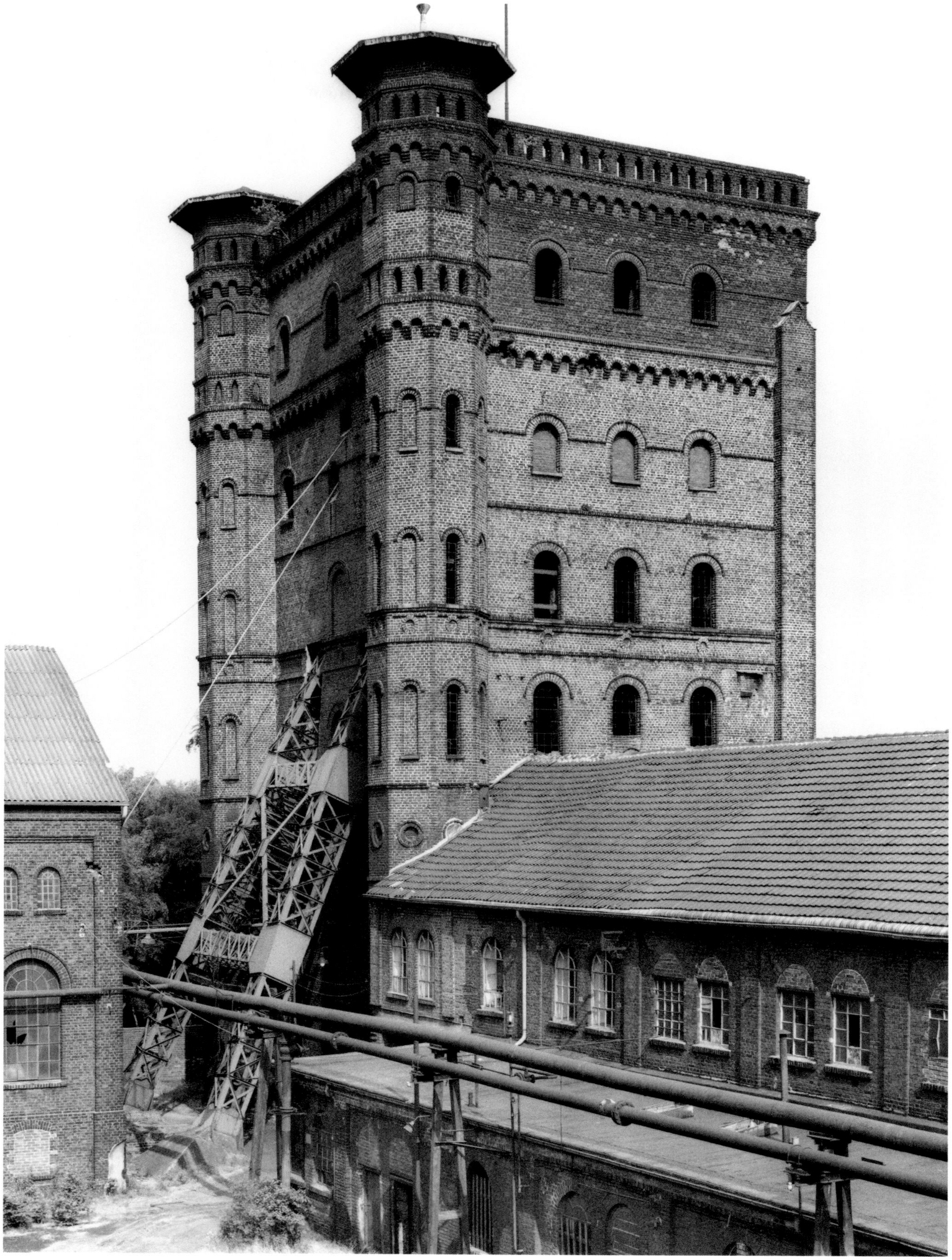

186
Malakow-Turm, Schacht 3
Malakov tower, shaft 3

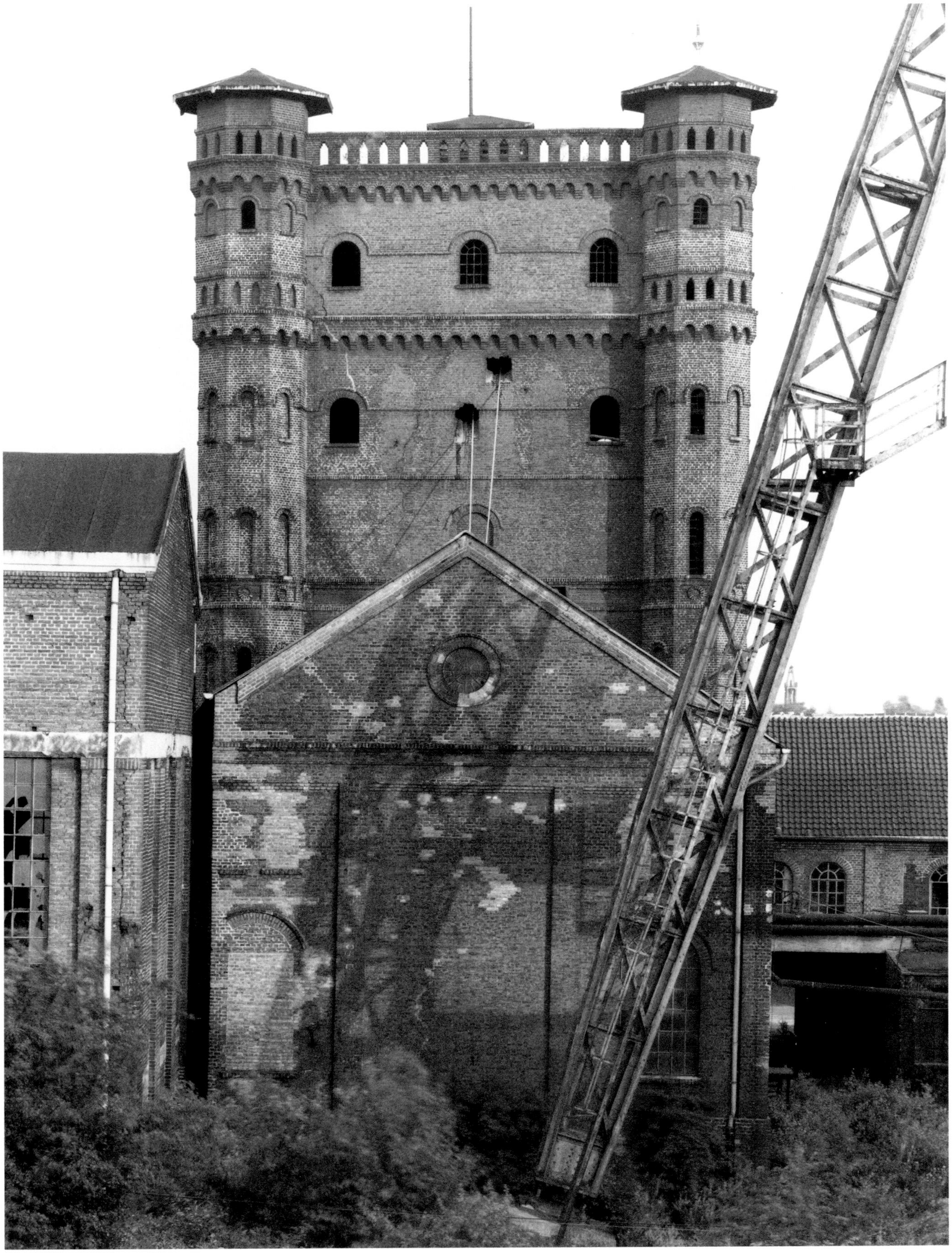

187
Malakow-Turm, Schacht 3
Malakov tower, shaft 3

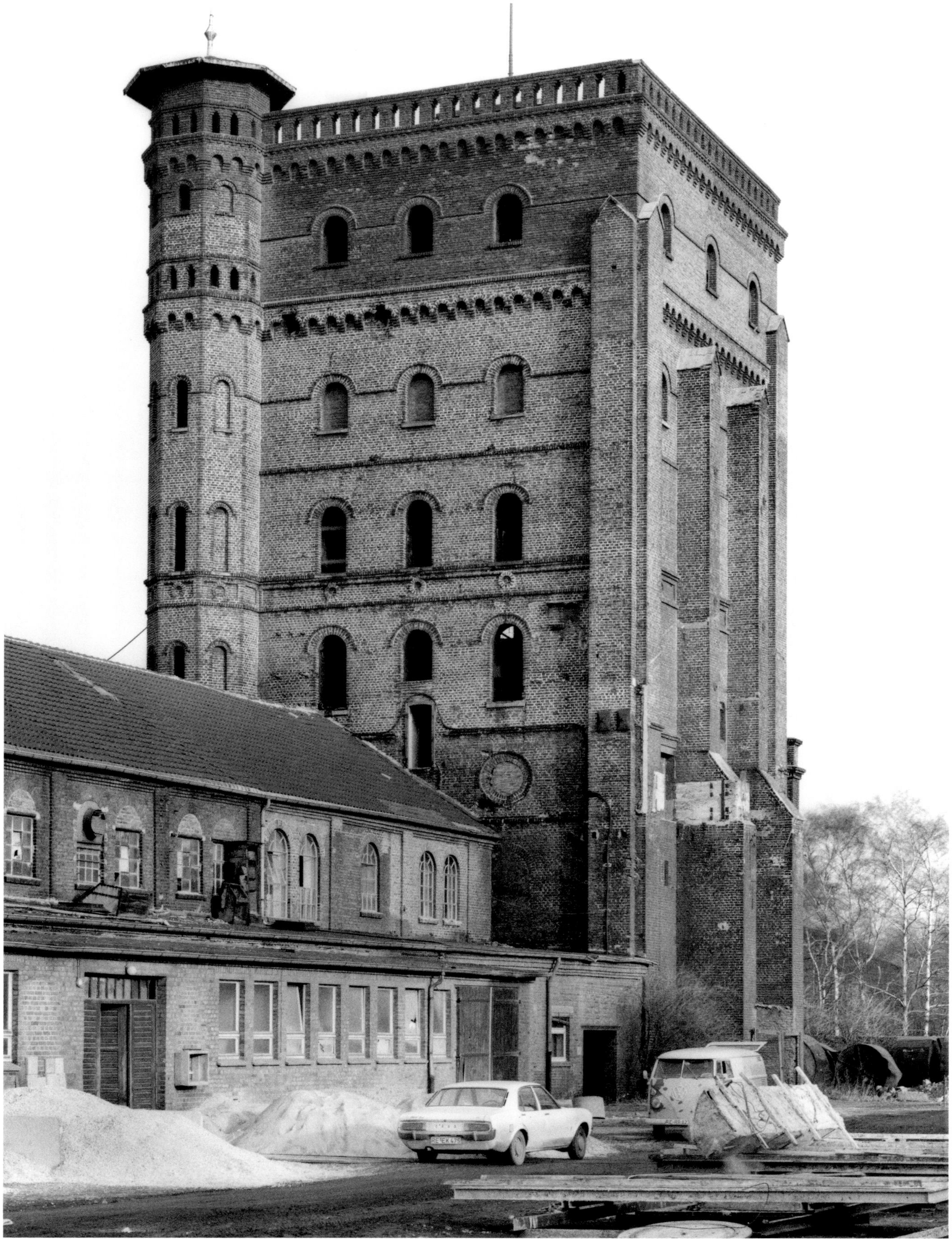

188
Malakow-Turm, Schacht 3
Malakov tower, shaft 3

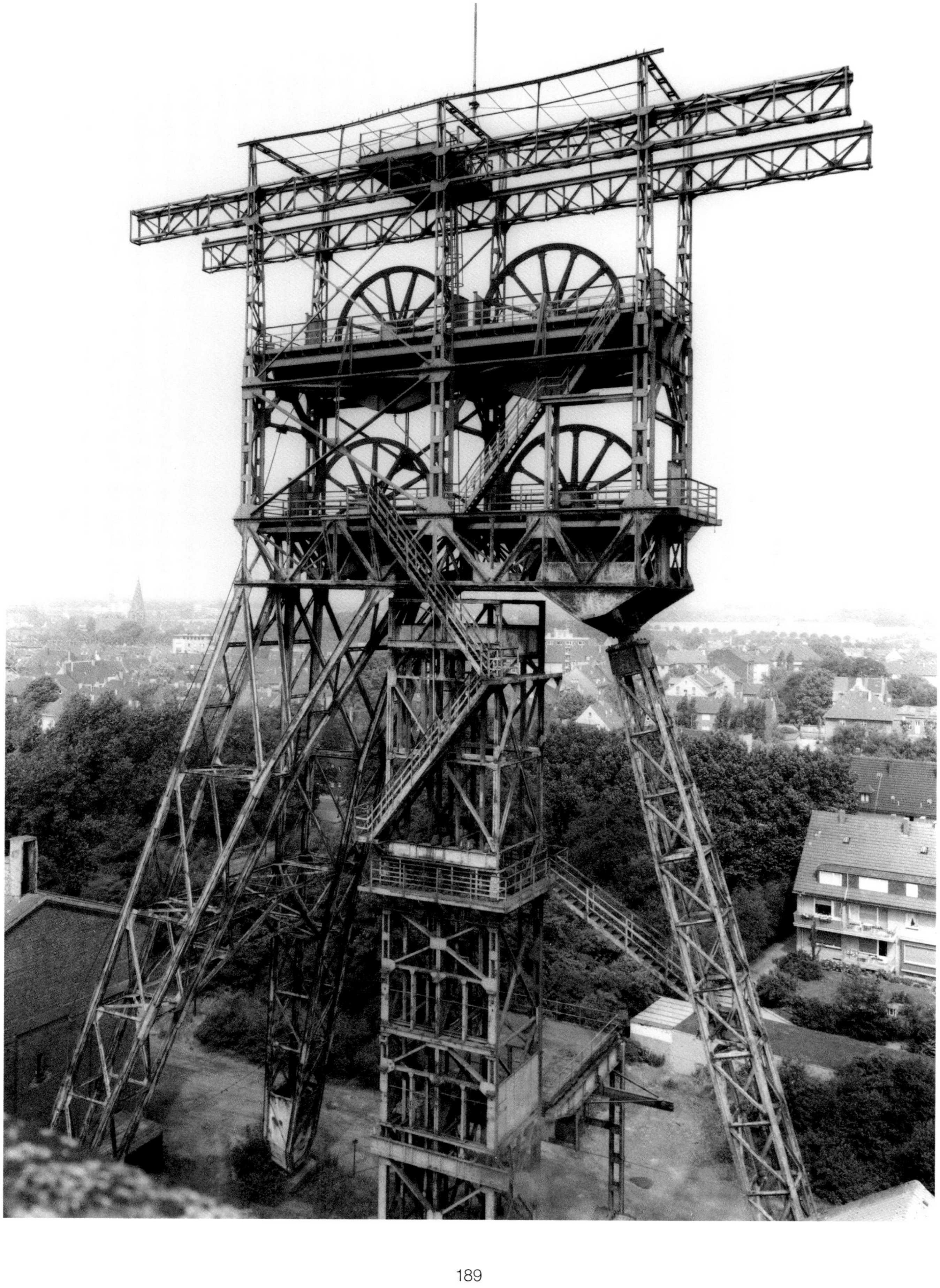

189
Doppelstrebengerüst, Schacht 6
Double headgear, shaft 6

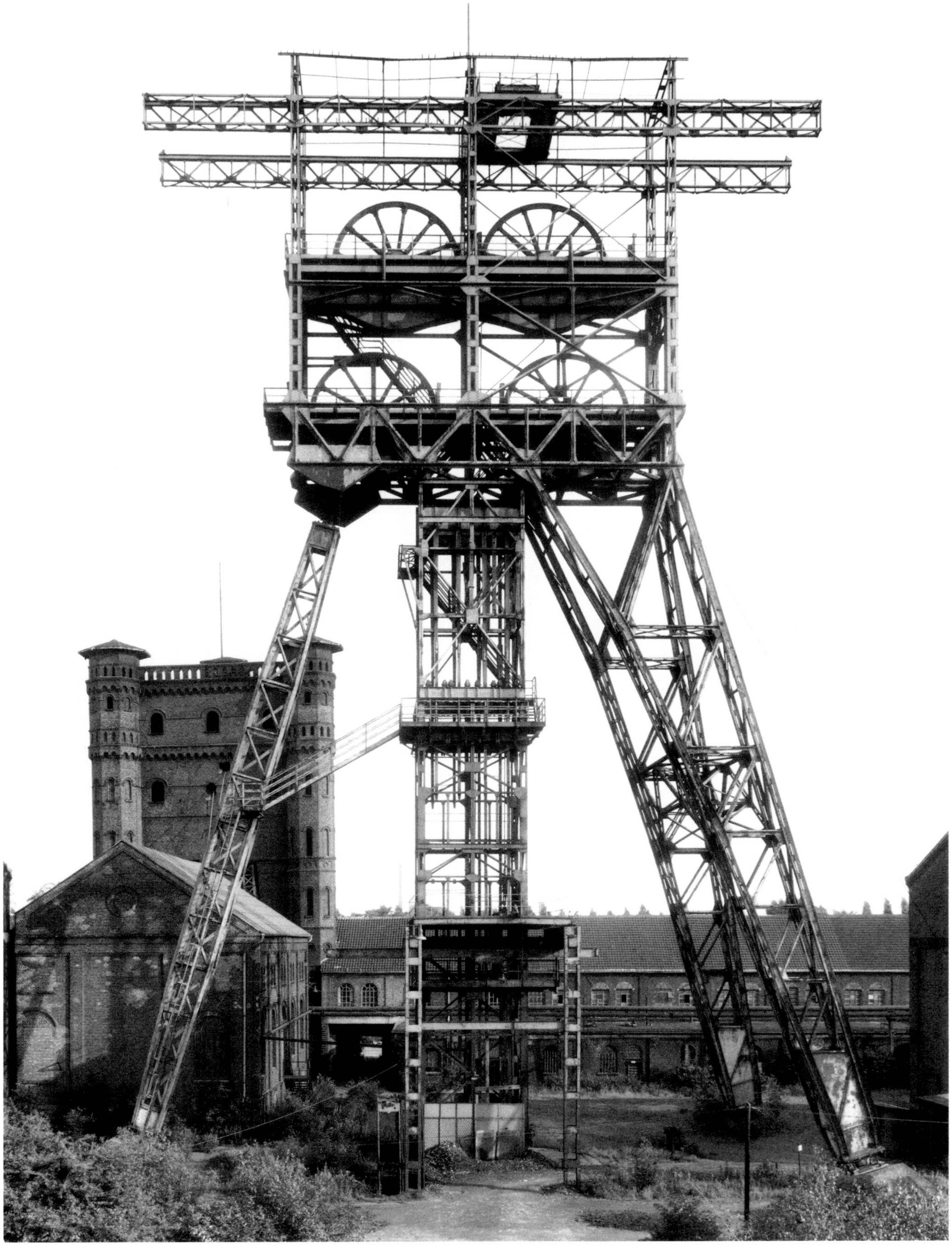

190
Doppelstrebengerüst, Schacht 6
Double headgear, shaft 6

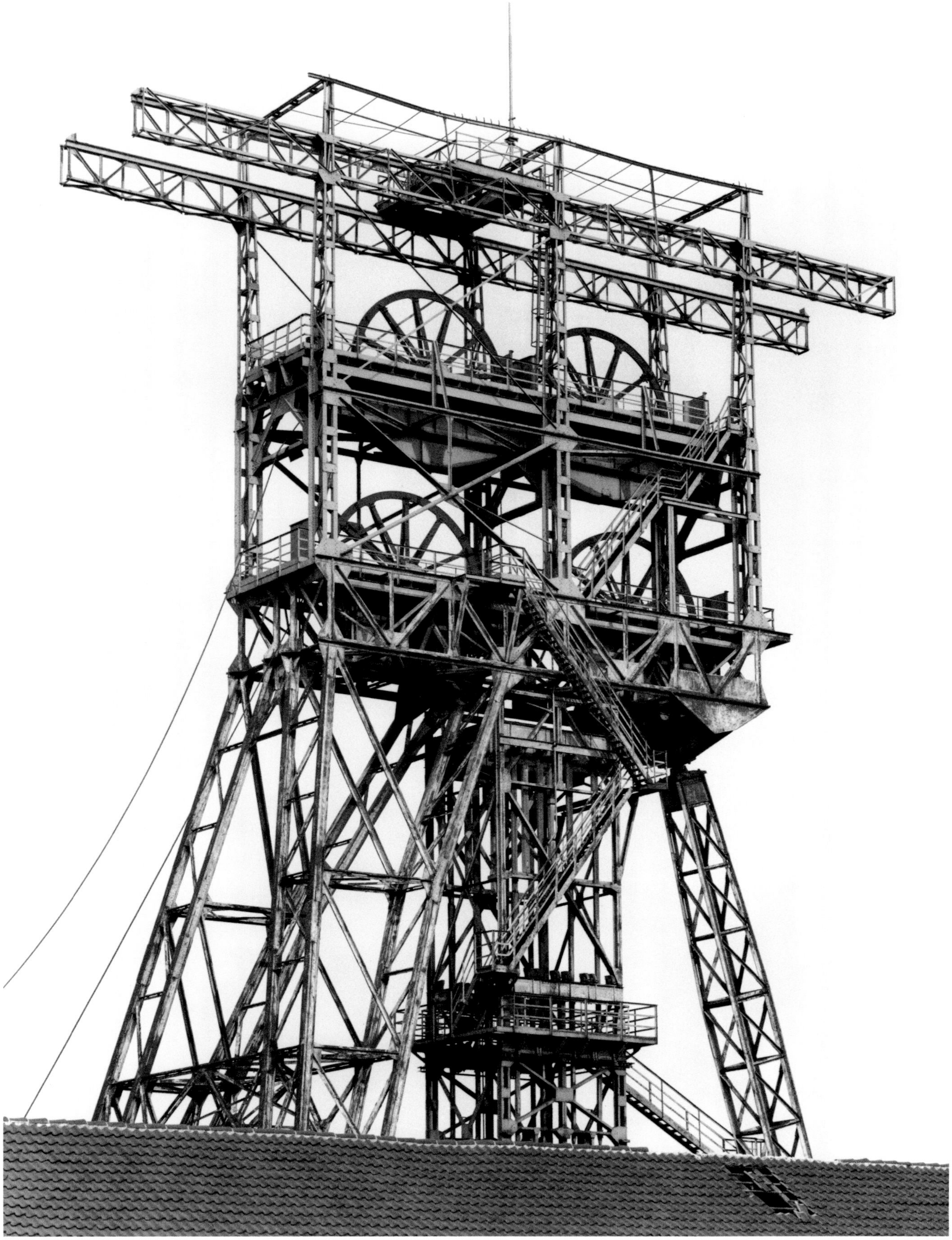

191
Doppelstrebengerüst, Schacht 6
Double headgear, shaft 6

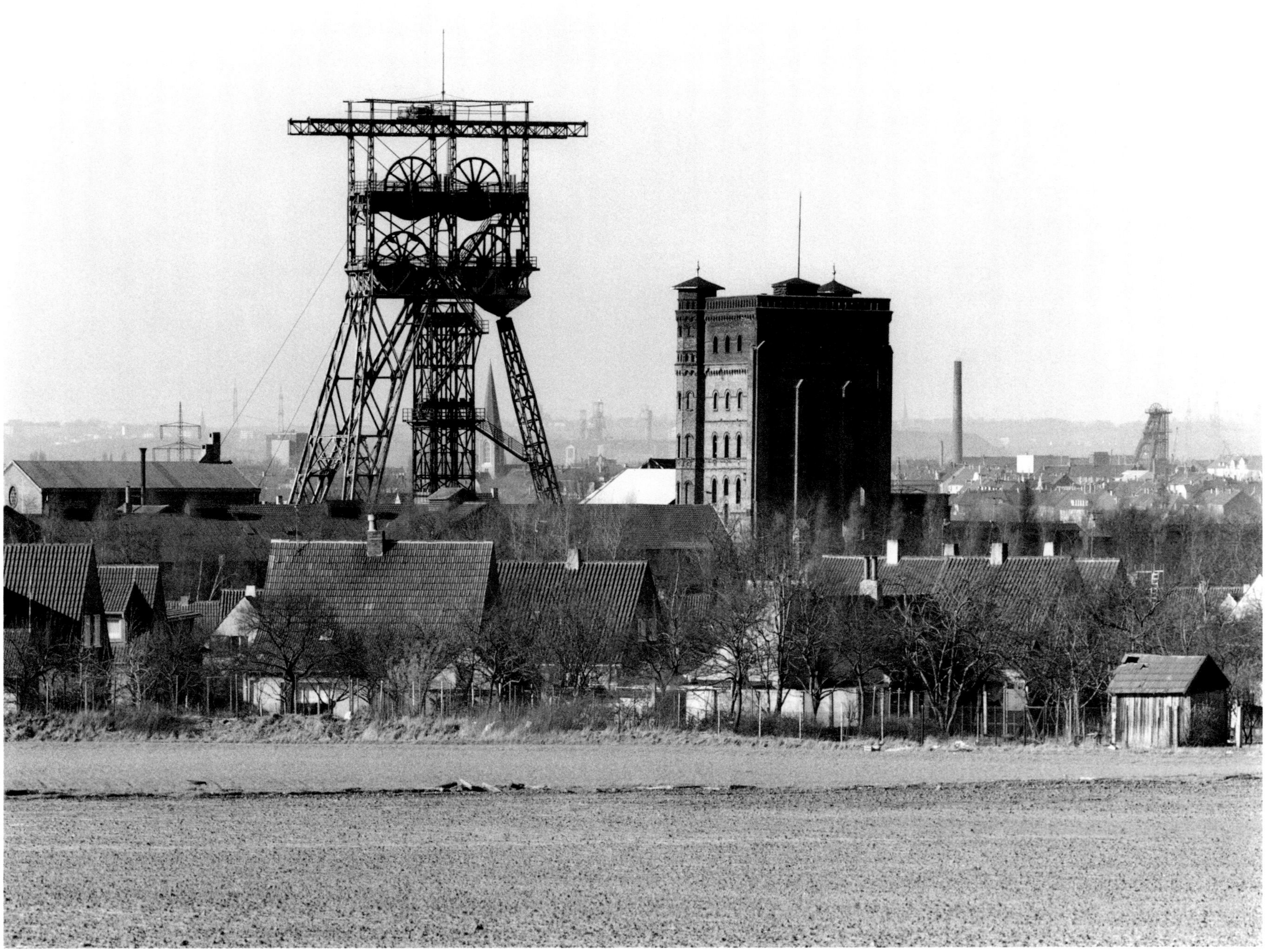

192
Schachtanlage 3/4/6 von Südwesten
Shafts 3/4/6 from the south-west

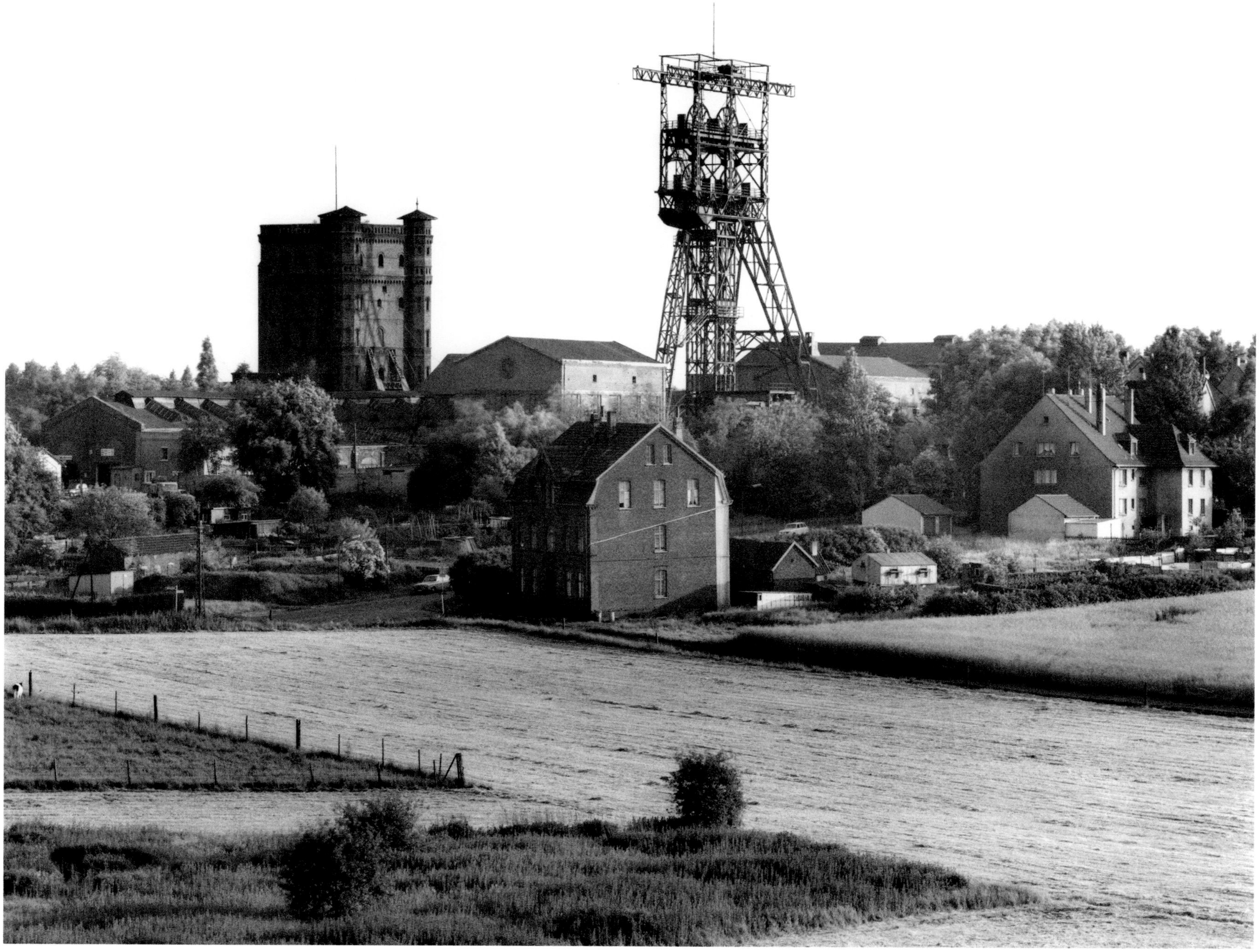

193
Schachtanlage 3/4/6 von Nordosten
Shafts 3/4/6 from the north-east

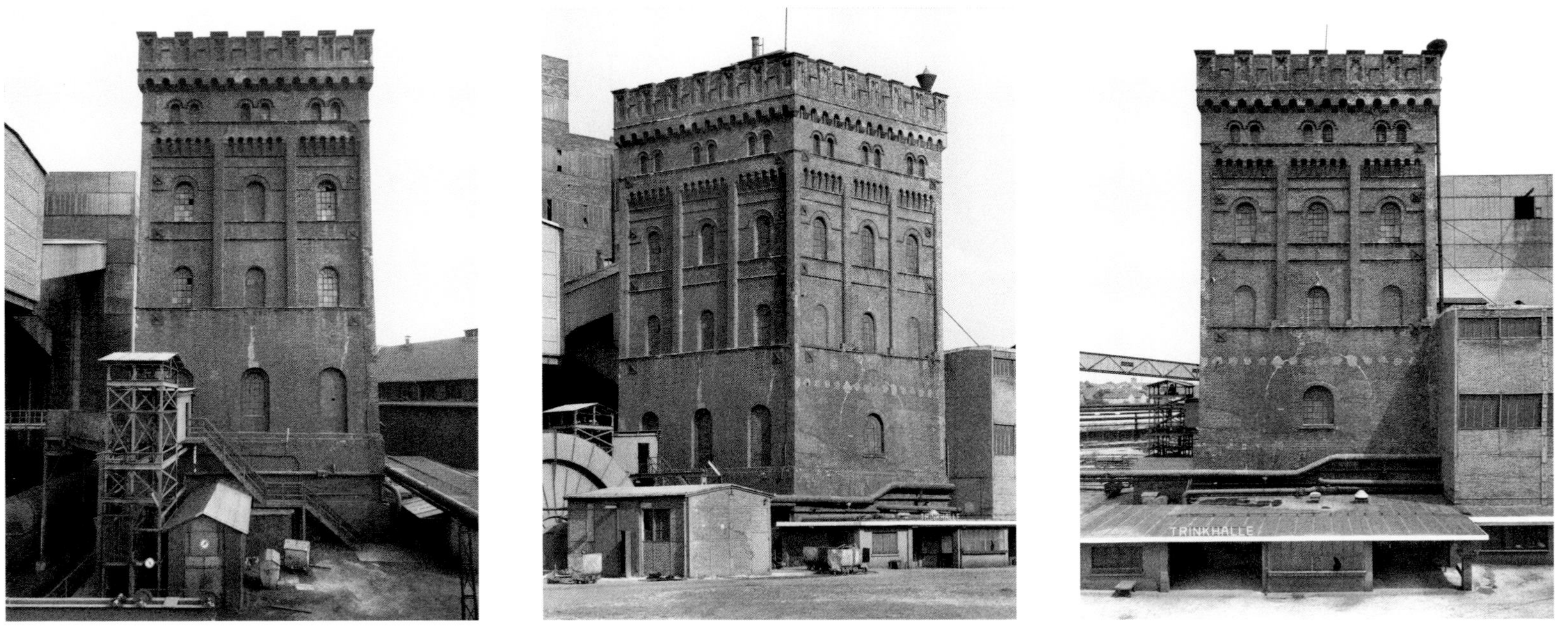

194
Malakow-Turm, Schacht 1
Malakov tower, shaft 1

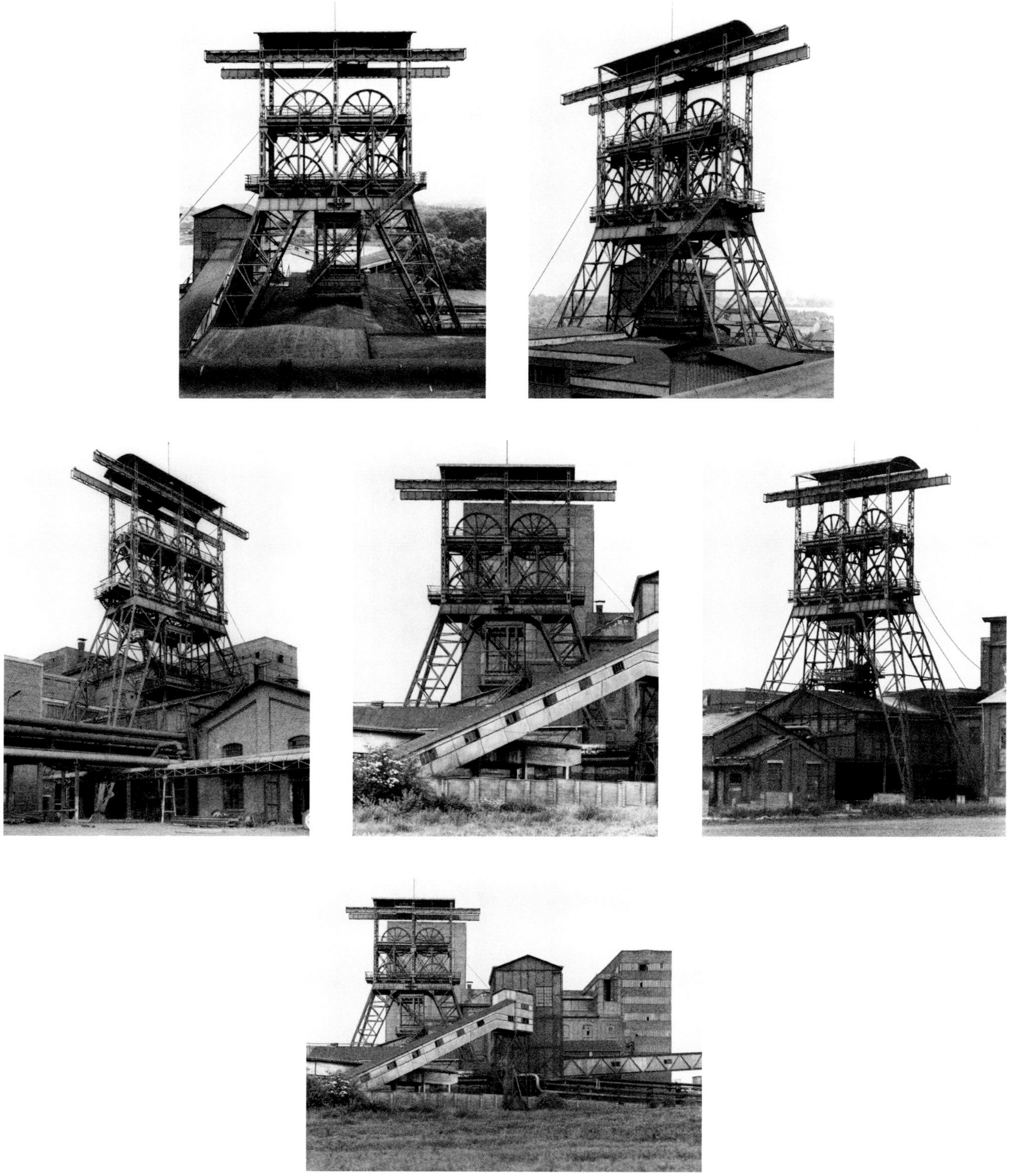

195
Doppelstrebengerüst, Schacht 5
Double headgear, shaft 5

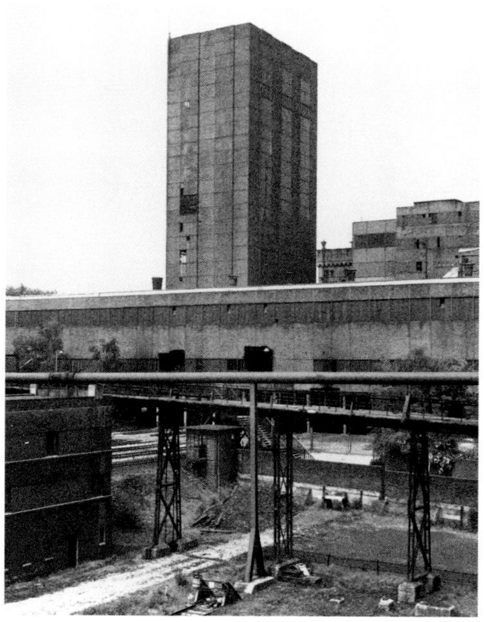 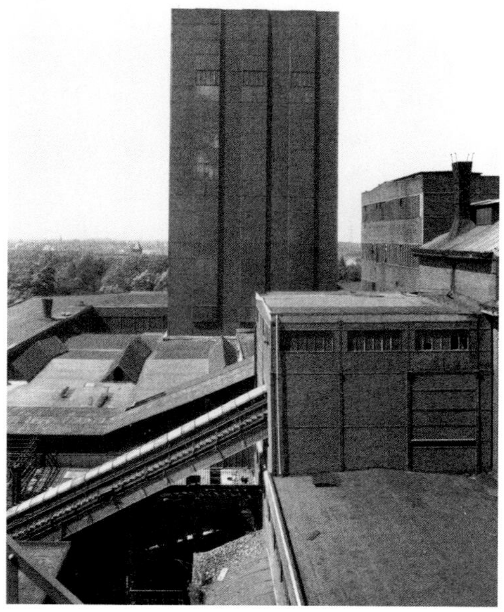 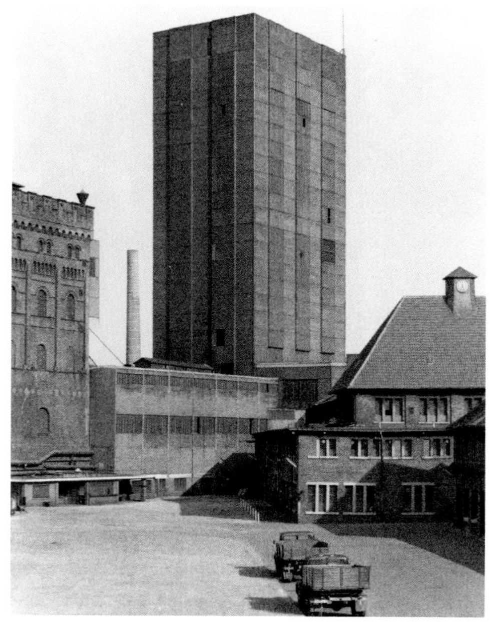

196
Turmförderanlage, Schacht 2
Tower-type winder, shaft 2

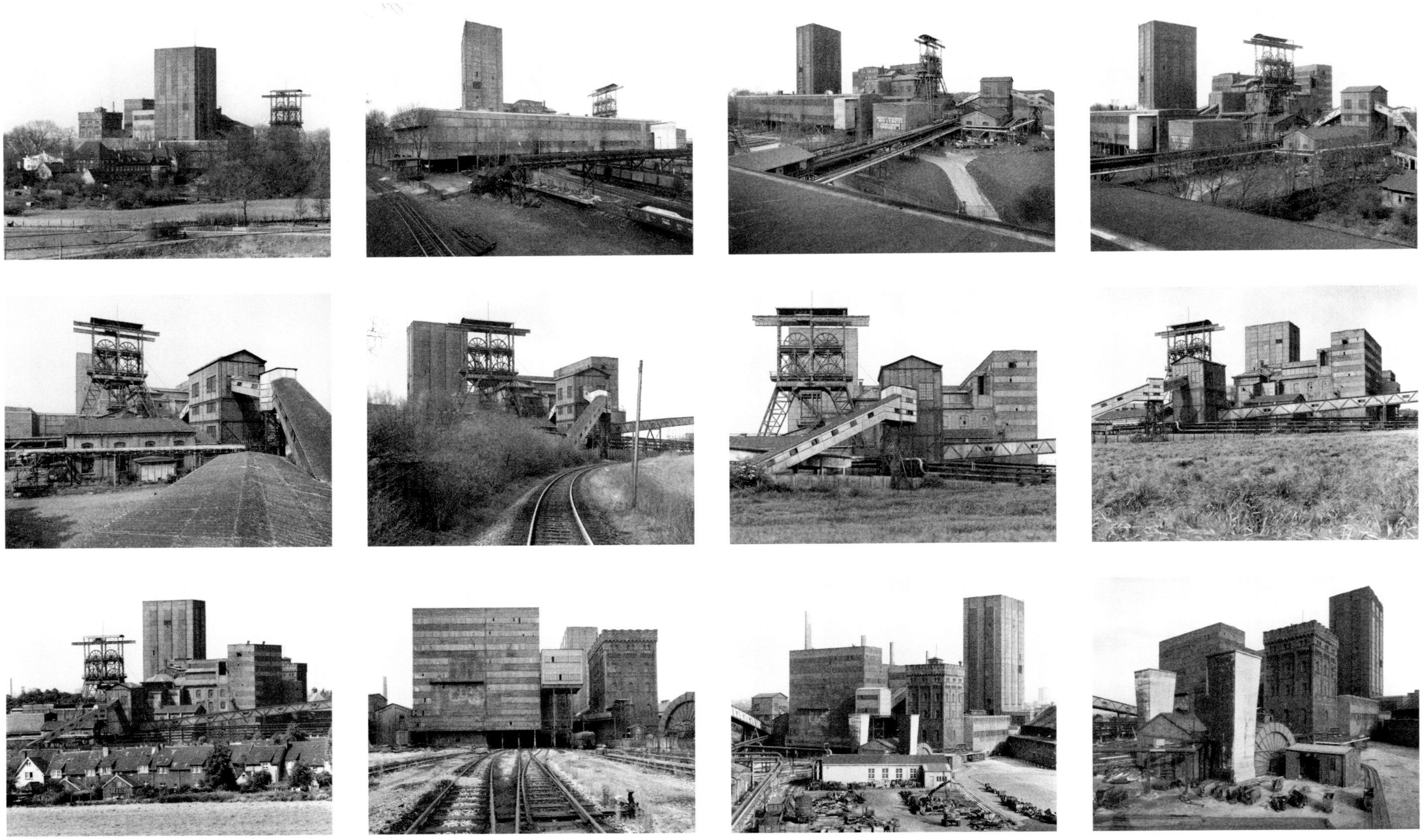

197
Schachtanlage 1/2/5
Shafts 1/2/5

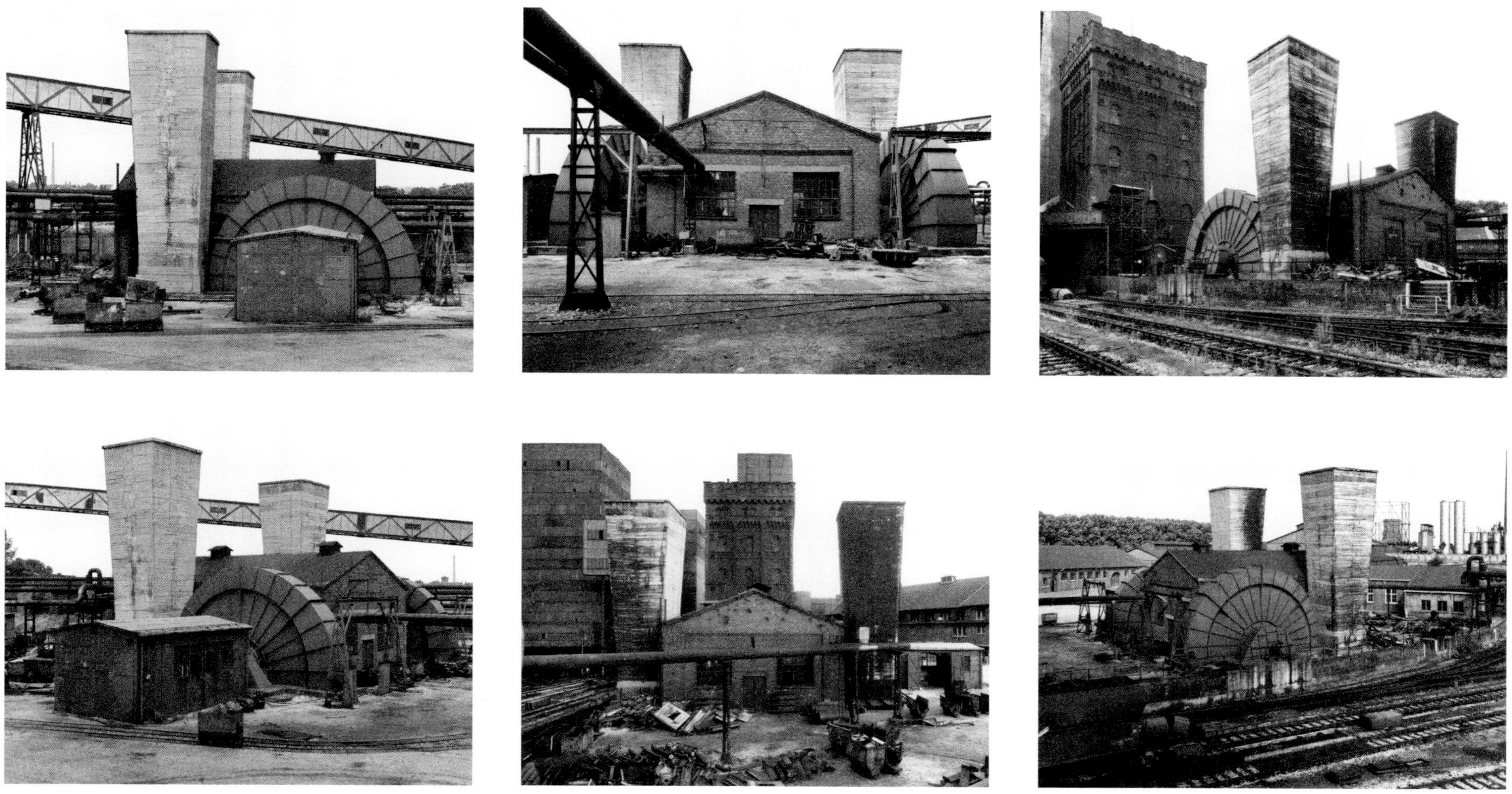

198
Grubenlüftergebäude
Fan house

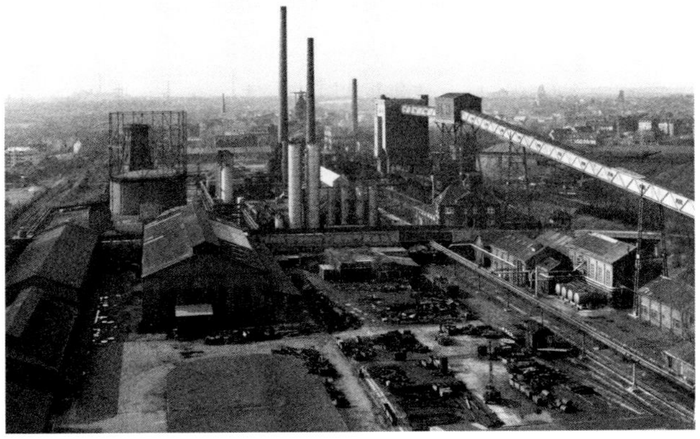
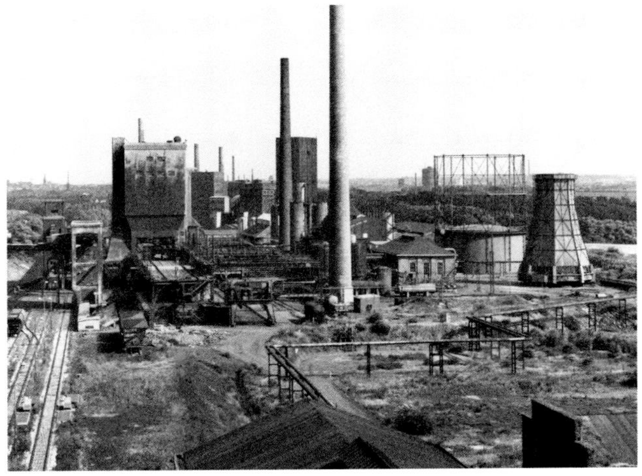
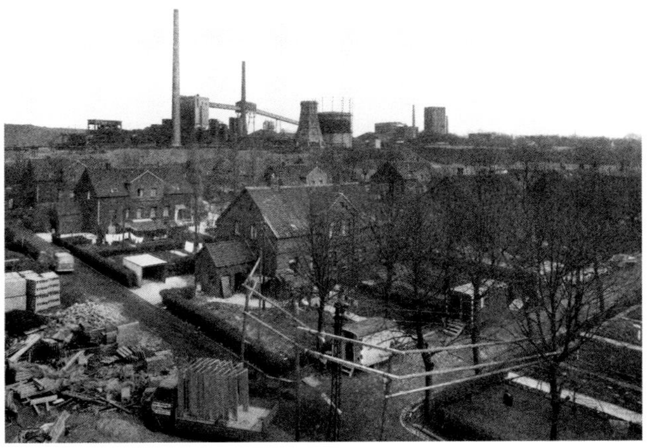
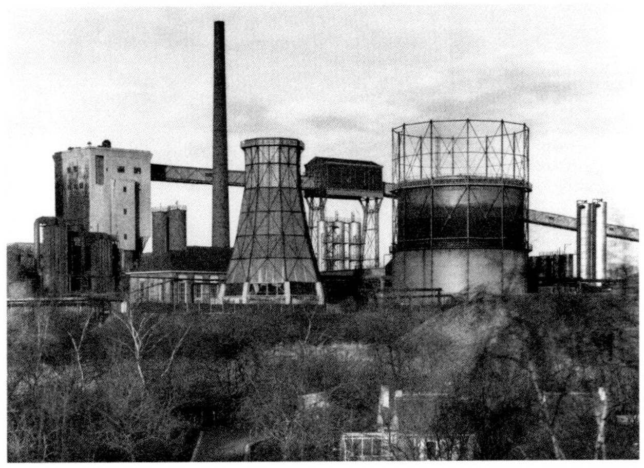

199
Kokerei
Coking plant

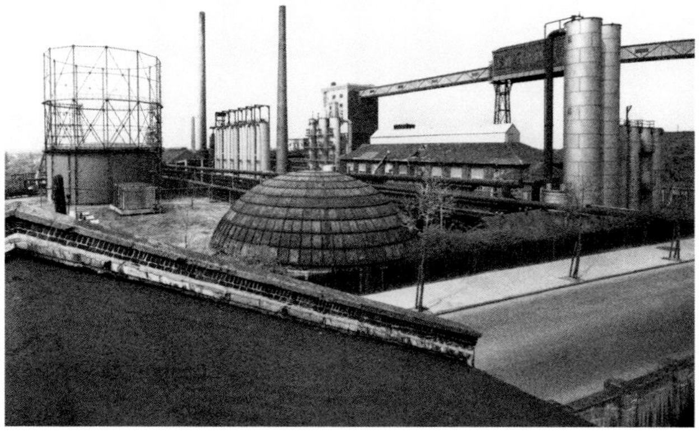
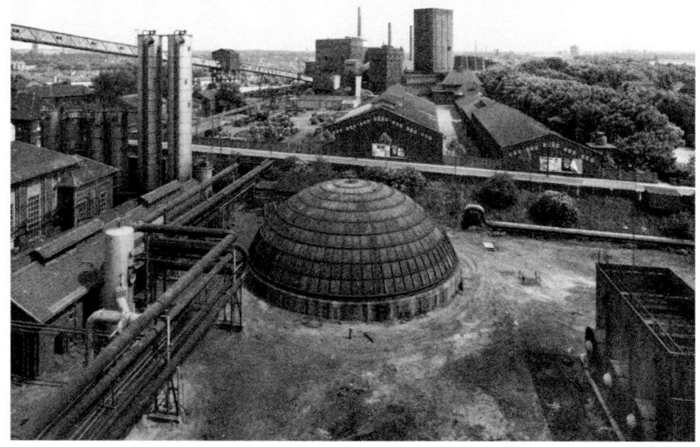
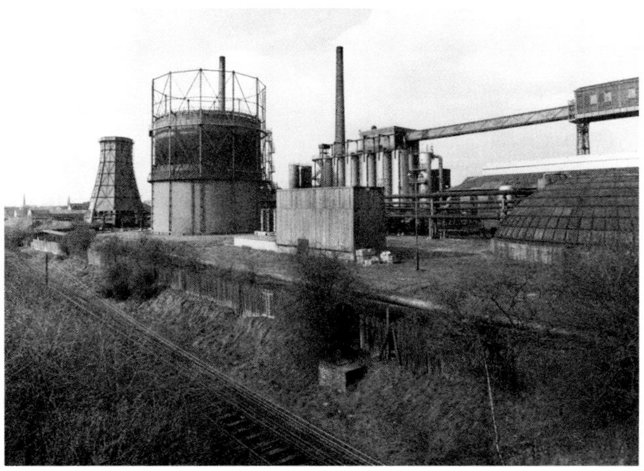
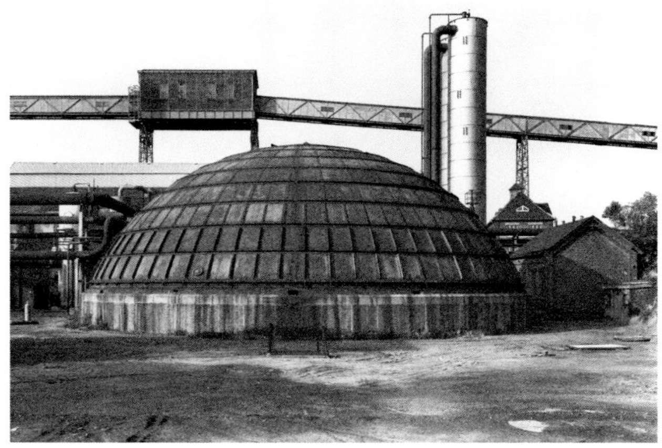

200
Benzolgewinnung
Benzole production

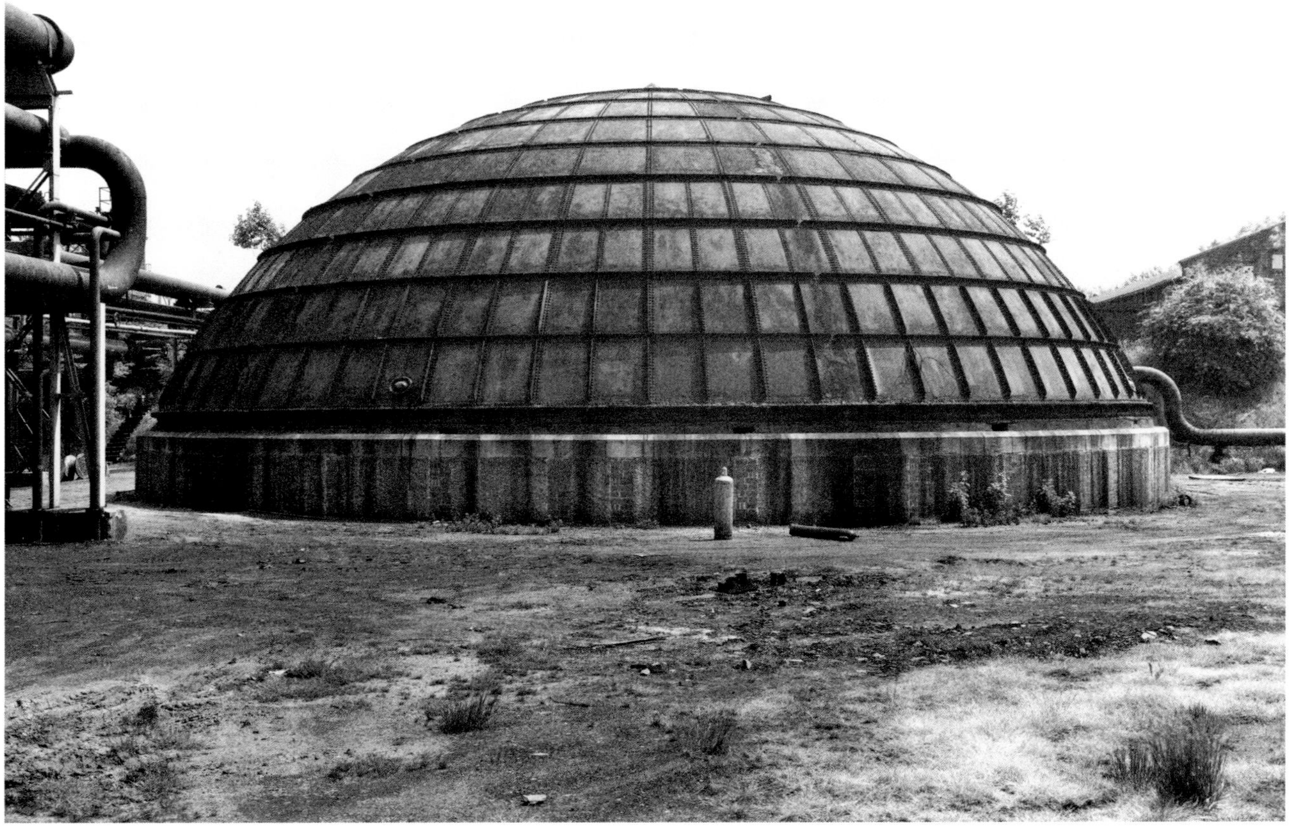

201
Benzollager
Benzole store

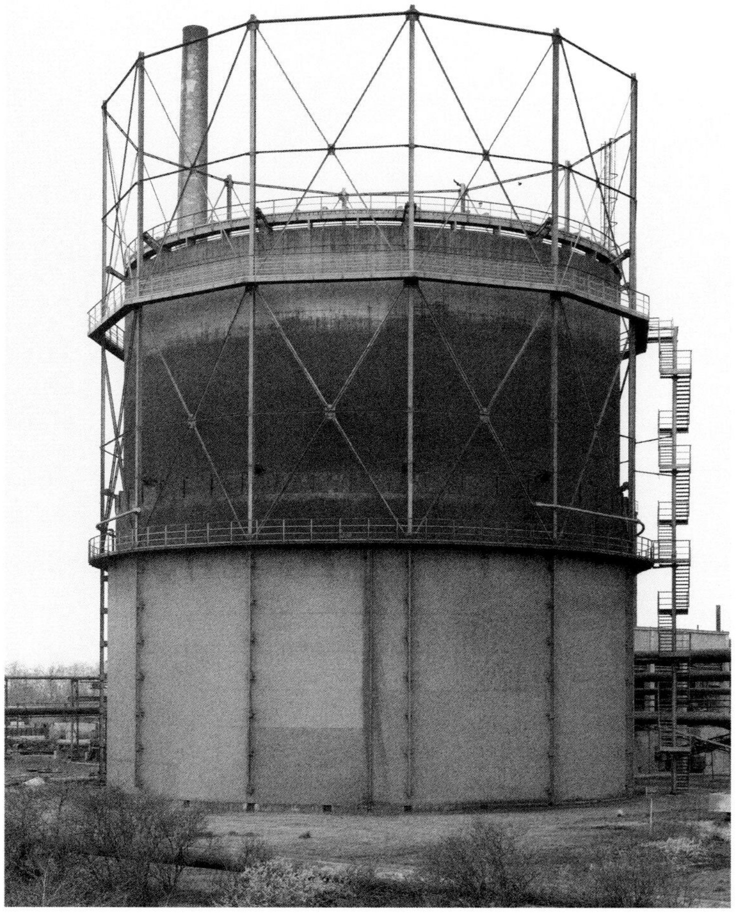

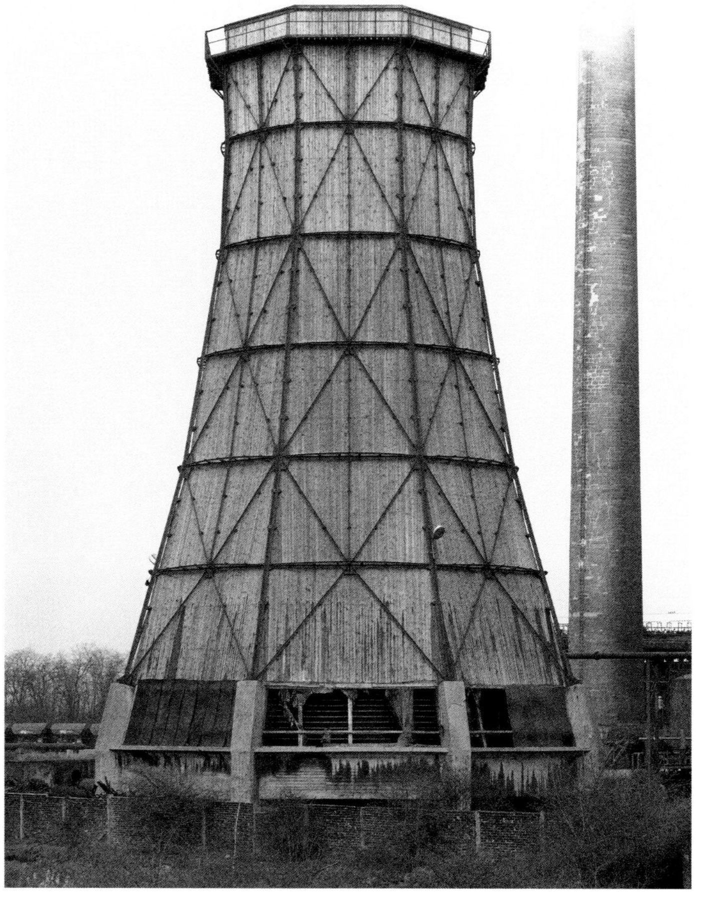

202
Gasbehälter und Kühlturm
Gas tank and cooling tower

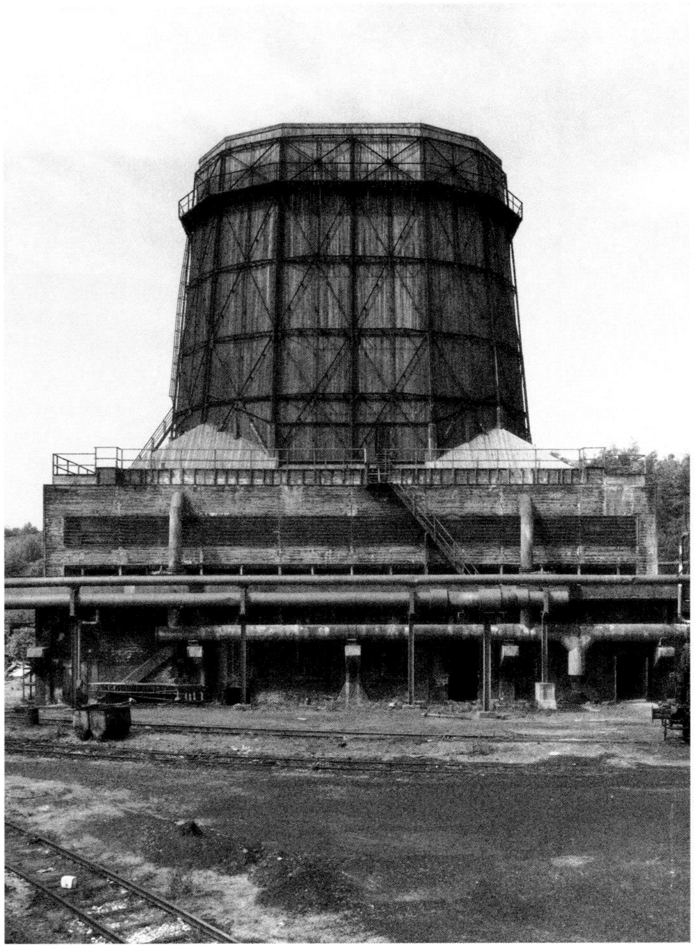

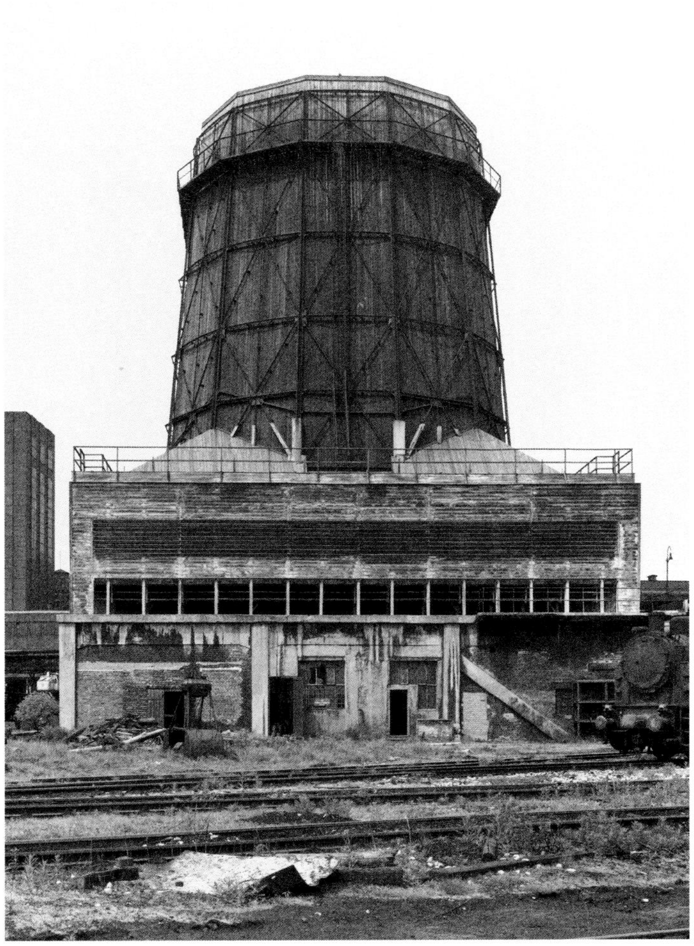

203
Kühlturm
Cooling tower

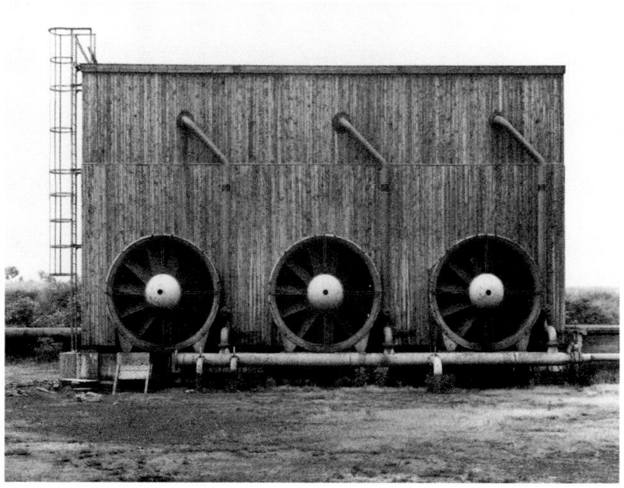
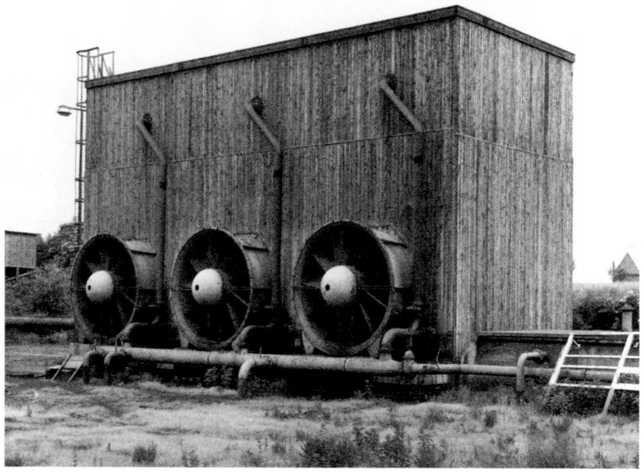
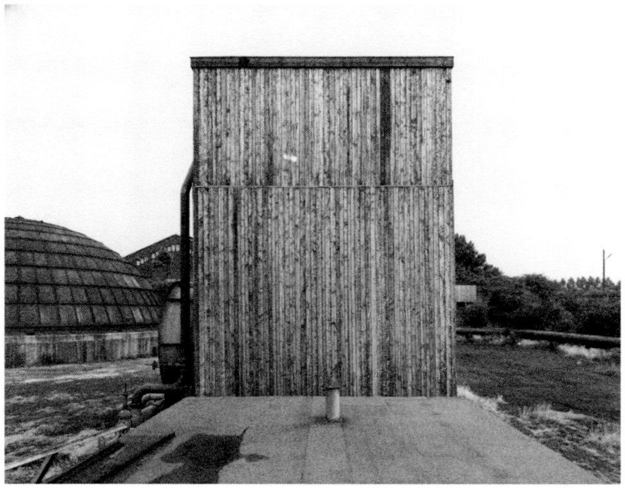
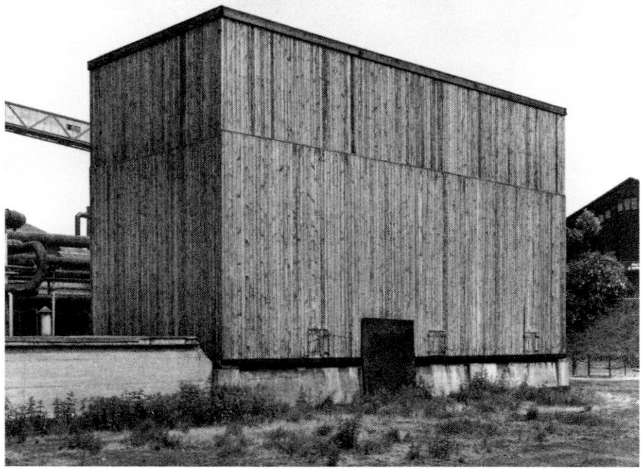

204
Ventilatorkühler
Ventilator cooler

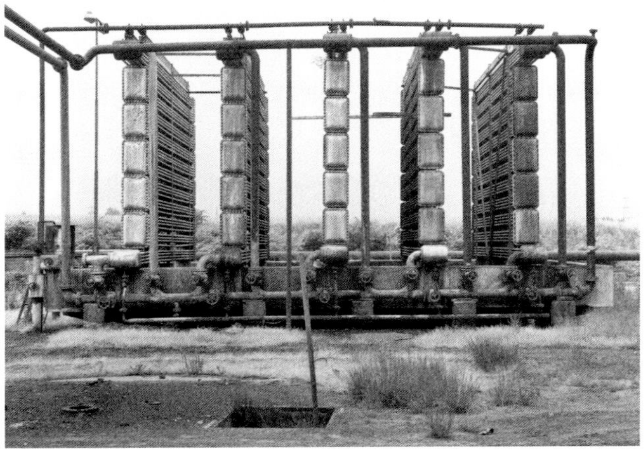

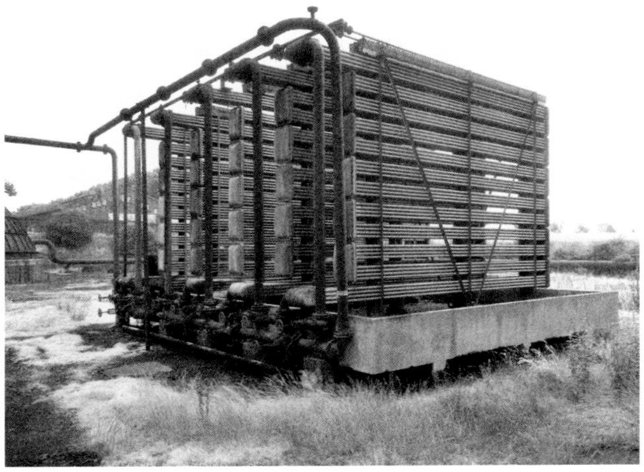

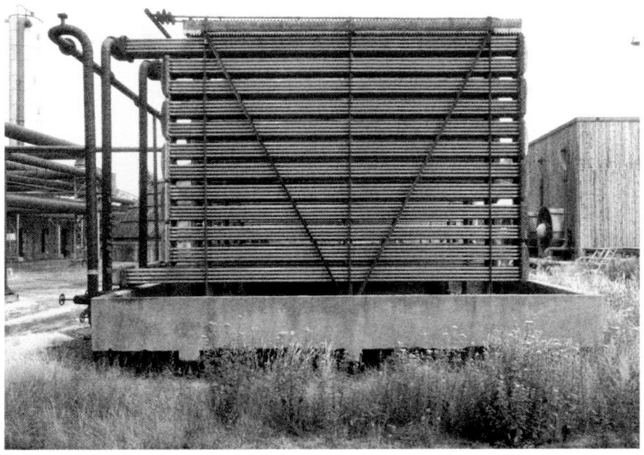

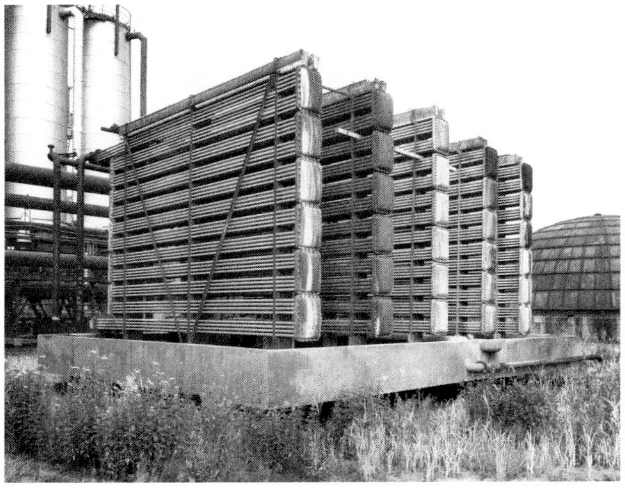

205
Rieselkühler
Trickle cooler

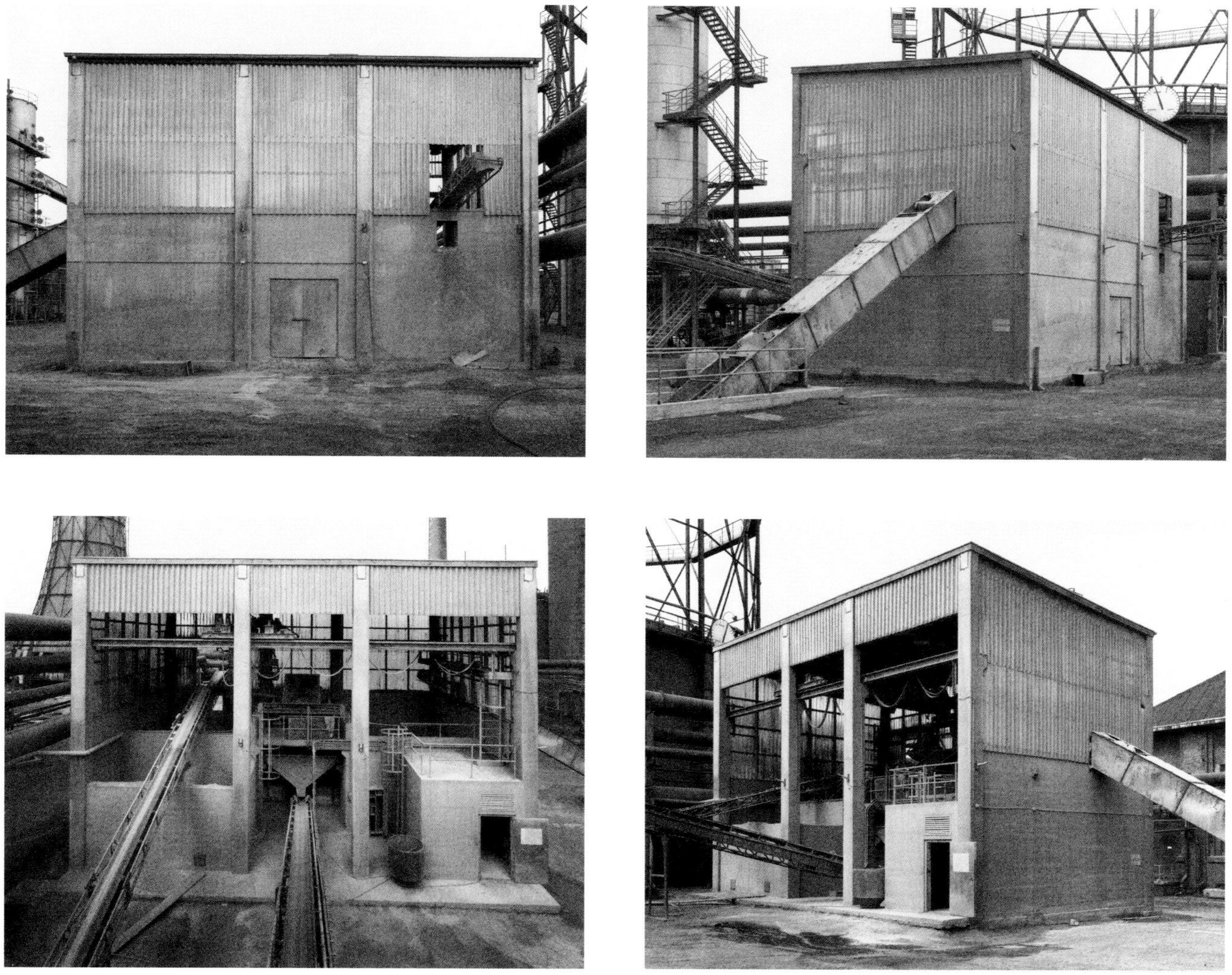

206
Verladestation für Ammoniumsulfat
Ammonium sulphate loading bay

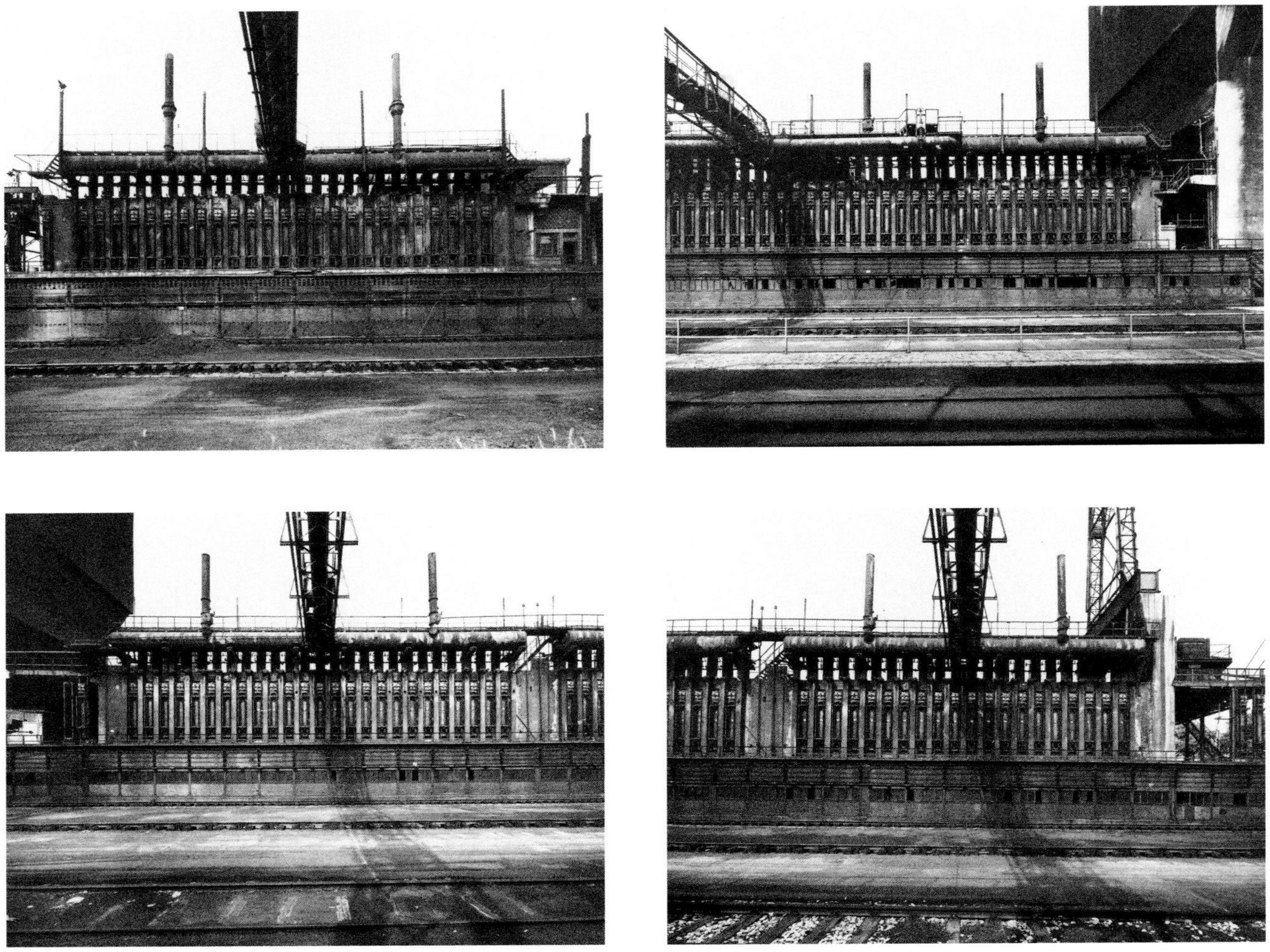

207
Koksofenbatterien
Coke oven batteries

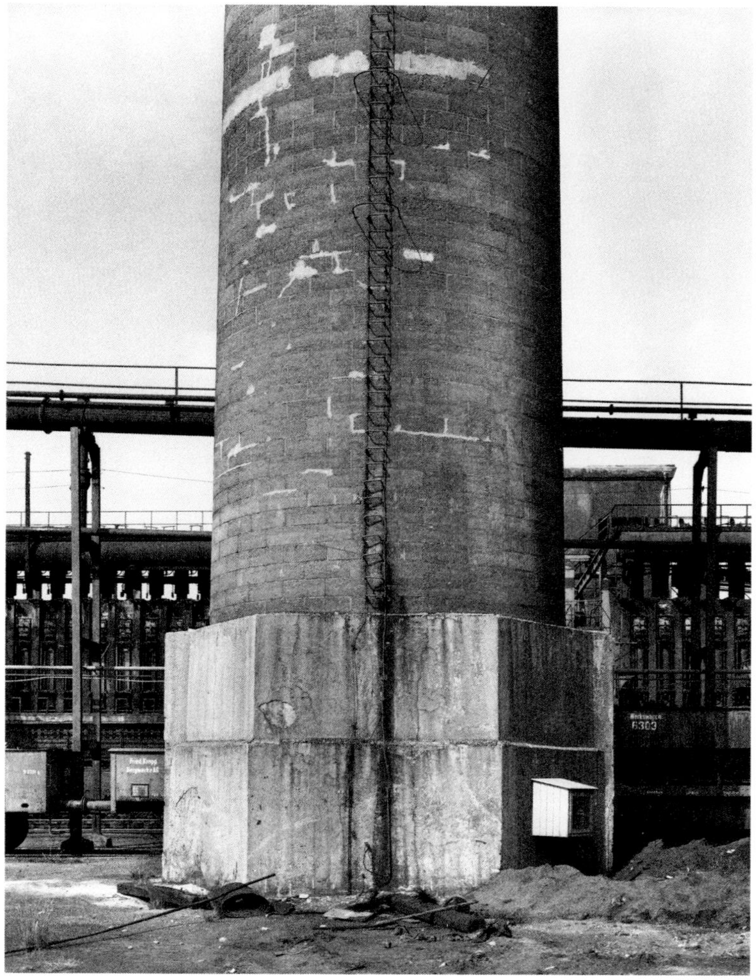

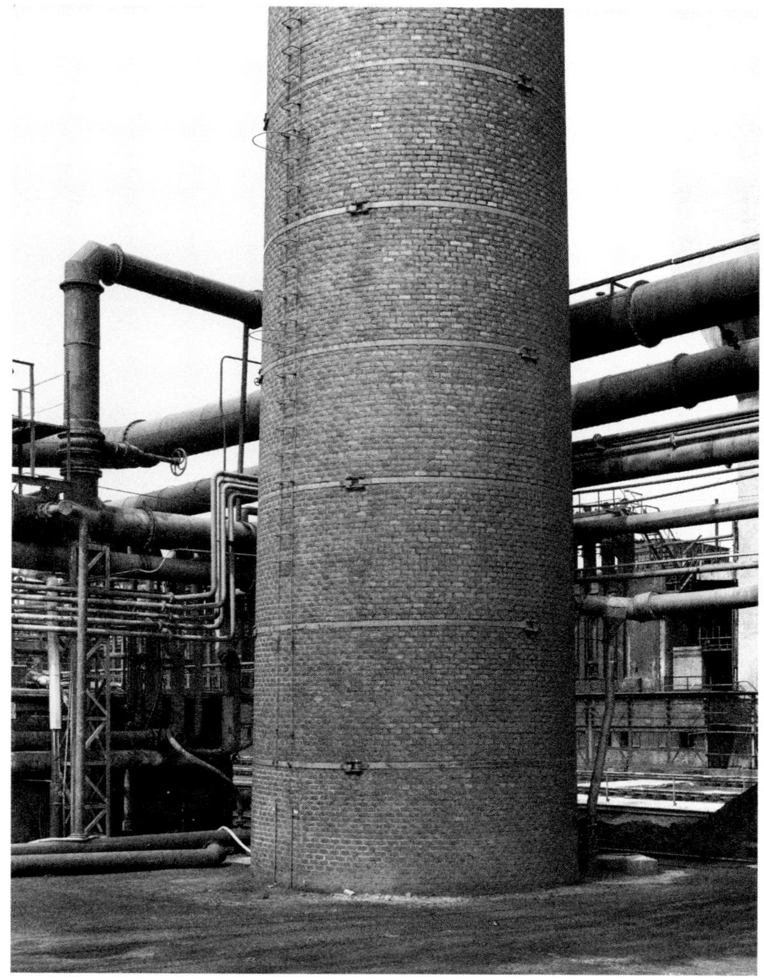

208
Kaminsockel
Chimney bases

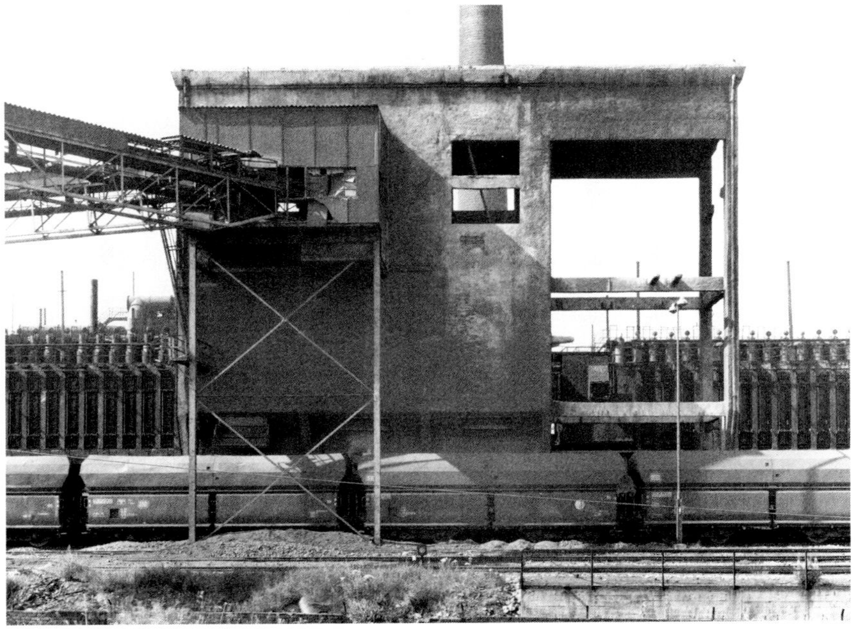

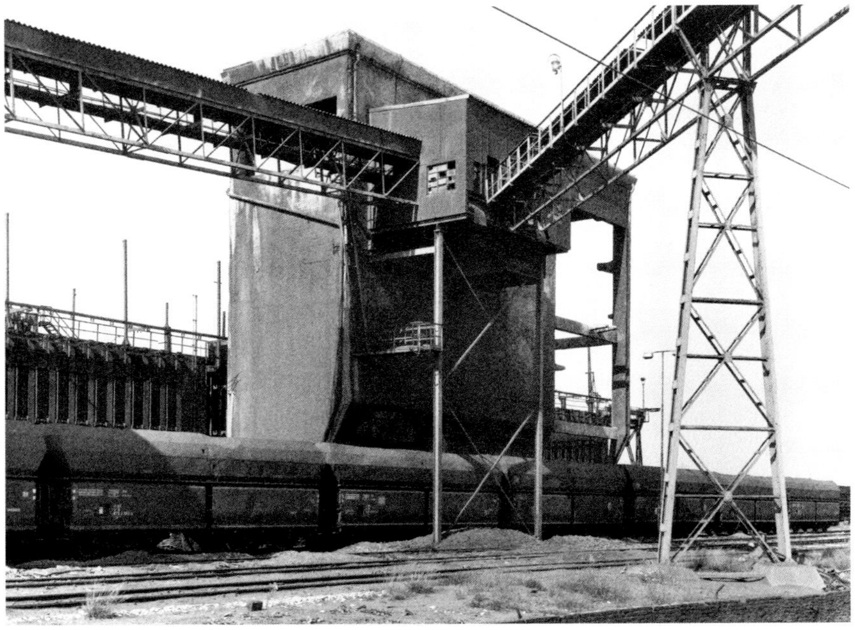

209
Koksbunker
Coke bunker

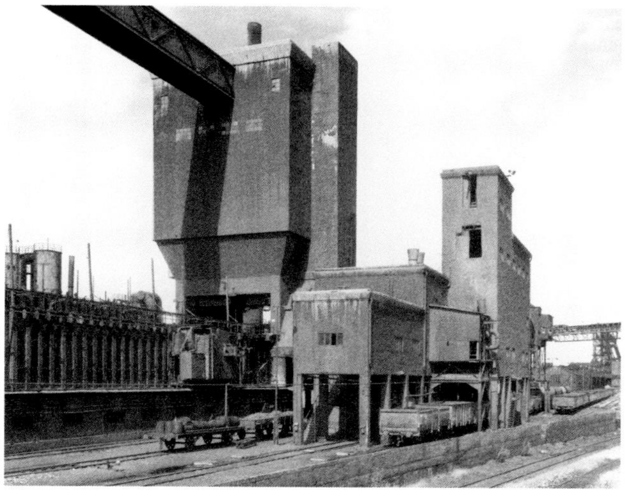

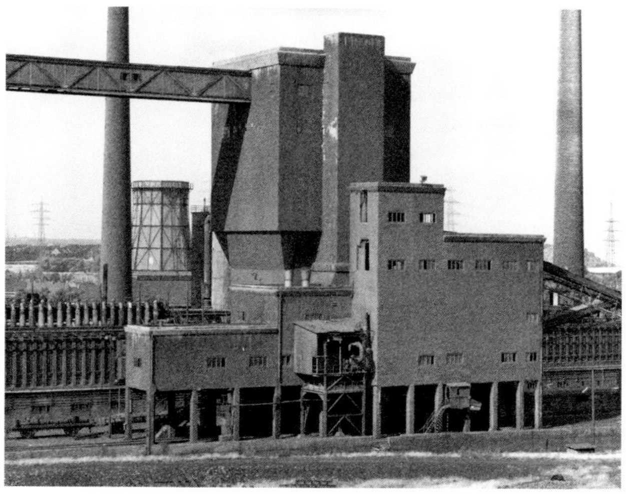

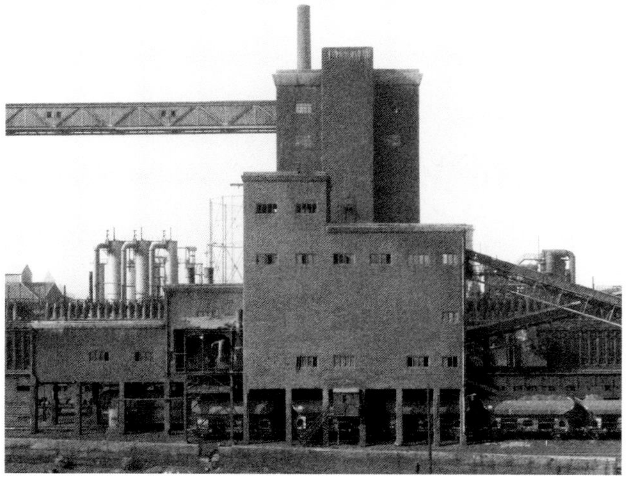

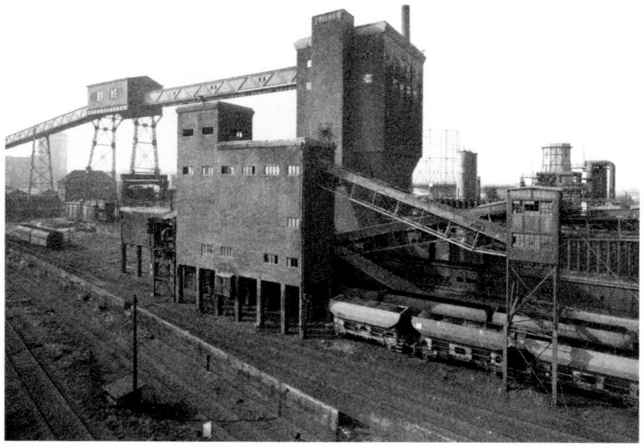

210
Kokskohlenturm, Kleinkokssieberei und Verladung
Coking coal tower, small coke screening plant and loading bay

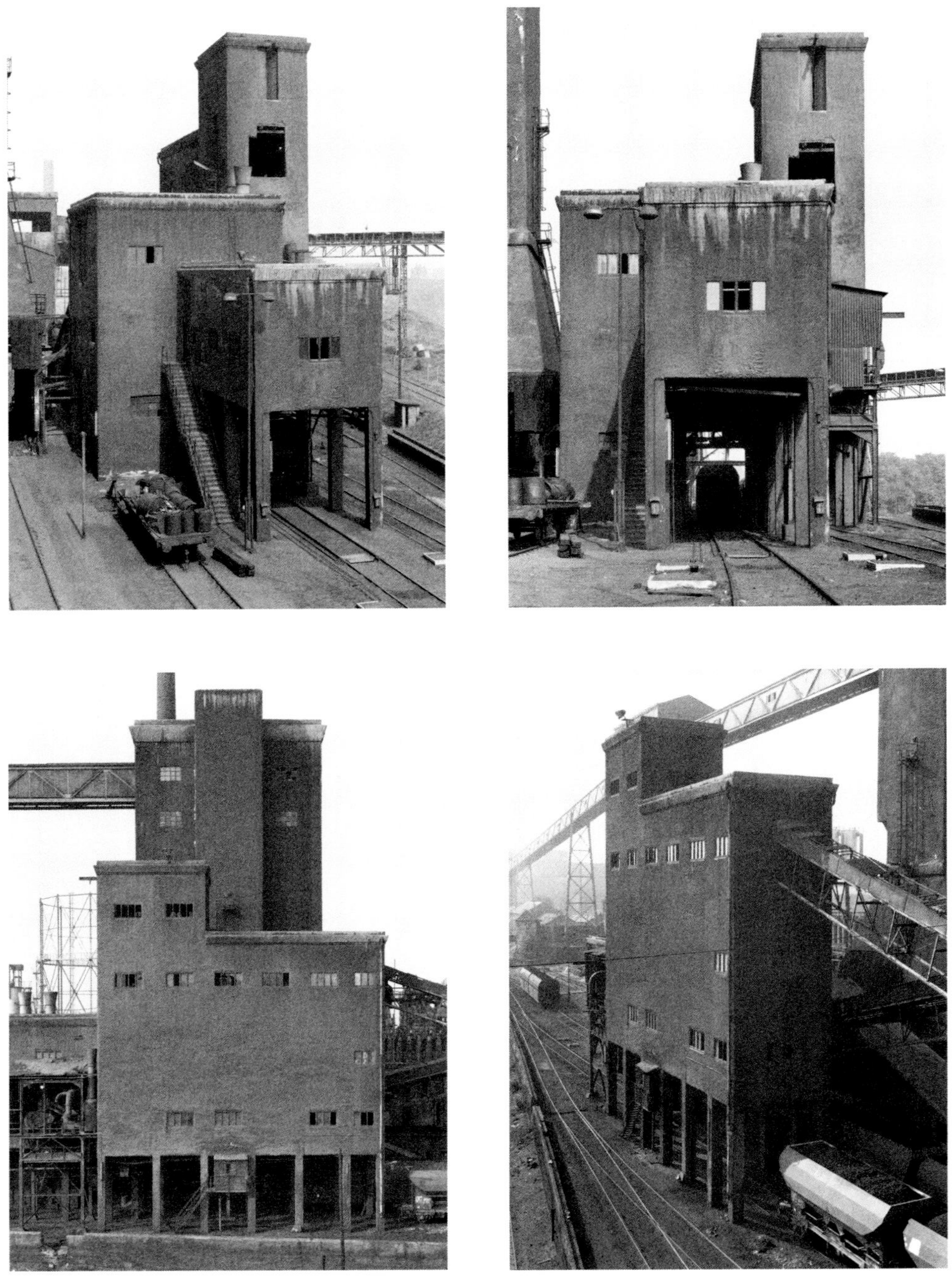

211
Kleinkokssieberei und Verladung
Small coke screening plant and loading bay

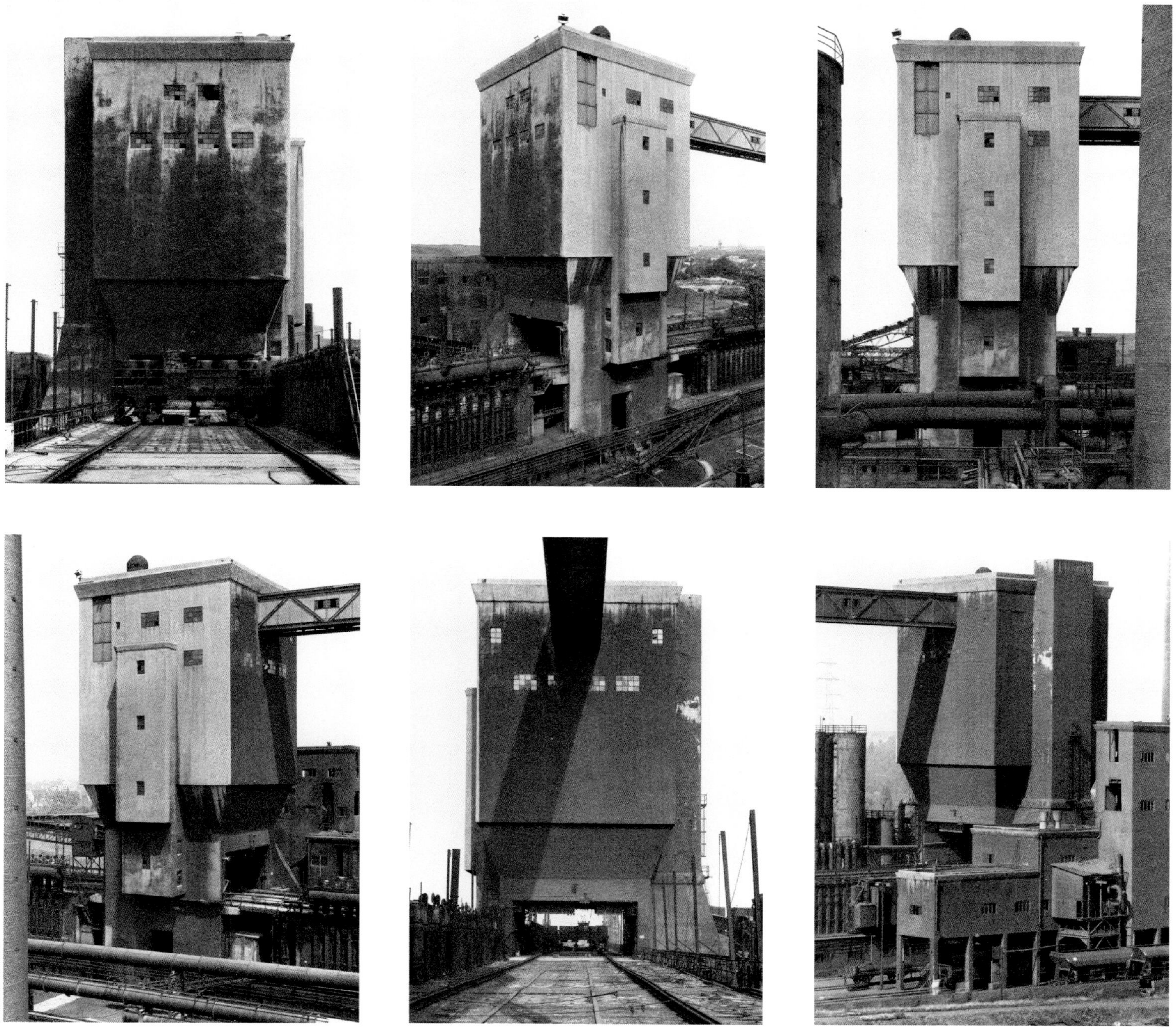

212
Kokskohlenturm
Coking coal tower

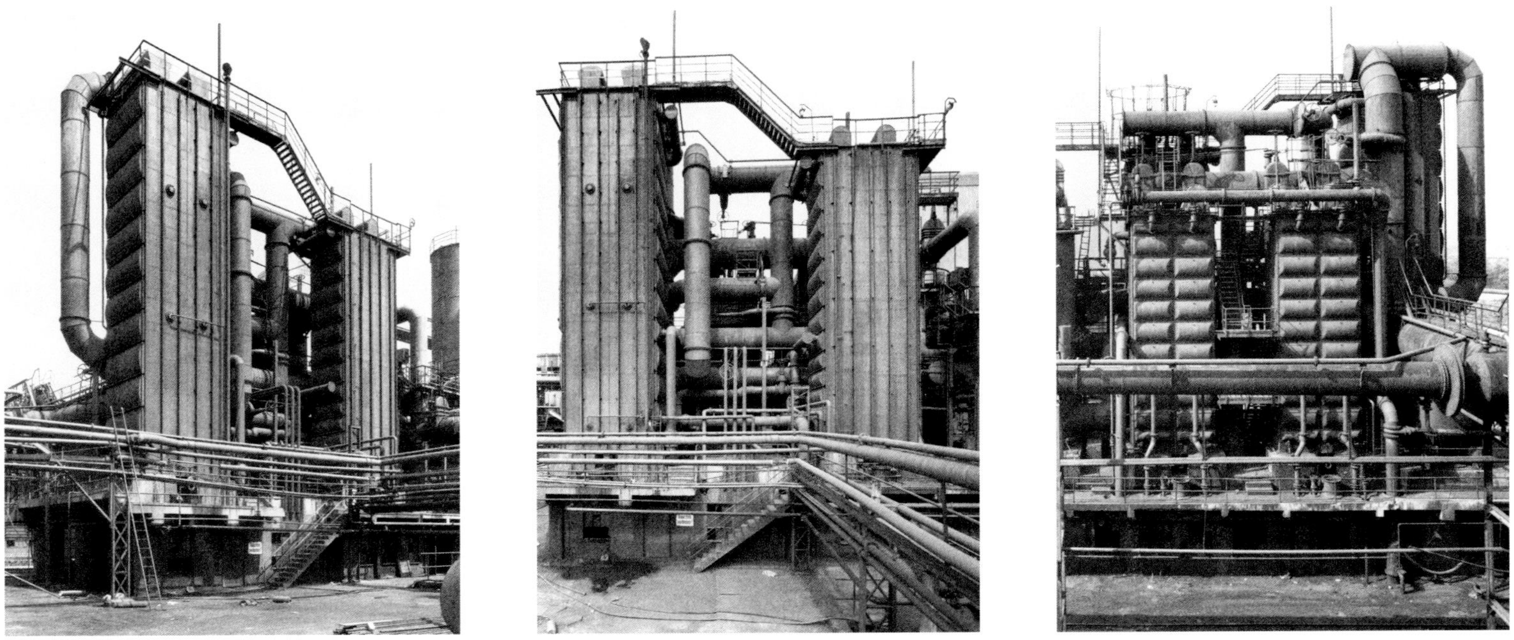

213
Gaskühler
Gas cooler

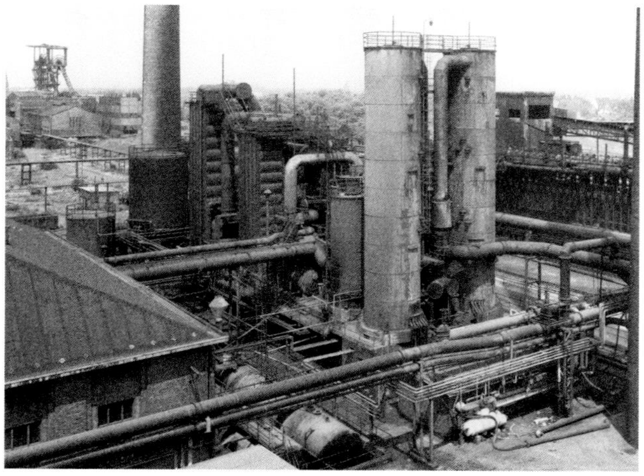
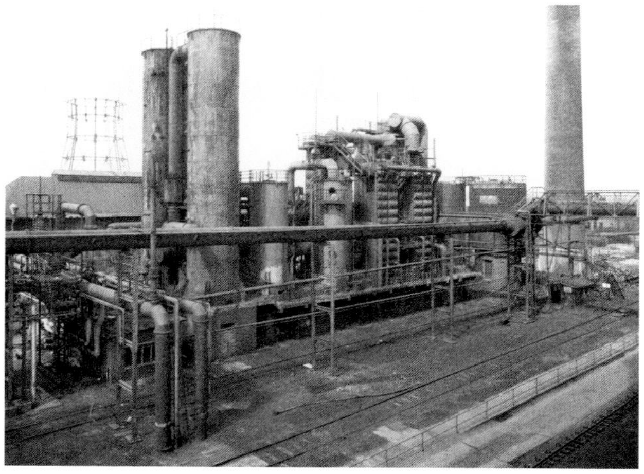
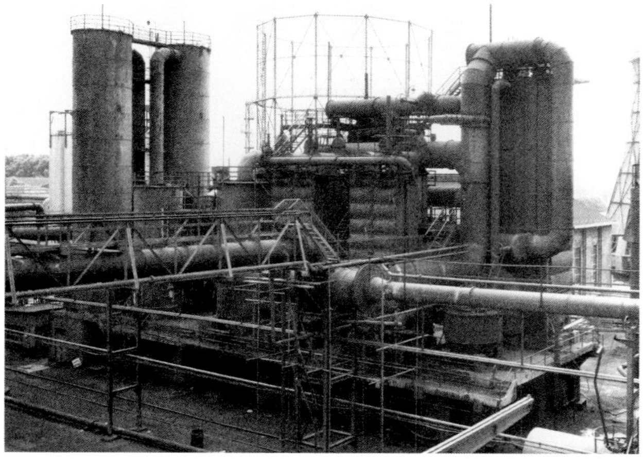
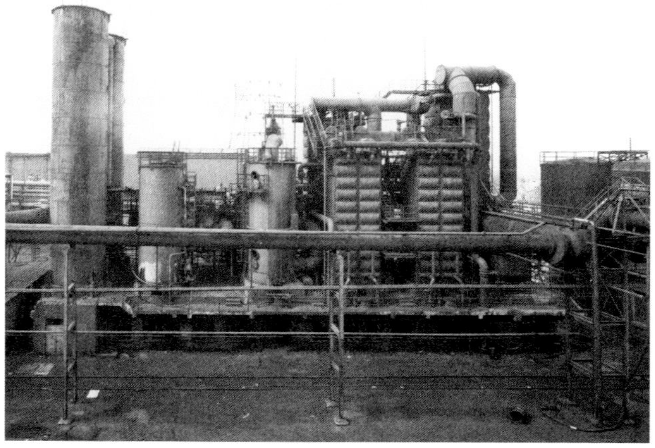

214
Kondensationsanlage
Condenser

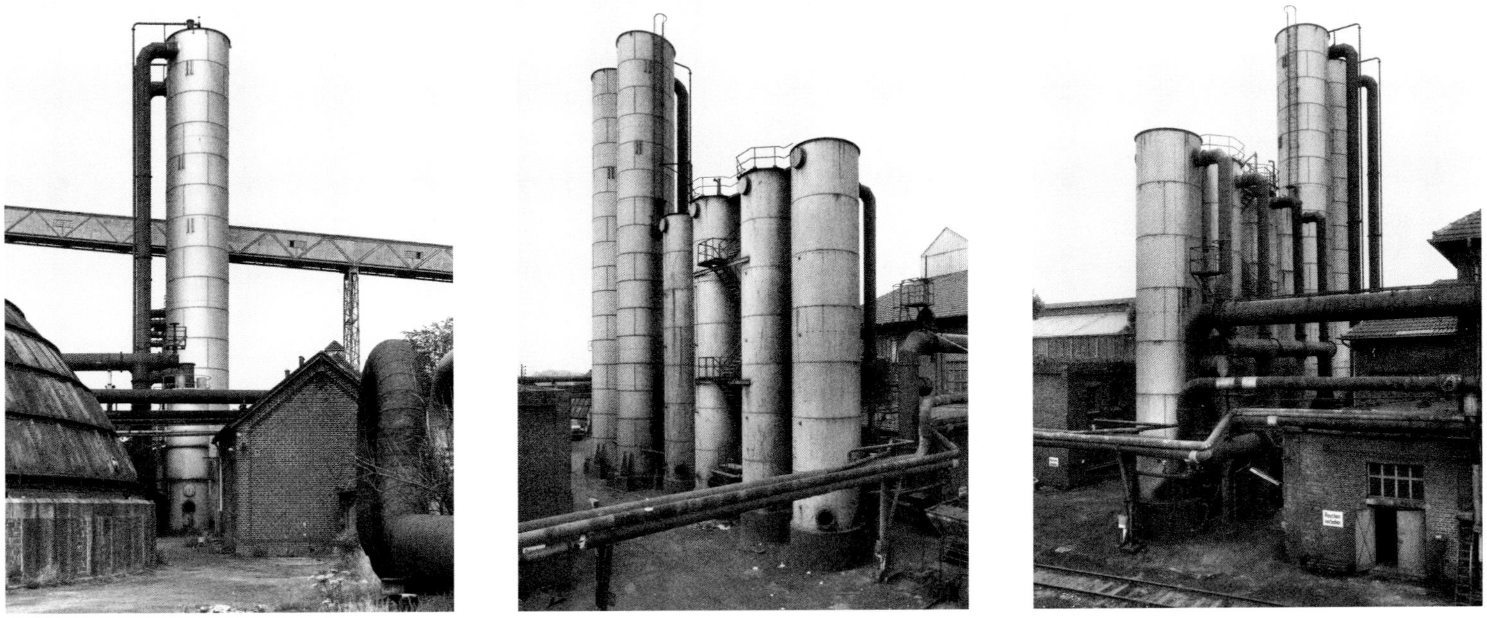

215
Benzolwascher
Benzole washer

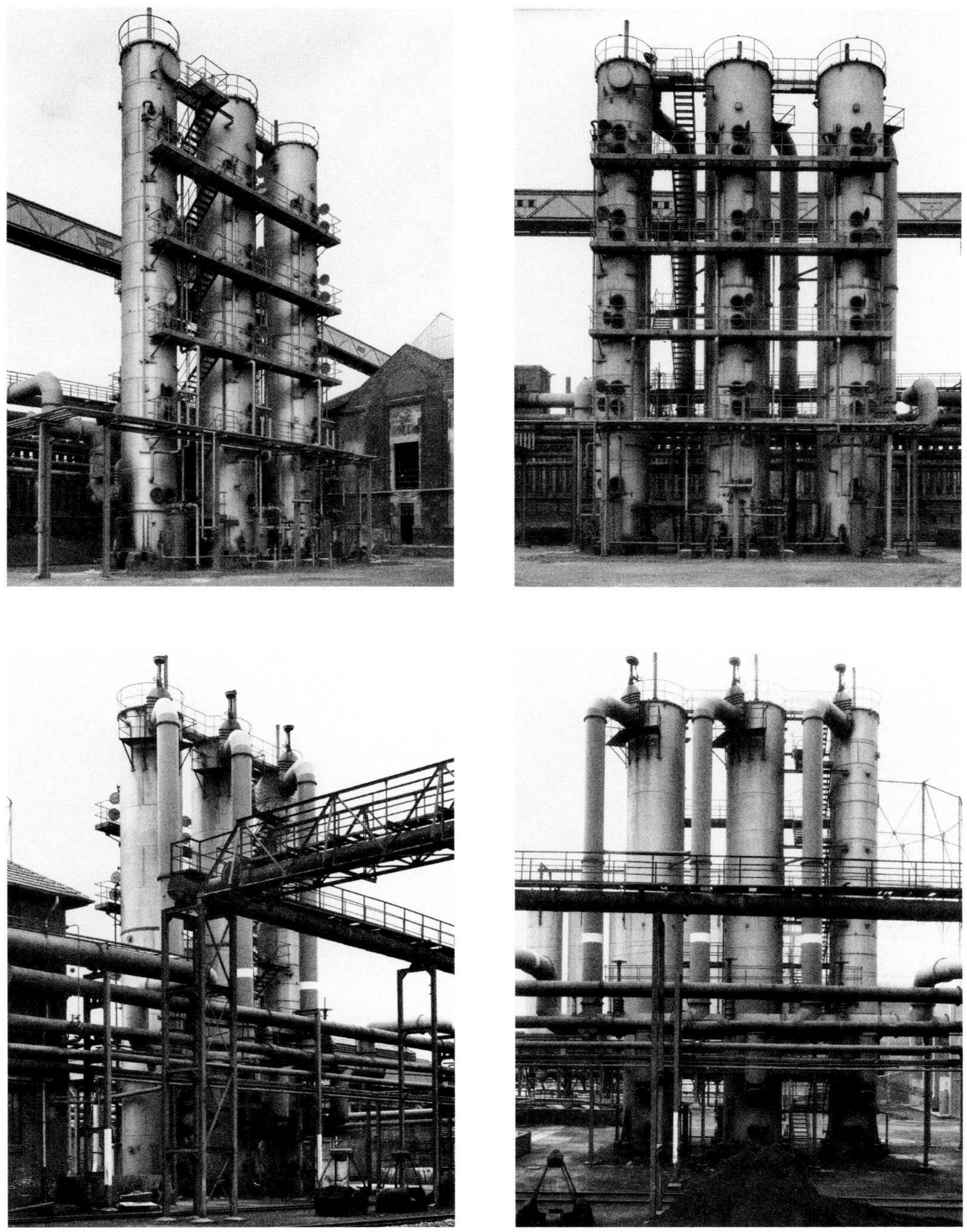

216
Gaswascher
Scrubber

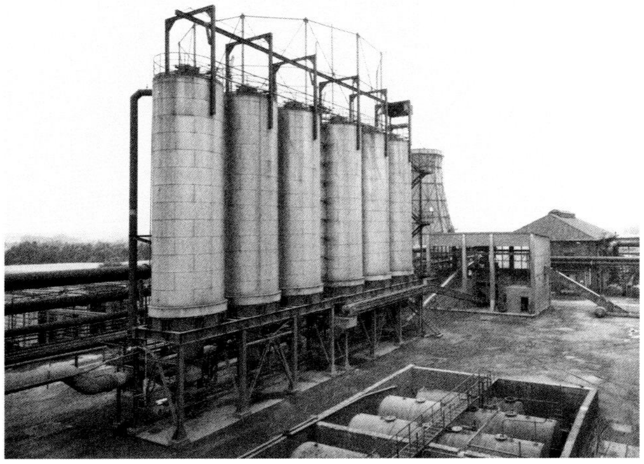
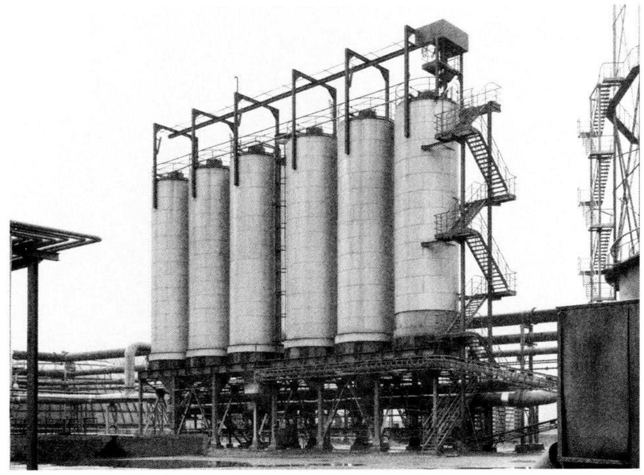
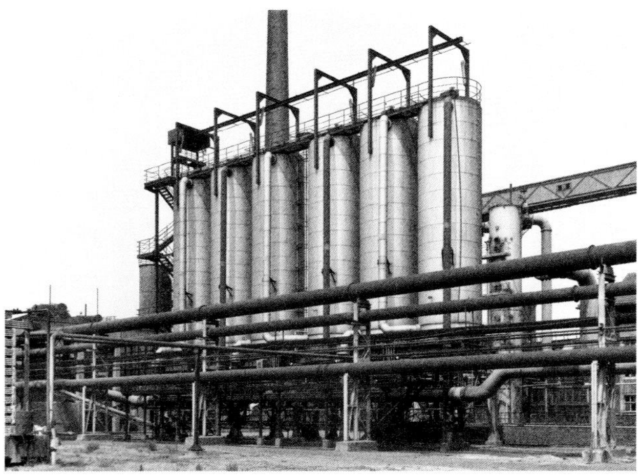
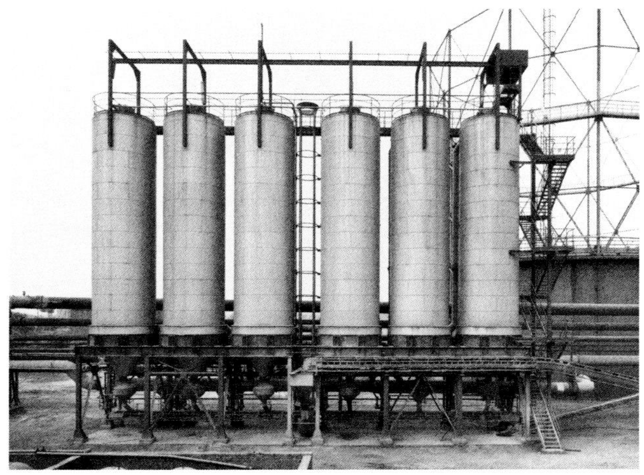

217
Ammoniakwascher
Ammonia washer

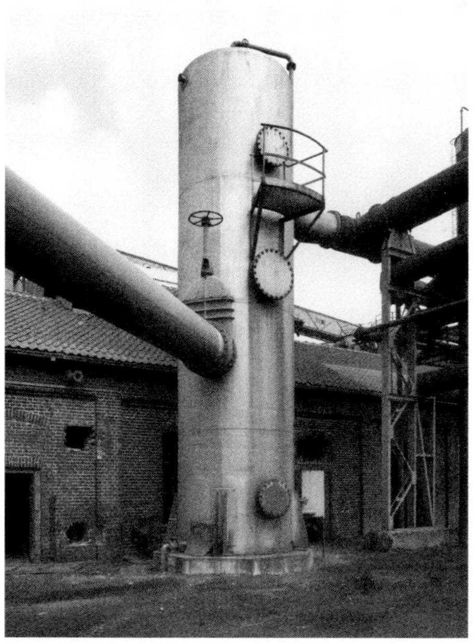
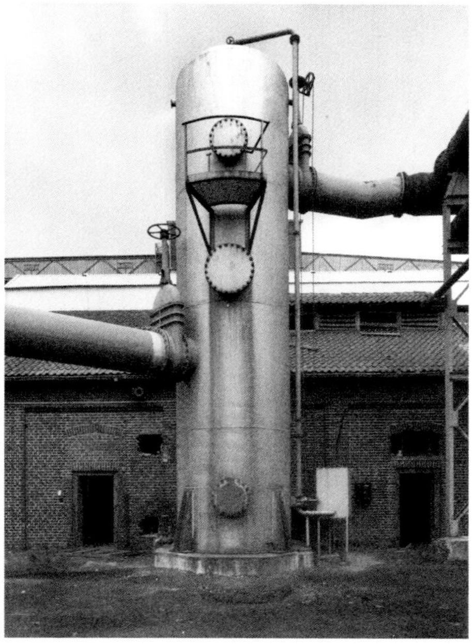
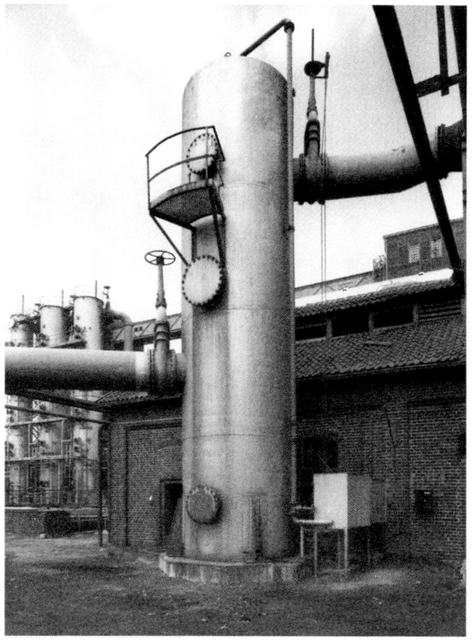

218
Behälter für Druckausgleich
Pressurisation unit

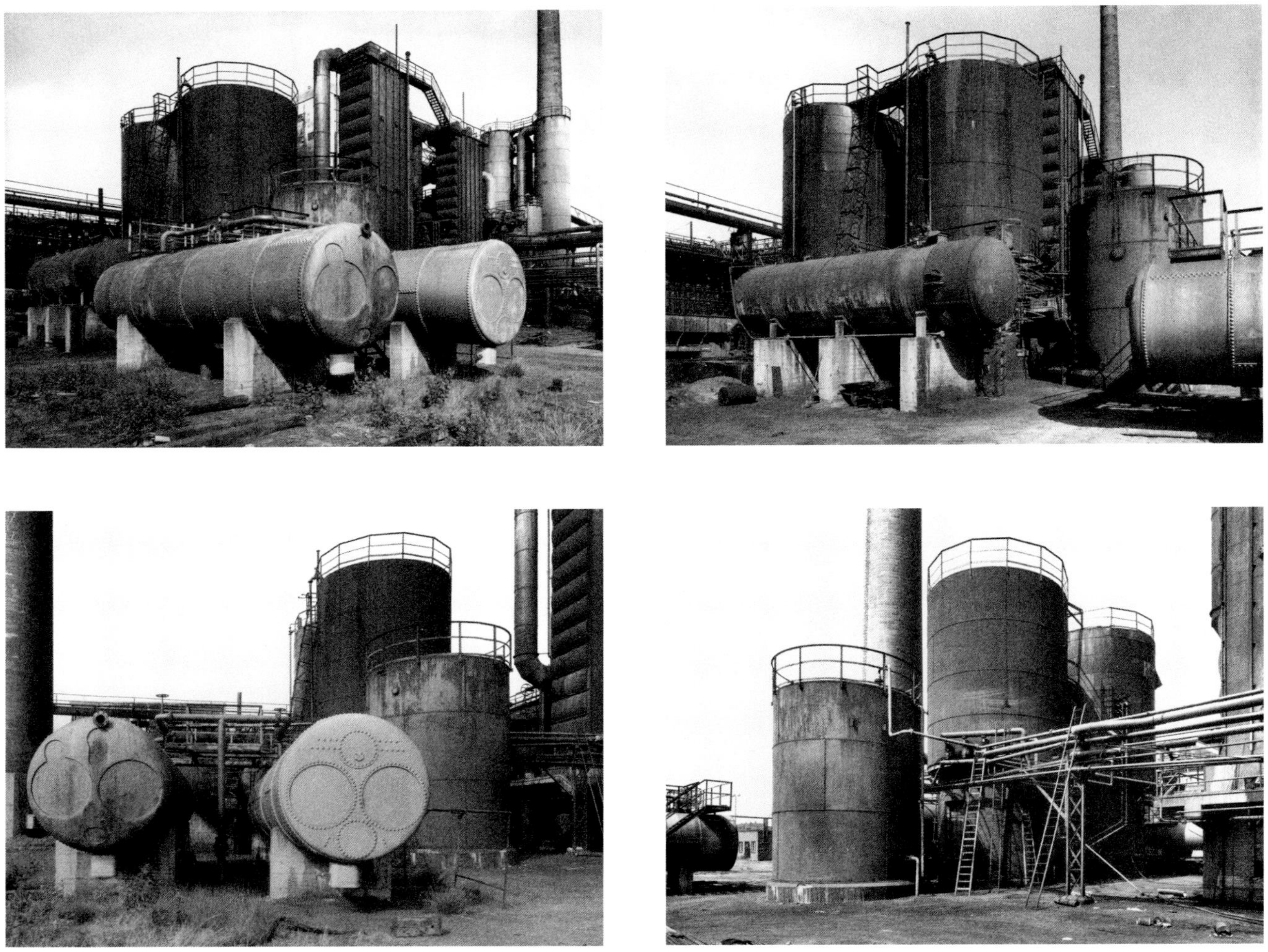

219
Teergewinnung
Tar production

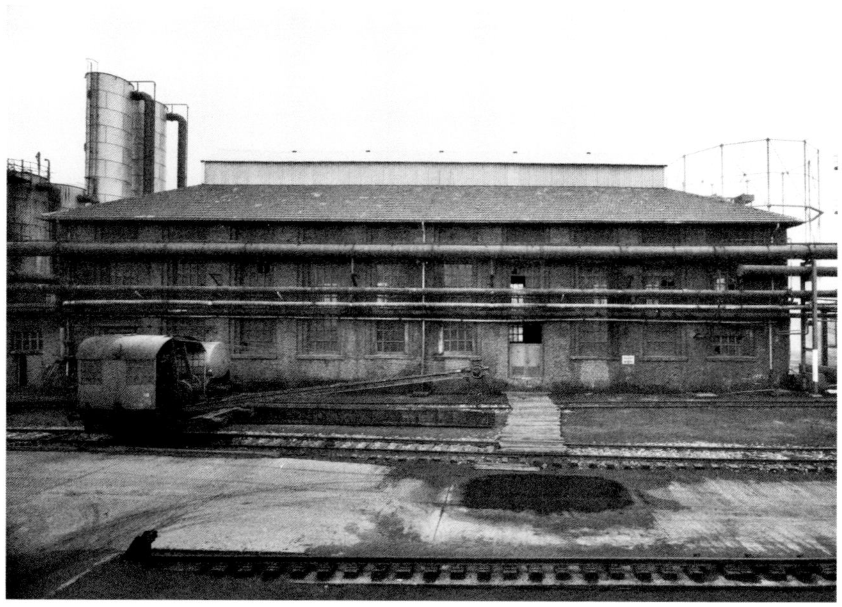

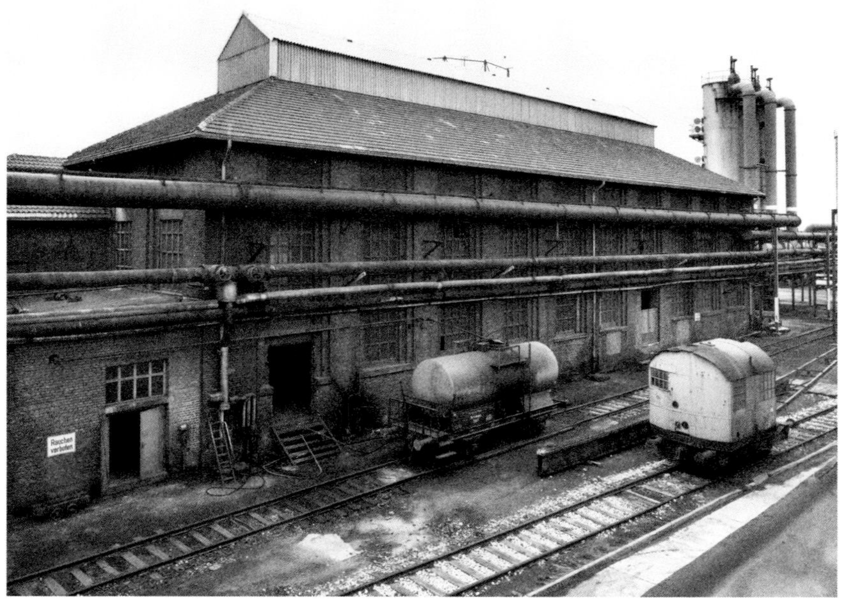

220
Benzolfabrik
Benzole plant

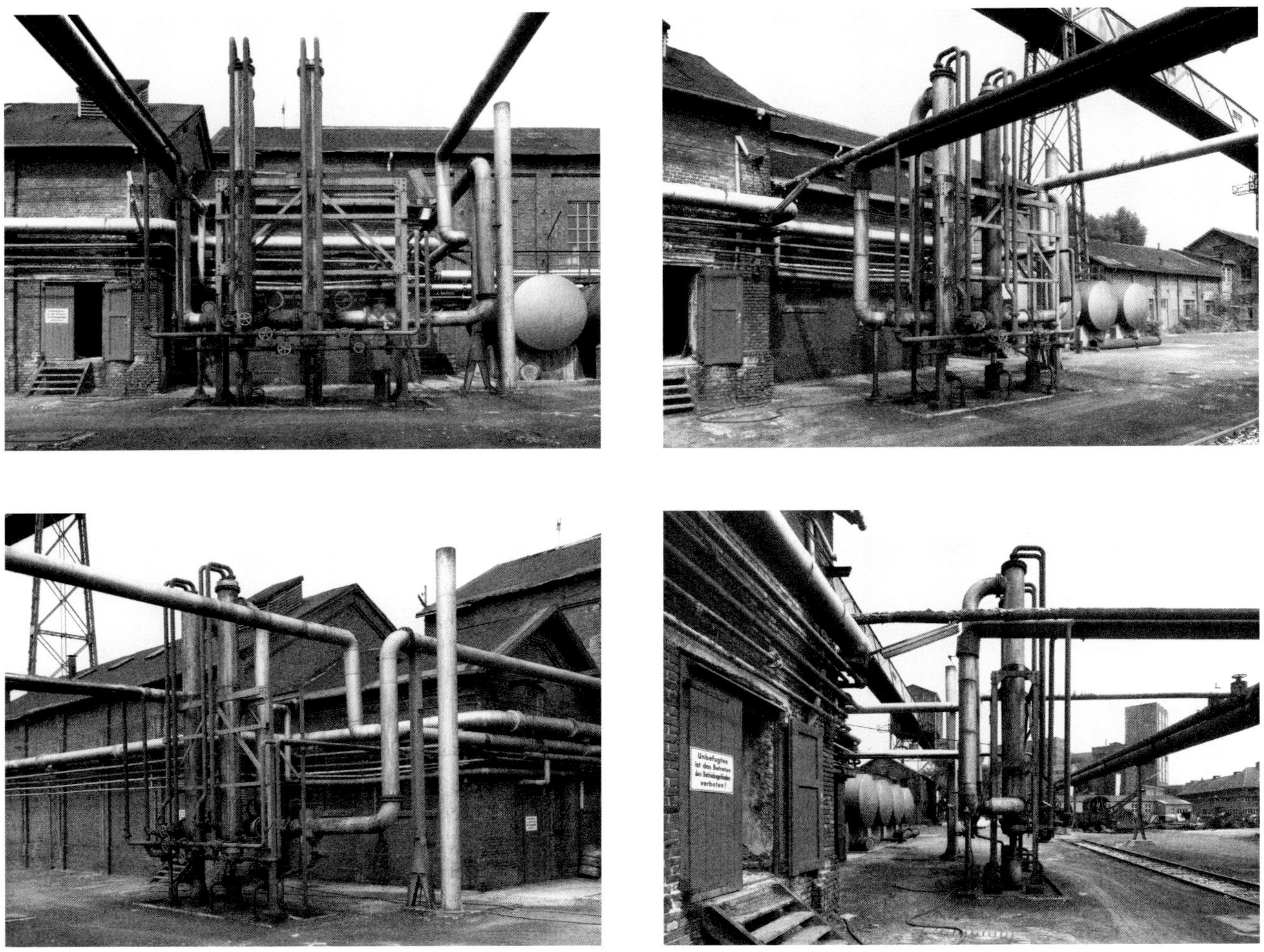

221
Ammoniakfabrik, Detail
Ammonia plant, detail

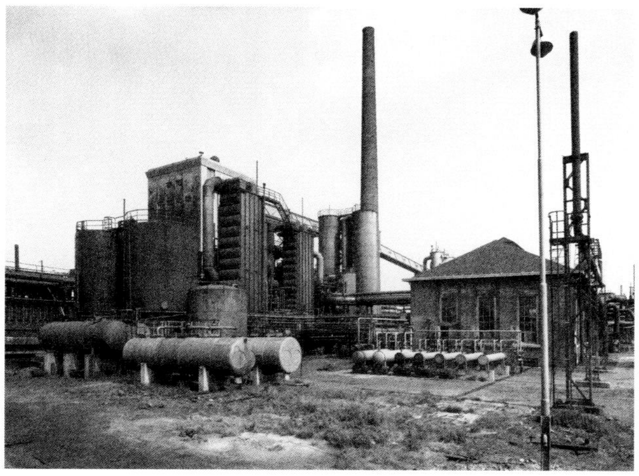

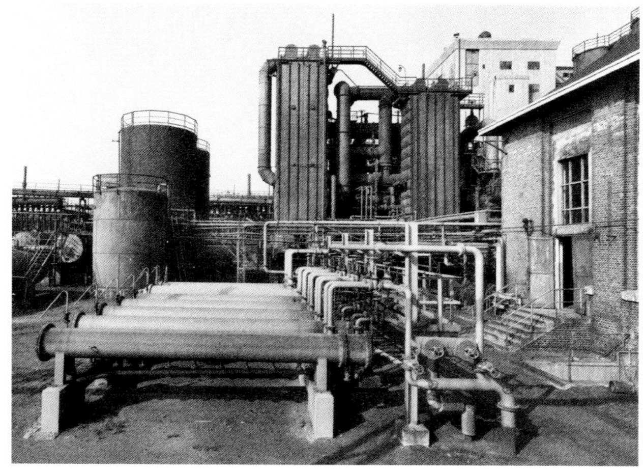

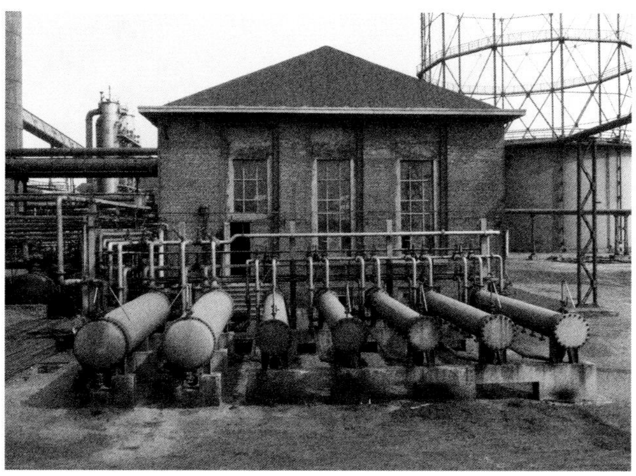

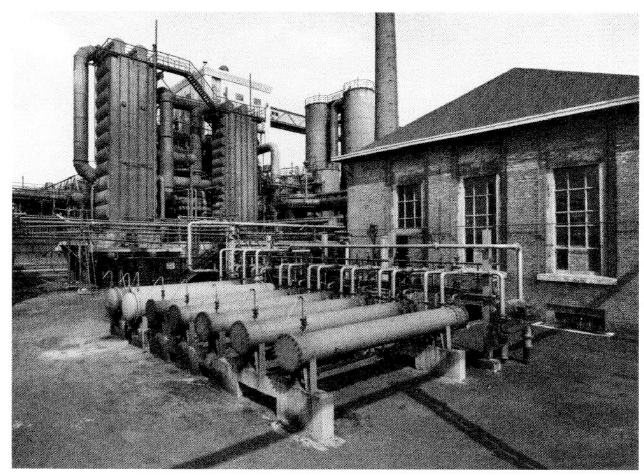

222
Kondensationsanlage
Condenser

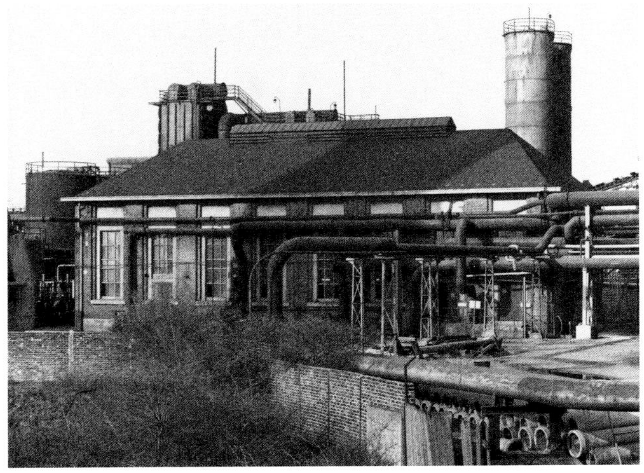

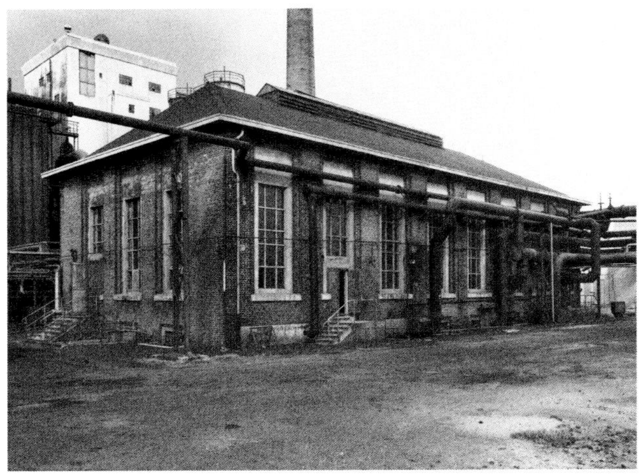

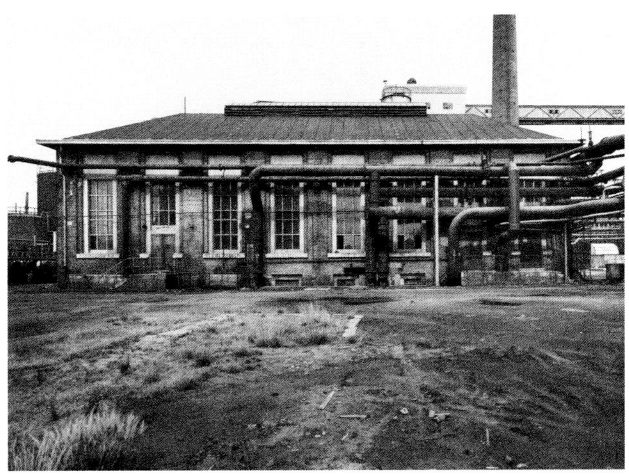

223
Maschinenhaus
Machine-house

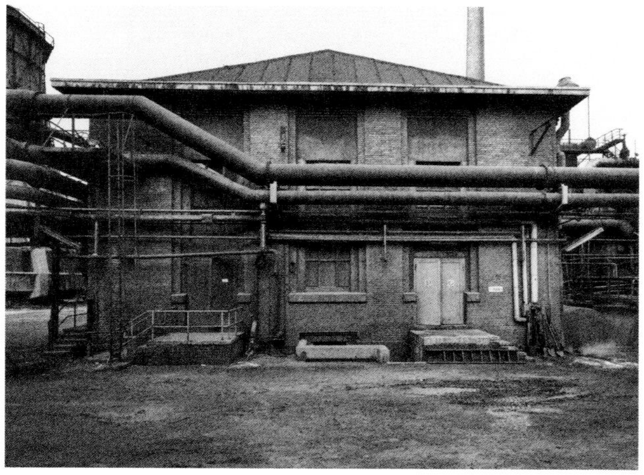
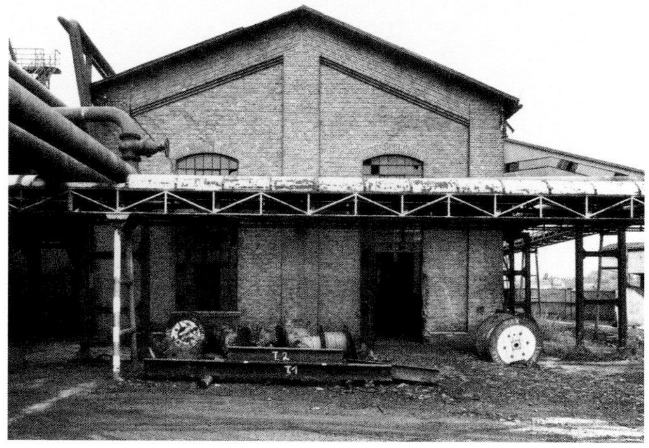
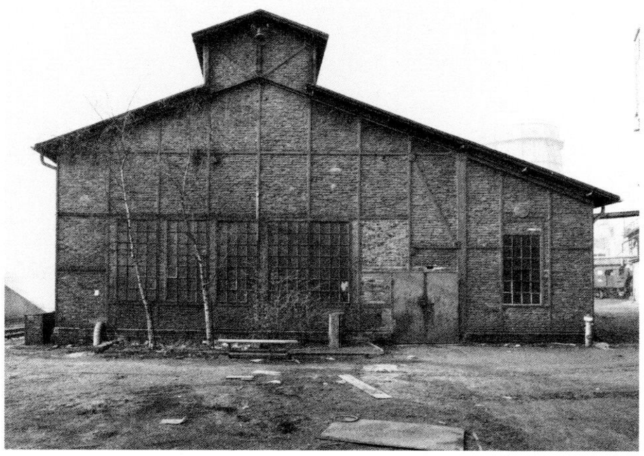
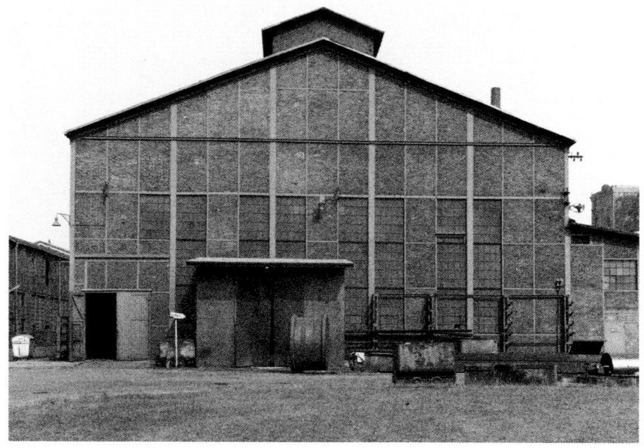

224
Werkhallen
Industrial façades

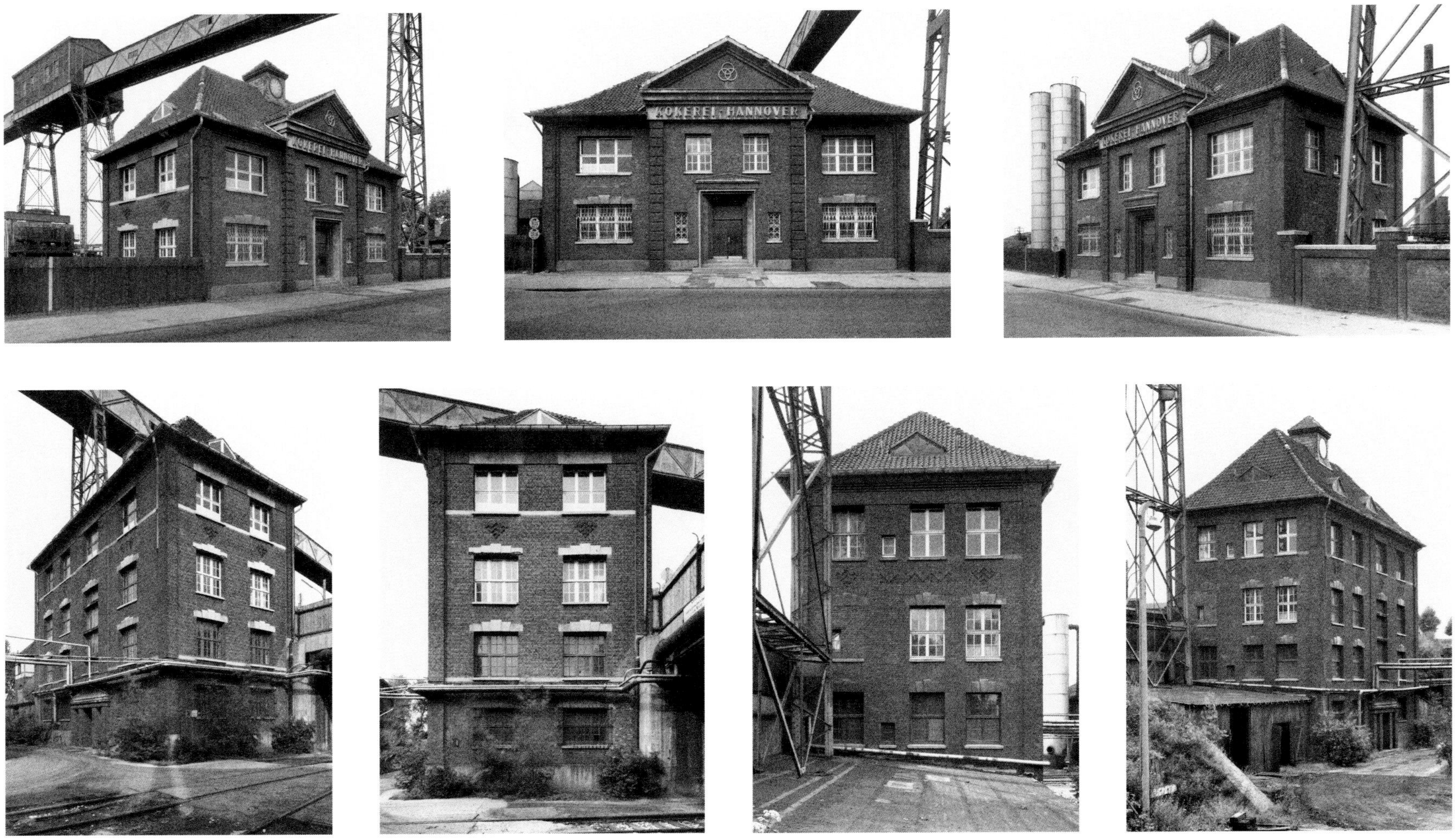

225
Kokerei-Verwaltungsgebäude
Coking plant administration building

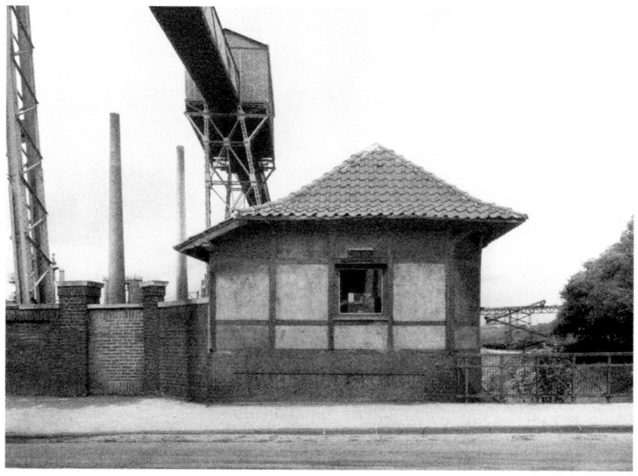
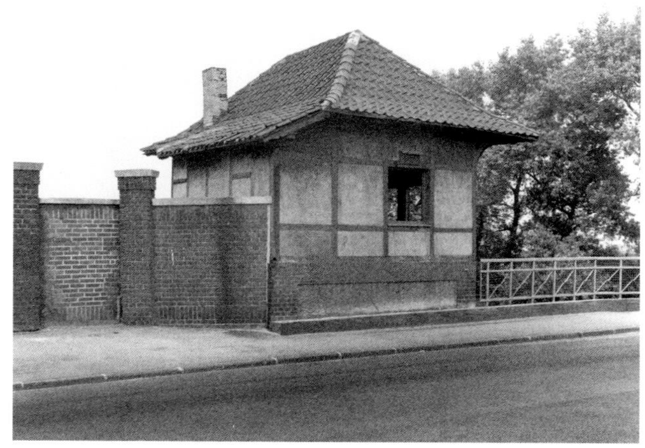
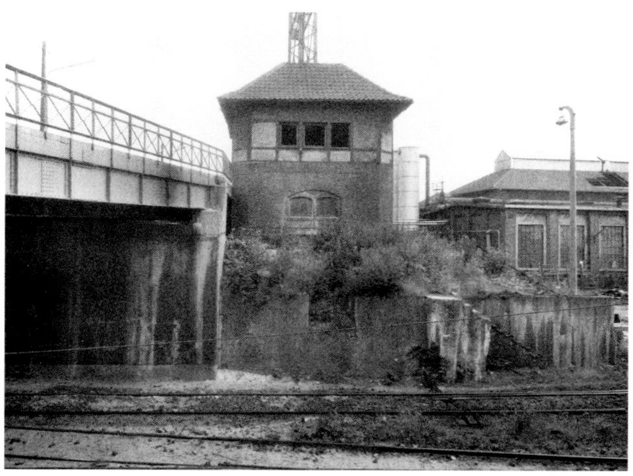
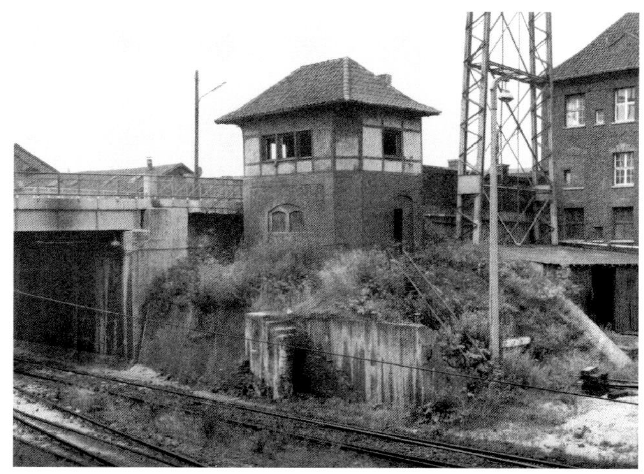

226
Stellwerk
Signal box

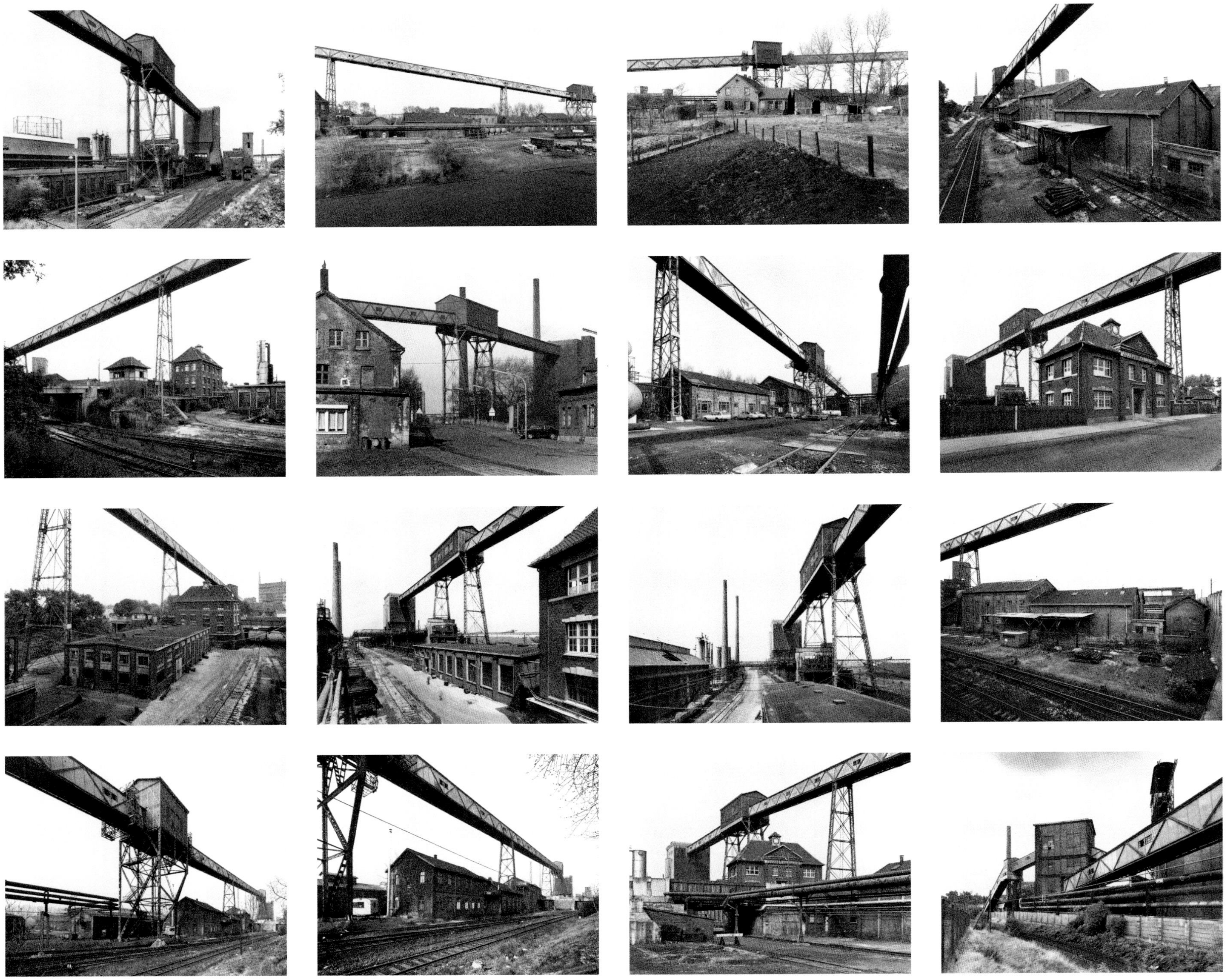

227
Bandstraßen
Conveyor belts

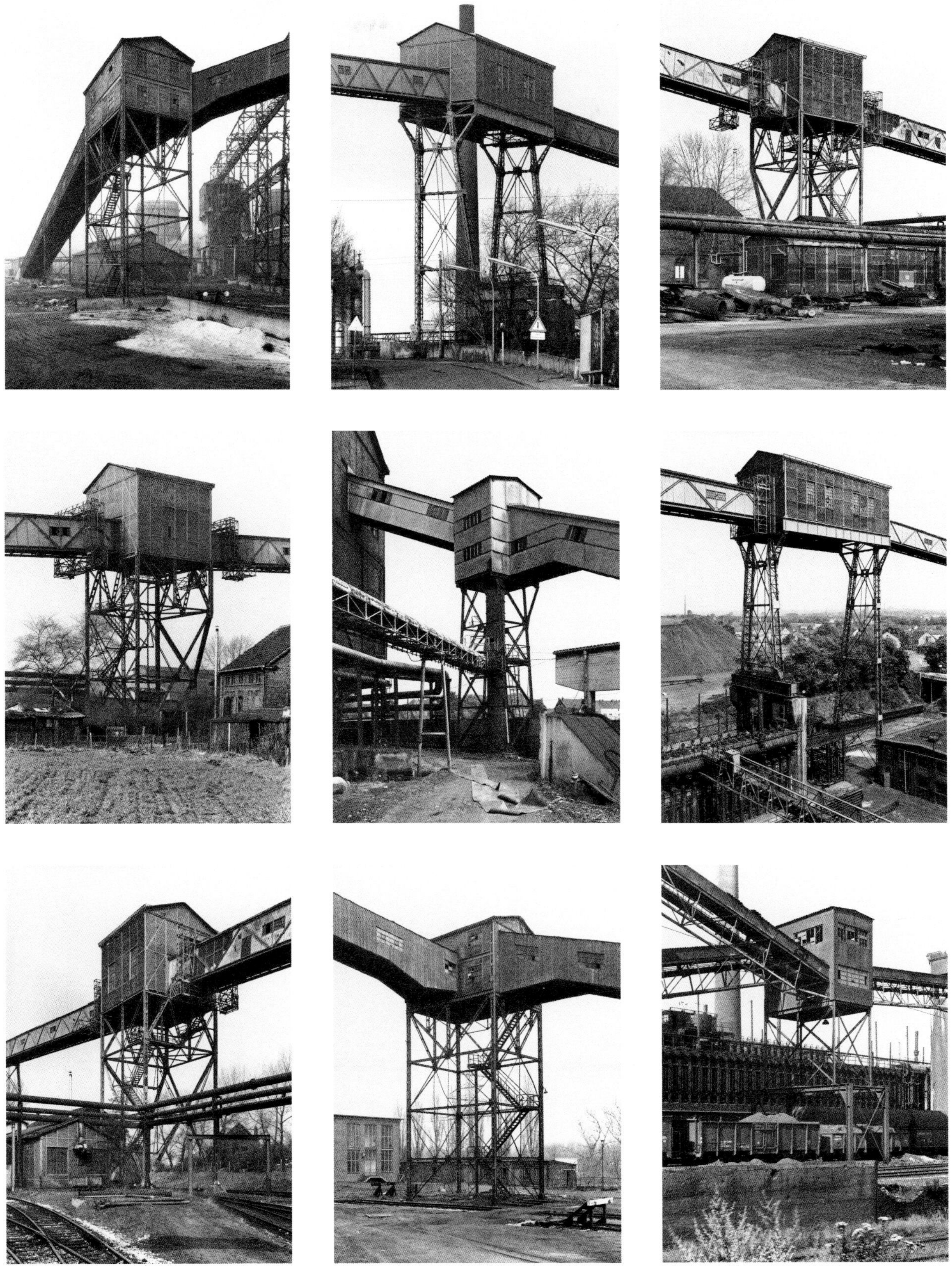

228
Bandübergaben
Belt transfer points

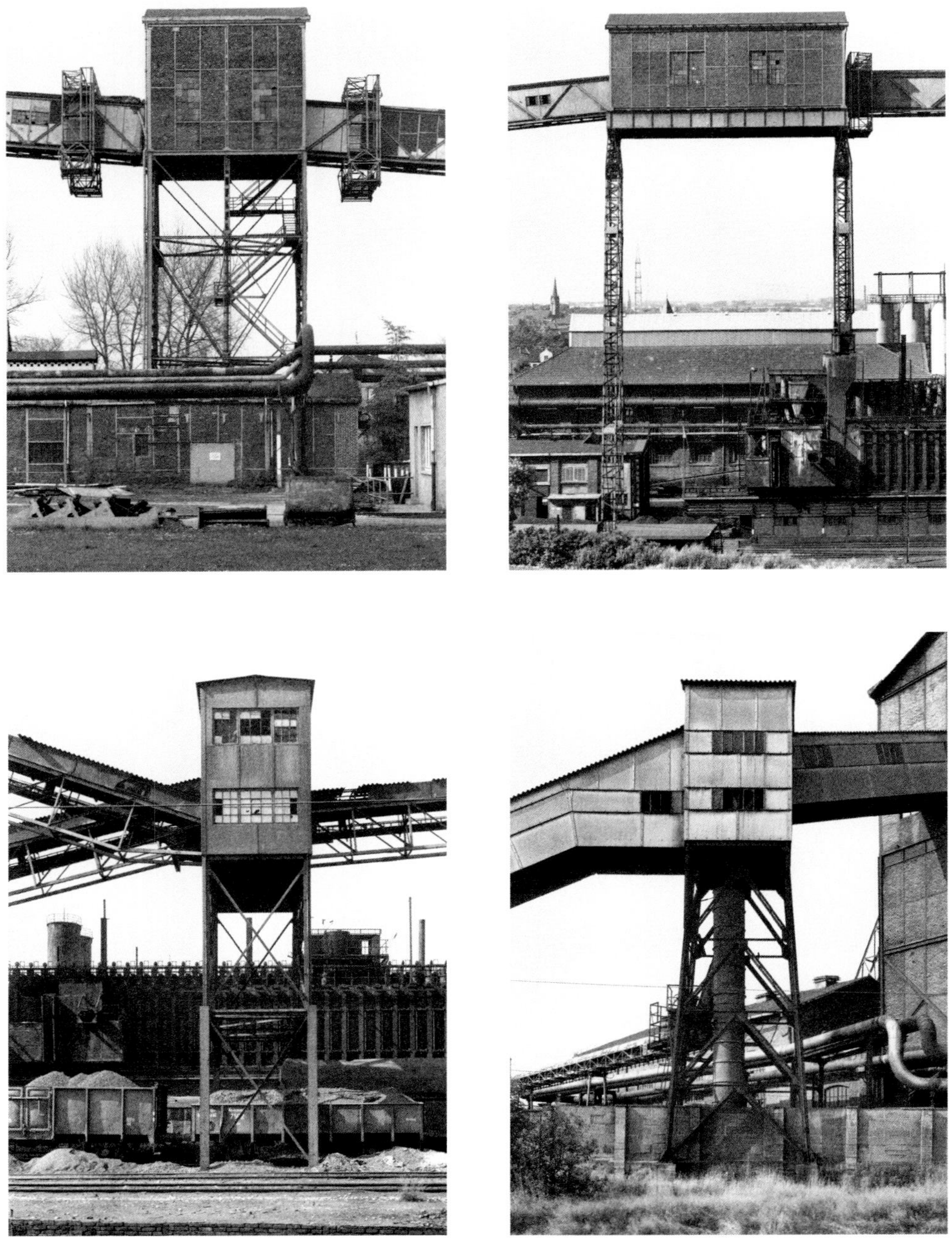

229
Bandübergaben
Belt transfer points

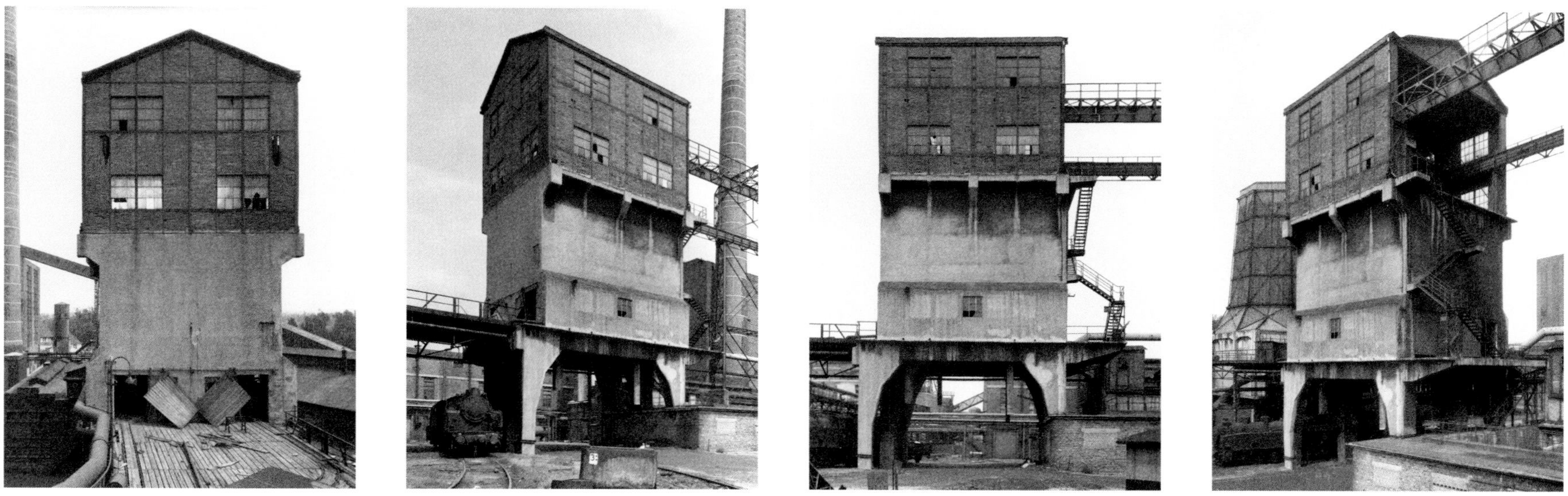

230
Verladung
Loading bay

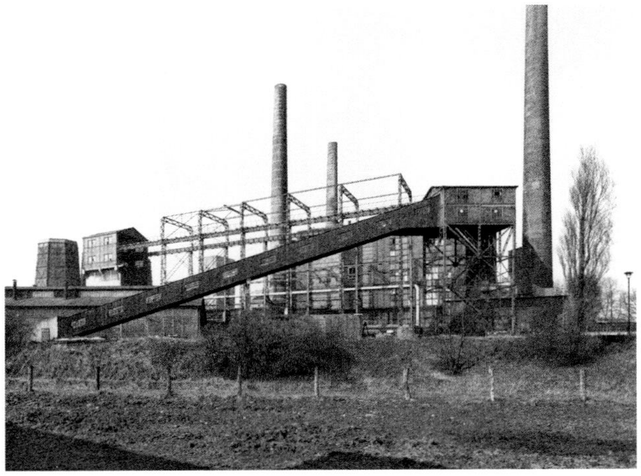

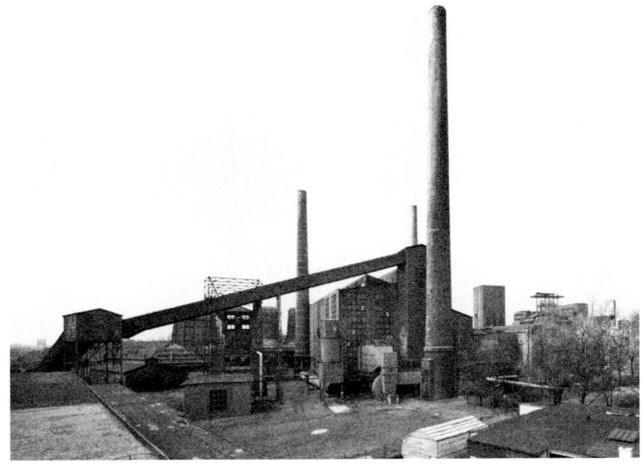

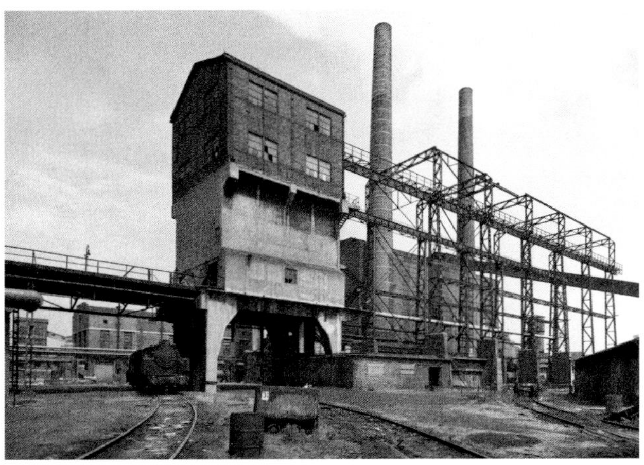

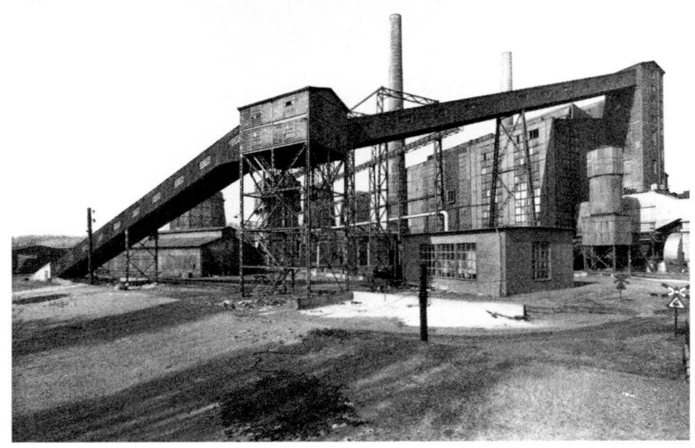

231
Kraftwerk
Power plant

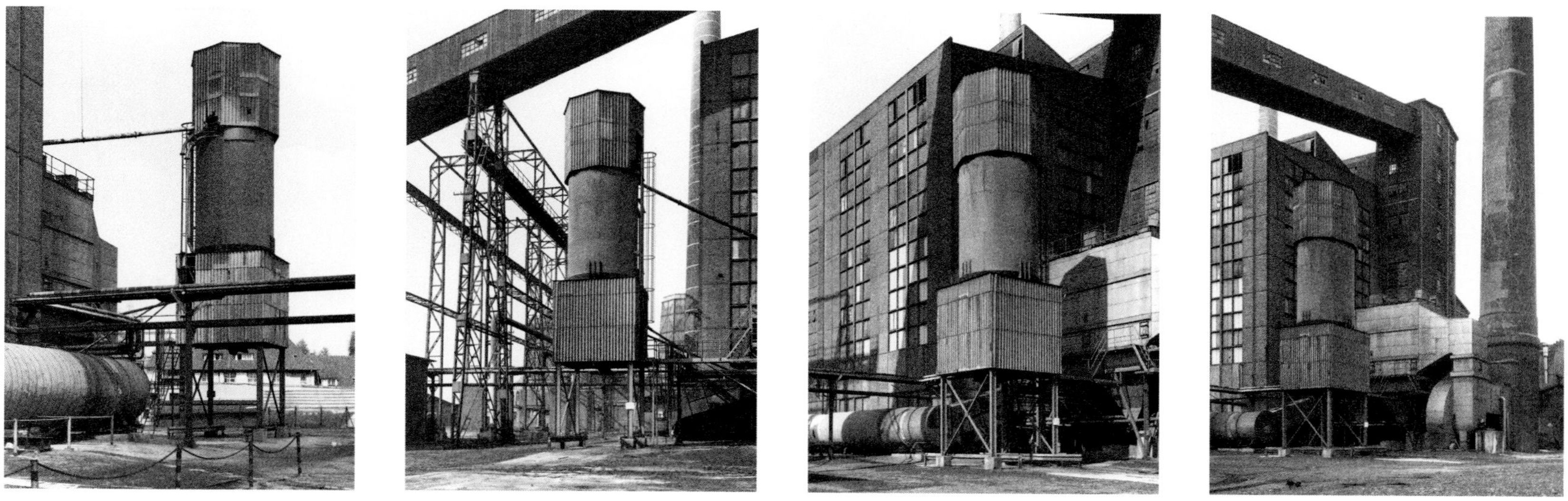

232
Hochbehälter
Elevated tank

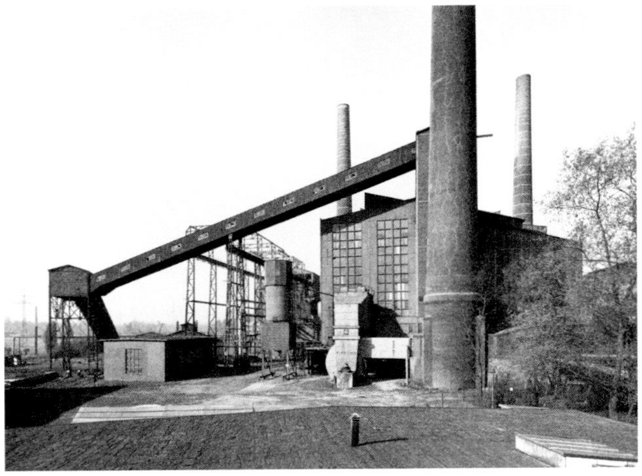

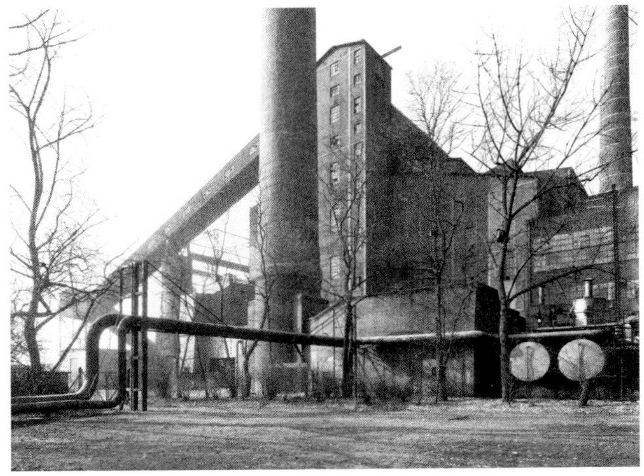

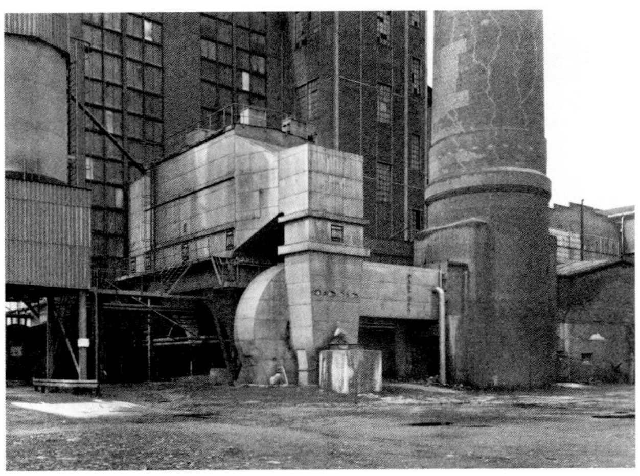

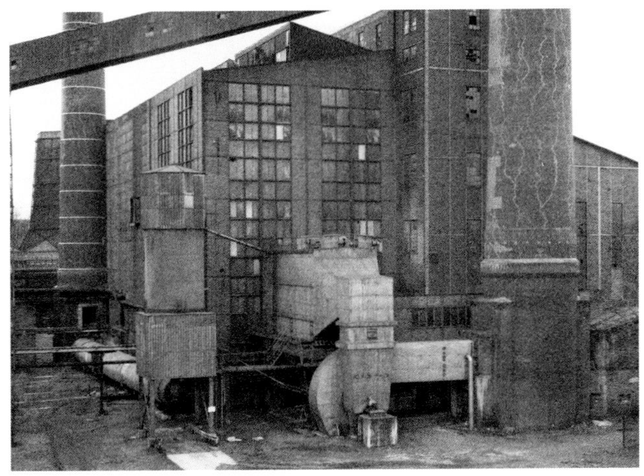

233
Kesselanlage
Boiler plant

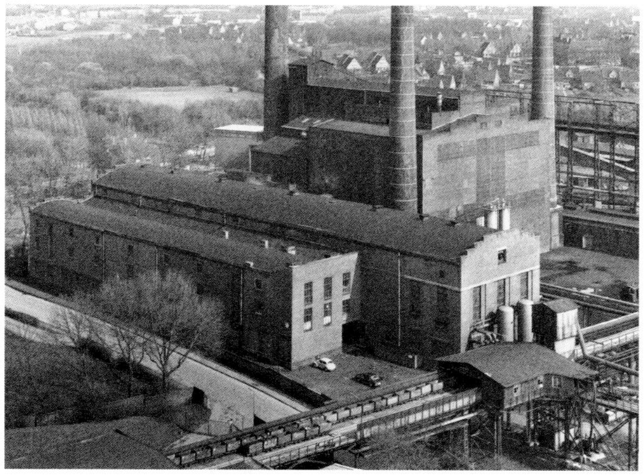
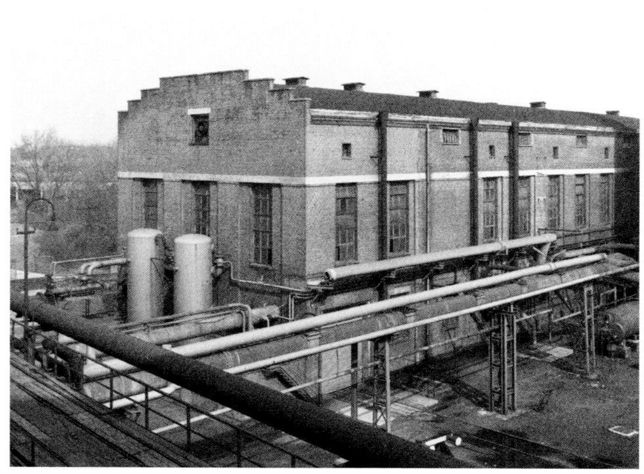
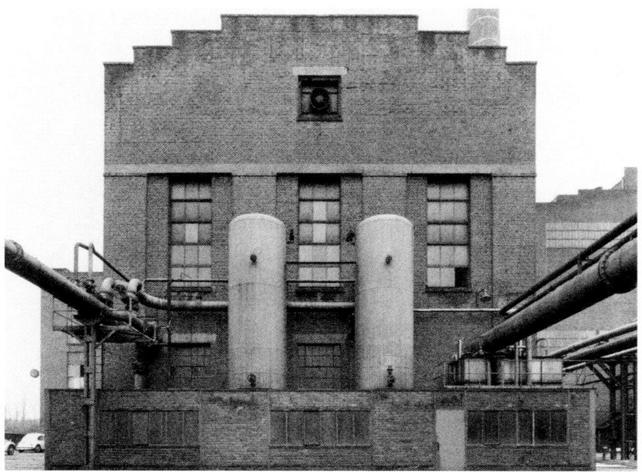
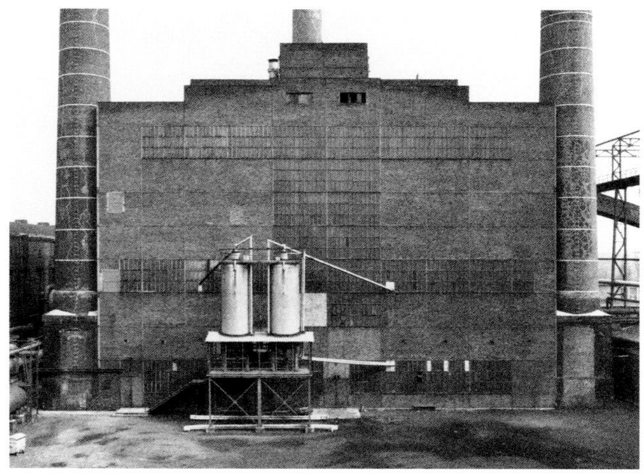

234
Kraftwerk
Power plant

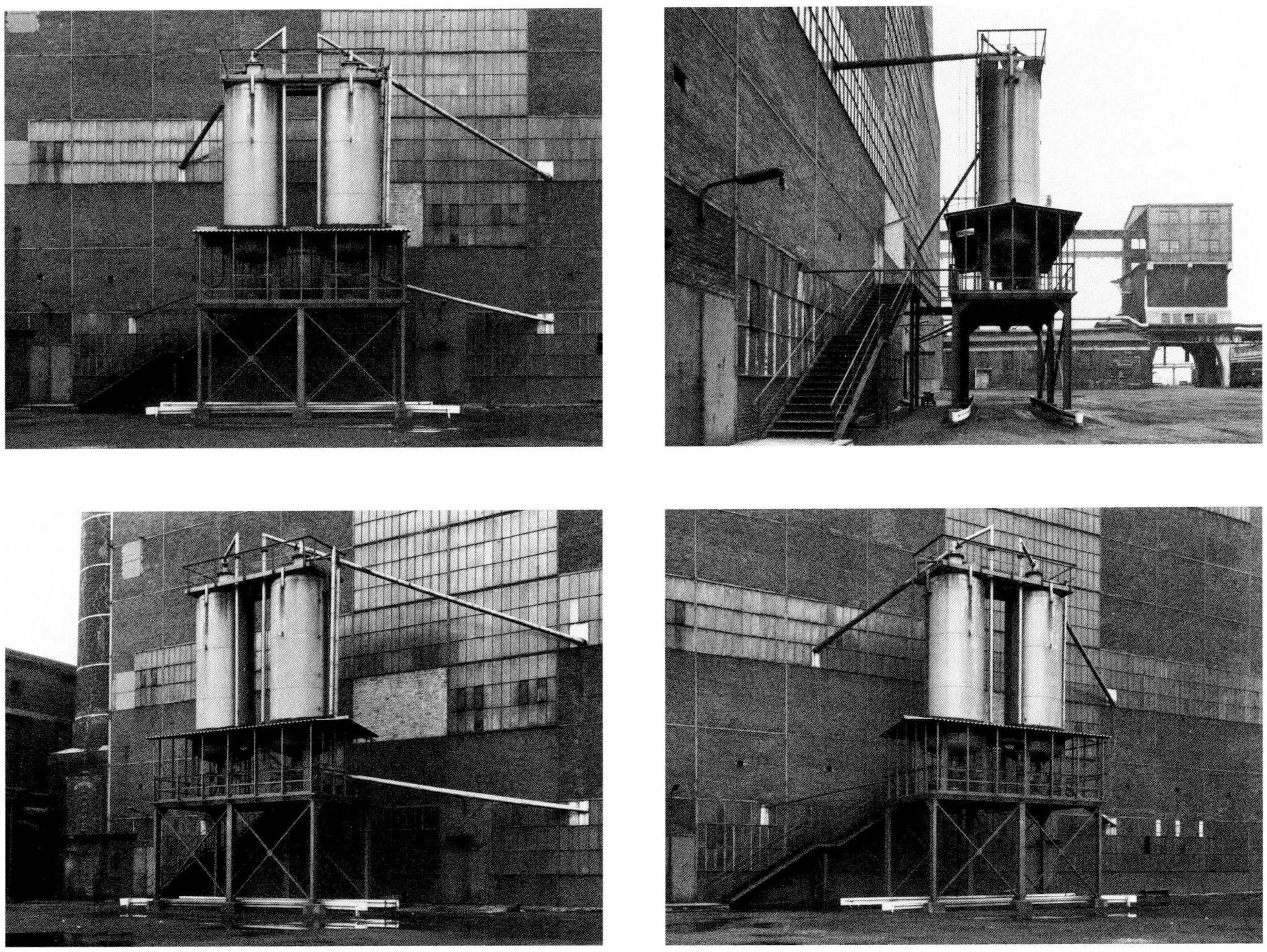

235
Kesselanlage, Detail
Boiler plant, detail

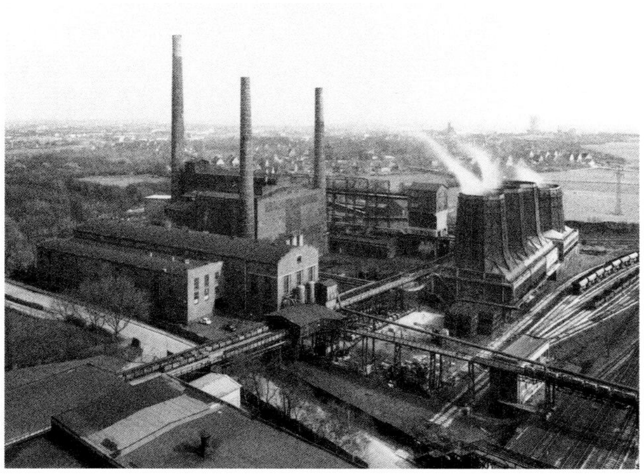

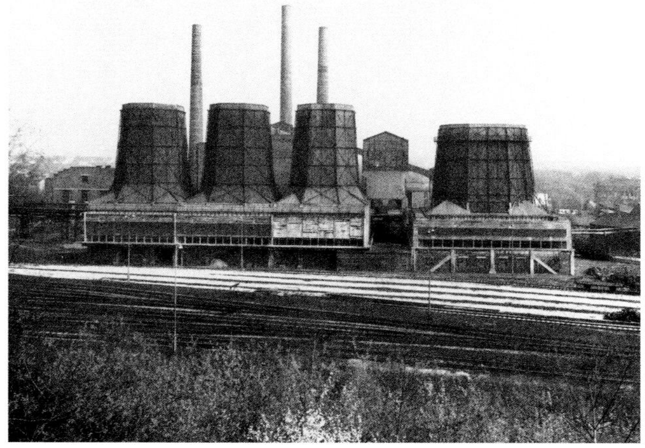

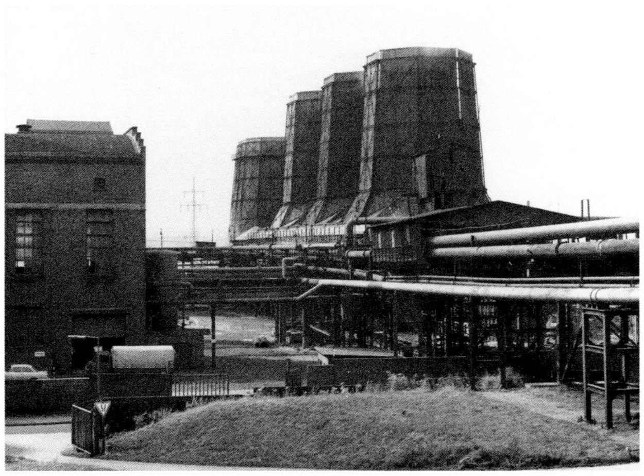

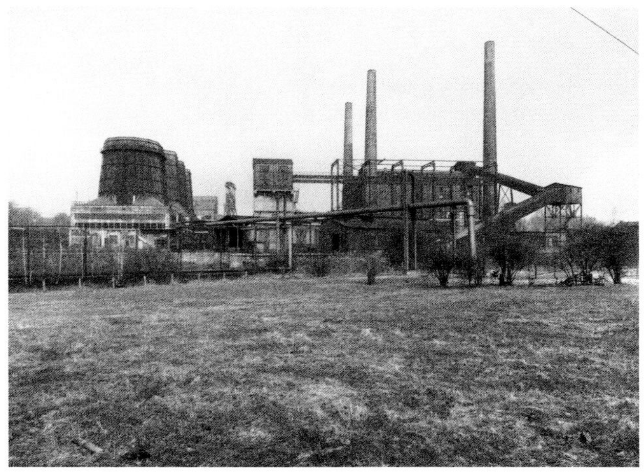

236
Kraftwerk
Power plant

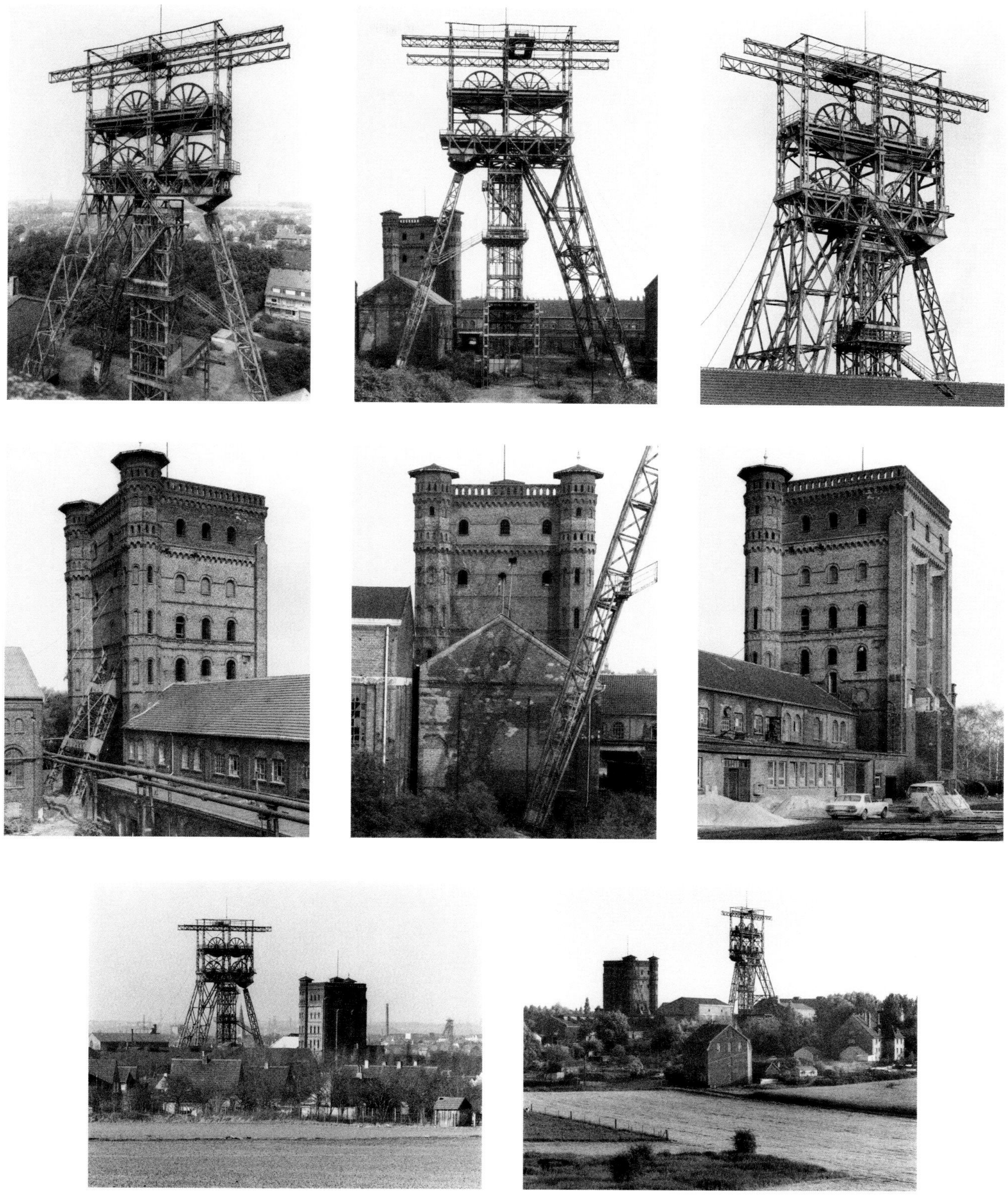

237
Schachtanlage 3/4/6
Shafts 3/4/6

Chronik

Zeche Hannover 1/2/5, Bochum-Hordel

Zeche Hannover 3/4/6, Wattenscheid-Günnigfeld (heute Bochum)

1847
Erteilung der Schürferlaubnis an Rittergutsbesitzer Karl Richard von Hymmen aus Kaiserswerth und Kaufmann Julius Möller aus Elberfeld in der Landgemeinde Hordel. Die erste Bohrung erfolgt unter dem Namen Sechs-Brüder. Steinkohlenfund bei 92 m Teufe.

1854/55
Erweiterung um die Bohrungen Sechs-Schwestern, Anton Ernst und Wupperthal. Die Größe des Feldes beträgt 4,16 km^2.

1856
Die Hannoversche Bergwerksgesellschaft Hostmann & Co. AG, finanziert von Bankier Karl Hostmann aus Hannover, erwirbt das abbaufähige Feld.

1857
Schacht Karl (Schacht 1) wird abgeteuft, etwas später beginnen die Teufarbeiten für den 50 m südlicher gelegenen Schacht Christian (Schacht 2).

1858–1860
Wiederaufnahme des Abteufens der Schächte 1 und 2. Über den Schächten entstehen zwei Malakow-Türme mit Maschinenhäusern und Fördermaschinen. Der Malakow-Turm über Schacht 1 ist 33 m hoch und im unteren Bereich das Mauerwerk bis zu 1,60 m stark. Verkauf der Zechenanlage an die Hannoversche Bergwerksgesellschaft Börstinghaus & Co.

1870
Die Einzelfelder werden unter dem Namen Steinkohlenbergwerk Hannover zusammengefasst. Die neu gegründete Hannoversche Bergwerksaktiengesellschaft zu Bochum übernimmt die Kuxe der Gewerkschaft Hannover. Schacht 1 erreicht bei 162 m Teufe die erste Bausohle. Damit ist eine regelmäßige Förderung ermöglicht. Der Krieg 1870/71 verursacht einen wirtschaftlichen Aufschwung. Der Überschuss wird für den Bau von Arbeiterwohnungen und zur Gründung einer Arbeiterunterstützungskasse verwendet.

1872
Krupp erwirbt die Zechenanlage, Betriebsleiter wird Carl Friedrich Koepe. Die Zeche Hannover ist die erste Krupp-Zeche und soll die Energieversorgung der Krupp'schen Hüttenwerke sichern. Die Schächte werden bis 304 m Tiefe geteuft. Erbauung einer Waschkaue, einer Verladebrücke, von Werkstätten und einer Ziegelei. Einrichtung von Gasbeleuchtung und Wasserleitungen.

1872/73
In der Gemeinde Günnigfeld beginnen Abteufarbeiten für die Schächte 3 und 4. Auf der Günnigfelder Schachtanlage entsteht zehn Jahre später die erste Kokerei der Zeche Hannover.

1876/77
Aufgrund der Verlegung der Förderung von der 161-m- zur 234-m-Sohle im Schacht 1 projektiert Carl Friedrich Koepe eine Turmfördermaschine, die einem neuen Prinzip, der nach ihm benannten Koepe-Förderung, folgen soll. Statt mit einer Trommel erfolgte die Förderung mit einer Treibscheibe. Seine Erfindung sollte die Anlagekosten erheblich reduzieren, die Seile schonen und damit gefährliche Seilrisse verringern. Mit dem neuen System ging die Idee einher, dass die Fördermaschine nicht mehr seitlich, ebenerdig neben dem Schachtturm, sondern auf der obersten, vierten Bühne des Malakow-Turms untergebracht werden sollte. Diesem technischen Eingriff wurde zunächst aus baustatischen Gründen nicht stattgegeben, so dass die Flurfördermaschine beibehalten wurde. Der Grundgedanke der Treibscheibe hingegen fand Umsetzung. Die Koepe-Förderung entwickelt sich über die folgenden Jahrzehnte zum Standard-Fördersystem für Tiefbauschächte in Europa und den USA.

1888
Auf Schacht 2 im Obergeschoss des Malakow-Turms wird der zehn Jahre zuvor vorgestellte Plan realisiert. Entsprechend Koepes Erfindung ist es weltweit die erste Turmfördermaschine mit Treibscheibe. Die Maschine bleibt bis Ende der 1920er Jahre in Betrieb.

1892/93
Die 1878 für Schacht 1 installierte Flurfördermaschine wird durch eine Trommelfördermaschine ersetzt. Die Förderschichtleistung des Schachtes erhöht sich von 400 auf 750 t. Als eine der ersten Zechen im Oberbergamtsbezirk Dortmund geht man von der Pferdeförderung zur mechanischen Streckenförderung mit Seilbahnen über. Auf Hannover 1/2 Baubeginn der Kokerei.

1898
In Günnigfeld wird der Wetterschacht 4 abgeteuft.

1899
Die benachbarte Zeche Hannibal, Bochum-Hofstede, wird ebenso von Krupp erworben und mit Zeche Hannover vereinigt. Der Ausbau des Kokereibetriebs wird intensiviert.

1905
Beginn des Abteufens von Schacht 5 etwa 50 m nördlich der Schächte 1/2. Auf der Dahlhauser Heide Baubeginn einer Siedlung mit 715 Beamten- und Arbeiterwohnungen. Dazu gehören auch ein Saalbau, Volksschulen, Näh-, Handarbeits- und Kochschulen. Die für die Arbeiterfamilien vorgesehenen Doppelhaushälften haben einen Garten und Anbauten für Ställe, die eine Kleinviehhaltung ermöglichen. Die Beamtenhäuser erhalten eigene Bauplätze.

1907/08
Bau von Kraftwerk 1 zur Versorgung der Zechen Hannover und Hannibal. Dort werden zur Lieferung von Kraftstrom Koksofengas-Generatoren aufgebaut. Um bei Betriebsstörungen Strom abnehmen zu können, wird das Kraftwerk an das Stromnetz der Rheinisch-Westfälischen Elektrizitätswerke angeschlossen. Durch die Neuerung der elektrischen Energie kann die Wasserhaltung unter Tage erheblich verbessert werden (1907). Die Kokereien der Zeche Hannover haben 84 Koks-(Flamm-)öfen, dazu sind 140 Teeröfen mit Nebenproduktgewinnung (seit 1906) in Betrieb. Schacht 5 wird im Mai mit einem Doppelstrebengerüst und zwei elektrischen Fördermaschinen in separaten Maschinenhäusern fertiggestellt (1908). Die neue Kohlenwäsche auf der Anlage 1/2 wird in Betrieb genommen. Sie ersetzt die alte Wäsche aus dem Jahr 1878.

1911/12
Anlagen zur Gewinnung von Rohbenzol werden in Betrieb genommen. Hannover 1/2 verfügt über eine Anlage, die verschiedene Arten von gereinigtem Benzol produziert. Im Kokerei-Laboratorium gelingt es, aus Abgasen der Benzolfabrik größere Mengen an Kunstseide und Kunstgummi herzustellen. Auch wird aus Benzin und Benzol ein Verbrennungsstoff (ARAL) für Kraftwagen gewonnen.

um 1914
Vor dem Ersten Weltkrieg kommt es zu einem wirtschaftlichen Aufschwung. Die Zeche Hannover und die Zeche Hannibal fördern mit einer Gesamtbelegschaft von 8.176 Mann 2.270.109 t. Zu Kriegsbeginn werden viele qualifizierte Bergleute eingezogen. Es besteht ein riesiger Bedarf an Kohle und Koks für die Rüstungsproduktion.

1918–1932
Nach dem Krieg beeinträchtigen politische Unruhen, die Inflation und die Besetzung des Ruhrgebiets 1923 die Produktion. Während der französischen Besatzung werden alle Betriebe zeitweilig bestreikt. Die Arbeitszeit unter Tage wird einschließlich Ein- und Ausfahrt um 90 Minuten auf insgesamt sieben Stunden verkürzt. Die Förderquoten gehen zurück. Von etwa 9.000 Beschäftigten verbleiben bis Oktober 1932 noch 2.769.

1920
Auf Hannover 3/4 wird Schacht 6 niedergebracht.

1921
Das alte Kraftwerk auf Hannover 1/2 wird durch ein neues ersetzt.

1926
Auf der Kokerei Hannover 1/2 müssen die 1906 in Betrieb genommenen Öfen ersetzt und die Kohlenwertstoffanlagen erweitert werden.

1929/31
Einhergehend mit der Modernisierung der Förderanlage von Schacht 2 und dem Entschluss, dass Schacht 1 Wetterschacht wird, entsteht das Grubenlüftergebäude mit zwei Ventilatoren (1929).

1932
Die Förderungen auf dem Bergwerk Hannover-Hannibal werden zusammengefasst, die Förderung auf Schachtanlage Hannover 3/4/6 in Günnigfeld aufgegeben. Ihre Schächte dienen weiter der Bewetterung. Auch die Kokerei der Zeche Hannover 3/4 stellt den Betrieb ein. Hannover 1/2 wird ausgebaut. Die Hauptförderung übernimmt Schacht 5.

1933
Größere Modernisierungsarbeiten setzen ein. Auf Hannover 1/2 wird eine neue Verladung errichtet, die Kohlenwäsche umgebaut, so dass Gas- und Fettkohle getrennt gewaschen werden können.

1938/39
Die Abteufarbeiten von Schacht 2 werden bis zur 950-m-Sohle vorangetrieben. Der Malakow-Turm über Schacht 2 wird abgerissen (1939). Am 23. September 1939 fordert eine Schlagwetterexplosion auf der Schachtanlage 1/2/5 20 Tote, und weitere 19 Bergleute werden verletzt. Mit Ausbruch des Zweiten Weltkriegs erhält die Krupp'sche Gussstahlfabrik in Essen zahlreiche Rüstungsaufträge, damit einher geht ein erhöhter Kohlenabsatz.

1939–1945
Trotz Kriegseinwirkungen wird die Förderung auf den Zechen Hannover und Hannibal bis Mitte 1940 aufrechterhalten. Ab 1943 sind rund 2.000 Zwangsarbeiter auf der Schachtanlage tätig. Im Laufe der sechs Kriegsjahre werden auf die Zechenanlagen 31 Luftangriffe geflogen. Bei den schwersten Luftangriffen am 25. Juli und 18. November 1944 wird die Zeche Hannibal nahezu vollständig zerstört und die Zeche Hannover erheblich beschädigt.

1940/42
Auf Schacht 2 wird eine Turmförderanlage in Stahlfachwerkbauweise fertiggestellt (1940). Der Förderturm ist mit 65 m fast doppelt so hoch wie der vorherige Malakow-Turm. Erweiterung des Kraftwerks (1941/42). Erstmaliger Einsatz eines mechanischen Kohlenhobels im Ruhrbergbau, der die Arbeit der Bergleute unter Tage erheblich erleichtert. Der Anstoß kommt von Werkdirektor Bergassessor Fritz Lange (1942).

1945
Am 10. April wird Bochum von den amerikanischen Truppen besetzt, die Zechen werden unter amerikanische Aufsicht gestellt. An Zeche Hannover wird die südliche Förderung von Schacht 5 wieder aufgebaut, die Schäden am Grubenlüfter von Schacht 1 werden beseitigt. Batterie 2 der Kokerei Hannover wird wieder angefahren, die Abgabe von Kokereigas an die Stadt Wanne-Eickel wieder aufgenommen. Im Kraftwerk werden die ausgebrannten Kühltürme, das Maschinenhaus und die Speisewasseraufbereitungsanlage für das Kesselwasser instand gesetzt, ebenso die Hochdruckdampfkessel und die Dampf- und Druckluftversorgung.

1947
Die in den Kriegsjahren nicht realisierte Vierseilförderung wird am Schacht 2 weltweit erstmalig in Betrieb genommen. Vorteile: Anlagekosten werden reduziert, Seilbrüche minimiert, effektivere Leistung der Maschine erzielt und größere Tiefen erreicht. Die neue Fördereinrichtung wird bei einer Nutzlast des Korbes von 12 t für eine Endteufe von 1.400 m ausgelegt. Die gravierendsten Kriegsschäden auf den Anlagen Hannover 1/2/5 und Hannover 3/4/6 sind beseitigt. Der dritte, im Krieg nicht zu Ende gebaute Hochdruckkessel des Kraftwerks Hannover wird in Betrieb genommen. Die Batterie 1 der Kokerei wird angeheizt.

1949
Am Schacht 2 wird die 950-m-Sohle hergerichtet und vorübergehend für die weitere Teufung außer Betrieb genommen. Ausbau der Kokerei. Es bestehen 73 Öfen mit einer Kapazität von 1.275 t pro Tag. Die Kokerei betreibt Anlagen zur Teer-, Ammoniak-, Pyridin- und Schwefelsäuregewinnung sowie eine Rohbenzolgewinnung mit Benzolreinigungsanlage.

1950
Am Schacht 2 der Zeche Hannover wird die Förderung von der 950-m-Sohle aufgenommen. Bau einer modernen Landabsatzstelle.

1952
Zur Leistungssteigerung werden im Kraftwerk Hannover die Feuerungen zweier Hochdruckkessel von Rostfeuerung auf Staubfeuerung mit flüssigem Schlackeabzug umgebaut. Zudem werden vom Kraftwerk Ferndampfleitungen nach Hannover 3/4/6 und Hannibal 1/3 verlegt, so dass die dortigen alten Kesselhäuser stillgelegt werden können. Die Leistungssteigerung ermöglicht die Stromabgabe an die Zechen Vereinigte Constantin der Große und Königsgrube und die öffentliche Stromversorgung des Stromnetzes der Vereinigten Elektrizitätswerke Westfalen (VEW).

1953/54
Im Rahmen der Strukturveränderungen der deutschen Industrie auf Anordnung der Alliierten erfährt das Unternehmen Friedrich Krupp eine Umgestaltung, das Steinkohlenbergwerk Hannover-Hannibal AG wird gegründet. Die direkt an die Felder der Schachtanlage Hannover-Hannibal und die Tagesanlage von Hannover 1/2/5 grenzende Zeche Königsgrube wird vom Steinkohlenbergwerk Hannover-Hannibal AG erworben. Die Kokerei Hannover 1/2 verfügt nun über 118 Öfen mit einer Leistungsfähigkeit von 1.650 t Koks bei einem Durchsatz von 2.100 t Kokskohle und überschreitet damit die Vorkriegskapazität täglich um 400 t.

1955
Im Untertagebetrieb entsteht auf der 750-m-Sohle der Zeche Hannover ein Querschlag zur Zeche Königsgrube. Die in größerer Teufe abgebaute Kohle wird zum Niveau des Querschlags transportiert und über Schacht Hannover 5 zu Tage gefördert. Nach der Vereinigung ist es das wirtschaftliche Ziel der Bergwerksleitung, die Förderung und Aufbereitung auf der Anlage Hannover 1/2/5 zu zentralisieren und langfristig eine gemeinsame Abbausohle in allen Feldern zu erreichen.

1958
Die Kohlenkrise führt zu einem Rückgang der Kokserzeugung. Als Anpassungsmaßnahme werden Feierschichten angesetzt, und die Belegschaft wird erheblich verkleinert.

1959
Die Fünf-Tage-Woche wird eingeführt; die Untertagesschichtleistung beträgt zu dem Zeitpunkt 1.971 kg pro Mann.

1967
Schacht Hannover 2 übernimmt die gesamte Förderung der Zechen Hannover, Hannibal, Königsgrube, Vereinigte Constantin der Große und Mont Cenis, die unter dem Namen Bergwerk Bochum zusammengefasst werden. Am Förderstandort Erweiterung der Tagesanlagen und der Waschkaue.

1968/69
Die Krupp-Zechen werden in die Ruhrkohle AG eingegliedert.

1973–2010
Im Rahmen der Rücknahme der Kohlenförderung wird im Januar 1971 der Beschluss gefasst, das Bergwerk Bochum 1973 stillzulegen. Die Günnigfelder Schächte 3 und 4, die noch der Bewetterung dienten, werden bereits 1972 verfüllt. Am 31. März 1973 wird das Bergwerk als letzter Bochumer Förderstandort stillgelegt. Der Erhalt des Günnigfelder Malakow-Turms mit eingezogenem Schachtgerüst aus dem Jahr 1873 steht noch einige Zeit zur Disposition. Der Abriss erfolgt jedoch 1975/76. Von der Günnigfelder Anlage Hannover 3/4/6 sind keine baulichen Einrichtungen erhalten. 1980 werden die Turmförderanlage, Schacht 2, und das Doppelstrebengerüst, Schacht 5, gesprengt. Ursprünglich sollten die Bauten der Anlage Hannover 1/2/5 komplett abgerissen werden. Dem Erhalt der Zwillingsdampffördermaschine am Schacht 1 ist es zu verdanken, dass der Malakow-Turm und das Maschinenhaus sowie das Grubenlüftergebäude stehen blieben und restauriert wurden. Heute wird dieser erhaltene Teil der Zechenanlage als Museum genutzt. Seit 1981 ist er ein wichtiger Standort des Westfälischen Industriemuseums, Landschaftsverband Westfalen-Lippe.

Literatur

Fritz Lange, Hermann Keinhorst: *Festschrift zum 100jährigen Bestehen der Zechen Hannover und Hannibal,* Bochum 1947

Bernd Gondermann: *Die Zeche Hannover. Geschichte einer Zeche,* Heft 1 der Schriftenreihe des Fördervereines Zeche Hannover I/II/V e.V., Bochum 1989

Joachim Varchmin: *Die Zeche Hannover 1847–1914,* Schriften des Landschaftsverbandes Westfalen-Lippe, Westfälisches Industriemuseum, Hagen: Linnepe Verlagsgesellschaft, 1991

Vera Steinborn, Hans Röver: *Zeche Hannover I/II/V. Ein Rundgang durch das Industriedenkmal und seine Geschichte,* Kleine Reihe / Westfälisches Industriemuseum Bd. 14, Essen: Klartext-Verlag, 2002 (1. Auflage 1996)

Dietmar Osses: *Zeche Hannover in Bochum, Westfälisches Industriemuseum,* DKV-Kunstführer Nr. 601/2, München, Berlin: Deutscher Kunstverlag GmbH, 2002

Rüdiger Groß, Johanna Näser, Dietmar Osses: *20 Jahre Förderverein Zeche Hannover I/II/V,* Hrsg. Förderverein Zeche Hannover I/II/V, Bochum: Tiemann Druck, 2008

Wilhelm und Gertrude Hermann: *Die alten Zechen an der Ruhr, Vergangenheit und Zukunft einer Schlüsseltechnologie. Mit einem Katalog der Lebensgeschichten von 477 Zechen,* Königstein im Taunus: Karl Robert Langewiesche Nachfolger Hans Köster Verlagsbuchhandlung KG, 2008

Klaus Pirke: *Zechenlandschaft Hannover-Hannibal-Königsgrube. Industriekulturelle Potentiale der kruppschen Bergbaulandschaft in Bochum und Herne*, Essen: Klartext-Verlag, 2008

Chronicle

Hannover Coal Mine 1/2/5, Bochum-Hordel

Hannover Coal Mine 3/4/6, Wattenscheid-Günnigfeld (now Bochum)

1847
The concession is awarded in the rural community of Hordel to the lord of the manor Karl Richard von Hymmen from Kaiserswerth and the merchant Julius Möller from Elberfeld. The first borehole, Sechs-Brüder (Six Brothers), encounters coal at a depth of 92 m.

1854/55
Expanded by the boreholes Sechs-Schwestern (Six Sisters), Anton Ernst, and Wupperthal. The extent of the field is 4.16 km^2.

1856
The Hannoversche Bergwerksgesellschaft Hostmann & Co. AG, financed by the banker Karl Hostmann from Hannover, buys the exploitable field.

1857
Shaft Karl (shaft 1) is drilled; drilling for Shaft Christian (shaft 2), which lies 50 m to the south, begins somewhat later.

1858–1860
Drilling of shafts 1 and 2 recommences. Two Malakov towers are erected above the shafts, with engine houses and winders. The Malakov tower above shaft 1 is 33 m tall and up to 1.6 m thick in the lower part of the stonework. The coal mine is sold to the Hannoversche Bergwerksgesellschaft Börstinghaus & Co.

1870
What were previously individual fields are joined under the name Steinkohlenbergwerk Hannover. The newly founded Hannoversche Bergwerksaktiengesellschaft zu Bochum takes over the Gewerkschaft Hannover's mining shares. Shaft 1 reaches the first working horizon at a depth of 162 m, enabling continuous extraction. The Franco-Prussian War 1870–71 precipitates an economic upturn. The profit is used for the construction of workers' housing and for the establishment of a pension fund.

1872
Krupp acquires the coal mine; Carl Friedrich Koepe becomes the technical director. Zeche Hannover is the first Krupp mine and is meant to secure the energy supply to the Krupp steel works. The shafts are drilled to a depth of 304 m. Construction of a wash house, a loading bridge, workshops, and a brickyard. Installation of gas lighting and water pipes.

1872/73
Drill work begins for shafts 3 and 4 in the township of Günnigfeld. Zeche Hannover's first coking plant is built at the Günnigfeld shaft facility 10 years later.

1876/77
Because extraction is shifted from the 161 m to the 234 m horizon in shaft 1, Carl Friedrich Koepe engineers a tower-type winder according to a new principle, which will come to be known as the Koepe winder. Instead of a cable drum, extraction takes place with the use of a traction sheave. His invention is intended to significantly reduce costs, prevent the ropes from being damaged, and thus minimize rope breakage. The new system involved the idea that the winder should no longer be situated laterally, at ground level next to the shaft tower, but on the uppermost, fourth level of the Malakov tower. For structural reasons, this technical intervention was initially not approved, meaning that the ground winding engines were retained. The basic idea of the traction sheave, however, was implemented. Over the course of the ensuing decades, the Koepe winder became the standard winding system for underground shafts in Europe and the United States.

1888
The plan introduced ten years earlier is implemented on shaft 2 on the upper level of the Malakov tower. Built in accordance with Koepe's invention, it is the first tower-type winder with a traction sheave worldwide. The winder remains in operation until the late 1920s.

1892/93
The ground winding engine installed in 1878 for shaft 1 is replaced by a cable drum winder. Extraction output per shaft increases from 400 to 750 t. It is one of the first mines in the mining inspectorate district of Dortmund where horse-powered extraction gives way to mechanical belt conveying with cableways. Construction of the coking plant begins on Hannover 1/2.

1898
Air shaft 4 is drilled in Günnigfeld.

1899
The neighboring Zeche Hannibal, in Bochum-Hofstede, is also acquired by Krupp and combined with Zeche Hannover. Expansion of the cokery operations is intensified.

1905
Drilling of shaft 5 begins about 50 m north of shafts 1 and 2. Construction begins in Dahlhauser Heide on a settlement with 715 housing units for civil servants and workers, including a hall, elementary schools, and occupational schools for sewing, handicrafts, and cooking. The semidetached houses for workers' families have a garden and additions that enable keeping domestic animals. The homes for civil servants are on individual lots.

1907/08
Construction of the power plant 1 for Hannover coal mine and Hannibal coal mine. Coke oven gas generators are built to supply electric power. In order to be able to obtain electricity during disruptions in operation, the power plant is connected up to the power network of the Rheinisch-Westfälische Elektrizitätswerke, the local utility company. The introduction of electric power substantially improves underground water drainage (1907). Zeche Hannover's cokeries have 84 coke ovens (reverberatory furnaces), and there are 140 tar ovens in operation with regenerator systems (since 1906). In May, shaft 5 is completed, with double headgear and two electric winders in separate engine houses (1908). The new preparation plant on Hannover 1/2 is put into operation. It replaces the old washer from 1878.

1911/12
Equipment for the recovery of crude benzole is put into operation. Hannover 1/2 has a plant that produces different types of refined benzole. The cokery laboratory succeeds in producing larger pieces of artificial silk and artificial rubber from the benzole factory emissions. A combustible material (ARAL) for motor vehicles is also obtained from benzene and benzole.

circa 1914
An economic upturn occurs prior to World War I. With a total workforce of 8,176, Zeche Hannover and Zeche Hannibal extract 2,270,109 t. Numerous qualified miners are inducted into the armed forces upon the outbreak of the war. There is an enormous demand for coal and coke for the armaments industry.

1918–1932
After the war, political unrest, inflation, and the occupation of the Ruhr region in 1923 have an adverse effect on production. All of the operations are sporadically affected by strikes during French occupation. The working hours underground, including the time it takes to be lowered into and brought up out of the mine, are decreased by 90 minutes to a total of seven hours. Production rates fall. Of circa 9,000 employees, by October 1932 only 2,769 remain.

1920
Shaft 6 is drilled on Hannover 3/4.

1921
The old power plant on Hannover 1/2 is replaced by a new one.

1926
The ovens on coking plant Hannover 1/2, which were put into operation in 1906, have to be replaced and the by-product extraction plant extended.

1929/31
Due to the modernization of the shaft 2 winding equipment and the decision to make shaft 1 the air shaft, a fan house with two ventilators is built (1929).

1932
Extraction operations on mine Hannover-Hannibal are combined, extraction from Hannover 3/4/6 in Günnigfeld is abandoned. Their shafts continue to serve ventilation purposes. The Zeche Hannover 3/4 cokery is also shut down. Hannover 1/2 is extended. Shaft 5 takes over the main extraction operations.

1933
Extensive modernization work begins. A new loading bay is built on Hannover 1/2 and the coal washing plant converted so that gas coal and fat coal can be washed separately.

1938/39
Drilling of shaft 2 is advanced to the 950 m horizon. The Malakov tower over shaft 2 is dismantled (1939). On September 23, 1939, an explosion in shaft facility 1/2/5 takes twenty lives, and nineteen miners are injured. With the outbreak of World War II, the Krupp cast steel factory in Essen is awarded numerous armaments contracts. This is accompanied by increased coal sales.

1939–1945
Despite the effects of war, production on Zeche Hannover and Zeche Hannibal can be sustained until mid-1940. Beginning in 1943, about 2,000 forced laborers worked at the facility. Thirty-one air raids target the mines over the course of six years of war. Zeche Hannibal is nearly completely destroyed and Zeche Hannover substantially damaged during the most massive air raids on July 25 and November 18, 1944.

1940/42
A steel framework tower-type winder is completed on shaft 2 (1940). At 65 m, it is nearly twice as tall as the former Malakov tower. The power plant is expanded (1941/42). First use of a mechanical coal plow in mining in the Ruhr region, which substantially facilitates the miners' work underground. The initiative came from the works director and mining assessor Fritz Lange (1942).

1945
On April 10, Bochum is occupied by American troops and the facility placed under American control. Extraction to the south of Zeche Hannover's shaft 5 is reestablished and the damaged shaft 1 fan house repaired. The Hannover cokery's battery 2 is restarted, the delivery of cokery gas to the city of Wanne-Eickel is resumed. The burnt down cooling towers in the power plant, the machine house, and the feed water treatment plant for the boiler water are repaired, as are the high-pressure steam boiler and the steam and compressed air supply units.

1947
The four-rope winder, which could not be implemented during the war, is put into operation on shaft 2, the first time worldwide. Advantages: operating costs are reduced, rope breakage minimized, higher machine efficiency is achieved, and greater depths can be reached. The new winding device is configured for a final depth of 1,400 m at a load capacity of the cage of 12 t. The most serious war damage to Hannover 1/2/5 and Hannover 3/4/6 is repaired. The third high-pressure boiler of the Hannover power plant, which could not be completed during the war, is put into operation. The cokery's battery 1 is fired.

1949
On shaft 2, the 950 m horizon is prepared and it is temporarily taken out of service for further drilling. Expansion of the coking plant. There are 73 ovens with a capacity of 1,275 t per day. The cokery operates plants for the production of tar, ammonia, pyridine, and sulphuric acid as well as crude benzole production with a benzole purification plant.

1950
Extraction from the 950 m horizon commences on shaft 2 of the Zeche Hannover. A modern distribution station is built.

1952
In order to increase performance, the firing equipment for two high-pressure boilers is converted from grate firing to dust firing with liquid slag removal in the Hannover power plant. In addition, long-distance steam lines are removed from the power plant to Hannover 3/4/6 and Hannibal 1/3 so that the old boiler houses there can be decommissioned. The increase in performance enables supplying electricity to Zeche Vereinigte Constantin der Große and Zeche Königsgrube and to the power network of the Vereinigte Elektrizitätswerke Westfalen (VEW).

1953/54
Within the scope of structural changes to German industry by order of the Allied forces, the Friedrich Krupp company is restructured and the colliery Hannover-Hannibal AG founded. Zeche Königsgrube, which is directly adjacent to the fields of shaft facility Hannover-Hannibal and the Hannover 1/2/5 surface installation, is bought by the colliery Hannover-Hannibal AG. The Hannover 1/2 cokery now has 118 ovens with a capacity of 1,650 t of coke at a throughput of 2,100 t of coking coal, thus exceeding the prewar capacity by 400 t a day.

1955
A cross-cut to Zeche Königsgrube is created at the 750 m horizon of Zeche Hannover. The coal mined at a greater depth is transported to the level of the cross-cut and unearthed via the shaft Hannover 5. Following consolidation, the economic goal of the mining management is to centralize extraction and processing on Hannover 1/2/5 and to achieve a common mining horizon in all of the fields in the long term.

1958
The coal crisis leads to a reduction of coke production. Idle shifts are introduced and the workforce is substantially reduced.

1959
The five-day working week is introduced; at this point in time, the output of each underground shift amounts to 1,971 kg per man.

1967
Shaft Hannover 2 takes over the entire production of the mines Hannover, Hannibal, Königsgrube, Vereinigte Constantin der Große, and Mont Cenis, which are united under the name Bergwerk (coal mine) Bochum. The surface installations and the wash house at the site are extended.

1968/69
The Krupp mines are incorporated into the Ruhrkohle AG.

1973–2010
Within the scope of the abandoning of coal production, in January 1971 the decision is made to shut down Bergwerk Bochum in 1973. The Günnigfeld shafts 3 and 4, which continued to serve ventilation purposes, were filled in 1972. On March 31, 1973, the mine, the last production site in Bochum, is shut down. The preservation of the Günnigfeld Malakov tower with the retracted headgear from 1873 remains open to question for some time. Demolition was carried out in 1975/76. None of the structural facilities of the Günnigfeld mine Hannover 3/4/6 have survived. In 1980, shaft 2's tower-type winder and shaft 5's double headgear are demolished. Originally, all of the structures on the Hannover 1/2/5 mine were to be torn down completely. The fact that the Malakov tower and the engine house as well as the fan house remained standing and were restored can be attributed to the preservation of the steam engine on shaft 1. Today, this part of the mine is used as a museum. Since 1981 it has been an important site of the Westfälisches Industriemuseum, Landschaftsverband Westfalen-Lippe (Westphalia Museum of Industry, Regional Authority of Westphalia-Lippe).

Bibliography

Fritz Lange, Hermann Keinhorst: *Festschrift zum 100jährigen Bestehen der Zechen Hannover und Hannibal,* Bochum 1947.

Bernd Gondermann: *Die Zeche Hannover. Geschichte einer Zeche,* Heft 1 der Schriftenreihe des Fördervereines Zeche Hannover I/II/V e.V., Bochum 1989.

Joachim Varchmin: *Die Zeche Hannover 1847–1914,* Schriften des Landschaftsverbandes Westfalen-Lippe, Westfälisches Industriemuseum, Hagen: Linnepe Verlagsgesellschaft, 1991.

Vera Steinborn, Hans Röver: *Zeche Hannover I/II/V. Ein Rundgang durch das Industriedenkmal und seine Geschichte,* Kleine Reihe / Westfälisches Industriemuseum, vol. 14, Essen: Klartext-Verlag, 2002 (1st edition 1996).

Dietmar Osses: *Zeche Hannover in Bochum, Westfälisches Industriemuseum,* DKV-Kunstführer, no. 601/2, Munich, Berlin: Deutscher Kunstverlag GmbH, 2002.

Rüdiger Groß, Johanna Näser, Dietmar Osses: *20 Jahre Förderverein Zeche Hannover I/II/V*, ed. Förderverein Zeche Hannover I/II/V, Bochum: Tiemann Druck, 2008.

Wilhelm and Gertrude Hermann: *Die alten Zechen an der Ruhr, Vergangenheit und Zukunft einer Schlüsseltechnologie. Mit einem Katalog der Lebensgeschichten von 477 Zechen,* Königstein im Taunus: Karl Robert Langewiesche Nachfolger Hans Köster Verlagsbuchhandlung KG, 2008.

Klaus Pirke: *Zechenlandschaft Hannover-Hannibal-Königsgrube. Industriekulturelle Potentiale der kruppschen Bergbaulandschaft in Bochum und Herne*, Essen: Klartext-Verlag, 2008.

Diese Publikation erscheint anlässlich der Ausstellung
ZECHE HANNOVER. Photographien aus dem Ruhrgebiet von Bernd und Hilla Becher

This book is published on the occasion of the exhibition
HANNOVER COAL MINE. Photographs from the Ruhr Region by Bernd and Hilla Becher

26/3 – 18/7/2010

Die Photographische Sammlung/SK Stiftung Kultur
Im Mediapark 7
50670 Köln / Cologne

Herausgeber / Editor: Die Photographische Sammlung/SK Stiftung Kultur

Übersetzungen / Translations: Rebecca van Dyck, Hannover

Lithographie / Lithography: NovaConcept, Berlin
Druck und Bindung / Printing and binding: Passavia, Passau

ISBN 978-3-8296-0468-0
Eine Schirmer/Mosel Produktion
www.schirmer-mosel.com